U0159173

國宴

王珩 著

浙江文藝出版社

图书在版编目（CIP）数据

国宴 / 王珩著 . — 杭州 : 浙江文艺出版社，2021.1

ISBN 978-7-5339-6397-2

Ⅰ . ①国… Ⅱ . ①王… Ⅲ . ①宫廷御膳—饮食—文化—中国 Ⅳ . ① TS971.22

中国版本图书馆 CIP 数据核字（2021）第 003191 号

责任编辑　金荣良　　於国娟

文字编辑　王　挺

营销编辑　徐轶暄

国宴

王珩　著

出版发行　浙江文艺出版社

地　　址　杭州市体育场路 347 号

邮　　编　310006

电　　话　0571-85176953（总编办）

　　　　　0571-85152727（市场部）

制　　版　杭州立飞图文制作有限公司

印　　刷　浙江新华数码印务有限公司

开　　本　710 毫米 × 1000 毫米　1/16

字　　数　312 千字

印　　张　23.25

插　　页　2

版　　次　2021 年 1 月第 1 版

印　　次　2021 年 1 月第 1 次印刷

书　　号　ISBN 978-7-5339-6397-2

定　　价　95.00 元

名正言顺则事成。动笔写国宴前，当先为其正名。

国宴，指一国元首或政府为招待国宾或其他贵宾，以及在重要节日为各界人士举行的正式宴会。百余年前，孙中山先生在《建国方略》中讲道："中国近代文明进化，事事皆落人之后，惟饮食一道之进步，至今尚为文明各国所不及。中国所发明之食物，固大盛于欧美；而中国烹调法之精良，又非欧美所可并驾。"中国现已今非昔比，若孙先生有幸亲睹，此段话之前半部分非重写不可。

顺着新中国外交事业的辉煌发展脉络，国宴也随之经历了一系列重大变迁。1949年10月1日晚，中央人民政府在北京饭店举办了新中国第一次国庆招待宴会，此为当代国宴之发轫。从载入史册的"开国第一宴"，到新中国成立六十周年盛宴、北京奥运会开幕式欢迎宴以及2016年杭州G20峰会晚宴，国宴不仅是国家形象在饮食文化层面的代言者，而且是国际政治舞台上外交活动的直接参与者和见证者。为更好地与国际接轨，不同阶段的国宴礼宾改革各有侧重，总趋势为秉承传统、中西合璧原则下的日益简约化和精细化。国菜非以样式奢繁取胜，而以清鲜淡雅、醇和隽永为特色。营养与精致并重，礼仪与文化交融，即为国宴之精髓。

以上所言，皆当代国宴范畴，小书所述乃古代国宴。

我国有文字记载的第一场国宴——钧台之宴，见于《左传·昭公四年》。[1]钧台，古台名，一名夏台，位于今河南省禹州市。四千年前，正是在此举行了中国历史上的首次开国大典。史载帝禹东巡至会稽而崩，其子启通过武力征服伯益，于都城阳翟大飨诸侯以宣告领袖地位。此次重要的方国会盟确立了启之共主身份，变五帝以来的部落酋长选举制为"父传子，家天下"的王位世袭制。从发掘出土的殷商甲骨卜辞和钟鼎文的古光片羽中，我们可约略了解彼时"王之盛宴"的种种情形。[2]

华夏自古为明礼、重礼、习礼、守礼的"礼仪之邦"。关于礼之社会学起源，《礼记·礼运》有言："夫礼之初，始诸饮食。其燔黍捭豚，汙尊而抔饮，蒉桴而土鼓，犹若可以致其敬于鬼神。"礼由俗来，与人们的日常衣食住行与养生送死的丧祭方式密切相关。礼制的发端可追溯至饮食活动中的行为规范，而祭礼又为食礼之渊薮。"礼，饮食必祭，示有所先"，古人进食前庄重地祭奠先人的礼仪，称为"泛祭"，祭毕生人就飨。从最初沟通天人、体现敬畏鬼神之心的荐献礼发展到统治阶级赍远安内、和谐人伦的重要手段，食礼承担起加强天子与诸侯、群邑间友好互信的社交功能，增添了燮友柔克、巩固羁縻的政治内涵。

管子云："仓廪实而知礼节，衣食足而知荣辱。"民生的温饱妥善解决后才能谈政教风化。自周公克殷居摄以来，对王室、诸侯、庶民等各级食礼加以完善，将其"经国家、定社稷、序人民、利后嗣"的功用进一步明晰化、制度化、普及化。后由儒家四圣在丰富其仁义道统内涵的基础上发扬光大，定型为人际交往的重要伦理准则并积淀为中华民族的优秀文化传统之一。《尚书·周书·洪范》将"食"列为"八政"之首，先食货经济，次宗教神权，而后才是行政、外交、军事；又在"三德"中指出"臣之有作福、作威、玉食，其害于而家，凶于而国"。承天之祜，序食以礼，不亦大哉！

西周有一场著名国宴载录于虢季子白盘。

铭文讲述周宣王十二年（前816），虢公于洛水北岸大败猃狁，班师凯旋，周王为其举行了隆重的庆功仪式和接风宴，并赐弓马、彤矢、斧钺以"用政蛮方"。《诗经·小雅·六月》"吉甫燕喜，既多受祉""饮御诸友，炰鳖脍鲤"所述则为七年前尹吉甫"薄伐猃狁，至于大原"，征收南淮夷赋贡归来与诸友庆贺之私宴。公元前554年，鲁大夫季武子聘于晋以拜谢襄助伐齐之事，晋平公设宴招待。席间范宣子赋《黍苗》，季武子以《六月》回之，将晋侯比作尹吉甫，感恩其"芃芃黍苗，阴雨膏之"的大国仁君风范。引诗代言、赋诗明志作为春秋时期诸侯国间会盟聘问等场合的特殊辞令，在享宴酬酢间被赋予了微妙的外交意味。

享与宴乃周之古礼，二者之目的、对象、设食等级本不相同，³迨周室衰微、诸侯异政而渐无分别，因皆与食事相关，故合而称之。此时虽强权问鼎，但周礼遗风尚存，频繁的外事酬应为宴飨赋诗提供了施展空间：宾主往往通过引用《诗经》中典型环境的应景诗句来暗示立场或寄托，含蓄传达其言外之意和味外之旨，甚或在波诡云谲的政治博弈中反转劣势，收获四两拨千斤之效。如公元前637年，因骊姬之乱出奔的晋公子重耳（即日后的晋文公）在流亡途中受到秦穆公接见，其随从赵衰于宴会赋诗环节揖让进退得体，为秦国日后送重耳归国称霸铺好了路。同时，听诗者还能借此观察赋者之志趣人品，即《汉书·艺文志》所谓"称《诗》以谕其志，盖以别贤不肖而观盛衰焉"。公元前546年，发生在郑简公垂陇之宴上的一幕——赵文子要求七子赋诗以观其志，即为此例。不过在这种烧脑的国宴上，如若《诗经》背得不好，对诗旨领悟不到位，就会出糗。

佳「唯」十又二年，正月初吉丁亥，虢季子白乍「作」寶盤。不「丕」顯子白，壯武于戎工「功」，經緷「維」三「四」方。搏「搏」伐厰「玁」狁「狁」，于洛之陽。折首五百，執嘼「訊」五十，是㠯「以」先行。趉趉「桓桓」子白，獻馘于王。王孔加「嘉」子白義，王各「格」周廟，宜廚「榭」爰卿「饗」。王曰：白父，孔㝊又「有」光！王賜「錫」乘馬，是用左「佐」王。賜「錫」用弓，彤矢其央。賜「錫」用戉「鉞」，用政「征」絲「蠻」方。子子孫孫，萬年無彊「疆」。

西周虢季子白盘铭文
（引自中国国家博物馆官方网站）

到位，就会出糗。齐国大夫庆封到鲁国聘问时，在宴会上举止不恭，叔孙为此赋《相鼠》，以"人而无礼，胡不遄死"等辛辣犀利之词嘲讽之。但庆封却并未听出弦外之音，充分显示了其智商余额不足的尴尬。在礼制约束下的一饮一啄已非单纯的推杯换盏，而是作为外交活动的重要一环，成为衡量政治气候的晴雨表。此外，如专诸以鱼肠剑行刺吴王僚、晏婴为齐景公所设"二桃杀三士"的兵不血刃局、"鲁酒薄而邯郸围"的赵国无辜躺枪宴、魏惠王被鲁共公泼冷水的范台宴、蔺相如陪赵惠文王参加的渑池之会等，亦为大分裂时期特有的国宴形态。

食以体政，器以藏礼，以庖喻国，以礼定分。在古代帝王的观念中，饮食与治国理政同出一道：商王武丁的"若作和羹，尔惟盐梅"大家已耳熟能详，老子的"治大国，若烹小鲜"更是妇孺皆知，先秦亦不乏伊尹、易牙、晏婴、吕不韦等善于将烹调原理用于社稷运作的政治家兼御厨。美国学者尤金·安德森在凝聚着其关于"吃"的文化人类学思考著作《中国食物》中讲道："作为社会地位、礼仪地位、特殊场合及其他社会事务的标志，食物已不全是营养资源，而更是一种交流手段。……于是对中国人而言，座次的安排、菜肴的质量等细小差异，其意义极其重要，有时毫不夸张地说是生死攸关。"诚哉斯言。等级的深层意涵在于其对差异及不可僭越性的充分强调，国宴便是特定语境下这种交流手段的极致化与餐桌礼仪的最高体现。"食节事时，民咸安其居"，统治者以"礼"为出发点，将饮食与权力紧密捆绑，使"吃"成为身份地位的象征，此即皇家饮食之基调。

始皇剪灭六国、定鼎一尊，拉开社会转型与文化整合之幕，其武功焜耀公论翕然，政治所施亦多有皋牢百代之概。自秦汉大一统以来，中央集权从建立到巩固，经隋唐完善、北宋加强、元朝新变，明清达至顶峰，与其相始终者则是西周王室贵贱有别、下不僭上的饮食伦理观之不断固化，并以物化的形式在宫廷御膳中刻下鲜明烙印。天子的饮食制度及宫廷筵宴之规格、程式、礼仪悉载于礼志，历千祀而不废。从周天子的味列九鼎与国宴八珍，到慈禧太后的食前方丈及水陆杂陈，从汉武帝以"宴之国赐"的标准款待西域诸国使节，到苏禄国王率团觐见永乐帝的中外元首盛宴，宫廷御膳所展示的不单是"天下一人"的个性化味觉追求，它更是一种受政权迭代、民族融合、朝贡体系、经济活动、社会风尚等多重因素交互影响下的具有复杂社会属性的产物。

他者如唐代曲江游宴、北宋皇室的羊肉情结、辽朝四时捺钵制下的宫廷饮食、郑和下西洋与明朝国宴上的水果、清朝重华宫茶宴，包括历代宫廷饮食管理机构之职掌、皇家进膳制度与筵宴礼仪之嬗递，以及满汉全席之席式型格、酬待礼习、膳单考述等相关内容，皆笔者兴趣所在。惜囿于时间及文本限制，无法悉数付诸笔端，况某些专题亦非三言两语可说清道明，今后若条件允许将以专书分别出之。以上所言皆荦荦大者或正文未细涉者，余则不做过多剧透。

玉馔衎衎，燔炙纷纷，有美皆备，无丽不珍。泱泱华夏五千载，赫赫天朝展威仪，其间大小国宴不知凡几。韩愈《进学解》云："贪多务得，细大不捐。"凡为文最忌韩信将兵，于有限字数要求内试图面面俱到的结果只能是蜻蜓点水式的不求甚解和大而无当的空泛干瘪。故此，概述性、百度型、说明书般的浮光掠影绝非笔者初衷。小书本着弱水三千只取一瓢的宁缺毋滥态度，从史上众多场意蕴闳深的国宴及琳琅满目的国菜中，撷取几个侧影，对与之相关的历史背景、典章制度、人事掌故、菜品演变等加以爬梳钩稽。小处着眼，细处落墨，透过别样视角，以专题形式展现古代国宴中的某些亮点。阅读是一场邂逅，亦为二度创作，各位看官展卷之余若觉或有只言可观者、可窥得宫廷饮食文化风貌之一斑者，进而见微知著，使小书荣膺引玉之功，笔者则不胜慰藉之至。

《大般涅槃经·圣行品》曰："譬如从牛出乳，从乳出酪，从酪出生酥，从生酥出熟酥，从熟酥出醍醐。"古籍文献浩如烟海，乳酪参半；笔者虽怀瓠握椠，惨淡经营，拙作终不敢以酥自矜；至于醍醐者，翘首以俟高明。学殖瘠薄，力有不逮，疏谬处祈请方家郢正。

王　珩

庚子嘉平穀旦识于武林目耕斋

邀　请

朋友，大胆品尝我的菜肴。

明天你们会觉得味道更好，

而后天会更中意。

若你们吃了还想吃，那么

我的一点老花样，

就为我鼓起了一点新勇气。

——尼采《快乐的知识》

目　录

01

以庖喻国：
一碗羹里的政治哲学

尔惟训于朕志，若作酒醴，尔惟曲糵；若作和羹，尔惟盐梅。

——《尚书·商书·说命》

先贤总爱拿做饭来说事儿，这个传统可上溯至商朝建立伊始。何以见得？大者不提，单从一碗小小的羹里就看得分明。若问"和羹"为何羹，还得先从"不和"之羹说起。

大羹不和，以素为贵

羹，传说由黄帝始造，《尔雅·释器》云："肉谓之羹。"它是上古先民的"饮食之本"，无论贫富贵贱皆可食用，正如《礼记·内则》所言："羹食自诸侯以下至于庶人，无等。"

"不和"之羹为"大羹"，但不可简单理解为是用大碗盛的羹。这个"大"字不代表分量之多，而是说礼仪规格之高。《周礼·天官·亨人》云："祭祀，共大羹、铏羹。"贾公彦疏曰："大羹，肉湆，盛于登，谓大古之羹。不调以盐菜及五味，谓镬中煮肉汁。"湆（qì），指肉汁。所谓"大羹"，就是不加作料的带汁白煮肉。孔子说过，礼有高下、多寡、大小、文素之别，不同场合适用的礼节是不一样的。

举个例子，周天子的祭服有六种（大裘、衮服、鷩服、毳服、绨服、玄服），均为玄衣纁裳，其区别主要体现在章数（图纹样式）上。衮为九命之服，上衣绘有山、龙、火、华虫、宗彝五章花纹，下裳绣着藻、黼、黻、粉米四章，故又称"九章之服"。在祭拜至为崇敬的上天时，天子所穿的大裘是纯色无图饰的；在父辈面前，也用不着讲究揖让周旋之容仪；朝祭日月时用到的大圭，不加任何雕饰；而祭奠先祖时供奉的肉羹，也不加任何调味品，即所谓的"大羹不和"。[4] 此皆以文饰朴素为贵之例。本色本味，以素为美，看似寡味实则蕴含千滋百味，这与孔子所说的"少之为贵"是一个道理。

铏羹之法与天子膳单

那么，"铏羹"又为何羹？是一种调味菜肉羹。

铏，指盛羹器皿，圆口，长身，带盖，两耳三足，上宽下窄。贾公彦说，铏羹"皆是陪鼎，臐、臐、膮……调以五味，盛之于铏器，即谓之'铏羹'"。臐（xiāng）指牛肉羹，臐（xūn）为羊肉羹，膮（xiāo）是猪肉羹。大羹与铏羹的区别在于，放不放菜、加不加料。至于贾氏所言"陪鼎"，则涉及食礼问题。周朝贵族宴飨时所用的食器种类与数量由其等级决定，天子设宴时，有九鼎、八豆、八簋、六铏之说。其中，九只正鼎用来煮大羹，祭祀先人以示俭素，同时代表规制排场，称为"正馔"，仅供略尝而已；另有三只陪鼎，里面是调过味的和羹，叫"加馔"，这才是赴宴来宾真正享用的食物，因其置于正鼎一旁，所煮肉类也与正鼎相同，故名"陪鼎"。

先秦时期可入羹的食材范围极广，大凡能食用的动物，基本都可辅以谷米制为羹。做铏羹时，用菜有哪些讲究呢？其实古人很早就懂得根据肉的温凉属性来选择与之中和的菜蔬来搭配了，《仪礼·公食大夫礼》云："铏芼：牛藿，羊苦，豕薇，皆有滑。"芼，煮羹时所用配菜之统称。具体而言，做牛肉羹时配豆叶，羊肉羹用苦菜，猪肉羹里加山菜，另外都要用到堇、荁之类的菜来调味。那么，铏羹出锅之后，食用时与其他饭菜的搭配又是怎样的？"食：蜗醢而苽食、雉羹，麦食、脯羹、鸡羹，析稌、犬羹、兔羹，和糁不蓼。"（《礼记·内则》）郑玄在"食"字后注曰"目人君燕食所用也"，告诉我们这是一份周天子的日常膳单，来看看他是怎么吃羹的：要么是蚌蛤酱＋苽米饭＋野鸡羹，要么是麦饭＋干肉羹／鸡羹，或者稻米饭＋狗肉羹／兔羹。糁，指用碎肉混以米粉制成的羹。在上述这几种搭配法中，都要加入用作料和米屑调制的汤，但不加蓼菜。顺带提一句，在这种肉菜杂煮的铡羹之外，纯素菜羹也已经产生了。

汉代为食羹鼎盛期，出现了名目繁多的各种羹。据不完全统计，仅长沙马王堆出土的汉墓遗策所记就有五种羹，共计二十四鼎：大羹、白羹、巾羹、逢羹、苦羹。白羹，指用米粉调和但不入酱的肉羹，食简记有七鼎：牛白羹、鰿（古"鲫"字）白羹、鸡瓠白羹、鹿肉芋白羹、小菽鹿胁白羹、鲜鳠藕鲍白羹、鹿肉鲍鱼笋白羹。巾羹三鼎：犬巾羹、雁巾羹、鰿藕巾羹。到了三国时期，曹植创制出一款驼蹄羹，王世贞《异物汇苑》中称其为"七宝羹"，且"一瓯千金"，很是名贵。

有一点需要明确，上古的"羹"专指带汁肉馔，至于其变为汤，是中古以后的事情。到了清朝，按李渔的说法，羹就是用来配饭的，有饭即应有羹，无羹则饭不能下，就像人们喝酒时要有下酒小菜一样，吃饭也要有下饭之物："饭犹舟也，羹犹水也；舟之在滩，非水不下，与饭之在喉，非汤不下，其势一也。"（《闲情偶寄·饮馔部·谷食》）舟水之喻，将羹与饭的关系形容得很是生动贴切。"肴馔乃滞饭之具，非下饭之具也""宁可食无馔，不可饭无汤"，又将汤羹和菜肴看作对比，说宁可不吃菜也不能不喝汤，强调了用餐时喝汤的重要性，这也是他食疗养生观中很重要的一个方面。

彭祖：雉羹献尧，受寿永多

大家能吃到有滋有味的和羹，还得归功于彭祖，因为传说中给肉羹里加作料的做法，就是他老人家发明的。彭祖被后世冠以诸多头衔，如：中华烹饪鼻祖、食疗专家、道家先驱、气功祖师爷等。他是颛顼帝的玄孙，烧得一手好菜，对养生很有研究，曾用员木果籽（茶籽）烹制了一味野鸡羹献给尧，尧品尝后甚是欢喜，便把彭城封给了他。得益于彭祖的精心调养之功，尧帝在位七十年，一百一十八岁仙寿而终。

但更神奇的是，据说彭祖历夏经殷至周，七百六十七岁而不衰。连屈原在《天问》中也不禁盘驳："彭铿斟雉，帝何飨？受寿永多，夫何久长？"其实呢，彭祖是大彭氏国的始祖没错，为尧舜时人也没错，但由于后人经常将其与神农时的巫咸、黄帝时的巫彭，以及夏之彭伯寿、商之彭伯考与彭咸等混为一谈，遂有"非寿终也，非死明矣""长年八百，绵寿永世"等离奇之说。[5] 所谓"彭祖年长八百"，指的是大彭氏国存在的年限。彭祖能调鼎、善养性，是中国历史上第一位御厨不假，但寿数八百显然就是天方夜谭了。

负俎扛鼎，致于王道：伊尹之意不在羹

在彭祖之后的四百多年，又出现了一位了不起的御厨——伊尹。他是夏末商初人，伊姓，"尹"为官名，甲骨卜辞中称其为"伊"，金文作"伊小臣"。他辅助成汤灭夏建商，是商朝开国元勋、三朝元老，位列"旧老臣"之首。据甲骨文记载，伊尹死后受到隆祀，不仅与大乙（即成汤）并祀，还单独享祀。

伊尹还精通医术，据说是中药汤剂的创始者，《汉书·艺文志》中

的"经方十一家"载有《汤液经法》三十二卷，后世医者都将著作权归于其名下。伊尹身上最令人津津乐道的还是他由厨入宰的传奇经历，其"火候论"与"调和说"被后世治庖者奉为圭臬，老子的那句"治大国，若烹小鲜"的著名论断即源乎此。

"天将降大任于是人也，必先苦其心志，劳其筋骨"，伊尹的出道经历是对孟子这话再好不过的注脚。据《吕氏春秋·孝行览·本味》载，有莘氏部落的一个女子去采桑，捡到一弃婴，便带回去交给国君。君主令御厨哺育孤儿，并派他调查清楚事情的来龙去脉。原来这孩子的母亲本住在伊河上游，孕中某夜天神托梦，"告之曰：'臼出水而东走，毋顾。'明日，视臼出水，告其邻，东走十里而顾，其邑尽为水，身因化为空桑，故命之曰'伊尹'。此伊尹生空桑之故也"。也就是说，伊尹的母亲没有遵从天神的指令，这回头一瞥不要紧，全村都被大水给淹没了，她的身体也化为一棵中空的桑树，这便是伊尹诞之空桑的由来。

不是所有的"蓦然回首"都会觅得"灯火阑珊处"的伊人，更多时候它是灾难发生的前兆。这与古希腊神话中俄耳甫斯救出欧律狄刻后的情节很像：他也是因为忘掉冥王的叮嘱，回过头去看了一下下，想转身拥抱妻子，结果死亡的长臂又一次将她拉回地府，俄耳甫斯千辛万苦的努力瞬间化为乌有。好了，还是收起联想的翅膀，从地中海穿越回伊水边，由音乐家的悲剧回归到厨神的奇遇吧——

伊尹长大后很聪明，他跟着养父学得一手好厨艺，还心系天下，时刻关注政治动向。经过长期观察，他发现有莘氏国小力薄，难以担当灭夏重任，只有汤才是最佳人选。而求贤若渴的汤也早已听闻伊尹之才，正派人到有莘国来请他。伊尹虽有归附之意，苦于国君不答应，焦虑得很。一计不成，再生一计。汤又试图通过政治联姻的人情买卖来拉拢有莘国君主，加上伊尹这边动之以情、晓之以理的毛遂自荐，国君很高兴地答应了这桩婚事，伊尹便名正言顺地以媵臣（古代陪嫁之臣仆）的身份踏上了奔汤之路。

似乎在手工艺人圈子里自古就有一条不成文的行规：大家都一定要

用自己的工具干活，这样操作起来更加得心应手，而且也会显得专业水准比较高。伊尹当然不例外，毕竟是出国，他倒是很想轻装上阵，"挥一挥衣袖，不带走一片云彩"，但他所从事的行当不允许他有这样潇洒的想法。所以，只能老老实实地把平日里煮肉用的鼎啊，切菜的砧板啊，刀具啊等各种重量级家伙都扛走。关于这件事，太史公在《史记·殷本纪》中写道："负鼎俎，以滋味说汤，致于王道。"

那么，伊尹"说汤以至味"的具体情形是怎样的呢？话说汤得伊尹，如获至宝，于是"衅之于庙，爝以爟火，衅以牺猳"，在宗庙为其举行了庄重的除灾祈福仪式，次日布置朝堂行礼接见。简单寒暄几句后，伊尹就开始海阔天空地向汤讲起天下美味来，听得汤直瞪眼睛，大咽口水："你可以为我制作这些佳肴吗？"伊尹醉翁之意不在羹，一看机会来了，故意轻描淡写地说："可惜不行啊。您的国家太小了，不足以供置这等至味，若等您成为天子或许还差不多。"汤一怔，满脸茫然，若有所思。

伊尹很能沉得住气，不紧不慢地说："咱们还是先讲讲做菜吧。有三类动物，生活在水里的腥，食肉的臊，吃草的膻，但是对于这些有异味的食材，我都有办法让它们变得好吃起来。调和味道的根本，首先在于用水。五味三材，九沸九变，火候掌控是关键；调味则必定要用咸、苦、酸、辛、甘。至于入料顺序先后，剂量多寡，也各有定准。但鼎中味道之变精妙得很，不可言传且无法意会，恰似射御之微，阴阳之化，四时之数。"他说，精心烹调的食物最后要达到这样的效果就完美了——久而不弊，熟而不烂，甘而不哝，酸而不酷，咸而不减，辛而不烈，澹而不薄，肥而不腴朦。把这八个词总结一下，其实就四个字：适度原则。

接着，他又滔滔不绝地罗列了当时四海八荒的顶级美味。[6] 从珍禽异兽到五谷百果、各地特产，如数家珍。汤听得心驰神往，发呆不已。伊尹又把开头说的话强调了一遍："您只有先成为天子，否则根本就无法全部享用到这些美味。"然后又以素王九主之事进一步劝说汤夺取天下，最后话锋一转："但是，天子可不是随随便便就能当上的，您必须先懂得为君之道。道，不在人而在己。己成而天子成，天子成则至味具。所以说，只有先成就自身才能施惠于天下万物，进而把国家治理好。圣人之道其实就是这么简单，哪里用得着去做那些大费周章而见效甚微的无用功呢？"

伊尹不但烹饪水平高，理论修养也很了得，关键是政治嗅觉还相当敏锐。试想，若没有长期脚踏实地的下厨实践与钻研，是不大可能总结出如此入木三分的精辟理论的；若没有融会贯通的过人才智，怎么能想到不失时机地为汤分析天下大势，借烹饪之理言治国之道呢？吕不韦将伊尹"说汤以至味"的故事编入《吕氏春秋·孝行览》，取"本味"为篇名，深有用意，旨在说明君主若要备享天下"至味"则必须求诸"本味"，即"知道""成己"。从得贤的角度阐述治国须务本的理念，勾勒出一幅贤主与有道之士"不谋而亲，不约而信，相为殚智竭力"、最终功名大成的美好蓝图。同时，伊尹与汤的这番对话中还包含着一份天下"至味"的清单，这是我国烹饪史上最早的文献，为我们了解殷商先民的饮食情况提供了宝贵参考。

若作和羹，尔惟盐梅：武丁的"煽情戏"

在伊尹之后的三百多年，又出现了一场载入史册的关于做饭的君臣对话，这回的主角是商朝的第二十二位君主——商高宗武丁。

武丁为盘庚之侄，小乙帝之子。相传其为太子时，遵父命行役于外，与民同耕而作，体味稼穑之艰。即位后，他"三年不言，政事决定于冢宰，以观国风"（《史记·殷本纪》）。按理说，在国家旧有的官僚体系中，并不缺乏治国良才。但野心勃勃的他，"思复兴殷"，想有更大的作为，于是就在群臣面前上演了一出"梦赉良弼"的好戏。

因求贤心切，武丁某夜梦见上天赐其良臣，名叫"说"。第二天醒来后，他召集群臣，将梦中所见之人的相貌和他们一一对照，发现都不像。于是就命人绘制了一张贤辅肖像，派出声势浩大的队伍按图索骥，最后终于在一个叫傅岩⁷的地方找到了画中人。此人本为"胥靡"（奴隶），正"被褐带索"地在筑城服劳役。官员把他带回去，武丁迫不及待地跟他畅聊了一阵，发现这人确实谈吐不凡，有经天纬地之才，大喜过望，便"举以为三公，与接天下之政"。这就是孟子所说的"舜发于畎亩之中，傅说举于版筑之间"的故事。

武丁把傅说召唤过来，屏退左右，意味深长地说："来呀，傅说，咱俩谈谈心。我过去曾经跟甘盘学习过，不久就跑到荒郊野外、黄河边儿去风餐露宿、体察民情了，可是回到都城，发现一圈儿折腾下来并没什么大的长进。但是自从遇到你啊，情形就不同了，是你教会了我立志。打个比方吧，我想酿造甜酒，你就是那发酵用的酒曲；我想调制可口的肉羹，你就是盐和醋。你全方位地指点我，从不对我放弃治疗，我以后一定要更加上心，好好履行你的教导。"

一言以蔽之：国家离不开你，干了这碗鸡汤，咱们撸起袖子加油干吧！其实，武丁除了这段经典的以庖喻国言论，还跟傅说讲过更煽情的话："若金，用汝作砺；若济巨川，用汝作舟楫；若岁大旱，用汝作霖雨。启乃心，沃朕心。"（《尚书·商书·说命》）翻译过来就是：傅说呀，你是我铸铜时的磨石啊，是我渡河时的船桨，更是大旱之年的甘霖！敞开你的心扉来灌溉我的心田吧！

就这样，武丁总是一得空就把傅说拉过来说掏心窝子话，不定时地给他注入一剂剂强心针。承蒙国君如此厚爱，傅说倒也不负圣望，自入职以来可以说是夙夜不懈，一门心思全都扑在了为国建言献策上。君臣二人，一个挥沐吐餐，一个昃食宵衣，在成就遇合佳话的同时，更重要的是开创了"武丁中兴"的辉煌盛世。

商晚期"妇好"青铜鸮尊

此为目前中国发现的最早鸟形铜尊，器身铭文"妇好"

妇好同时行统兵、祭祀、占卜之职，为武丁统治集团重要成员

（两件出土实物现分藏于中国国家博物馆和河南博物院）

商晚期"妇好"青铜偶方彝

此大型容酒器为四阿式屋顶设计，器底铭文"妇好"

（中国国家博物馆藏）

君子食之，以平其心：晏婴也善"调羹"

在武丁之后的六百多年，齐国的晏子又将其"和羹治国"说加以发挥、完善，于是就有了他以"五味调和"说与齐景公探讨君臣之道的对话。[8]

晏子针对景公"'和'与'同'异乎"的问题作出回答，中心意思是"君子和而不同"。他说，所谓"和协"，就如同用水、火、醋、酱、盐、梅来烹调鱼肉羹一样，厨师要适时把控好柴草添加的量，更重要的是口味得调和适中，过浓过淡都不行。只有这样，别人吃完这羹之后才会感到胃里舒服，内心平静。同样地，和洽的君臣关系也如此：在国事上出现分歧时，臣子要敢于表达自己的观点，而不是一味附和。君主认为可行但其中确有不妥的，臣子就应该客观指出，从而使可行的部分更加完善；反过来，君主认为不可取但其中本有可取之处的，也不能因噎废食，臣子要"献其可""去其否"。他还特意引用《诗经·商颂·烈祖》中的句子，以先王之道来强调君臣间协规同力的必要性。双方在发表各自意见的同时，要能听得进去"反调儿"，只有在充分考虑到"不同"的基础上最终达成的"和"，才是理想的治国方略，这样一来，国家才能政平人和而不废礼仪之道，百姓才能安居乐业而无争竞之心。

从大羹不和的白煮肉，到用盐醋调味的菜肉羹，再到五味和谐的鱼肉羹，酱料使用的丰富程度是先民生活水平与烹调技艺提高的直接体现。同时，也反映出以庖喻国之说在不断发展，这碗政治哲学风味的肉羹越做越高明，变得越来越有滋味，但千年来万变不离其宗的就一个字——和。

小羹碗，大乾坤：和羹深味存乎羹外

"和"字作为形容词，指不同事物或同一事物中各组分间达到的一种令人满意的和平、和睦、和协之状态。它是美学、社会学、中国哲学中的重要范畴，其超功利的审美内蕴也是中华民族传统文化之精髓所在："礼之用，和为贵；先王之道，斯为美。"

为什么古代君臣总爱拿做饭来说事儿，以庖喻国之说何以数千年来经久不衰？因为做饭具体，治国抽象，用一件与每人日常生活都息息相关的具体事项去阐释一个宏观抽象的概念，总是容易理解、产生共鸣的。当然，更主要的还在于二者之间的深层可比性以及终极目标的一致性——和。老子所说的"万物负阴而抱阳，冲气以为和"是从宇宙本体论的角度，说明"和"乃万物生成之内在依据。而《庄子·天道》中所言"与人和者，谓之人乐；与天和者，谓之天乐"，则是从顺应民心之德与遵循自然规律的层面来强调"和"之重要性的。至于儒家就更不必说了，"中和之美"一直是其审美评判的最高原则。烹饪也是一门艺术，能够带给人感官以愉悦享受的菜肴必定是五味和谐的。

所以说，"和"乃宇宙万物发生的规律、存在的常态、功能的佳境。于外，具有缓和社会矛盾、改善人际关系的政治教化功能；于内，可调适个体之身心平衡，即我们常说的"不要拧巴，同自己好好相处"。"和"之旨趣，恰恰体现在其矛盾统一上。羹和，则人和；人和，则国和。看似简单的一碗羹，实则并不简单，其深味存乎羹外也。

02

还原『先秦第一御厨』

易牙蒸了他儿子，给桀纣吃，还是一直从前的事。谁晓得从盘古开辟天地以后，一直吃到易牙的儿子；从易牙的儿子，一直吃到徐锡林；从徐锡林，又一直吃到狼子村捉住的人。去年城里杀了犯人，还有一个生痨病的人，用馒头蘸血舐。

——鲁迅《狂人日记》

桀、纣各为夏、商朝最后一任君主，与易牙非同时代人。狂人说易牙蒸子给桀纣吃，是"语颇错杂无伦次"的表现。去古久远，史料龃龉，我们对历史事件和历史人物的解读也不免时有偏差，易牙即为一例。试图还原其本真面目，当然得先把贴在他身上的标签撕下来重新检视，概言之有两条：一为"烹子献糜"，二为"弑君祸国"。易牙为何狠心杀子？且从其出道经历谈起。

庖而优则仕：御厨＋政客＝政厨

易牙乃春秋齐国名厨，但非齐人，其事迹散见于周秦古籍，又作"狄牙"，当为以族属称名。《白虎通·礼乐》云："夷者，聚狄无礼义……戎者，强恶也。狄者，易也，辟易无别也。""易""狄"二字古音同，可通假，故"易牙"作"狄牙"者，"狄"示其族，"牙"为其名，即此人乃来自北方少数民族部落的狄人。[9]因地缘关系，一身绝技的易牙便怀揣梦想来到富庶的齐国谋求发展，在一个偶然的机会下，进入宫廷后厨工作。

桓公娶了三位夫人，但无子嗣。他本人又极好女色，内宠多得很，在以卫共姬为首的后宫佳丽序列中，最受宠者有六。有一次，卫共姬生病，又抗拒苦涩的汤药，易牙就别出心裁地给她设计了一款食疗菜，连吃几天果然病愈，从此，卫共姬对他刮目相看。在博得桓公宠妾的好感后，易牙又与其嬖臣竖刁套近乎，得到引荐，终于获得为主子掌勺的大权。[10]

他深知"欲得其心，先得其胃"的道理，为了继续进步，便充分发挥自身优势，不遗余力地在桓公面前表现自己。如果主子半夜饿了睡不着，他就随叫随到，煎熬烧烤，一丝不苟，宵夜的精细程度绝不亚于正餐。他老人家每次必定饱足而眠，一觉睡到自然醒。[11]但第二天起床后，桓公总会反思自己前夜被饿虫冲昏头脑的饕餮之举，叹口气："后世必有以味亡其国者。"不料一语成谶。很多人认为桓公就是被他的厨子等一伙人给害死的，首当其冲的就是易牙，果真如此吗？且留待后文分析。

说起易牙的过人之处，除了菜烧得好，最令人称道的是他的辨味本事。王充《论衡·谴告》云："狄牙之调味也，酸则沃之以水，淡则加之以咸，水火相变易，故膳无咸淡之失也。"王充对于厨道一看就是个外行，夸人也不会夸，酸了就兑水，淡了就补盐，愣是把易牙高明的手艺给粗俗化了。

还是孔夫子会说话，"淄、渑之合，易牙尝而知之"。淄水和渑水都在今山东省，相传二河之水味各不同，混在一起难以辨别，但易牙却能尝出来，且屡试不爽。须知，辨味之术乃司庖精要，人家孔夫子只用十个字就把易牙作为一名良庖的优秀素质给高度概括出来了。

孟子对其调味能力也是赞美有加："口之于味，有同耆也，易牙先得我口之所耆者也。"他说，人的味觉之于食物都有相同的嗜好，易牙早已摸清个中规律，否则凭什么天下人都那么推崇他呢？但凡提到烹饪，大家都希望能做到像易牙那样。在孟子心目中，易牙就是天下第一的"厨王"，其手艺堪称行业的金标准。

而且易牙这人情商还高，做事也细，搞国宴接待更是一把好手。

自葵丘会盟以来，桓公之霸业达到顶峰，齐国国际地位空前，各国来聘使者络绎不绝，接待任务也就变得日渐繁重，这直接体现在国宴的筹备工作上。对于不同国家、级别的王侯公卿,都有一套严格的接待标准,绝对不能乱来。比如宴会规模、看馔品级、主宾座次、餐具摆放位置等,都大有讲究。一旦粗心搞错,不仅会打主人的脸,客人也丢面子,严重者,可能还会引发一场战争。"御厨"从来就是一项随时有可能掉脑袋的高风险系数职业,以熊掌为例,"宰夫胹熊蹯不熟而杀之"的事儿还少吗?

再举个例子,《弟子职》是我国年代最早、内容最全的一部学则,其师生饮食礼序之规甚细——

先生的用餐时间一到,弟子就得把饭菜端上来,挽起衣袖洗漱完毕,跪坐于旁侍候。摆放饭食酱料时,陈列忌杂乱无章,不得违反规定。上菜顺序为先菜后肉,相间排列,为取食方便,肉馔应置于酱之前,席面摆设呈方形。饭要最后上,酒放在左手边,酱置于右侧。待先生许可,弟子方能进餐。依序就座,尽量往前靠,以免弄脏席子。吃饭时,应左手捧,右手撮,吃羹就不可以上手了。双手可以凭靠膝头,但不能两条胳膊都趴伏在桌上,等等。[12]教导学生日常饮食的校规尚且如此严苛,国宴餐桌礼仪有多么琐细冗杂可想而知。

但这些难不倒学习能力超强的易牙,来齐国之后不久便把这套中原的繁文缛节搞精通了。他也不光厨艺精湛,统筹能力亦佳,每逢重大国事活动,都是独挑大梁,将整个接待工作安排得周全妥当,令桓公十分满意。

就这样,易牙凭借其出色的处理行政事务的能力,被一路提拔:从名不见经传的后厨助手,到主厨、御厨主管,直至跻身宫廷权力核心圈,成为影响齐国政治走向之重要角色中的一员。易牙由庖入政的华丽转身向我们揭示了这样一个道理:学而优则仕,庖而优亦可仕。同时也教给我们还有这样一条公式:御厨 + 政客 = 政厨。

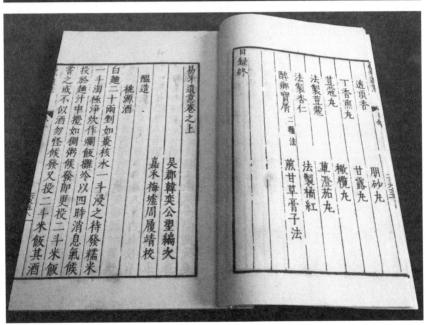

民国影印夷门广牍本《易牙遗意》书影

明韩奕撰，明周履靖辑

是编仿古食经之遗，载酝造、脯鲊、笼造、斋食等

十二类一百五十余种食物制法

木秀于林，风必摧之："烹子献糜"事件的再思考

怀揣"权力的游戏"入场券，易牙只是稍微琢磨了一下游戏规则，根本没耐心参透其奥义就迫不及待地大展拳脚了。但不久之后发生的一件事，不光让他"崴了脚"，还损了名。

此事古籍多载，情节略异。[13]

某日，桓公说他没吃过婴儿肉，不知何味，易牙回去就杀掉长子，煮肉献上。桓公得知真相后，深为触动，从此更加宠信易牙。"烹子献糜"事件在齐国宫廷内外掀起轩然大波，易牙没料到他的表忠心之举反倒成为遭人指摘的把柄。囿于认知的局限性，"少见"就会"多怪"，除了享用人肉的当事人之外，其他吃瓜群众对此都嗤之以鼻，负面评价无外乎两种：要么说易牙这小子也忒残忍了，对亲骨肉都能狠下毒手，还有啥事干不出来？要么说他人品有问题，为了邀宠取媚，不择手段，是奸佞惑主的投机分子。

引而申之，我们很容易联想到，在与桓公同时代的重耳与介子推之间，也上演过类似一幕。

同是吃人肉，重耳落难粮绝时，介子推从自己大腿上割肉给主子充饥，成就了其忠义之美名；桓公假戏真做，使易牙招致残忍之骂名。"割股奉君"与"烹子适君"的最大区别在于——介子推献完肉之后，隐遁不言禄；而易牙则以此为跳板，企图在政治舞台上发挥更大的作用。

其实，对这件事也不必太过诧异，彼时易长子而食的行为在古代边裔部落中也不是没有。《墨子·节葬下》云："昔者，越之东有輆沐之国者，其长子生，则解而食之，谓之'宜弟'。"他还列举了楚国之南的啖人国、秦国之西的仪渠与中原大异的丧葬风俗，意在阐明其反对"厚葬""久丧"的节葬思想。

《后汉书·南蛮西南夷列传》云："〔交阯〕其西有啖人国，生首子辄解而食之，谓之'宜弟'。味旨，则以遗其君，君喜而赏其父……今乌浒人是也。"《庄子·盗跖》亦提及尧杀长子的传说。

以今观之，解食长子是如此荒谬绝伦，况且对于当时的中原之主齐国人来说，就已无法理解。这种古老习俗的成因何在？吕思勉《先秦史》中曾将其与春秋时期邾、鲁等国以俘虏为人牲的做法等量齐观。但就身份而言，长子与俘虏显然不可同日而语，若从祭祀角度考察，问题便趋明朗化了。

《礼记·少仪》云："未尝不食新。"郑玄注："尝，谓荐新物于寝庙。"讲的是"尝祭"，又叫"献新"的一种祭祀风俗。劳动者以田里新收的第一批作物祭神，且这种活动会贯穿于全年中的每个丰收节点。《礼记·月令》对此有详细说明。如：仲夏之月"农乃登黍，天子乃以雏尝黍，羞以含桃，先荐寝庙"，孟秋之月"农乃登谷，天子尝新，先荐寝庙"，季冬之月"命渔师始渔，天子亲往，乃尝鱼，先荐寝庙"，等等。

西方也有类似传统，《圣经》所载献新之物中就有长子。如《出埃及记》："你要把你的第一批谷物和你第一次榨出的酒献给我，不可迟延；你要把头生的儿子献给我；你的牛、羊也是如此……"此外，《旧约》中还有多处提及。如：《创世记》中，上帝要亚伯拉罕将其第一位妻子撒拉所生的儿子以撒献祭；《士师记》中，耶弗他被迫把独生女儿献给上帝；等等。

弗雷泽《金枝》中说："在古代希腊，看来至少有一家很古的王室，其长子总是代替他们的父王作牺牲献祭的。"沙利·安什林《宗教的起源》中也讲到，在腓尼基人和迦太基人当中，都存在过这种献祭习俗。概言之，先民将新粮、仔畜等作为祭品供奉神灵的心理动因大抵是祈求在后续岁月中能平安保有并食用其耕种的其他作物及豢养的其他动物。新婚献首子之俗也是为家族日后出生的孩子祈福，体现着"瓜瓞绵绵，尔昌尔炽"的美好愿景。明乎此，墨子所谓"解食""宜弟"之义亦豁然。

此外，还可以从后嗣血脉正统性的视角来分析。

章太炎《检论·序种姓上》中讲到，羌胡杀首子、骹沐国解长子而食之，都是由于"妇初来也，疑挟他姓遗腹以至，故生子则弃长而畜稚"。郭沫若《管子集校》中对此说持肯定态度。男子婚后初为人父，担心第一个孩子来路不清，就将其杀之以绝后患。婚姻产生于私有制，男权的确立及财产的私有化对财产继承人的血统纯洁性提出了要求。但任何新生事物在发轫之初都难以立刻从旧有框架中解放出来，当时的"婚姻"也未能完全统治"性"。

在没有亲子鉴定的年代，丈夫为打消顾虑，就采取了这种低成本且易操作的办法——将臆想中有嫌疑的长子除掉。作为社会生产力低下、婚姻制度不完善的产物，杀长子之风是群婚制向一夫一妻制演变过程中经历过渡形态（即对偶婚）时的副产品。比如现在摩梭人还保留着的"走婚"这种古老婚俗，实为对偶婚之残留形式。从某种程度上讲，人类婚姻发展史说白了就是一部确认孩子父亲身份的历史，其中某些规则的制定与调整，也是为了搞清爸爸是谁而为之付诸努力所产生的结果。

"易长子而食"只是人类社会漫长演进过程中的一个插曲。易牙在齐国待了这么久，潜移默化中肯定对中原礼俗并不陌生，但其身体中流淌着的狄人血液使其面对棘手问题时还是可能会不自觉地以本族固有的传统去化解。虽说他厨艺高超，平日里任何食材到了他手下都会变成绝佳美味，但当听到"寡人遍尝天下珍馐，独不知婴儿之肉何味，殊为憾事"这句话从桓公口中说出来时，还是会有点犯难——

因为这种食材不大易得。去哪儿弄人肉呢？还得是小孩子的，谁家孩子乐意让你杀啊？拒绝做吧，算是抗旨，不忠；把别人家孩子拎过来吧，不仁。于是乎，就有了老办法解决新问题的这一出"烹子献糜"。

易牙非中原人士，因其国俗以事桓公，"味旨，则以遗其君"，将认知体系中自觉最好的东西拿来献给君主，恰恰是忠君、爱君之体现。所以，无论是从献新奉君的祭祀传统、狄族风俗与民族记忆等文化人类学的视角去阐发，还是从"怕戴绿帽子喜当爹"的婚姻心理学角度来解读，烹子并非如字面上这般骇人听闻，结合当时的具体情境及事件主人公的出身考察，此举背后自有其特定的社会风俗与集体认知的心理支持。

此事遭人诟病的深层原因在于，不同地域文明发展程度不均带来的认知不对称，它只是中原文化与边裔习俗碰撞时擦出的火花。易牙所为固难摆脱取信邀宠之嫌，但趋利乃人之本性，若能以平常心去看待其利益层面的动机，或许就会对此人此事作出更加理性和贴近历史事实的评价。[14]

隔行如隔山，跨界需谨慎：掌勺之外的火候不好把握

解读完"烹子"，我们再来看看所谓的"弑君"。易牙在成功进阶为桓公第一亲信后，又因着利益共同体这层关系，说服了桓公立卫共姬之子武孟（即公子无亏）为继承人。而在此之前，桓公已与管仲商量好，立郑姬的儿子孝公（即公子昭）为太子，并已托付给宋襄公。但桓公答应改立太子可能只是私下应允，还未来得及走正式程序。公元前 645 年，管仲病危，桓公想提拔易牙接任他的位子，就去探病顺带询问其意下如何。没想到管仲不假思索地一口就否决掉了，还说："愿君去竖刁，除易牙，远卫公子开方。"[15]

为什么要弹劾这三个人呢？

理由如下："父母爱子乃人之常情，您说自己没吃过人肉，他就杀了儿子孝敬您，连自己年幼的孩子都不爱的人，还指望他来爱您吗？"接着，他说竖刁也是一丘之貉："您本性好妒好色，竖刁为了便于管理宫女，竟自施宫刑。按理说，人谁不爱惜自己的身体啊，竖刁这样的行为，让人很难相信他会爱您。""再者，还有那个卫公子开方，他侍奉您十五年，齐、卫两国离得也不算远，他却忍心丢下自己的老母亲，做官这么久都不回家看看，至亲尚且不爱，能爱君主吗？总之，这几个人都是危险分子，别看他们现在想方设法地讨好您，其实个个利欲熏心，伪装久了迟早有一天会露出狐狸尾巴的。"[16]

对于这番忠谏，桓公起先也听进去了，心一狠，将易牙等人"尽逐之"。但问题随之而来——"食不甘，宫不治，苛病起，朝不肃"。

易牙的离去使其口腹之欲难以餍足，进而引发了以寝难安、宫不宁、朝纲紊等为特征的多米诺骨牌效应。第二年，他就病倒了。这样一来，王位继承出现混乱，"管仲卒，五公子皆求立"。除去孝公之外的五个儿子心里很不平衡，都觉得自己有资格当主子，凭什么你孝公可以我就不可以？桓公离世后，"五子之乱"进入白热化阶段，易牙也参与其中。他与竖刁、众内宠一道杀死执政大夫，拥立无亏为君，但以失败告终——

几经周折，最终还是由公子昭（即齐孝公）继了位。

令人扼腕的是，受"五子之乱"余波干扰，桓公死后的安葬事宜可谓一波三折，与其生前"春秋五霸"之首的赫赫威名形成巨大反差，就一个字——惨！

太史公说，桓公是公元前643年冬天十月七日去世的，当时大家都在君位争夺战中拼得你死我活，宫中无主"莫敢棺"，六十七天后尸身腐烂，蛆虫爬出。直到十二月八日，无亏正式即位，才把棺材抬进宫中。六天之后，大殓毕，但还未下葬。到了第二年三月份，宋襄公护送公子昭回国讨伐齐君，齐国人害怕了，就把无亏杀掉，准备立昭。但遭到其余四公子党徒的攻击，昭只好再逃回宋国，宋军则留在齐国和对方开战。这场仗持续了足足两个月，宋国人不负桓公生前嘱托，终于打赢了太子保卫战，以五月份昭回国继位为圆满句点。又过了三个月，等国势稳定下来，桓公这才得以安葬。也就是说，其身后事前前后后拖了十个月才料理完。

此次宫廷政变发生后的九年，易牙仍活跃于政坛。齐孝公不能安抚众兄弟，又意识不到自己的位子并不稳固，仍以霸主自居。公元前634年，鲁国大闹饥荒，他派兵趁火打劫。鲁国只得向楚国求助。有了楚军撑腰，鲁僖公也就可以放心大胆地展开自卫反击战了，他们占领了穀地，把桓公的儿子公子雍安置在那里。易牙等人便把他拥戴起来，与鲁国呼应，以为外援。[17] 看来易牙并不甘心，仍伺机东山再起。

审视易牙弑君事件的关键点在于《吕氏春秋》与《左传》的记载大相径庭。有关易牙发动政变的文献中，吕氏所录最详，"知接"一篇专载此事。文中绘声绘色地描述了易牙、竖刁作乱，"塞宫门，筑高墙，不通人，公饿死"的情形。而且还增添了桓公弥留之际反悔的细节，他慨叹自己无颜面对九泉之下的管仲，说完就"蒙衣袂而绝乎寿宫"。其实，最初左丘明在记载易牙的相关事迹时用笔极简，[18] 并未指出桓公是被他害死的，只说桓公死后他参与了拥立无亏。何以到吕不韦这里，就被添枝加叶地铺衍成一篇洋洋洒洒、情节生动的"小说"了呢？难不成两百年后的人比同时代的人知道得还要多？

之所以会产生"去古越远越该详"这种反常现象，与写作目的有直接关系。二书虽都名为"春秋"，但左氏之"春秋"与吕氏之"春秋"却分属不同历史时空的经纬度：前者重在记史，后者意在喻理。《吕氏春秋》是以吕相治国纲领的面貌出现的，全书内容都围绕"虚君实臣，民本德治"这一政治核心展开。所谓"知接"，乃智力所及之意。人的认识范围是有限的，不可能事事皆知，君主也不例外。国君只有清醒地认识到"智无由接"的自身局限性，举贤用能、虚心纳谏，才可避免身亡国危之祸。因此，为了褒扬管仲"先见其化"之高明、批评桓公晚年"不卒听管仲之言"的自以为智，就衍绘出了常之巫未卜先知、易牙假传君令、桓公乞食于宫女而不得等诸多摄人心魄的场景。凡此种种，无非为增强文本的说服力而服务，使其更加生动可感，令人印象深刻。在吕氏之书中，易牙是作为反面教材出现的，从此成为弑君祸国的宵小卑劣之典型，"知接"篇所述即为其盖棺之论。到唐朝，颜师古在为《汉书·东方朔传》中的"故淫乱之渐，其变为篡，是以竖貂为淫而易牙作患"之句作注时，就大段引用了吕氏此篇文字。

在儒家正统观念里，管仲是垂范后世的贤臣楷模。孔夫子有言："微管仲，吾其被发左衽矣。"又说："桓公九合诸侯，不以兵车，管仲之力也。如其仁，如其仁！"（《论语·宪问》）要是没有管仲，说不定我们现在还被一群披头散发、衣襟左开的异族统治着呢。的确，桓、管君臣协力，顺应当时周室衰微、大国崛起之势，尊王攘夷，一匡天下，采取了行之有效的军政策略，阻止了齐鲁之地被"夷化"的可能，捍卫了中原文明免遭戎狄等落后部落的破坏。有素王大力赞誉定下的基调，管仲历来都被塑造成"高大全"的光辉形象，而易牙作为其对立面，经时间之累加效应，不断被贬损化、污名化也就不足为怪了。但政变发生之后，易牙并未被处死，就说明他犯的事儿其实不严重。

韩非子说人臣的本心并不一定是真爱他们的君主，只是受利益驱使而为之，最终目的都是为个人图私利，他批评易牙就是这样的典型。[19] 同时指出，桓公因"刑""赏"两种权柄使用失当，不能"掩其情"而"匿其端"，表现出自己的好恶才为人臣侵主提供了机会，还是比较客观的。[20]《史记·齐太公世家》篇末论赞只是一味称赞桓公勤修善政、会盟称伯之威，而到了司马贞《史记索隐》述赞，就清楚地给予正反两方面评价："小白致霸，九合诸侯，及溺内宠，衅钟虫流。"

桓公惨死，五子夺位，宫廷内乱，乃至其后国势陵颓、中原霸业拱手晋国，若将这一系列后果都归咎于易牙等人大加挞伐，显然有失公允。尤其烹子一事，后人治史，多攻讦易牙杀人之冷血，而不论桓公吃人之不仁，"为尊者讳"之封建正统观流毒久矣。胡适在介绍詹姆士（William James）的实在论哲学时，曾说过一句很经典的话："'实在'是我们自己改造过的'实在'，这个'实在'里面含有无数人造的分子。'实在'是一个很服从的女孩子，她百依百顺地由我们替她涂抹起来、装扮起来。好比一块大理石到了我们手里，由我们雕成什么像。"历史本来是实在的，只是记录历史的人使其变得不实在。"历史事实"与"历史书写"之间幽微曲折的张力，正是后人读史之乐趣所在，也是我们对某些历史事件进行再思考、对历史人物进行客观还原的前提。

要之，所谓易牙"弑君祸国"之说，应以这样的眼光重新审视：他只是这场宫廷政变的当事人和参与者之一，而扭转齐国历史走向的症结在于：桓公晚年骄矜昏聩，刚愎自用，在国本问题上立场不坚定。加之用人失当，对身边的危险分子姑息纵容，终致降祸于己，酿为悲剧。故桓公善始不善终的根由乃人谋不臧，正所谓"一人之身，荣辱具施焉者，在所任也"。

污点不污："佞臣"在民间依然是"神"

话说易牙退出"权力的游戏"之后，避居彭城，又重操老本行，开了一家餐馆。从此不问政治，专研调味，将水火变易之法运用得越发炉火纯青，为日后鲁菜和淮扬菜的形成奠定了基础。

他在烹饪方面确实有一套独到的见解，总是勇于挑战自我，不断创新。比如，他想出了一个炖鸡的妙点子，将五味子与老母鸡清炖，制成一味清鲜可口的食疗养生菜——五味鸡。又如，"鱼腹藏羊肉"这道山东传统名菜亦出自其手，经后代厨师的继承、改良，现行通用烹法为：将鲤鱼洗净、剔骨，加料稍微腌制；羊肉、香菇、冬笋等切成粒状，与入锅煸炒后的调料一同填入鱼腹；再取猪网油裹好鱼肉，置于烤炉内烤熟；最后将黄瓜、红辣椒等配菜切细丝，摆盘即可。北方水畜之鲜者，以鲤鱼、羊肉为最，此菜二鲜并用，鲜上加鲜，美味可想而知。

钱穆在《中国历史精神》中指出："若把代表中国正统文化的，譬之于西方的希腊般，则在中国首先要推山东人。"发轫于山东的儒家思想不仅塑造了两千多年来中国人的文化品格，也深刻影响了国民的饮食观念，在这一点上，易牙功不可没。为纪念这位烹饪大师，老百姓（特别是江浙沿海及东北一些地方）纷纷立庙、奉祀神位，台湾高雄还有一座易牙庙也香火鼎盛。因与彭城有同样的历史渊源，易牙三访彭祖拜师学艺的传说在民间广为流传，有诗为证："雍巫善味祖彭铿，三访求师古彭城。九会诸侯任司庖，八盘五簋宴王公。"虽然让春秋时期的易牙穿越回彭祖在世的"五帝"时期，两人再来一番厨艺 PK 的良好愿望可以理解，但在科技比较发达的今天仍存在诸多尚待解决的技术难题。

尽管如此，丝毫不影响我们以文学审美的眼光来看待这个传说，也从侧面反映出民间对易牙之喜爱与推崇。徐州历代都有以易牙命名的菜馆，文人撰写仿古食经亦多托其名。如元明之际的韩奕，曾将酝造、脯鲊、蔬菜、笼造、糕饵、斋食、诸汤、食药等十二类内容编为一书，名曰《易牙遗意》。其后，周履靖又著续篇《续易牙遗意》。易牙头顶厨神之桂冠，从政时的败笔，并未干扰到其作为"烹调祖师爷"的形象在民间佳话中的书写。毕竟我们今日提及其名，各路吃货首先想到的还是美食，至于烹子弑君什么的，与我何干？吃，才是第一要务，这是亘古不变的"真理"。

"撕标签"启示：不忘初心，方得始终

上古御厨多政客，以厨干政，自伊尹始。其实，做饭是本分，参政与否只是近水楼台这一客观条件下个人主观的自由选择。你可以纯粹如彭祖，潜心钻研雉羹的做法，一心一意给尧帝调养身体；或像伊尹那样，平衡好本职与兼职的关系，献献鹄羹，陈陈政见，谈谈韬略。

易牙与伊尹的区别在于，同是干政，躁动的野心使其难以安于其位，固守其职。于是便不由自主地加了不少戏份，旁出枝蔓地闹出很多不必要的后期表演，其进阶之路所走过的每一步都显得别有用心。

易牙是个称职的厨子，但不是成熟的政客。观其种种干政之举，火候把握还是欠妥，不光把仕途这盘大菜给烧焦了，还引火上身。虽是"撕标签"，但咱也得说句公道话：饕人不庸，良庖不良。易牙就是因为太不甘平庸了，没有辩证地看待自身能力与野心的关系，才搞出这么大动静。隔行如隔山，跨界需谨慎，操作不当有可能身败名裂。

接着读《狂人日记》，里面还有这么一段——

凡事总须研究，才会明白。古来时常吃人，我也还记得，可是不甚清楚。我翻开历史一查，这历史没有年代，歪歪斜斜的每叶上都写着"仁义道德"几个字。我横竖睡不着，仔细看了半夜，才从字缝里看出字来，满本都写着两个字是"吃人"！

最后总结一句：当一个人的能力与野心尚不匹配时，除了低调沉潜，还有更佳选择吗？恐怕只有见好就收，静观其变，才会为自己赢取更多有利筹码，从而在"鼎俎"与"权力的游戏"间切换自如，游刃有余。可惜易牙并不清楚这一点。

03

绝缨之宴与『不流血的战争』

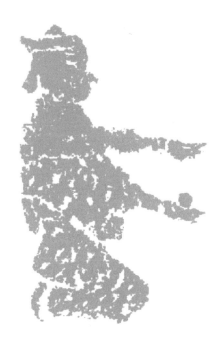

下石乞、盂黡敌子路，以戈击之，断缨。子路曰："君子死，冠不免。"结缨而死。

——《左传·哀公十五年》

孔子哭子路于中庭。有人吊者，而夫子拜之。既哭，进使者而问故。使者曰："醢之矣。"遂命覆醢。

——《礼记·檀弓上》

子路，名仲由，"孔门十哲"之一，为人伉直，以政事见称。当年孔子设案授徒，辟"德行""政事""言语""文学"四科，子路乃政事科之优异者。又因勇武果烈，随夫子周游列国时，护驾左右，加之个性坦诚，常直抒己见，深受老师喜爱。

子路初仕鲁，后事卫，任卫大夫孔悝之邑宰。哀公十五年（前480），卫国发生宫廷政变，孔悝之母伯姬与人谋立其弟蒉聩为君，胁迫孔悝弑卫出公，出公慌忙出逃。子路闻讯，立即进城去见蒉聩，与其手下石乞、盂黡发生争斗，被挥戈击落帽带。性命攸关之时，只留下句"君子即使临死，也要衣冠整齐"，在结缨正冠的瞬间被敌方偷袭，慷慨遇难。

得知爱徒死讯，夫子震悼不已，泫然流涕。有人前来吊唁，夫子以主人的身份拜谢吊丧者。待痛哭祭奠毕，才唤使者入内，详细询问子路牺牲时的具体情况。使者说，他被剁成了肉酱。夫子伤心欲绝，遂命人倒掉正要吃的肉酱，从此不再碰此类食物。次年，溘然仙逝。

子路本着"利其禄，必救其患"的态度，以生命换取退出政治纷争而又不失武士忠心的无奈举措，令人惋惜且叹服。李商隐有诗赞曰："幽囚苏武节，弃市仲由缨。""仲由缨""结缨而死"也成为后世志士仁人不惧牺牲、从容赴死的代名词。当然，这一节的重点不是要讲子路和儒家礼教，而是距此一百多年前发生在楚国一次宴会上的故事。同样与"缨"有关，只是一个"结缨"，一个"绝缨"，在"结"与"绝"这两个相反的动作之间，又包含着哪些微妙深刻的相似之处呢？

缨可断乎？士可辱乎？有阴德者，必有阳报

春秋乱世，诸侯割据，打仗如家常便饭。公元前 605 年，楚庄王与赵宣子的争霸甫一拉开帷幕，楚国若敖氏家族就发生了火并。

当时斗般为令尹，子越椒为司马，苏贾为工正。子越椒狼子野心，为夺令尹之位，利用苏贾对斗般的不满，暗中与其勾结，待苏氏解决掉斗般后，又与其反目。率一众若敖氏族人将苏氏幽而杀之，并驻兵烝野，伺机进攻庄王。

开始庄王采取缓兵之计，欲以楚国三王（文王、成王、穆王）之子为人质与子越椒和谈，对方断然拒绝，庄王只得迎战，双方在皋浒展开对决。子越椒自小在军营中长大，骁勇善战。只见他勒马横枪，振甲披袍突然杀出，截住王驾：第一箭飞过车辕，越过鼓架，射在了钲上；紧接着又抽一矢，刺在了庄王战车的伞盖上；都是差之毫厘，直击要害。楚军士卒见状，不由得胆怯后退。为了稳住军心，庄王急中生智，编了个幌子，对后面的大部队喊话："吾先君文王克息，获三矢焉。伯棼窃其二，尽于是矣。"

意思是："我爷爷他多当年攻克息国时，俘获三支好箭，我们作为传家宝代代相传。后来被子越椒这个混蛋偷去两支，现在他已经全部用光了，你们大家不要怕他。给我上！"楚军瞬间士气大振，庄王下令击鼓进军，展开反攻。这边"百步穿杨"的神箭手养由基早已准备就绪，拍马来取子越椒，二人激战数回合，一旁潘党配合夹攻，子越椒措手不及，

养由基趁势拉弓，一箭穿心，子越椒倒于马下。叛军失去领袖，树倒猢狲散，溃不成军。庄王乘胜追击，剿灭若敖氏，平定了子越椒政变。

打了个惊险的漂亮仗，必须要好好庆祝一番。不久，庄王夜宴群臣，席间丝竹管弦，觥筹交错，美人轻歌曼舞，卜夜欢乐未央。忽然一阵疾风吹过，筵席上的蜡烛熄灭。此时，有位官员仗着酒酣耳热，在漆黑中斗胆拉住了庄王宠姬的手。美人花容失色，急欲挣脱，纠缠中随手扯下了那人官帽上的缨带。她委屈满腹地跑到庄王面前告状，让他命人点亮蜡烛，查看众宾帽缨以便找出无礼之人。

谁知庄王听罢，却传令先不要点蜡烛，转而语重心长地对她说："此次君臣宴饮，旨在尽兴。我赐大家酒喝，酒后失态亦乃人之常情，若究其责，加以罚，岂不大煞风景？我不能为了保全你的妇人名节而使臣子难堪啊。"虽嗔怒未消，善解人意的宠姬还是点了点头。庄王会心一笑，对着席上的宾客朗声说道："今日与寡人饮，不绝冠缨者不欢！"一听说今晚谁要是没喝得断了帽带，就说明谁没喝到位，就是辜负了大王的盛情，大家这才卸掉思想包袱，更加痛快淋漓地喝了起来。到最后，群臣上百人"皆绝去其冠缨"。庄王这才命人点燃蜡烛，宾主尽兴而散。

这场宴会过后两年，晋国与楚国开战。有位战将率部下先行开路，冲锋陷阵，交锋五次，次次斩获敌军首级。庄王大喜之余倍感讶异，遂召这位虎将上前问话："我德行浅薄，又不曾特别优待你，但你却为何能在战场上毫不犹豫地为我出生入死到这个地步呢？"

对方颇为动容地答道："大王，臣本该死！从前宴会上，臣酒醉失礼，您宽宏隐忍放过臣一命，荫庇之德铭记于心，惟愿有机会能为您肝脑涂地，在所不惜！大王，罪臣就是那天晚上的绝缨之人哪！"和盘托出，忠心既表，绝缨者随后在战场上更是勇猛有加。此次战役最终打败晋军，楚国也因此走向强盛。这就是名垂千古的"绝缨之宴"。后来，"绝缨"一词的含义逐渐演变为形容男女聚会时不拘形迹的欢乐场面。比如，柳永有一首描写北宋京城庆祝元宵节盛况的词——《迎新春》，"渐天如水，素月当午。香径里，绝缨掷果无数……"，真实地再现了宋仁宗时期物阜民康的太平景象。

"赐人酒，使醉失礼，奈何欲显妇人之节而辱士乎？"这一句话，就足以看出庄王高超的领导艺术。在特殊场合下，宽恕调戏嫔妃的下臣，巧妙地化解僵局，而不致对方难堪。君则敬，臣则忠，尊敬是相互的，庄王能成为"春秋五霸"之一，与其博大的襟怀气度与知人善任是分不开的。假如没有这次绝缨之宴，也就没有了这位一心报君的猛将在沙场上奋勇争先的直接动力，那么楚国与强敌晋国的那次战争可能会胜负未卜，其后庄王春秋霸业的走势如何也未可知。根据蝴蝶效应理论，在一个动力系统中，初始条件下极细微的变化会带动整个系统长期、巨大的连锁反应，此即阈值条件下非线性系统混沌现象的产生原因。任何事物发展的基本轨迹都是有规律可循的，即我们通常所说的"定数"，但同时也存在着诸多不可测的"变数"，而后者往往决定成败。虽然蝴蝶效应在经济生活中的例子俯拾皆是，其实在"牵一发而动全身"的政治军事领域，这种对初始条件敏感性的依赖现象表现得更为突出：一个输入端的微小差别，常会以"神龙见首不见尾"的方式迅速放大到输出端，所谓控制全局、把握关联、细节决定命运，说的就是这个道理。

孙子曰："上兵伐谋，其次伐交，其次伐兵，其下攻城。攻城之法，为不得已。"用兵的最高境界，是先发制人地用计谋挫败敌方战略意图，其次是通过外交手腕打击敌人，攻城略地乃最下策。所谓"伐谋"，攻心者也。攻心为上，攻城为下，处理外部敌我矛盾时应当如此，化解人民内部矛盾时亦当如此。只要是和人打交道，不论敌友亲朋长幼尊卑，孙子的这条用兵规律都具有普适性。复杂的人际交往是没有硝烟的战争，其间充斥着层层套路与反套路，你是威武凯旋还是弃甲而逃，全在一"谋"字。庄王不愧是有格局之人，他特别善于运用情感投资来笼络下属人心，深知多施恩、少结怨才能建立融洽的君臣关系，才能聚集天下贤能，共谋大业。关键时刻将计就计，一声脱帽绝缨之令就举重若轻地避免了令人颜面扫地的大尴尬，手段高明得全然不着痕迹。"得道多助，失道寡助"，在这场宴会上，庄王之"道"就体现在"缨"上——缨可断，但士不可辱。

有诗赞曰："暗中牵袂醉中情，玉手如风已绝缨。尽说君王江海量，畜鱼水忌十分清。"

挫锐解纷，和光同尘："颓废"佛系青年的华丽转身

作为春秋时期楚国最有成就的君主，庄王在位二十三年期间，六伐郑国，开霸业之始；邲之战又大胜晋国，立威定霸；"并国二十六，益地三千里"，可谓武功卓著。俗话说得好，"人不轻狂枉少年"，想当年庄王也曾颓废过：与灵、怀二王登基之初便大有作为、晚年昏聩、结局悲惨的情况恰好相反，他是先淫逸后励志的典型。

登基三年，不颁发任何政令，所做之事，唯夜夜笙箫。那时候楚宫里的画风是这样的：庄王"左抱郑姬，右抱越女，坐钟鼓之间"。后来有大臣看不下去了想劝谏，他就下了一道狠令："有敢谏者死无赦！"朝中诸大夫无不心急如焚但又一筹莫展，幸好还真有个不怕死的名叫伍举的人敢在太岁头上动土。

伍举就是伍奢的父亲、伍子胥的祖父。在关键时刻，他怀抱挽救颓局的勇气挺身而出，和庄王拨弄起了弦外之音："有鸟在于阜，三年不蜚不鸣，是何鸟也？"庄王懒得理他，怼了句"三年不蜚，蜚将冲天；三年不鸣，鸣将惊人"就把他打发走了，依旧故我，非但不收敛，反而"淫益甚"。过了几个月，大夫苏从又冒死进谏。庄王怒斥："你不想活了吗！"苏从声泪俱下地说："杀身以明君，臣之愿也！"然后动之以情，晓之以理，两人谈了好久。庄王深感惭愧，随即传令解散了乐队，打发了舞女，誓别声色犬马，决意励精图治。他先是小试牛刀，锋芒初露，灭庸攻宋服群蛮百蒲；继而大展拳脚，锋芒毕露，饮马黄河，观兵周疆，率性霸气地谱写了一篇"问鼎"的佳话。

如此看来，庄王可以说是个很有张力的人了，一开始任性放纵，对

社稷大事一副事不关己、漠然处之的"佛系"态度；等到某天幡然悔悟，轻描淡写地按下了改邪归正的按钮，从此便所向披靡，开启一段传奇人生。但我们不能被这个表象所迷惑。庄王即位时不足二十岁，当时国内矛盾重重，局势复杂，只宜采取暗中观察，以静制动的策略。三年后，待他对楚国政局和各色人等的底细都摸清之后，才开始行动。他前几年的不作为只是以守为攻而已，荒唐颓废的面具下，是一颗稳扎稳打的进取心。此即孙子所谓"能而示之不能，用而示之不用""实而备之，强而避之，怒而挠之，卑而骄之"的"诡道"；换成老子的诗意化玄学表述，就是："挫其锐，解其纷，和其光，同其尘，是谓玄同。"所谓沉潜以待翱翔，万事俱备之日，便是一飞冲天之时了。而且庄王这个人悟性很高，其实他的演技在刚出道时就表现得很突出了。远的不说，从发生在绝缨之宴前一年的那件问鼎之事便可略窥一二。

宣公三年（前 606），庄王借伐陆浑戎 [21] 之机，高调地把楚国大军开到东周首都洛阳南郊，进行了一次盛大的阅兵仪式。在为自己觊觎中原的野心造好势后，便开始了大刀阔斧的军事行动：先是破陈攻郑，邲之战大胜；而后灭掉萧国，三年围宋，又联齐制晋。眼看国势日强，霸业可期，可惜天妒英才，突然病故，人亡霸灭。庄王死后几十年间，楚国国力直线下滑，很快又被晋国反超。及共王鄢陵败北，目睹晋悼公一次次诸侯会盟，声势浩天，竟积郁成疾，暴病而亡；灵王欲重振庄王之盛，却又好高骛远不得章法，最终身死人手；平王执政时，奸逆当权，继续沦落；至昭王遭祸奔秦，怀迫囚虏，楚之霸业已名存实亡。

"绝缨之宴"也好，"问鼎中原"也罢，我们发现，年轻气盛的庄王不仅深谙领导艺术，他在研究兵家权谋与政治权术的关系之余，还对心理战术在表演领域的运用也做过一些很有益的实践，正如苏联戏剧表演理论家康斯坦丁·斯坦尼斯拉夫斯基在《演员的自我修养》中所说的："如果没有使用心理技术，那么即使倚靠灵感获得瞬间的本色演技，但是其余时间会使得表演没有生气。"从"青涩"到本色再到出色，庄王一气呵成，并没有花费太多时间，一直都以生机勃勃的姿态活跃在政治剧舞台上，直至幕落。

坑兄的归宁宴与绝望的熊蹯

毛泽东曾经说过："革命不是请客吃饭，不是做文章，不是绘画绣花，不能那样雅致，那样从容不迫，文质彬彬，那样温良恭俭让。革命是暴动，是一个阶级推翻一个阶级的暴烈的行动。"

但有时候，敌人的命就是通过请客吃饭这么雅致从容的形式给革掉的，披着"温良"外衣的"暴烈"远比赤裸裸的刀光剑影杀伤力大。细究起来，庄王之所以能这么杰出，全是情势所迫，他也有自己不得言的苦衷——出身不正，根基不牢——要不是当年他爹杀掉他爷爷然后自立为王，他也不会在他爹死后顺理成章地登上君主宝座。而之所以出现如此尴尬的局面，其姑婆江芈难辞其咎，这一切还得从她的归宁宴[22]说起。

江芈，文王之女，成王之妹[23]，因外嫁江国[24]国君，故称。婚后，她随夫婿回楚探亲，娘家人大摆筵席。见到哥哥，自然高兴，兄妹俩叙完旧、抒完离别之思后，自然而然就谈到了国事，因为眼下正好有个特别棘手的问题——王位继承人之废立——让成王拿不定主意。

前些年，成王打算立长子商臣为太子时，就征求过令尹子上的意见。子上也直言不讳："君王年富力强，宠妾甚多，若将来废黜商臣，另立太子，必惹祸乱。且楚之立太子，常择年纪轻者。又观商臣面相，目如毒蜂，声似豺狼，乃残忍成性之人，实在不适合太子之位。"但成王并未采纳，而是固执己见，仍立商臣为太子。考察了几年后，发现商臣这家伙确实办事奸诈，性格乖戾，令人忍无可忍。子上的预言得到了证实，成王后悔不已，于是打着亡羊补牢的侥幸小算盘，正纠结要不要废掉商臣，改立小儿子职为太子。所以，这次借着妹妹回国探亲的机会，两人就此事推心置腹地谈了很久，最后达成一致。孰料隔墙有耳，这个机密被狡诈多端的商臣事先安插好的密探给隐约听到了，但又听得不太真切。父亲欲除掉自己，此事非同小可，他连夜找来最信赖的潘崇商量对策。只见潘崇对其如此这般耳语了一阵，然后退去，商臣脸上露出一副似笑非笑的诡异表情，显然对此计十分满意。

第二天一早，商臣命后厨精心准备一桌江芈最爱吃的菜，说是要单独招待姑母，还亲自跑到她府上恭恭敬敬地邀请。江芈受宠若惊，以为太阳从西边升起了，真想不到平日里这个目无尊长的顽凶竟愿和自己重叙亲情。她欣喜地答应了，晚上如约赴宴。商臣显得格外礼貌，每次侍从上菜时，他都要亲手接过餐盘，摆到姑姑面前，让她先夹菜。姑侄俩有说有笑，好不温馨。

酒过三巡，他就开始失态：歪头晃脑地一个劲儿只顾自己吃喝，对姑姑的问话也不理不睬了。这时，又一道菜端上来，他"不小心"用胳膊肘一磕，把盘里的菜撒了个精光，汤汁都溅到了姑姑的新衣服上。他一会幸灾乐祸地哈哈大笑，一会气急败坏地怒斥仆从，又恢复了昔日那副玩世不恭的模样。江芈本来就是个娇生惯养、凡事缺乏耐心的"公主病晚期患者"，这下倒好，漂亮的衣服弄脏了，好心情也一扫而光，盯着眼前这个恨铁不成钢的家伙，再也按捺不住怒火，筷子一扔，起身离席，指着商臣愤愤地痛骂道："你这没出息的臭小子！永远都是毛手毛脚的，什么时候才能长大！成事不足，败事有余，楚国怎么能交给你？难怪哥哥想除掉你改立太子呢！"覆水难收，当她意识到自己不小心说漏嘴时，一切晚矣。商臣的伎俩完美得逞，这就是潘崇针对江芈脾气火暴、胸无城府的性格弱点，帮商臣设的一个试探局。他就是要先礼后兵，表现出对姑姑的不敬，演一出前后行为反差极大的戏来激怒她。一切依计施行，商臣的表演很成功，轻而易举就达到了他们的预期效果。

既然亲耳所闻，消息属实，就得尽快采取行动了。宴会结束后，商臣第一时间召见了这场宴会的幕后策划者。潘崇问："你能事奉职吗？"商臣说："不能。"再问："你能逃亡出国吗？""不能。"三问："那你能发动政变吗？"商臣坚定地说："能！"经过一系列周密策划，终于就绪。同年十月，他调动宫中警卫军牢牢围困住成王，逼其自缢。上吊前，成王还有最后一个请求——"请食熊蹯而死"，商臣充耳不闻。成王只好遗憾地走了。[25] 商臣即位，是为楚穆王。最后一刻，成王的内心肯定绝望无比，悔不当初。退一步想，如果当时能听进去子上的忠告该多好；或者再退一步，自己不要出尔反尔改立太子也好；或者再再退一步，别把这件事情告诉妹妹也行啊。

可惜，历史没有"如果"，只有"结果"和"后果"。一辈子爱吃熊掌，临死前连向儿子提出吃最后一只熊掌的请求都被拒绝，只能满腹悔恨地自食其果了。所以，据说他死不瞑目，本来穆王给他封的谥号为"灵"，但尸体还是不闭眼睛，就改为"成"，这才闭上眼睛。穆王何许人也？正是庄王之父。文王死后，大儿子熊艰即位，但他整日里飞鹰走狗，不务正业，自觉没有安全感，就想着早点除掉弟弟熊恽以绝后患。但是熊恽也不傻，洞察出端倪后，三十六计走为上计，赶紧逃到附近的随国避难，并说服其君主帮他偷袭楚国，杀兄夺位，自立为王，即楚成王。即位后，他对哥哥仍耿耿于怀，"以熊艰未尝治国，不成为君，号为'堵敖'，不以王礼葬之"。殊不知，宫廷同室操戈的这幕剧将来也会在自己身上重演，且变本加厉。

既然有父亲的"榜样"在先，穆王倒也不担心无章法可循，爷俩都是本着"先即制人，后则为人所制"的原则，狠心地干掉了自己的至亲。只是他没有选择去杀掉将要取代自己太子位置的兄弟，而是采取了一种更加短平快的方式——直接结束他老爹的性命。穆王登基后，第一件事就是"知恩图报"，慷慨地把自己原来住的太子宫送给了潘崇，并"使为太师，掌国事"，毕竟他深知如果没有潘崇献计导演的这出戏，自己能否称王倒在其次，没准连小命都难保。

江芈这趟回娘家的代价不小，由喜事生丧事，不经意间就把她老哥送到了黄泉路口。一顿饭，一句话，一条命——春秋战国史上最坑兄的归宁宴，没有之一。

叔侄阋墙，冠缨绞之：心劳形苦，疠人犹怜

追溯完庄王祖上的事情，再顺流而下谈谈他的晚辈。绝缨之宴后时隔六十四年，楚国又上演了一幕与"缨"有关的宫廷剧。不过此缨非彼缨，这一次它不是以充当调和君臣关系纽带的道具出现的，而是扮演起了杀人凶器的角色，直接为一场改朝换代的政治阴谋剧推波助澜。比起四平八稳的长孙，庄王的这个二孙子真是太不省心了，他竟然用"缨"杀掉了自己的侄子。[26]

话说庄王死后，其子共王即位，有五子：长子招、次子围、公子比、公子黑肱、弃疾，皆庶出。共王这个优柔寡断之君难以决定由谁继任王位，于是就派人手持玉璧，遍祭群神，归来后藏之宗庙供奉，祈求让神灵决定将来的社稷主持者。然后，令五子沐浴斋戒，按长幼之序入内祭拜，自己则偷偷在一边暗中观察——看谁的身体能接触到此璧，便传位于他。结果老大骑了玉璧上，老二的胳膊压住了玉璧，老三、老四祭拜时都离璧很远。倒是年纪最小的弃疾，当时尚在襁褓中，是被人抱着祭拜的，他的身体刚好压在了玉璧纽带上。这块璧似乎冥冥之中也暗示了楚国的宿命：康王之后，内乱不休，或皆因它而起。公元前 560 年，共王驾崩，长子招即位，是为康王。

一个国家的历史久了，包袱就会重起来，尾大不掉在所难免，何况楚国又是一个以王权公族为核心的国家。简单来说，其政治体制就是西周宗法分封制的升级版。自春秋中期以来，楚国以公族为主的地方县公势力渐强，对王权威胁渐大。然而灭掉若敖氏并不意味着就可以彻底解决体制问题，只要以宗族为基本分封单位的体制不倒，内患就不会中断。康王登基后，进行了一系列有针对性的改革。为防止大夫专权，更是不惜重拳猛击：曾在庙堂之上斩杀令尹子南，车裂其亲信观起，惩前毖后之效立竿见影。诸多措施的执行使国家监督体系得以完善，权力制衡机制的重新配置也在一定程度上强化了中央集权。从这个意义上讲，康王

在位期间的楚国依然是沿着先王争霸的道路向前迈进的。可惜好景不长，在他死后，熊员继位，是为楚郏敖。从此，阋墙之争的"传统保留剧目"又上演了。

康王生前比较宠爱自己的二弟公子围，所以郏敖看在老爹的面子上，不敢怠慢叔父，封其为令尹。这是个了不起的官职，对内把持朝政，对外主管战争，总揽军政大权于一身。而旧主死、新王立的权力更替之际正是王权最脆弱空虚之时，围之篡位野心昭然若揭。他每次出访别国或接见使者时，均用楚王之仪；在一次诸侯会盟中，更是赫然一副九五之尊的派头。所以大家都预言，楚国离内乱不远了。

郏敖四年（前541），围出使郑国，伍举陪同。刚行至楚国边境，宫内眼线传来急报——新主染恙，不得不卧床休息。围认为此乃天赐良机，旋即返国，让伍举一个人去了郑国。回到宫中，他以探病为由，乘人之危，顺手用束冠的长缨将侄子勒死，两个年幼的侄孙也未能幸免。随后，他派使者到郑国报丧。伍举代郑君问道："继位者何人？"使者回曰："敝国大夫公子围。"伍举马上机智地更正了使者的讦辞圆场："楚共王之子公子围为年长。"政变之后，围的三弟、四弟分别逃往晋、郑两国避难，障碍既清，便可称王，是为楚灵王——一位历史上昏暴之君中的佼佼者。他留给后世的关于楚国宫廷最为生动的一幕，就是"楚王好细腰，宫中多饿死"的典故。

灵王即位后，为了维持霸主国的面子，四处征讨，与各诸侯交锋不断；又为满足一己之私，劳民伤财地修筑离宫章华台，使得人心尽失。在他发兵攻打徐国的那个冬天，时逢大雪，天寒地冻，士卒们手持兵刃、瑟瑟发抖地坚持站岗。他却头顶貂皮帽，身穿复陶裘，足踏厚锦靴，优哉游哉地站在中军帐前观赏起雪景来。作为一个对雪陌生又好奇的南方人，他难以抑制激动的心情，不住赞美连连："真是好雪啊！好雪！"具有讽刺意味的是，如果知道自己来年将会落得一个"饥于釐泽，吊死郊外"的悲惨下场，灵王还能对此皑皑白雪大发诗兴吗？这幅东征之战中的浪漫雪景图便是他人生谢幕的定格背景。

两百多年后的某一天，荀子游历到楚国，没待了多久，受谗言诽谤愤而离去。后来春申君感觉不妥，又派人去请他。荀子就给春申君写了封回绝信，信中大谈"疠人怜王"的道理，他说："古人说得好啊，'麻风病患者都会怜悯君主'，虽然这是一句不恭敬的话，然而古代没有虚妄的谚语，这句话其实是针对被大臣劫杀的君主们说的……"后文中，他举的第一个例子就是楚王郏敖被帽带勒死这件事。此外，还罗列了齐庄公被戴了绿帽子的崔杼射死、齐闵王被淖齿抽筋而死、赵武灵王被李兑饿死沙丘等种种权贵弑主的故事。最后说："夫劫弑死亡之主也，心之忧劳，形之困苦，必甚于疠矣。由此观之，'疠虽怜王'可也。"虽然麻风病患者饱受痛肿疮烂之苦，但远不及勒颈射腿、抽筋饿死之惨。

看来，灵王自导自演的这出"冠缨绞王"剧对后世影响还是蛮大的，作为一个去古未远的反面典型案例，它充实了诸子百家著述说理的论据库。

缨可断也，王可劝也：淳于髡之冠缨索绝与主文谲谏

其实，绝缨之事不只是楚国的专利，在齐国也上演过。虽然没有两百多年前楚庄王的那场宴会出名，但也是绝对值得书写一笔的。

齐威王八年[27]，楚国发兵犯境。威王准备派淳于髡到赵国请求援兵，出发前给他带了黄金百斤、车马十驷，打算作为礼物献给赵王。淳于髡一看，这也太寒酸了，怎么能拿得出手？微礼重求，有失大国体面，不禁"仰天大笑，冠缨索绝"。这一笑倒不打紧，因面部表情太过夸张，竟连帽带都给扯断了……

威王见状，有点不知所措，赶忙问："先生是嫌礼物太少吗？"淳于髡定了定，止笑正色曰："不敢。"威王接着问："那我看你笑得前仰后合的，其中定有原因，请问先生有何说辞？"见威王如此诚恳，淳于髡这才侃侃而谈："今天我从东边过来的时候啊，恰巧遇到路旁有个向田神祈祷的农夫，只见他手拿一只猪蹄、一盅酒，摆出特别虔诚的样子，口中

还念念有词地祷告着：'田神保佑啊！保佑我高地上种植的作物能盛满篝笼，低田里收获的庄稼能装满车子。保佑我们家五谷丰登，仓廪充实！'我见他只拿了那么点祭品，而要求却如此之高，所以禁不住发笑。"威王一听就会意了，立马将礼物增为黄金千镒、车马百驷，外加白璧十双。淳于髡告辞起行，至赵国请得精兵十万，战车千乘。楚军闻讯，连夜退兵离去。事见《史记·滑稽列传》。

淳于髡就这样凭借其含蓄的隐喻，委婉地劝服了威王，不费一兵一卒便为齐国解除累卵之危。试想，若没有他大笑绝缨的夸张表演，"所持者狭而所欲者奢"这个问题也不一定会引起威王的重视，自然也就没有了下面这段循循善诱的劝谏之言。那么，赵王看到齐国诚意不足，也就不会爽快地拨出精良装备助齐慑楚，战事亦在所难免。威王能否得志于诸侯，乃至齐国的命运，可能都要另当别论了。故太史公对此事赞美有加，他说"淳于髡仰天大笑，齐威王横行"，可谓一语中的；又说，"天道恢恢，岂不大哉！谈言微中，亦可以解纷"，确乎中肯之评。"冠缨索绝"亦遂成美谈，后世常用作大笑之典故，如东坡诗云："有知当解笑，抚掌冠缨绝。"

冠缨溯源：以礼御心，仁者无敌

回到开头，帽子对于古人有那么重要吗？为何子路至死都不忘正冠缨呢？

许慎《说文解字》释"冠"字为："弁冕之总名也。"用拆字法分析，"冠"有三从：一为从"冖"，即以布帛蒙覆。二为从"元"，"取其在首，故从元，古亦谓'冠'为'元服'"。三为从"寸"，而"寸"字有二义。《汉书·律历志》云："一为一分，十分为寸，十寸为尺。"又："寸者，忖也，有法度可忖也，凡法度字皆从寸。"故有"冠有法制，故从'寸'"之说。

广义而言，元服，即首服。顾名思义，乃首上之服，即古人冠戴服饰一类之总称，其形制多样，主要有冠、冕、弁、帻四种。而从狭义方面讲，"冠"字特指首服中等级较高的一类，即古代贵族的首服。首服除了具有御寒、遮阳、装饰等实用性功能，还是人类礼仪文明开始的标志。宋人胡寅《致堂读史管见》云："治天下莫大于礼，礼莫明于服，服莫重于冠。必欲尽善，其必考古而立制。夫亦何独冠为然哉？"可见服饰在礼治中的重要作用，而首服又是其重中之重。

周公制礼作乐，创建了一整套具体可行的礼乐制度，将人们的日常起居、饮食、祭祀、丧葬等社会生活的各个方面，都纳入"礼"的规范范畴，来指导大家的行为，这就是周代的礼制。周礼成为周王朝建立领主制封建国家政治机构的组织原则之后，其作为周族的典章制度、仪节习俗的总称性含义不仅依然存在，而且被扩大、推广到了整个华夏族的势力范围。中国历史上"夷夏之辨"的衡量标准大致经历了三个演变历程：从最初的血缘衡量，发展到地缘衡量，再到以服饰礼仪为基础的文化衡量阶段。在当时，执行这一套礼仪制度与否，已成为区分"夷狄"与"诸夏"的标志。"夷狄之有君，不如诸夏之亡也"，在孔夫子看来，诸夏有礼乐文明的传统，这是非常好的；即便没有君主，也远比虽有君主但无礼乐的夷狄要好。

撇开宏观的国家社会层面不论，举个微观的例子，帽子在古代的成人礼上，都是主角："男女异长。男子二十，冠而字。父前子名，君前臣名。女子许嫁，笄而字。"意思是说，家中的孩子要分别按照长幼排序。古代贵族男孩子长到二十岁，要加戴冠冕，行"冠礼"，且另外取字。在父亲面前，子辈互相称名；在君主面前，臣僚间亦需互称其名。所谓"至尊之前无私敬"，故遇有君主在场时，对父，虽弟亦名其兄，对君，虽子亦名其父也。

因扮演的社会角色不同，成人礼对于女孩子而言，就简单很多。只需其在订婚后、出嫁前，将头发用簪子绾束起来，行"笄礼"即可。又，古代女子早婚，所以她们一般在十五岁左右就都行完成人礼了。但也有特例，比如说因女方眼光挑剔或长相太潦草等主客观因素，导致迟迟未觅得夫婿，十五岁过后仍待字闺中的，也有补充规定——你最晚也得在二十岁先把笄礼的流程走完再说。

在古代，有身份的成年男子都要戴帽子，平民百姓也要裹头巾，成人以不着冠的形象示人是非常失礼的。《礼记》有言："冠者，礼之始也。"华夏文化的核心是礼仪文明，冠礼则为华夏礼仪之起点。孔夫子以"克己复礼"为任终其一生，各项政治主张都是从这一总目标出发而提出的，子路身为其弟子，自会孜孜践行老师的理论。对于一个传统的儒家知识分子而言，"士可杀，不可辱"的思想早已深植于其血脉之中，冠是其身份象征，也代表信仰，"结缨而死"是其必然的无意识选择，或者说，根本毋庸选择。

孔门这种"临大节而不可夺"的大丈夫气概，在子路的师弟曾子这里也体现得淋漓尽致。

当年曾子在卫国时，过着敝衣而耕、食不果腹的日子，手掌足底生满老茧，面容也因营养不良而憔悴浮肿。他常年穿的那件用乱麻填充絮里的袍子已经破烂不堪；稍微正一正帽子，帽带就会断掉；提一提衣襟，臂肘就外露出来；穿鞋子多走几步路，鞋后跟都能裂开。尽管困窘至此，他却安贫乐道，还能拖着散乱的发带，朗声歌咏《诗经·商颂》，金石之音响彻天地。后自卫返鲁，鲁君使人赠其食邑，辞而不受，旁人问其何故，曾子对曰："受人者畏人，予人者骄人。"庄子听说他的事迹之后，都不由得赞叹："天子不得臣，诸侯不得友，故养志者忘形，养形者忘利，致道者忘心矣。"确实，在"志"与"道"面前，形、利、心皆可忘却，官爵利禄都是浮云。子路的正冠结缨而赴死与曾子的正冠绝缨而咏诗，都体现了"宁为玉碎，不为瓦全"的高风亮节，是对不屈从、不苟同、刚直不阿、清醒处世的君子品格的生动诠释。

明乎冠之重要性，那么作为其有机组成的"缨"之重要性自不待言。这两根细细的、结于额下起固定作用的丝带，承载的文化内涵却是厚重的。自其产生之日起，便作为"冠"之借代，是典型的以部分代整体、以特征代本体的修辞表达形式。后又演变为仕宦之代称，如"流血涂野草，豺狼尽冠缨"等类似诗句，不胜枚举。

现在我们再来回顾一下楚庄王对待冠缨的态度，便会对其绝缨之宴的深刻用意有更为透彻的领悟。楚虽"荆蛮之地"，但庄王并非不谙周礼之人，恰恰相反，其过人之处正在于此。他一直倡导"以夏化夷"的文化策略，努力吸纳中原文明，大胆融通华夏。当时楚国的官制中尽管会出现一些违于周礼的僭号称呼，但多数仍与中原一脉相承。从个人修养到国家治理的诸多环节，庄王都十分注重汲取以礼为核心的主流文化之精粹，其执朝章典制亦沿袭中原——"内姓选于亲，外姓选于旧""君子小人，物有服章""贵有常尊，贱有等威"。他还从善如流，虚心向杨朱学派的詹何请教治国之本，对其"治国先治身"的理念褒奖不已。庄王文治昭昭，武功赫赫，在他之前，楚国一直被排除于中原正统文化之外；自其开创霸业，不仅使楚国强大，威名远播，更为华夏统一与民族精神的形成发挥了不可小觑的作用。故曰："德立，刑行，政成，事时，典从，礼顺，若之何敌之！"

余　话

战争是迫使敌人服从我们意志的一种暴力行为，战争是政治通过另一种手段的继续。政治是不流血的战争，战争是流血的政治。战争是政治交往的一部分，政治是目的，战争是手段。

——卡尔·冯·克劳塞维茨《战争论》

子路的"结缨而死"是气节，曾子的"正冠绝缨"是风骨，楚庄王的"绝缨之宴"体现的是雅量，淳于髡的"冠缨索绝"反映的是机智。而到了公子围那里，缨却成为阴险狠毒的绞王工具。故在不同语境下，"缨"之断与结、好与坏，不可一概而论。概言之，"缨"作为当时政治舞台上的道具，不论其出现在正剧、悲剧还是喜剧场合，都不同程度地发挥了四两拨千斤的妙用。一个小小的道具，可以让"流血的政治"更加血腥，也可使"不流血的战争"曲终奏雅，如何达到目的与手段的微妙平衡，是个引人深思的课题。

再余话

宣公十二年，晋楚大战于邲，晋师败绩，此即奠定楚国霸主地位的"两棠之役"。收兵之际，大夫潘党提议筑一"京观"（聚集敌尸封土而成的高冢）留给后代观瞻。庄王断然否决，并援经据典地给他上了堂德育课：打仗的目的并非耀武扬威，而是定功戢兵，这便是"夫文，止戈为武"的出处。

《说文》释"武"时，还特地讲到这个典故。但严格来说，庄王的一家之言其实站不住脚。甲骨文中的"武"字由表示兵器的"戈"和表示人脚趾的"止"构成，两和会意，即行军、征伐之义；"武"字发展到金文阶段，西周利簋、盂鼎或增"王"以为周武王之专用字；汉代隶变之后，"止"已失原形；现今楷书中"止"的右上构件则为"戈"之讹变。征伐者必有行动，必使武器，"武"这个会意字的本义就是靠武力解决问题，火药味很浓的。庄王的"武"字新解只是借题发挥地申明其"以战止战"的战争原则罢了，"止戈为武"之论虽深富哲理却经不起文字学推敲，更不能作为例证。

"载戢干戈，载櫜弓矢。我求懿德，肆于时夏。"最后，大部队在黄河边祭祀过河神后，又建了座先君神庙，低调地报了个捷，就班师回国了。

04

谁说无肉不成席，

苹果花开雀舌香

贞观二十七年某日，唐太宗驾临望经楼。是时天朗气清、惠风和畅，正仰观俯察、游目骋怀间，忽见正西方馨风阵阵、瑞霭漫天。显然，这不是科幻小说里动不动就出现的UFO光顾地球的场景，而是与他阔别十四年的"御弟"腾云驾雾回国了，还带回来三位他在旅途中收留的骨骼清奇的徒弟。

行文至此，谙熟历史的读者肯定会质疑：你这第一句话就有硬伤。

史载唐太宗李世民于贞观二十三年五月驾崩于终南山翠微宫，也就是说"贞观"年号到此为止，那这诡异的二十七年又该作何解释？且慢，我们不妨就从生活在明朝中期的一个人写的发生在唐初的神魔故事《西游记》说起。作为一部亦真亦幻的浪漫主义小说，人物都能曼衍虚构出来，篡改个阳寿多大点事儿啊？不过关于这个问题，吴承恩可不是一拍脑门胡乱瞎改的，而是有规有矩交代得清晰明了，详见《西游记》第十回"二将军宫门镇鬼，唐太宗地府还魂"中崔判官"急取浓墨大笔"在生死簿上将"一"字添了两画给太宗增寿之情节。至于作者为什么要添这么个情节，不是本文要讨论的问题。[28] 我们还是言归正传回到国宴上来吧——

话说唐僧师徒一路降妖伏魔，历经九九八十一难，终抵西天得见如来佛祖，遂携真经返回中土。这么大老远的，怎么回来的呢？您不用费心，人家其实比坐火箭还快：八大金刚使一阵香风，不到一日，就把他们吹回了长安。

恰巧这时候唐太宗正在登楼远眺，就看见了载着御弟归来的祥云。其实长安城原本没什么望经楼，自贞观十三年九月皇帝把唐僧送出城，他就开始了望穿秋水的辛苦等待。熬过三年，杳无音信，反正闲着也是闲着，随即差工部在西安关外专门起建了这座楼以虔诚接经，此后每年都会亲至其地看看风景、散散心什么的。这不今天就把帮他取经的贤弟给盼回来了嘛。

久劳远涉，满载而归，非隆重款待不可。是日傍晚，太宗光禄寺设宴，开东阁以酬谢。但见师徒四众与文武大臣俱侍左右，皇帝正坐当中，歌舞吹弹，整齐严肃，遂尽乐一日。这便是《西游记》第一百回"径回东土，五圣成真"前半部分所描述的情形了。

嘉会赛唐虞，佛光耀帝居：一桌蔬果 hold 住全场

考虑到出家人不沾荤腥，所以与往常那种"山珍海错弃藩篱，烹犊炰羔如折葵"的浮夸豪筵不同，唐太宗给唐僧师徒量身定制的这场接风宴是一席格调清新的全素宴。

只见宴会厅"门悬彩绣，地衬红毡"，满桌子"异香馥郁"的新鲜奇品，餐具也是清一色的考究："镶金点翠"的琥珀杯和琉璃盏与"嵌锦花缠"的黄金盘和白玉碗交相辉映，叫人眼花缭乱。他们具体吃了些什么佳馔呢？先来看看这十二道素品：

> 烂煮蔓菁，糖浇香芋。蘑菇甜美，海菜清奇。几次添来姜辣笋，数番办上蜜调葵。面筋椿树叶，木耳豆腐皮。石花仙菜，蕨粉干薇。花椒煮菜蔊，芥末拌瓜丝。

既然是国宴，素也素得有模有样，可以说把当时宫里最好的素品都端上来了，与外面寺庙里僧尼们天天吃怕了的那几样青菜、豆腐、杂粮粥真乃相去径庭。但吴承恩说"几盘素品还犹可，数种奇稀果夺魁"，意思是好菜还在后面呢。原来，更出彩的是果盘：

> 核桃柿饼，龙眼荔枝。宣州茧栗山东枣，江南银杏兔头梨。榛松莲肉葡萄大，榧子瓜仁菱米齐。橄榄林檎，苹婆沙果。慈菇嫩藕，脆李杨梅。

真真是"无般不备，无件不齐"，此处只列举了二十二品，另外还

有些蒸酥蜜食、美酒香茶。所以吴承恩在给各位看客介绍完这个别具一格的菜单之后，也不禁深咽下一股口水，由衷赞叹道："说不尽百味珍馐真上品，果然是中华大国异西夷。"

我们都知道，在《西游记》中，唐僧的前世是如来大弟子金蝉子之化身，是与天地同寿的十世修行之原体，自从被白骨精盯上之后，就成了各路妖怪垂涎的对象。好在有佛法和徒儿护持，战胜重重激流险滩，终于肉身无恙地安然归来了。不知摆在唐僧面前的这一桌奇蔬异果，哪个最令他垂涎呢？书中没有具体交代，我们尽可以去想象，但前提是得先把菜单上这么几样颇有来头的蔬果名称、源流及其做法搞清楚，再作评判不迟。

采葑采菲，或腌或炖：你喜欢的味道我都有

先来看蔬品。

蔓菁：又名芜菁、九英菘、诸葛菜等，也就是我们今天吃的大头菜。关于其食用方法，想必大家都不陌生，比较常见的就是去皮、切片后用盐巴腌制除其芥辣口感，再加糖醋等调味品拌食；或者，如果你不想用它做泡菜，也可以直接加入肉类或年糕等炒食。但后一种烹法并不推荐，为什么呢？

李时珍《本草纲目》中称这种植物"根大而味短，削净为菹甚佳。今燕京人以瓶腌藏，谓之'闭瓮菜'"。也就是说蔓菁本身味淡，更适合腌着吃。不过你别小瞧这种貌不惊人、似乎只能作餐桌配角儿的小菜，它在赈灾救荒的关键时刻发挥的作用可大着呢。[29]

韦绚述《刘宾客嘉话录》对它评价甚高，称其有"六美"，"比诸蔬其利甚溥"，还说诸葛亮当年行军时于部队所驻之处，命士兵独种此菜以为军食。同样地，类似的一幕在欧洲战场也上演过，一战时德国也曾

将蔓菁作为主要应急粮以解决军需问题。明人张岱《夜航船》中则名其为"五美菜"：可以生食，一美；可菹酸菜，二美；根可充饥，三美；生食消痰止咳，四美；煮食可补人，五美。

其实，多一美少一美倒并不重要，反正诸葛菜之得名我们是搞清楚了，也知道这种原产于地中海沿岸，现遍植欧、亚、美洲的植物所蕴含的巨大生命力了。蔓菁喜生冷凉地，在高寒山区生活的人们常用之以代粮，其茎叶可作饲料，花与种子可入药。

寻本溯源，我们发现在我国最古老的诗歌总集《诗经》中就已经出现蔓菁的身影了，只是那会儿它还不叫这个名字。《邶风·谷风》中有"采葑采菲，无以下体"一句。"葑"亦作"薞"，即蔓菁之古称；而"菲"呢，又名"莱菔"，就是我们今天餐桌上的常客——白萝卜。

作为世界排名靠前的古老栽培作物之一，最原始的莱菔品种是起源于欧亚温暖海岸的野萝卜，远在四千五百年前就已成为埃及人的重要食物。其食疗价值甚高，"利五脏，轻身益气""常食通中，令人肥健"，故民间一直流传着"冬吃莱菔夏吃姜，一年四季保安康"的说法。且亦蔬亦果相当百搭，煮、拌、炒、炖、腌渍、鲜食俱佳。在萝卜的众多烹法中，最便捷养生者莫过于清炖椒香萝卜。读至此，我们顿时恍然大悟——原来它正是脱胎于唐太宗国宴上的这道"花椒煮莱菔"。

既然蔓菁、莱菔这两种作物出现在同一句诗里，正好就一并解释了。但还有个问题，《谷风》这句"采葑采菲，无以下体"作何解？肯定不是说大头菜和白萝卜的烹法吧？欢迎古代文学爱好者惠临书末注释。[30]虽然只是寻常菜，由于此诗名气太大，确切地说是因为《诗经》作为古代科举考试最重要的指定参考书目之一，历代学子都已烂熟于心，加之写诗作文引经据典又是知识分子的通病，渐渐地大头菜和萝卜就成了固定搭配，以"葑菲"代指遭弃妇女。[31]

蔓菁与莱菔之后，我们再来看看慈菇。咦？慈菇不是果品菜单里的吗，何以乱入至此？虽然它最初是水果（至少唐僧那会儿还是当果盘来食用的），但后来一个偶然的机会"叛变"加入蔬菜队伍，至今仍"不思悔改"，故将其暂归蔬品。

慈菇即"慈姑"，有借姑、河凫苊、白地栗、箭搭草、槎丫草等诸多别称，乃中国土著，早在唐代以前便已开始种植，主产区为长江以南各省及珠江三角洲，南朝陶弘景《名医别录》最早记述了其生长习性及食用方法。

慈姑生于水田，叶有丫，状如泽泻，根部球茎呈扁圆形，似芋而小，可食。关于其得名，《本草纲目》中解释得非常形象："一根岁生十二子，如慈姑之乳诸子，故以名之。"慈姑皮肉均呈黄白色，富含淀粉，质地坚实。最初人们都是直接煮熟当果子来吃的，到明朝仍如此。

吴承恩与李时珍是同时代人，所以在《西游记》的这场国宴中，慈姑是出现在果品菜单里的，而《本草纲目》也将之归入"果部"。清朝人发现它跟肉炒更美味，翻新做法，慈姑便从水果成功转型为蔬菜。比如，慈姑烧肉就是一道很有名的清宫御膳，也是末代皇帝溥仪的最爱。红烧慈姑口感粉糯爽滑，微微带苦，但千万别把它和素菜同炒，否则会加重苦涩感。

扬帆采石华，挂席拾海月：高手亦有失手时？

现在我们一提"葵"字，估计马上会联想到向日葵，但在古代（至少是明朝之前），它指的是葵菜，又名露葵、滑菜，即现代人所说的冬苋菜。清代植物学家吴其濬《植物名实图考》对此已考证清楚。

葵自先秦以来就是非常重要的一种蔬菜，如《诗经·豳风·七月》即有记载——"六月食郁及薁，七月亨葵及菽"。又，汉乐府《十五从军征》中有"中庭生旅谷，井上生旅葵。春谷持作饭，采葵持作羹"之句，这里的"葵"亦指冬苋菜。《齐民要术》将"种葵"列为蔬菜之首篇，王祯《农书》亦曰："葵为百菜之主，备四时之馔。"明代，葵的地位一落千丈，大家都不承认它是菜了，李时珍将其从《本草纲目》的"菜部"移入"草部"，并作相关说明，如"古者葵为五菜之主，今不复食之，故移入此""葵菜古人种为常食，今之种者颇鲜"云云。

不过"菜部"倒是有一种名叫落葵的植物（即今人所言之木耳菜）在当时颇受欢迎：其叶"肥厚软滑，作蔬、和肉皆宜"；其实"熟则紫黑色，揉取汁，红如燕脂"，可用作"女人饰面、点唇及染布物"。看来这个落葵浑身都是宝，其幼苗或嫩叶供食，或烫食凉拌，或爆炒作汤，质地软滑柔嫩，口感酷似木耳，所以得名木耳菜。另外，由于其果实卓越的着色能力，时人常将其碾碎榨汁用以染布，因此又得了一个"染绛子"的美名。更重要的是，它还是古代女性朋友的挚爱，她们用它来当口红、胭脂装扮自己，所以落葵还有个更美丽的名字叫"胡燕脂"。从环保和健康的角度来讲，这绝对是一款纯天然提取、不含铅汞、不伤皮肤的优秀国货彩妆产品。但是从妆容持久度来看，可能要逊色些，连李时珍本人也很客观地承认了——"但久则色易变耳"，所以就不要奢望它有防水、阻挡 UV、隔离粉尘等各种借助现代科技才能成就的功效了。

石花仙菜即石花菜。为什么要加个"仙"字呢？因为它长得很仙。在《本草纲目》中，李时珍是如此描述其造型的："生南海沙石间，高二三寸，状如珊瑚，有红、白二色，枝上有细齿。"所以它还有个比它样貌本身更仙的名字，叫"琼枝"。接着李时珍又对其烹食及培育方法作了介绍：

> 以沸汤泡去砂屑，沃以姜、醋，食之甚脆。其根埋沙中，可再生枝也。一种稍粗而似鸡爪者，谓之"鸡脚菜"，味更佳。二物久浸皆化成胶冻也。郭璞《海赋》所谓"水物则玉珧海月，土肉石华"，即此物也。

石花菜口感爽利脆嫩，适合凉拌着吃；埋根于沙可再生枝；此外，还可制成胶冻。以上三点说得都没毛病。此菜属红藻门、石花菜科植物，又名红丝、凤尾、海冻菜。此物通体透明，胶状质地，富含藻蛋白，是提炼琼脂的主要原料。现代人除了用它来作酱菜、拌菜外,还会炒食、制成汤羹或果冻。有几个比较经典的以石花入菜的菜谱,如:石花炒菜瓜、蕨根石花羹、石花鸭梨汤、西瓜石花冻等。

但在这里,李时珍首先犯了一个他专业领域以外的文学常识错误:此段所引郭璞赋应为《江赋》,而非《海赋》。在这篇咏物兼抒情赋中,郭璞以秾丽的笔触叙述了长江的发源地及其所流经之郡县城邑、山岭平原以及汇总接连的大小湖泊薮泽,同时详略有致地描绘了长江两岸及滨海地区的鱼鲜羽族、草木稻麦等丰饶物产。至于《海赋》,也不是没有,作者是一个与郭璞同时代的名叫木华的人。昭明太子萧统将这两篇赋一前一后都收入《文选》第十二卷。木华这篇赋虽是他仅存于世的唯一作品,却是赋史上同类题材的扛鼎之作。所以说,一个是好古文奇字且精于天文历算的游仙诗祖师,一个是以孤篇名世的低调辞赋家,谁写了《江赋》谁写了《海赋》,区分开来并不困难。

其次,李时珍说郭璞赋中提到的"土肉石华"之"石华"即石花菜。石华与石花真的是一种东西吗?这个属于他专业领域的问题也值得商榷。因为郭璞《江赋》的原文是这么讲的:"鱼则江豚海狶,叔鲔王鳣……王珧海月,土肉石华……"结合上下文,整个这一段都是在描述各类奇珍江鲜海产。王珧(yáo),又作"玉珧",即江瑶柱,俗称干贝、马甲柱等,实为多种贝类闭壳肌干制品之总称。因其味道鲜美被列作"海八珍"之一,素有"海鲜极品"之美誉,是古代浙闽粤沿海居民采集后进贡给皇室的珍品。明人冯时可《雨航杂录》云:"'王珧'一名'蜃姚',所谓江瑶柱是也。其柱肉脆美,其甲可饰佩刀鞘,盖蜃之小者。"那么,海月又是什么呢?据唐代药学家陈藏器所言,海月乃一种半月形蛤类,但更早的记载则称其"大如镜,白色,正圆,常死海边""柱如搔头大,中食",出处为三国东吴丹阳太守沈莹所撰之《临海水土异物志》。

依沈氏所述,此"海月"应为刺胞动物门、钵水母纲之"海月水母"(*Aurelia aurita*),这种水母有四个明显的马蹄状生殖腺,其飘然下垂的四条口腕即沈氏所谓之如搔头大小的"柱"。搔头,即"簪"之别称,是古人用来插定发髻或连冠于发的一种长针。沈氏为了描述清楚这种稀奇古怪的海生物的形状，想到拿大家都非常熟悉的日用物件来作类比，可以说是相当机智妥帖了。而后世注家读《沈志》时，恐怕是忽略掉或是没有理解"柱如搔头"之义，将其释为软体动物门、双壳纲、不等蛤科贝类动物"海月"（*Placuna placenta*），谬远矣。

值得一提的是，《沈志》既是一部关于吴国临海郡（今浙江省临海市）的方志著作，也是我国经营台湾见于古文献的最早记载之一。史载吴大帝黄龙二年（230）春，孙权派卫温、诸葛直率甲士万人赴夷州（台湾古称），沈莹很可能也参与了这次远游，因而对其社会状况及风土人情叙之甚详，也为后人提供了研究古越人与高山族先民及其相互关系的珍贵史料。除了对宝岛风物的开创性历史记载，他对鳞介、虫鸟、果藤、竹木等动植物品类的记录也是一丝不苟的。比如，单是鱼类就列了六十多种，这在当时乃至唐朝都是很权威的资料，所以唐人李善注释《江赋》时，对《沈志》征引甚多。

书中释"土肉"如下："正黑，如小儿臂大，长五寸；中有腹，无口目，有三十足；炙食。"释"石华"则语焉不详，仅六字："附石生，肉中啖。"但有一点我们是肯定的，虽然古代"华"与"花"音义相通，常互用，但作为孢子植物的石花菜与此处似为蚌类的海鲜石华显非同物。况且，唐僧是吃素的，太宗就是再殷勤隆重地款待也不能坏了佛家规矩给"御弟"端上来一盘海鲜啊。通过进一步查考可得，石华乃附生于海石上的介类动物，肉如蛎房，可食；壳如牡蛎而大，可饰户牖。所以说百密一疏，高手亦有失手时，在石花菜这个问题上，李时珍还是失考了。

无独有偶。类似的错误还出现在《本草纲目·介部》，李氏将海月与王珧混为一谈，"王珧海月，土肉石华"本为四物并举，各有所指，郭璞不可能将一种东西重复说两次，毕竟遣词用字避免重复拖沓是作为文学家最起码的职业素养。后来清代医学家赵学敏在《本草纲目拾遗》中就加以纠正："濒湖以海月为江珧柱，复附海镜。不知海月即海镜，而江珧非海月也。"但也只说对了一半——江珧非海月，但海镜与海月实乃同类异物,《太平御览》将两者分列两条,所言其情状亦有差别。南朝诗人谢灵运《游赤石进帆海》有"扬帆采石华,挂席拾海月"一句,即化用郭璞《江赋》句意而得,意境也变得更加优美了。山水诗在晋宋勃然而兴,开宗立派之功首推谢灵运。此句寥寥十字,就把张帆远航、捕捞海物的生活场景表现得流丽洒脱,明人陆时雍《诗镜总论》"谢康乐灵襟秀色,挺自天成,清贵之气,抗出尘表"绝非溢美之词。

林檎、苹婆与沙果,糊糊涂涂分不清楚

种树达人王羲之与格致大师康熙爷最爱的果子,你怎么看?

随谢公东海神游归来,我们接着探讨唐太宗这顿蔬果宴里的几样果品。"橄榄林檎,苹婆沙果",八个字包含四种水果,大家对橄榄都不陌生,略去不提。

林檎,又作"来禽",此果味甘,常引飞禽于林中栖落,故名。林檎之栽培历史可谓久矣,《西京杂记》称汉武帝当年修建上林苑时,"群臣各献名果异树,有林檎十株"。又据《太平广记》,唐永徽年间,魏郡人王方言得五色林檎以献高宗种于苑中,一日西域老僧见之,云此为奇果,帝大悦,赐王文林郎。因此,林檎又得了一个好听的别名——"文林郎果"。所谓五色林檎,分别指金林檎、红林檎、水林檎、蜜林檎、黑林檎,皆以色味立名。

王羲之爱鹅的故事家喻户晓,但他还是个笃爱种树的水果大王,恐鲜有人知。

据《晋书》本传载,王羲之晚年优游无事,常以在家修植桑果为乐,每逢果树开花结实,便"率诸子,抱弱孙,游观其间,有一味之甘,割而分之,以娱目前"。笃喜种树的他,栽植当地的常见果木不过瘾,还经常向朋友搜求天下佳苗,试图移栽于自家后花园。比如,在其著名的

《十七帖》第二十五通尺牍《来禽帖》中就记载了他向老朋友益州刺史周抚讨要种子的事:"青李、来禽、樱桃、日给藤子皆囊盛为佳,函封多不生。"大意就是:老兄啊,您给我寄来的这些种子,还是拿布袋盛装起来比较好。如果直接包在信封里,种下去之后我左等右等连芽儿都发不了,更别提吃果子了。

两汉时期,林檎的产地主要集中在陕甘川一带;至魏晋,其栽培范围已扩大到南方,王羲之也就是在这个时候迷上了种树。随着农业科技的不断进步,到宋代,林檎又出现了很多新品种,周师厚《洛阳花木记》中说"林檎之别有六";明清以降,变种愈多。李时珍称其树"在处有之",还分别对甘、酢两大类林檎之食用及药用价值作了详尽辨析,他还说林檎是一种比柰更小的圆果子,"柰与林檎,一类二种也,树、实皆似林檎而大"。扬雄《蜀都赋》中在列举完"杏李枇杷,杜樆栗柰"后,才又说"扶林禽,檇般关,旁支何若,英络其间"。[32] 可见对于林檎形似柰而非李这一点的认知,早在西汉就已深入人心了,因此扬雄在赋中是将二者分开来说的。

柰的栽培历史与林檎大约同时,初以雍凉之地为主产区,而且品种也不少,专记汉都城及畿辅地理状况的重要文献《三辅黄图》中称,在西汉上林苑已经栽有白、绿、紫三种柰了,后来又出现了冬柰、赤柰、青柰等各色品种。那么,柰又是什么水果呢?这还得从明朝的两部科技著作说起。

在李时珍《本草纲目》和徐光启《农政全书》中,都说柰即"频婆"(或"苹婆")之别名,但这个说法着实经不起推敲。明末刘侗、于奕正合著的《帝京景物略》中是将柰子树与苹婆树分开记载的;方以智《通雅》中,也指出"以频婆为柰"这个结论有问题,二者非一物。况且,在玄奘据其亲身游历两百多个国家和城邦而掌握的第一手资料写成的《大唐西域记》中,提到沿途各国物产时,曾多次说到柰,但从未将其与频婆画上等号。[33]

其实,"频婆"是个源出梵语的音译外来词,最早见于佛经。查阅慈怡法师《佛光大辞典》、丁福保《佛学人辞典》，知其为"bimba"之音译，原意为"身影"；又，印度有一种果实鲜红的乔木名为频婆树，意译作"相思树"。"眉如初月翠，口似频婆果""丹唇似果频婆色，双眼如莲戒定香"，这是敦煌变文中用频婆果这种色丹且润、光洁美观的水果来比喻女子口唇之美的句子。也就是说，古汉语中"频婆"一词指的是印度相思果，与柰完全是两种植物。

可话又说回来了，"频婆"读音很像"苹果"，当代学者在研究中国古代苹果栽培史时，大都也已注意到"频婆"这一古名，但对苹果、频婆与柰三者之关系以及苹果称谓之变迁的具体解释尚有讨论空间。据笔者考证，世俗的苹果与佛教典籍中的频婆果，名同果异，原非一物，其称谓混同系外来语误读现象。就现存史料来看，"苹果"之名首见于明万历年间王象晋所编《群芳谱·果谱》。[34]

有意思的是，从小就是学霸的康熙爷于政事之暇还专门对柰类果树作过跨界探索。[35]

独乐乐不如众果乐，苹婆果也常被他当作赏赐物发给大家。康熙二十二年（1683）春，皇帝出巡五台山，驻跸保定府完县慰问父老，走访民情，接见了一个叫蔡丹桂的寒门学子，顺便当场突击检查背书：让蔡生讲讲对《周易·乾卦》中"飞龙在天，利见大人"和《礼记·中庸》中"德辋如毛，毛犹有伦"这两句的心得体会。好在这个蔡生也不怯场，发挥自如，帝心甚慰，所以那天讲经的结果就是：上称旨，"赐白金五两，金盘苹婆果六枚"。赐完果子，康熙还不忘叮嘱蔡生"努力读书，开卷有益也"。

类似的情形还有很多，康熙二十八年南巡，召见前任河道总督靳辅询问河工事宜后，赐给他"贝酪酥糕一盆，苹果一盆"。康熙五十二年，庆祝自己的六十大寿时，款待预宴臣民的佳果中也有苹果。[36]另据吴永、刘治襄《庚子西狩丛谈》载，当年八国联军入京，慈禧携光绪逃至山西忻州时正值中秋，给随侍官员赏赐了月饼和苹果。可见，苹果在当时是一种备受皇家宠爱的水果。

此外，有清一代多地府县方志及文人笔记中也常见关于苹果的记载，但称谓依旧不统一，时用"苹果"，时用旧称。直至民国人徐珂辑成《清稗类钞》，其中"植物类"记有"苹果"条，明确描述了这种水果的种、形、花、叶等特点，还说"芝罘[37]苹果，国中称最"，把烟台苹果夸赞了半天之后，"苹果"这一称谓才算是固定下来。

想必各位看官在了解了上述关于苹果名称的混乱历史后，相当期待一段小结性的梳理文字来为眩晕的脑细胞冲个凉，这个当然有，且必须有——

严格来讲，苹果分为国产土著与西洋进口两类，今人所食属后者。前者作为栽培史超过两千年的传统品种，古称"柰"，于张骞通西域后传入中土。这类果子肉质绵软易烂，故有"绵苹果"之谓，园艺学上又称为"中国苹果"。因口味不甚好，当时栽在上林苑的柰和林檎也主要是用于观赏或置于床头香薰的。大约至迟在元朝中后期，皇家又从西域引入一个绵苹果的优良品种并在北京一带栽种，其外观、口感已与汉魏以来的柰有很大区别。而现今我们作为经济作物大量栽培的苹果，是19世纪中叶从欧洲传入以及由美、日等国引进的新品种之总称，栽培史前后不足二百年。

这种苹果以脆甜的口感取胜，一入籍中国就有取代绵苹果之势。西洋苹果首先在烟台安家落户，至19世纪末20世纪初，东北一带又相继引种培育。也就是说，晚清民初人吃的苹果除了一小部分是由新疆野苹果驯化而来的土著绵苹果外，更多的是西洋进口苹果。作为苹果的原产地，欧洲人吃苹果自然是十分厉害的，就连我国的小学生都熟知他们流传下来的那句谚语——An apple a day, keeps the doctor away.（每日食一果，疾病远离我。）

经过优胜劣汰的选择之后，绵苹果基本绝迹，"苹果"一词也就专指西洋苹果了。所以说，古籍中的"苹果""苹婆""频婆"等均非现代意义上的苹果。"苹婆果"源于佛经之"频婆果"，在古代泛指一切可寓相思之意的红色果实，并非蔷薇科苹果属植物之专名。其实明代以前，柰并无"频婆"这一异名，估计是随着当时频婆果之栽培范围渐广且其形色与柰相类，时人将二物混称，以讹传讹致多种异写亦长期并存。至于沙果，其实就是花红果，即小苹果，此果外皮多呈深红色并有暗红条纹断线，果香浓郁，肉质细密，甘酸开胃。鲜食以外，更常用来加工制成果脯、果丹皮或酿果酒。[38]

顺带提一句，林檎花在古代也很受欢迎。宋人张翊写了本《花经》，在书中给众芳排座次，在当时还是很权威的："以九品九命升降次第之，时服其尤当。"他把林檎花与菊、梅、辛夷、豆蔻等花并列为"四品六命"，级别比桃花、紫薇、凌霄、芙蓉还要高。程棨《三柳轩杂识》中称，菱花为水客、李花为俗客、水仙为雅客、林檎为靓客，足见其风姿之美。林檎花还有一别名，叫"月临花"。元稹专门赋诗一首，赞曰："凌风飐飐花，透影胧胧月。巫峡隔波云，姑峰漏霞雪。镜匀娇面粉，灯泛高笼缬。夜久清露多，啼珠坠还结。"宋代"江西诗派"三宗之一的陈与义也作过一首《来禽花》："来禽花高不受折，满意清明好时节。人间风日不贷春，昨暮胭脂今日雪。舍东芜菁满眼黄，胡蝶飞去专斜阳。妍嗤都无十日事，付与梧桐一夏凉。"凡此种种，多不胜举，足见古人对林檎这种植物从树到花到果的全方位之爱。

但任凭你再雕章琢句整出些绮文丽辞，毕竟还是停留在抽象层面，总不及丹青妙手的几笔点染来得直观传神。今人若想一睹古代林檎真容，也只能求诸古画，比如南宋画家林椿所绘、现藏于北京故宫博物院的绢本设色《果熟来禽图》。只见画面左侧伸出林檎一枝，四颗硕果粉嫩可人，叶片枯茂刻画精微，虫蚀之痕历历可观，沉甸甸的枝丫仿若随风轻颤。而位于画面右侧黄金分割点的枝丫上，有一鸟引颈独立，似振翅欲飞貌，又作呼朋引伴状。画家巧妙运用留白技巧，空灵蕴藉地传达出了林檎之为"来禽"的盎然意趣，无不令观者驻足流连，叹赏有加。

余　话

我们再回到《西游记》。话说接风宴毕，举座尽欢。次日，太宗升朝，作《圣教序》以谢唐僧取经之功，又纳萧瑀之议，请其至雁塔寺演诵经法。是时唐僧捧卷登台，方欲讽诵，忽闻八大金刚召唤，便平地而起，直上九霄，驾着氤氲香风到西天受如来加升正职大果去了。看着"御弟"来无影去无踪，如闪电似清风，神龙见首不见尾，慌得那太宗连连与众官望空下拜，正所谓：

> 圣僧努力取经编，西宇周流十四年。苦历程途遭患难，多经山水受迍邅。功完八九还加九，行满三千及大千。大觉妙文回上国，至今东土永留传。

拜毕，即选高僧于雁塔寺修建水陆大会，看诵《大藏真经》，超度幽冥孽鬼，普施善庆。又将经文誊录过，传布天下不题。

南宋林椿绘《果熟来禽图》
绢本设色，纵 26.5 厘米，横 27 厘米
（故宫博物院藏）

05

宣和主人的一场生日派对

　　赵佶，号宣和主人，神宗第十一子、哲宗之弟，著名书画家兼宋朝第八位国君，庙号徽宗。这是一位不小心投错胎当了皇帝的艺术家，也是史上闻名的享受生活型的主子——最大限度地将生活艺术化，将艺术极致化是其毕生追求。

　　金石翰墨、诗词歌赋自不必说，踢球、杂耍、游戏等文娱项目也样样在行。据说此君还不惜九五之尊，常微服游幸于花柳巷陌，浅斟低唱，甚至索性设立了一个叫"行幸局"的机构来专门张罗此类不可描述的出行事宜，故又有"青楼天子"之称。这位洒脱不羁的奇男子虽然很不适合干皇帝这一行，但天不遂意，在龙椅上一坐就是二十五年。百无聊赖，连每幅画的落款花押都能琢磨出"天下一人"四字合一的小众玩法，想必其每年的生日派对也会嗨得与众不同，花样迭出吧。[39]

宋徽宗赵佶绘《听琴图》（局部）
绢本设色，纵 147.2 厘米，横 51.3 厘米
（故宫博物院藏）

有一种法定假日叫圣节：
全国人民的三日小长假，以为皇帝庆生为名

历代皇帝过生日，不论定或不定节名，皆统称为"圣节"。天宁节即徽宗生日，其他几个北宋皇帝的诞辰也各有专名。[40]

确切地说，把自己的生日定为一个节日来过的做法，始于好大喜功的唐玄宗。开元十七年（729）八月五日，李三郎四十四岁生日这天，"左丞相源乾曜、右丞相张说等上表请以是日为千秋节，制许之"。而在此之前，宫中是没有把给皇帝办大型生日派对作为节日典礼这一说的。

贞观二十年十二月某日，太宗黯然神伤地对长孙无忌说："今日吾生日。世俗皆为乐，在朕翻成感伤。诗云：'哀哀父母，生我劬劳。'何以劬劳之日，更为燕乐乎？"一想到父母生养之辛劳，怎么忍心为自己庆生呢？老爷子断然料不到，他的这份孝心在八十多年后就被李家的第七代主子轻而易举地解构掉了，人家不仅要庆生，还要大张旗鼓地操办。

这项制度的好处就是，全国人民因此有了一个三日小长假，彼时各地会举办形式多样的庆祝活动；在帝都，则群臣进贺，献上琼浆甘露并各色别出心裁的珍奇寿礼，寿星亦按等级高下赏赉百官，朝野同欢，不亦乐乎。明清时，皇帝的生日叫作"万寿节"，与元旦、冬至合称"三大节"。如此一来，将天子寿诞与朝岁、祭天等活动并列，神圣感立马指数级飙升。

有一种狂拽炫酷叫山楼排场：
坐绣墩固然体面，在走廊上看看热闹也不错

徽宗每年生日派对的大致流程是这样的——

先是提前一个月，教坊司就组织乐手伎家们进入紧张有序的演出排

练环节；生日倒计时两天，先后由枢密院及尚书省宰相率领各级官员到相国寺去，停下各自手头鸡零狗碎的拜佛敬神斋筵，赶赴尚书省都堂大厅享用圣宴。

这些都是前奏，重头戏是十二日的拜寿朝贺典礼。当日宴会正式开始之前，"有司预于殿庭设山楼排场，为群仙队仗、六番进贡、九龙五凤之状，司天鸡唱楼于其侧"。铺锦列绣，场面豪华。待良辰吉时一到，宰相、懿亲、百官鱼贯而入，朝臣们手持笏板拜舞，山呼万岁。其间礼仪繁复，这里提到的"大起居"是有"三十三拜，三舞蹈"的最隆重的大礼。[41] 未及器乐奏响，集英殿山楼传来乐工模仿百鸟和鸣之音，殿内外顿时肃然，唯鸟声响彻云霄，似鸾凤来仪。此时，大家谢恩毕，开始陆续落座。

我们都晓得皇家饭局礼仪多、规矩繁，其最直观的体现就在座次上：主子正殿端坐，单人单席，黄绫餐布；亲王勋贵、朝廷要员及专程赴京祝寿的地方高官，则按品级依次坐于殿上、朵殿、殿下幕屋及两庑。也就是说，分量最重的嘉宾是四到六个人一桌，能坐在大殿上近距离观瞻龙颜，优游容与地陪寿星一同进餐；坐于大殿东西侧堂（即偏殿）者，次之；级别再低些的文官武将，在殿外用帷幕临时围成的区域内；再下来就只有待在走廊毡席上的份儿了。各国使节所受礼遇则因与东道主的亲疏远近而有分别。

比如，对辽国来宾就比较优待，特为其增添一份由猪、羊、鸡、鹅、兔连骨熟肉组成的杂拼，就像必胜客下午茶套餐里的五味小食拼盘那样。[42] 真宗大中祥符年间，夏、契丹、龟兹、甘州、交州等国使者四赴国宴，其座次升降概况的个中微妙缘由大家可心领神会。[43] 除此之外，坐具、餐具也无不体现着森严的等级。《宋史·礼志》云："宰臣、使相坐以绣墩；参知政事以下用二蒲墩，加蜀毯；军都指挥使以上用一蒲墩；自朵殿而下皆绯缘毡条席。"又："殿上器用金，余以银。"《东京梦华录》里描述得更详细一些："御筵酒盏，皆屈卮，如菜碗样，而有手把子。殿上纯金，廊下纯银。食器，金银镀漆碗碟也。"

话说回来了，即使没有漂亮的绣墩可坐，倒也不觉得委屈。毕竟有资格拿到皇上生日派对的入场券就已经很牛了，不是吗？

有一种仪式感叫看比吃更重要：
歌舞、杂技、筑球、相扑，一个都不能少

宋朝规矩，凡宫廷大宴，盏有定数。以公主的婚礼为例：理宗无子，周汉国公主是其唯一掌上明珠，到了该出嫁的年龄，皇帝老丈人招待准驸马时，"赐宴五盏"；婚礼正日子那天，"赐御宴九盏"。盏，原指宴饮所用之酒杯；当与伎乐演出等联系在一起时，又指乐次，一盏就是一场。每盏依序而进，菜肴随配乐及歌舞类型之变化而更易。

至于像徽宗生日派对这种级别的宴会，也需要行酒九盏，就是说大家得喝足九轮酒，这个生日才算圆满。全程下来分"初坐""歇坐""再坐"三段，[44] 安排教坊各部或小唱，或伴舞，或鼓板，或杂剧，且每段表演曲目都有固定程式。

第一盏：御酒，歌板色一名，唱中腔一遍讫。

第二盏：御酒，歌板色，唱如前。

第三盏：左右军百戏入场，一时呈拽。……凡御宴至第三盏，方有下酒肉：咸豉爆肉、双下驼峰角子。

第四盏：如上仪。舞毕，发谭[45]子。……下酒槌：禽子骨头、索粉、白肉胡饼。

第五盏：御酒，独弹琵琶。宰臣酒，独打方响。凡独奏乐，并乐人谢恩讫，上殿奏之。百官酒，乐部起三台舞，如前毕。……下酒：群仙臛、天花饼、太平毕罗、干饭、缕肉羹、莲花肉饼。驾兴，歇座，百官退出殿门幕次。须臾追班，起居再坐。

第六盏：御酒，笙起慢曲子。宰臣酒，慢曲子。百官酒，三台舞，左右军筑球。……下酒：假鼋鱼、密浮酥捺花。

第七盏：御酒，慢曲子。宰臣酒，皆慢曲子。百官酒，三台舞讫，参军色作语，勾女童队入场。……下酒：排炊羊、胡饼、炙金肠。

第八盏：御酒，歌板色一名，唱《踏歌》。……下酒：假沙鱼、独下馒头、肚羹。

第九盏：御酒，慢曲子。……曲如前，左右军相扑。下酒：水饭、簇钉下饭。驾兴。

——《东京梦华录》卷九"宰执亲王宗室百官入内上寿"

宴会宣布开始，先是斟御酒。皇帝饮酒时，一名歌板色出场，唱中音歌曲一遍；然后笙、箫或笛伴奏，再唱一遍。宰臣饮酒时，乐声续起，干杯。百官饮酒时，三台舞起。总之，每逢举杯则有乐舞助兴。

至于下酒菜嘛，也不是一开始就摆出来的，而是要等到第三轮酒时才上。

这时，一帮头裹红巾、身穿彩衣的表演百戏的左右军艺人入场，献上倒立、折腰、踢瓶、跟斗、跳索、上竿等一系列精彩杂技。与汉唐不同，北宋官方的杂耍演员主力都编入殿前司，每逢朝会、庆典等大型场合，军艺人集体出动，人手不够时，雇用民间艺人补充。至高宗绍兴三十一年（1161），金侵宋，教坊废而乐工乏，有需要时只得临时招募演员。但考虑到徽宗的这场派对上有外宾参加，艺人们也不好意思过分地做出夸张滑稽的搞笑动作，"内殿杂戏，为有使人预宴，不敢深作谐谑，惟用群队装其似像"。所以就比较收敛，适可而止，"市语谓之'拽串'"。毕竟不能给外国使臣留下笑柄，否则大宋威严的形象往何处搁。

这场生日宴持续了很久，喝到第五轮，等欣赏完琵琶独奏和儿童表演队的节目后，有个中场休息环节。这时，皇帝起身，御宴暂停，百官退至大殿门外的帷幕旁毕恭毕敬地候着。过了一会儿，待徽宗上完洗手间，因久坐而发僵的腰肢筋骨也舒展得差不多了，大家再按次序入场，各自落座，开启后半场的欢乐派对。

从第六盏开始，乐舞节奏趋于舒缓，此时筑球队上场。所谓"筑球"，是古代一种兼竞技与表演性质的体育运动，有点像现代的曲棍球或手球。初兴于唐，当时用脚踢球，僖宗为了锻炼腿部肌肉，很热衷于玩这个；五代时，又有新变，以气球作球；至北宋，已建立了一套完整的比赛规则，场上球门、裁判什么的都有，你可以步行或奔跑击球，也可以骑着马用球杖击球，方式很灵活。太宗对这项运动也蛮感兴趣的，有一次看表演时按捺不住，还亲自下场去玩了两把。[46]

除了球类运动，宴会接近尾声时，还有武士相扑表演。待宾主饮罢最后一轮酒，三台舞毕，曲终奏雅。徽宗起驾，离场。臣僚们则头戴皇帝御赐的簪花，美滋滋地回到各自宅邸，还久久沉浸在热闹欢愉的气氛中。

在那个不流行吃蛋糕的年代，君臣以主子的生日派对为由头欢聚一堂，暂时把伤脑筋的国家大事搁置九霄，美酒喝到痛快，演出看到尽兴，娱目怡情，足矣。与其说这是宴会，不如称之为酒会，或是一场视觉盛宴。所以，重点不在于吃什么，桌上摆的也尽是些佐酒小菜。

有一种低调奢华叫天花蕈：
从陈仁玉《菌谱》与韦巨源的烧尾宴谈起

第四盏里有一道"禽子骨头"。禽，同"炙"，从字面上看，就是烤羊排。《事林广记》中有叉烤羊浮肋的做法，曰"骨炙"，名与此近似，或为"禽子骨头"之略称。其制法为：取一扇带皮羊浮肋，剁成长五寸的两段，用硇砂末捻一下放入沸水中，待水由热降至温，取肉上叉，再蘸上硇砂水快速翻烤。切忌不能让肉太熟了，边蘸边烤，如此重复三轮后，将肉放入好酒中略微浸一下，之后再上叉烤一轮就可食用了。

值得注意的是，烹制这道菜的过程中用到了"硇砂"，这也是现存文献中关于此物用于烹饪的最早记载。硇砂，是一种氯化物类卤砂族矿物的晶体，多分布于新疆、甘肃、青海等地，古代又名"北庭砂""狄盐"，作为中药有消积软坚、化腐生肌之效。《本草纲目》称，"庖人煮硬肉，入硇砂少许即烂"。显然，这道菜里使用硇砂就是为了使烤出的羊肋排口感软嫩、容易消化。不过，这东西有毒，不可多食，现属国家明令禁止的食品添加剂。况且，随着高科技含量厨具的不断涌现和烹饪技术的不断改良，在正常情况下，大家做烤肉时肯定不需要借助蘸硇砂水翻烤来促其快熟了。

第五盏中出现了"天花饼"，天花是什么呢？历来笺注《东京梦华录》者或避而不谈，或不甚了了，或望文生义。据笔者考证，天花非花，与乾隆爱吃的云南特产——玫瑰鲜花饼没什么关系。不过，他倒也很喜欢此物，还以写诗的形式点过赞："仙菌多盘古柏青，金幢玉节倚云屏。山僧雨后锄悬壁，饭佐胡麻万虑宁。"此物即天花蕈，一种大型真菌类植物，乃代州雁门郡五台山特产。

北宋陶穀《清异录·馔羞门》载有一道"十远羹"。[47] 这道以名贵山珍为主料的羹做法非常讲究，恐混入别物失其风韵，故十种食材宁缺毋滥，而天花蕈就是其中之一。黄庭坚有诗云："饥欲食首山薇，渴欲饮颍川水。……雁门天花不复忆，况乃桑鹅与楮鸡。……"（《答永新宗令寄石耳》）"桑鹅"即"桑蛾"，桑耳之别名，是桑树上的附生菌，也就是木耳；"楮鸡"同理，乃楮树所生者。地生为菌，木生为蛾；北人曰蛾，南人曰蕈；曰蛾，象形也；曰鸡，味似也。"木耳"只是统称，具体到不同树种所生菌类，叫法又因其形态、口感有别，即《本草纲目·菜部·木耳》中所载的桑、槐、楮、榆、柳"五木耳"。"桑鹅""楮鸡"既为菌类，诗中上句"天花"自然指的就是天花蕈了。又，南宋使臣朱弁羁滞金国期间所作《谢崔致君饷天花》诗有"地菜方为九夏珍，天花忽从五台至""树鸡湿烂惭扣门，桑蛾青黄谩趋市"诸句，其所言之"天花""树鸡""桑蛾"，恰可与山谷此诗相互参证。

南宋陈仁玉《菌谱》（中国最古老的食用菌专著）中称"五台天花，

亦甲群汇",对其给予高度评价。陈氏此书重在介绍其家乡仙居所产合蕈、
稠膏蕈等著名台菌,因为自从右丞相谢深甫的孙女谢道清入宫当上理宗
的皇后,受谢氏家族之影响,当时朝廷上下对这种鲜美的土产趋之若鹜,
入山采菌者络绎不绝。陈氏"欲尽菌之性,而究其用,第其品",遂将其
长期观察品鉴的结果写成书,以供大家辨识。"盖菌多种,例柔美,皆无香;
独合蕈香与味称,虽灵芝、天花无是也",将天花蕈与其所谓的"冠诸群菌"
的合蕈拿来作比较,想必他亲自品尝过。而天花出现在这本专门介绍南
方菌菇的书中,也足以说明这种北方菌在全国也是颇有名气的。[48]

《武林旧事》卷七称:"〔淳熙六年九月〕十三日,值雨,未时奏请宿斋。
北内送天花蘑菇、蜜煎山药枣儿、乳糖、巧炊、火烧角儿等。"北内,指高
宗养老的德寿宫,自其内禅移居新宫以来,孝宗为表孝心,将其一再扩建,
时称"北内"或"北宫"。此处的"天花蘑菇"即天花蕈,明人田汝成所辑
《西湖游览志余》中写作"天花摩姑"。天花饼的具体制作细节现已无从考证,
通过《东京梦华录》《梦粱录》等叙都城风土人情、掌故名物诸书,我们知道:
这种以珍贵的天花蕈为主要食材的面点,是一种经常出现在北宋皇室筵宴上
的佐酒小食;南渡之后,又由禁中传入民间,临安城的酒楼、食店中已有天
花饼出售。而备受元朝宫廷青睐的天花包子,其实就是羊肉菌菇蒸包。[49]

天花蕈因味美且产量有限,历来都是进贡皇室的佳品,虽因徽宗寿
宴而闻名,但早在四百多年前韦巨源拜尚书令宴请唐中宗的"烧尾宴"上,
它就以"天花饆饠(九炼香)"的形态出现了。

烧尾宴就其排面和豪华程度来讲,相当于唐朝版"满汉全席",关于
其得名,大致有三种说法:一说乃新羊入群,为诸羊所触,不相亲附,火
烧其尾方被接纳;或谓虎变人时,惧尾不化,须为焚除,乃得成人;三则
与"神鱼化龙,雷烧其尾"的鱼跃龙门之典有关,即鲤鱼跃上龙门后经
天火烧掉尾巴才能化作真龙。在这几层深刻寓意的加持下,烧尾宴也就
成为唐朝新官上任的谢恩宴或是士人登第、升迁后的朋僚贺宴,敬上待
下皆可,象征官运亨通、前程似锦。自唐高宗起,献食之风日盛。[50]而
他的儿子李显比他更昏懦,此人虽质本庸柔,为悍母所制,无法自奋皇纲,

但生活上的他却不像政治上那么窝囊，还是有点口福的。北宋钱易《南部新书》云："景龙以来，大臣初拜官者，例许献食，谓之'烧尾'。"明人陈绛《辨物小志》中亦有相同记载。

唐朝办过那么多次烧尾宴，就属韦巨源升官后请他主子吃的这顿大餐最奢华也最出名，在中国饮食文化史及烹饪史上都是值得关注的。但这次宴会的菜单已失传，流传下来的五十八道美食也只是其中的一小部分，见载于《清异录·馔羞门》"单笼金乳酥"条。用陶谷自己的话来说，"其家故书中尚有食账，今择奇异者略记"，也就是说他所罗列的都是这次宴席上最精致、最新奇的，如：曼陀样夹饼、婆罗门轻高面、御黄王母饭、生进二十四气馄饨、清凉臛碎、暖寒花酿驴蒸、缠花云梦肉、遍地锦装鳖、蓄体间缕宝相肝……这些看馔大都取名华丽，讲究文采修饰，亦多用释典，光看这些个名目就垂涎欲滴了，难怪中宗吃完之后三日不思茶饭，其品类之繁盛可想而知。不过，烧尾宴之风习至玄宗开元中后期即已渐歇，仅流行了二十年光景。至于"天花饆饠"之"饆饠"为何，留待后文再叙。

有一种观点认为天花蕈就是我们今天吃的平菇，这应该是受了《本草纲目》中对其形态描述的影响，"菜部·天花蕈"条引吴瑞《日用本草》称其又名"天花菜"，"形如松花而大，香气如蕈，白色，食之甚美"。但李时珍自己也不太拿得准这种菌类到底为何物，所以他接着说，这个天花蕈大概跟段成式《酉阳杂俎》中提到的那种"代北有树鸡，如杯棬"、俗名为"胡孙眼"的东西是一类的吧。但他的判断是不对的，胡孙眼是生于朽木上的黄褐色硬菌，扁平如伞呈半圆形，外有不规则瘤状突起，内有无数圆孔，属担子菌门非褶菌目多孔菌科植物，与伞菌目侧耳科的平菇只是同门，差别还是蛮大的。由于古代文献中（如《饮膳正要》《滇南本草图说》等）关于天花蕈的文字描述与所附简图大多不甚相符，这对今人判定其种属造成不小的困惑。

笔者综合多方资料，认为古代宫廷菜里的天花跟侧耳科的平菇（侧耳、北风菌、蚝菇、黑牡丹菇）或口蘑科的鲍鱼菇（台湾平菇）还不完全是一回事，确切地说，它应该是牛肝菌科的台蘑。而关于得名，考虑到其产地五台山乃佛教圣地，很有可能出自佛典。

"天花"原指非人间所有的天界妙花，亦指天神雨所降的供佛之花。《大乘本生心地观经·序品》云："时无色界一切天子，雨无量种微妙华香，于虚空中如云而下。……六欲诸天及天子众，以天福力，雨种种华，……于虚空中缤纷乱坠，而供养佛及众法宝。"这便是"天花乱坠"的出处及原始意义。

《法华经·譬喻品》亦云："释提桓因、梵天王等与无数天子，亦以天妙衣、天曼陀罗华、摩诃曼陀罗华等供养于佛。所散天衣住虚空中而自回转，诸天伎乐百千万种，于虚空中一时俱作，雨众天华。"讲的是四众弟子、天龙八部以及帝释天释提桓因、大梵天王等与其无数天子看见舍利弗在释迦牟尼佛前受阿耨多罗三藐三菩提（即无上正等正觉）而欢欣鼓舞，遂各自脱下所穿的上妙华衣以及曼陀罗花等供养佛陀。天乐和鸣齐奏，天衣飘荡回旋，各种天花如雨般纷扬洒落。又，《智度论》有"天华芬熏，香气逆风"之语。试想一下在夏天或秋天的雨后，当山僧路过林坡草地时，看到树丛中冒出的这些星星点点、散着幽香、仿佛从天而降的白色"花朵"时，很自然地会将之与平日接触的佛教典籍中的习见之语"天花"联系起来，便以此命名，形象生动且寓意颇佳。

宋朝以后，天花的受欢迎度丝毫不减，在文学作品中时有体现。如《金瓶梅》第七十八回写西门庆款待妻兄吴大舅，月娘从里间房里端出配酒果菜，除冬笋、银鱼、黄鼠、海蜇、苹婆、石榴、风菱、雪梨等各色时鲜，还有天花菜。又如《梼杌闲评》第二十二回写中宫娘娘驾幸御花园，跟东西二宫的姐妹们搞了场不负春光的游园下午茶会，摆在她们面前的是："琥珀杯、玻璃盏，金箱翠点；黄金盘、白玉碗，锦嵌花缠。……金虾干、黄羊脯，味尽东西；天花菜、鸡㙡菌，产穷南北。"美人美食美景美不胜收，如果再来个美拍就更完美了。

篇幅所限，就此打住。至于剩下的几盏菜，稍作类比了解即可，暂不作琐细考证：咸豉爆肉≈豆豉爆炒回锅肉，干饭≈炒饭，缕肉羹≈西湖

牛肉羹，密浮酥捺花≈茉莉蜜糖酥皮烧，炙金肠≈火山石烤肠，簇钉下饭
≈酱瓜丝等杂拼小咸菜……最后给"独下馒头"几句特写：这么说吧，宋
朝的馒头不是馒头，包子不是包子，大宋人民管包子叫馒头，馒头叫炊饼。
"独下"与"双下"相对，此言其个头小巧，无须双手捧食，两指一捏
往嘴里一送，一口一个妥妥的。啊哈，原来就是前一阵流行的网红珍珠
灌汤包呀，宋人的生活真是精致哪！

06

南宋皇家饭局之格局

宋朝出文人，文人出吃货，吃货出诗集。诗里写什么？跟吃有关的一切。

不同历史时期关于"美食家"的定义不尽相同，在古代想当一名优秀老饕，门槛还是有点高的。哪像今天，无论碰到特别的还是不特别的、好吃的还是不好吃的，反正只要让手机先吃、让朋友圈好友先吃的各路吃货都可自封为"美食家"。而一千多年前的标准是：不会写诗的吃货不是合格的美食家，不懂吃的诗人也不是优秀的文学家，美食与文学，两手抓两手都要硬。如果你还能在用文字记录食物的同时，有余力发明出几道看家私房菜，那就妥妥地是当之无愧的美食大咖了。

论优秀老饕的自我修养：
左手美食右手文学，放翁咖位不输东坡

两宋三百多年间，能吃爱吃会吃且品学兼优者不可胜数，其中名气最大的莫过于苏轼和陆游，前有《东坡志林》，后有《老学庵笔记》。其书或杂述朝野掌故、风土民俗，或考辨诗文典章、舆地方物，或闲谈奇人异物、遗闻故实，无不信手拈来，涉笔成趣。当然，作为美食的忠实记录者，两位饕客的文集中肯定少不了"吃"的话题。

苏轼自不必说，至于陆游，我们知道他一生笔耕不辍，非常高产，《剑南诗稿》录其诗词九千三百余首，涉及饮食者多达百篇，主要描写吴中、蜀地等珍馐佳肴。他本人不仅爱吃，还热衷于实践，特别享受下厨之乐。如《饭罢戏示邻曲》云："今日山翁自治厨，嘉肴不似出贫居。白鹅炙美加椒后，锦雉羹香下豉初。箭茁脆甘欺雪菌，蕨芽珍嫩压春蔬。平生责望天公浅，扪腹便便已有余。"椒香烤鹅、豆豉野鸡，佐以蕨菜、鲜笋等时令鲜蔬，荤素搭配合理，简约而不简单，吃得宾主鼓腹含和，看得读者垂涎欲滴。

孝宗淳熙二年（1175），范成大由桂林调至蜀州，陆游被举荐为其幕下参议，二人以文会友，遂成莫逆。惜好景不长，因朝廷主和势力诋毁陆游"不拘礼法""燕饮颓放"，范迫于压力，只好将其免职。陆游便在杜甫草堂附近的浣花溪畔开辟菜园，躬耕陇亩，自号"放翁"。与嗜荤的东坡不同，放翁喜素，[51]且对蔬菜烹饪之法颇有心得："霜余蔬甲淡中甜，春近录苗嫩不豉。采掇归来便堪煮，半铢盐酪不须添。"

强调原汁原味，本色本香，这与袁枚《随园食单》中提倡的烹饪金标准——本味为美是一致的。袁书专列"杂素菜单"与"小菜单"，详载七十余种冷热素菜的做法，所谓"菜有荤素，犹衣有表里也。富贵之人，嗜素甚于嗜荤，作《素菜单》"。可见，清淡蔬食养生观历代同之。

就连苏轼到了晚年也开始控制肉食摄入量，遵循养福、养气、养财的"三养"摄生观，每日不过一爵一肉。[52]如此节制，如此理性，与当年写《猪肉颂》的是同一个人吗？要知道苏仙在黄州时可是无肉不欢的，"净洗锅，少着水，柴头罨烟焰不起。待他自熟莫催他，火候足时他自美。黄州好猪肉，价贱如泥土。贵人不肯吃，贫人不解煮。早晨起来打两碗，饱得自家君莫管"。《老饕赋》里"盖聚物之夭美，以养吾之老饕"的豪情壮志哪里去了？强势围观的吃瓜群众不禁要感慨一句：东坡老矣！尚能肉否？

在关注日常饮食之余，陆游的《老学庵笔记》中还收录了一份孝宗淳熙年间宴请金国使者的国宴菜单。此书所载多作者亲历亲闻之事，史料价值毋庸置疑，这就为我们了解南宋皇家饭局提供了宝贵的第一手资料。菜单如下：

> 集英殿宴金国人使，九盏：第一，肉咸豉；第二，爆肉、双下角子；第三，莲花肉油饼、骨头；第四，白肉胡饼；第五，群仙炙、太平毕罗；第六，假圆鱼；第七，奈花索粉；第八，假沙鱼；第九，水饭、咸豉、旋鲊、瓜姜。看食：枣锢子、髓饼、白胡饼、馒饼。（淳熙）

乍看之下，感觉菜品并没有我们想象中丰富，甚至可以说有点寒酸，而且菜名也古怪得很，让人不知所云。毕竟相距八个多世纪，食物称谓在不断演变，产生了与今人有所隔阂的"陌生化"效果也可以理解。为满足吃货探秘美食的好奇心，笔者本着求是原则，辨章学术，考镜源流，逐一为各位看客解读之。

干锅肉丁打头阵，烤串拼盘来殿后：
传说中神秘高大上的"铧锣"其实就是褡裢火烧？

先来了解一下宴会地点。

天子设宴飨客的目的在于训诫臣下恭谨俭约之道，昭示君主仁慈恩惠之德。自北宋仁宗以后，在集英殿举办大型宴会就成为惯例；次等规模的，在紫宸殿；小型宴会的话，垂拱殿就够用了；皇帝若有特别诏令，则另当别论，具体在哪吃要看主子的心情。[53]

隆兴二年（1164），宋军北伐失利，孝宗签订了南宋与金国的第二个屈辱和约——隆兴和议，从此两国皇帝以叔侄相称，维持了四十年的和平。陆游没详细说这次宴会的年月日，只是在菜单后标注"淳熙"二字。"淳熙"为孝宗朝第三个也是最后一个年号，使用时间为1174年至1189年。而此时正值相对民和俗静、政治清明的乂宁盛世（史称"乾淳之治"），金国友好使者来访，孝宗在集英殿摆一桌高档饭局，尽尽地主之谊也是顺理成章的。

吃了些什么呢？

头盘肉咸豉，相当于干锅豉香肉丁。金国女真人乃东北狩猎民族，嗜肉，宋帝便投其所好，先以醇酽堵其口。南宋末年有个叫陈元靓的人编了一本指导时人生活起居的类书——《事林广记》，里面就记载了这道菜的做法，包括所选食材的配比也有详细说明：取一斤瘦肉切成小粒骰子状备用，撒上一两半盐拌匀，去腥；四两生姜切成薄片，用猪油煸香；豆豉一斤加水煮，得浓汁两碗。至此，所有准备工作完毕，可开炒了。先将肉粒下锅干煸，次入豉汁、姜片、橘皮，再入野茴香和花椒翻炒，然后收汁、焙干，即可出锅。盛出后，可随时取用，冷食亦佳。在南北朝时期油豉很受欢迎，若从制作手法上溯源，这道菜与《齐民要术》所载"鸭煎"一脉相承，二者都是利用主食材中固有的油脂干煸肉粒或肉末的工艺，此法至今仍在各地广为流传。

第二道的这个双下角子是不是看着有些面熟？没错，它就是前面徽宗寿宴上第三盏里的"双下驼峰角子"。"角子"虽与"饺子"同音，但二者还不是一回事。宋人吃的角子其实是一种狭长形的烤包子，其中部隆起，边缘有一条长棱，整体形似驼峰，故名。吃这种食物时，你得双手齐开动，小心翼翼地捏着两端，不然的话，棱就有可能裂开，馅儿也会散掉，因此冠之以"双下"。我们姑且可以把它看作是烤饺的雏形。

饺子作为一种历史悠久的传统美食，起源可追溯到东汉，据说乃医圣张仲景首创。张医生用面皮包上几种祛寒的药材治疗病人耳朵上生的冻疮，故名之曰"娇耳"。莫问这种药馅饺子好吃否，客官可自行脑补其味。后来它出现在大众餐桌上，随着朝代更迭，名目日渐驳杂：魏晋时叫"月牙馄饨"，南北朝时称"馄饨"，唐人呼之"偃月形馄饨"。至宋，这种"烤饺"被称作"角儿""角子"，传入蒙古后又按照蒙古语音译过来，它就有了一个新名字——匾食。其后，随蒙古帝国之征伐传至世界各地。明人张自烈《正字通·食部》称："饺，……今俗'饺饵'，屑米面和饴为之，干湿大小不一。'水饺饵'即段成式食品'汤中牢丸'，或谓之'粉角'。北人读'角'如'矫'，因呼'饺饵'，讹为'饺儿'。"可见，饺子分干捞、水煮二吃早已有之。

第三、四道菜一起说，因为都涉及饼。宋人对饼情有独钟，宫廷闾巷无甚差别，《东京梦华录》卷四专列"饼店"一节，介绍了当时京城饼店的盛况。[54]店伙计们凌晨三四点就开始热火朝天地做饼，张、郑二店更是规模惊人，每家都有五十多座烤炉，生意之好可见一斑。那么现在金国使者面前的这盘莲花肉油饼到底是什么饼呢？

据《事林广记》载，肉油饼，即在和面时掺入猪羊油碎丁及羊骨髓，包肉馅后烤熟而成。其实这道菜是以形命名，也好理解，就是一种摆盘呈莲花状的肉馅烤饼。再说说白肉胡饼。白肉，指未添加带色作料的煮好的熟肉。至于胡饼，说法有二：一如宋人黄朝英《靖康缃素杂记·汤饼》中所言，"盖胡饼者，以胡人所常食而得名也"。另一种说法与胡麻有关，即在烤制生面饼时，上撒胡麻，故名。总之，不论以食用者命名，还是因配料得名，有一点大概不会错：这个白肉胡饼就是今天老少通吃的肉夹馍嘛。

第五道就比较玄了。目之所及，各类宋人笔记中大凡有零星涉及宫廷御宴的文字，"群仙炙"与"太平毕罗"都是以绝对高频词的姿态出现的，可谓宋朝御馔中的经典保留款。"群仙炙"，名字起得毫无人间烟火气，其实走的是群众路线。群仙，乃八仙之类，喻品种繁多。"群仙炙"，就是烤肉串拼盘。关于"太平毕罗"，得稍费些笔墨。"太平"，寓意吉祥，与肯德基"安心油条"的命名有同工之妙。名称也就图个好彩头，至于说铝超不超标、心安不安，皇帝吃完毕罗以后天下太不太平，又是另一回事。修饰语虽经不起推敲，但中心词还是有点来头的。

简言之，毕罗就是一种呈卷状、两边开口的荤馅炸食，类似于老北京的名小吃褡裢火烧，吃货们都懂的。物以稀为贵，最初其享用门槛较高，属于御赐级别的美食。[55] 稽之史料，发现"毕罗"亦常写作"饆饠"，但也有人不以为然："毕罗者，蕃中毕氏、罗氏好食此味。今字从食，非也。"（李匡乂《资暇集》）他觉得此物以两位食用者的姓氏合而为名，再加个食字旁纯属画蛇添足。

初自西域传入时，这种肉馅点心里掺有大蒜之类的辛辣调味品，中原人吃不惯，便着手改良，逐渐出现了小清新款的樱桃毕罗以及土豪款的蟹黄毕罗。南宋有位名叫高似孙的老兄，还专门写了本研究蟹的书——《蟹略》，内有"蟹象""蟹具""蟹牒""蟹赋"等各门，将关于蟹的一切搜罗殆尽。卷三"蟹馔"中特记"蟹饆饠"一笔，其做法与唐时类似，取蟹黄"淋以五味,蒙以细面,为蟹毕罗,珍美可尚"(刘恂《岭表录异》)。至此,前文所述唐人韦巨源供奉中宗的那场烧尾宴上的"天花饸锣"之谜也就揭开了,就是菌菇馅的褡裢火烧咯。概言之,经唐宋两代,毕罗这种外来食品完成了由粗犷的西域风到"城会玩"的精致宫廷风的本土化转变,最终定型为一道皇家美食。

菜名为"假",走心是"真":
风靡北宋的各色仿真菜之深度解读

　　第六道和第八道中又出现了两样稀罕东西——"假圆鱼""假沙鱼",单瞧一眼菜名就不禁哑然失笑。怎么都是"假"的?天子请客,连条真鱼都舍不得吗?这就涉及一个饮食风尚的问题。

　　的确,"假"是当时流行的烹饪方法,取食材甲塑成食材乙之形,而乙只是"徒有其表",整道菜中不见半点乙的影子。比如这道"假圆鱼"[56],从选料、做法到造型、摆盘都十分精细考究。取肥嫩黄雌鸡腿肉煮软、去皮、切丝仿鼋鱼肉,另将黑羊头肉煮软作"裙边"。至于鼋鱼蛋呢,有两种做法:其一,先用乳饼蒸山药,至泥状,和匀,挤成鼋鱼蛋之形,再入栀子水浸染,以着黄色,最后入沸水余熟即可;其二,用鸡鸭蛋黄与豆粉同和作原料,可省去染色一步,余同。装盘时,以木耳、粉皮丝作衬底;其上由内而外按序码放"鼋鱼肉丝""裙边丝",以及一枚枚逼真的"鼋鱼蛋";最后浇上滚烫的肉汤,撒少许姜丝、青菜头,大功告成。而"沙"呢,即"鲨",又称"鲛","假沙鱼"的做法可类比于前。

　　此外,在《东京梦华录》的"饮食果子"中还载有假河鲀、假蛤蜊、假野狐、假炙獐等多种假菜,而《梦粱录》卷十六"分茶酒店""面食店""荤素从食店"中提到的假菜更多:假熬鸭、假炙鸭、煎假乌鱼、假煎白肠、假淳菜腰子、假炒肺羊熬、下饭假牛冻、假驴事件、假羊事件、假肉馒头等等。《事林广记》又补充了假熊掌、假沙鳝、假羊眼羹等做法。

大体而言，这类仿真菜多选猪、羊、鸡、鱼等简单易得的食材，将肉剁碎后拌入山药或绿豆粉和匀，制成各类平时不大易得的飞禽走兽或山珍海味的造型。再充分发挥多种香料的协同作用，精心调制成与目标造型最接近的味道，最终在色、香、形等各方面达到"以假乱真"的效果。袁枚《随园食单·杂牲单》中有一道菜叫"假牛乳"："用鸡蛋清拌蜜酒酿，打掇入化，上锅蒸之。以嫩腻为主，火候迟便老，蛋清太多亦老。"说的其实就是酒酿炖蛋，以"假"名之，取其味似而已，与宋朝的假菜已经不是一个概念了。如此看来，"假菜真做"比"真菜真做"麻烦多了，耗时费神不说，还特别考验厨师的功力，虽菜名为"假"，但走心是"真"的。

再回过头来看第七道，柰花索粉。"柰"者何？据明代鸿儒升庵先生言，此乃茉莉花之别名：《晋书》都人簪柰花，即今末利花也。"（杨慎《丹铅录》）后来，李时珍在他的权威著作里也证实了这个说法。[57] 索粉，是一种以大米或绿豆粉为原料的线粉，如果你见过村里人家自己做粉条的过程，再对照韩奕《易牙遗意》中的索粉制作工序，就会发现，两者基本是一回事儿。据说，现今福建莆田一带还流行着一种叫菜丸索粉的小吃，而江西南康索粉、浙江东阳索粉等也是当地特色。

第九道，所谓"水饭"就是粥。按清朝学者俞樾的说法，南方人晨起啜粥之传统由来已久，至少可溯至南唐。在宋代，不光老百姓以粥为早餐，官宦人家也这么吃，南宋宰相杜范有一次还把晨起喝完粥去会见范钟这个细节记在了奏札里。[58] 彼时大家以粥作宵夜的情况也很普遍，如《东京梦华录》在描述州桥夜市时，便有"自州桥南去，当街水饭、燠肉、干脯……"这样的记述。

瓜姜，就是一些腌黄瓜、酱姜片之类的佐粥小咸菜。可见，粥这种看似平淡无奇的食物，天子庶民都离不开它，而且宫廷和民间的吃法都差不多，配菜也就那几样。此处，它是作为国宴的最后一道菜出现的，对于大家已经酒肉酣畅的胃口而言，补充几勺清口小粥是再舒服不过的了。

赵匡胤·钱俶·王黼：宋朝皇室第一名菜"旋鲊"及其他

集四海之珍奇，皆归市易；会寰区之异味，悉在庖厨。若要评选宋朝宫廷御宴上的佐酒小食之最，则首推"旋鲊"。

旋，顷刻、随即，此取新鲜之义。鲊（zhǎ），最初指在鲜鱼中加入盐等作料腌渍，使其久藏不坏。[59] 再后来，鲊的原料也不再局限于鱼类，《齐民要术》卷八"作鱼鲊"除收有鲤鱼鲊、裹鲊（菊鱼）、蒲鲊、夏月鱼鲊等七种鱼鲊法外，还有一种以肥猳（zōng，小猪）制成的猪肉鲊。

到唐朝，野猪鲊成了皇家赏赐宠臣的美味，比如恩荣莫比的安禄山，玄宗每月赐给他的膳品中就都有野猪鲊。

据《旧唐书》本传载，安禄山本就肥硕，加之饮食不节，晚年腹垂过膝，变得超级无敌巨胖，体重飙至三百三十斤。据陕西何家村等地出土的刻铭自重赋税银及日用金银器测算，得唐朝每斤约为六百六十七克，换算成今制就是四百四十斤。呜呼，何其可怖可骇也哉！所以，平日里他连走路都困难，"每行以肩膊左右抬挽其身，方能移步"，但若跳起胡旋舞来动作却又轻快如风，秒变灵活的胖子，也真是神了。"万国笙歌醉太平，倚天楼殿月分明。云中乱拍禄山舞，风过重峦下笑声"，杜牧此诗即其翩然起舞之真实写照。如果把时间拉回到四百多年前"王与马，共天下"那会儿，别说是精烹细调的猪肉鲊了，群臣连猪肉都难得一碰。而且每得到一头猪，都会割下颈部最肥美的肉送给晋元帝，谁也不敢私享，只能望豚兴叹。[60] 后世遂以"禁脔"喻指他人不得染指之物，或作珍美馔肴之称，如东坡诗云："尝项上之一脔，嚼霜前之两螯。"

宋代肉鲊的标准制法可在《浦江吴氏中馈录》中找到。[61] 而发明了旋鲊，真正对鲊这种颇有历史渊源的食物作出革新、使其高居宋朝皇室第一名菜的，则是那位由周世宗的殿前都点检披旒冕、定江山的英武圣文神德香孩儿。[62]

北宋开国伊始，太祖南征北战先后灭掉荆南、武平、后蜀、南汉及南唐等割据政权，完成全国大部统一。此时居于东南一隅的吴越国力强盛，尚有抗衡之资，但其国君钱弘俶遵循王祖钱镠"善事中原，维护一统"之家训，以苍生为念，为免于兵燹主动向北宋示好，尊其为正朔，建隆初年即受封天下兵马大元帅。开宝七年（974）九月，太祖以李煜拒命不朝为辞，发兵十万分三路并进趋攻南唐，而东路就是自杭州北上策应的吴越军。次年十一月，金陵城破，后主奉表投降，南唐灭；十二月，钱王入朝表贺。这就是此次宴会的背景。

太祖为嘉奖钱王协助平定江南之功，对其招待甚是隆重周详，特命御厨专门烹了几道适合南方人口味的菜肴。若按传统的制鲊工序，腌渍入味总是要花些时日的，但时间紧任务重，急事必须得急办，"于是大官[63]仓卒被命，一夕取羊为醢，以献焉"。御厨仓促受命，急中生智，竟然仅花一宿就制出了美味的羊鲊，因为是现做现吃的速成版肉鲊，故名"旋鲊"。可惜此菜做法已失传，《事林广记》中倒是有一道"羊肉旋鲊"，但五日才熟，与宫廷版还是有区别的。[64]

不过我们至少可以知道，自从这道旋鲊发明以来，它在宫廷民间都是广受欢迎的。虽然太祖在宴请完钱王之后，没过一年就离奇去世了（关于"烛影斧声"与"金匮之盟"，此处省略 N 字），遗憾未能亲眼见证钱王"纳土归宋"的伟大历史性时刻。但他发明的这道加深友好互信、促进和平统一的佳肴却成为流传千古的美谈，赵家后裔遵其为祖制，两宋凡大宴皆"首荐是味"。岳飞的孙子岳珂在《桯史》卷八"紫宸廊食"中写道："余为扈簿日，瑞庆节随班上寿紫宸殿。是岁，虏方挈兵北边，贺使不至，百官皆赐廊食。……侑食首以旋鲊，次暴脯，次羊肉，虽玉食亦然。"讲的是他参加宁宗生日宴时的情形。当时因北方战事吃紧，无外使前来庆贺，这场宴会上全是自己人，比较清净。首道下酒菜即旋鲊，以玳瑁金托小碟盛之，君臣吃的都是一样的，其乐融融，倒也自在。

除了这道最著名的羊肉旋鲊，宋朝的鲊类蔬菜腊脯其实还有多种。

素鲊有藕鲊、笋鲊、冬瓜鲊、茭白鲊、胡萝卜鲊等，荤鲊有鹅鲊、蟹鲊、蛏鲊、骨鲊、黄雀鲊、鲟鳇鲊、银鱼鲊、玉板鲊、春子鲊、荷包旋鲊……而这其中最有特色的要数黄雀鲊了。此处的"黄雀"指小麻雀，即古人所谓的"老而斑者为麻雀，小而黄口者为黄雀"，与今天我们说的燕雀科金翅雀属的黄雀（*Carduelis spinus*）不是同一种小鸟。《本草纲目·禽部·雀》谓其"体绝肥，背有脂如披绵。性味皆同，可以炙食，作鲊甚美"，故黄雀鲊又有"披绵鲊"之称。[65]

宋人食雀之风尤盛，时有酿、煎、蜜炙等诸多烹法，黄雀鲊则为雀馔之佼佼者。此鲊制成后，或蒸食或煎炸皆适口，赵宋以降至明清历朝烹饪著作中对其多有载录，是一道久盛不衰的宋朝名菜。黄雀鲊因其味美，人所共珍，而一度成为皇室贡品，故亦不乏士绅豪贵囤积居奇者。

《武林旧事》的作者周密还写过一本笔记叫《齐东野语》，里面就有"王黼盛时，库中黄雀鲊自地积至栋，凡满二楹"的记载。"楹"之本义是厅堂前柱，作量词时为古代计算房屋的单位，一间为一楹，堆满两间房的黄雀鲊，真是蔚为壮观。王黼为徽宗幸臣，此人虽才疏而寡学术，但多智善佞，由通议大夫连升八阶被任命为宰相，其晋升之速古来所无。钦宗即位后清算"六贼"时，王黼被安置永州，途遭秘密处死，地下可没得黄雀鲊吃咯。你以为古代犯事儿的官员被抄家时最值钱的都是些金银财宝吗？其实在他们眼中那些有市无价的稀缺药材、美食、调味品才是宝贝。比如唐代宗的宰相元载被治罪后，就从他家里抄出五百两钟乳和八百石胡椒。[66] 而与王黼同时被处理的"大老虎"蔡京，其府上抄没的物品中则有"蜂儿""三十七秤"，[67] 此处的"蜂儿"指的是干制蜂蛹，为高蛋白养颜益寿之佳品。而在理宗的"师臣"贾似道的贪污清单中，"糖霜凡数百瓮"赫然在目。

古往今来，清廉都是相似的，贪腐则各有其法。不过，殊途同归，死路一条是肯定的。

纤手搓成玉数寻，碧油煎出嫩黄深："看食"考略

最后来谈谈看食[68]。

枣锢子，即烤枣馍，与宋朝皇家饭局上常见的"枣塔"是一类东西，多见于《梦粱录》《武林旧事》等书记载。但陆游这个国宴菜单里的这几样看食可不是宋人的发明，汉朝人就已经开始吃膘饼了。[69]此饼中间带孔，估计是为了穿起来方便卖。其味如何？做法如何？

答案在《齐民要术》中："膘饼法，以膘脂、蜜合和面。厚四五分，广六七寸。便着胡饼炉中，令熟。勿令反覆。"不仅和面法，以及饼的薄厚、尺寸、烤法一目了然，还有温馨提示——你老老实实地放在炉子里等它烤熟就行，切记不要去翻边，否则就搞砸了。可见，膘饼就是一种中空的蜜糖果子，但它不是炸食，是烤熟的。

至于馓饼，历史更是悠久，早在战国时期屈原那会儿就司空见惯了，《楚辞·招魂》中就有"粔籹（jù nǚ）蜜饵，有帐惶（zhāng huáng）些"之句。佶屈聱牙，八个字有一半都不认识，好在宋人洪兴祖贴心地作了注释："帐惶，饧也，言以蜜和米面熬煎作粔籹。捣黍作饵，又有美饧，众味甘美也。"又："粔籹：蜜饵也，吴谓之'膏环饵'，粉饼也。"绕来绕去，还是不甚了了。敲黑板：贾思勰老师的制饼教程可为你答疑解惑。[70]

古"环（環）""糫"同，"膏环"即"馓饼"，又名"粔籹""寒具"，所谓"细环饼"与其仅粗细大小之别。名"寒具"则是因为这种食品与古代的寒食节习俗有关。寒食之日，举家不烧火煮饭，均吃冷食，故这类可冷吃的炸食点心便被称作"寒具"。做法就是用蜜水和糯米粉，干湿程度像做面条的面那样。然后把面团捻长，搓成长度约八寸的细条，组之成束，将其两头弯曲后连在一起，扭为环状，再放入油锅炸熟。原则上是应该要用蜜调水来和面的，但如果手头没有蜜，也可以煮些红枣汤来代替。而用牛羊乳和面更妙，不仅高钙、高蛋白，而且做出来的饼酥爽鲜香，入口即碎，绝对一流。

至此，恍然大悟，原来馓饼就相当于今天我们都喜闻乐见的馓子。这类油炸点心脆甜可口，便于存放，所谓"饼肥美，可经久"，且吃起来又不占胃口，作为饕餮盛宴之后点缀席面的小食，特别合适。据说刘禹锡还曾专门赋诗一首："纤手搓成玉数寻，碧油煎出嫩黄深。夜来春睡无轻重，压扁佳人缠臂金。"能把一样貌不惊人的小甜点写得如此妖娆可人，确实是真爱啊。同样的东西，摆在宫廷御宴上，宾主都拘于礼仪只好浅尝辄止，与你私下里捧着刚出锅的热馓子不顾形象地大快朵颐，品出的滋味是截然不同的。

解读完这份菜单，你可能会觉得当时宋朝的皇家饭局还是蛮接地气的，不少市井小食都出现在了国宴上。其实，应该反过来看。随着靖康之变后宋室南渡，大量北方流民涌入临安府，一批巧工御厨亦在其列，宫廷烹饪之法遂得以传入民间。北人在此寓居，以开食店谋生者甚众，连酒楼食肆的布局、吆喝叫卖之声都一仍旧京之制，难怪会令人生发"直把杭州作汴州"的错觉。自此，南北食尚在临安汇合，由地域隔阂走向互渗融合的结果就是本地人的传统饮食结构发生改变，形成了"南料北烹"这种独具一格的杭式饮食风貌。

07

江湖上的『国宴』
与国宴中的『江湖』

店小二问道："爷们爱吃什么？"少年道："唉，不说清楚定是不成。八个酒菜是花炊鹌子、炒鸭掌、鸡舌羹、鹿肚酿江珧、鸳鸯煎牛筋、菊花兔丝、爆獐腿、姜醋金银蹄子。我只拣你们这儿做得出的来点，名贵点儿的菜肴嘛，咱们也就免了。"店小二听得张大了口合不拢来，等他说完，道："这八样菜价钱可不小哪，单是鸭掌和鸡舌羹，就得用几十只鸡鸭。"少年向郭靖一指道："这位大爷做东，你道他吃不起么？"

——金庸《射雕英雄传》第七回·比武招亲

武侠迷看到这一幕肯定会会心一笑。

"满面尘灰烟火色，两鬓苍苍十指黑"的黄蓉比白居易笔下的卖炭翁还恓惶落魄。扮成乞丐的她来到酒楼被店小二瞧不起，受了怠慢，这在看人下菜碟的江湖上其实再正常不过了。于是她就点了一大桌特别讲究的菜教训店家，憨厚善良的郭靖不仅没嫌弃她，饭后埋完单还把自己身上那件珍贵的黑貂裘给黄蓉披上取暖。困中解围，互通姓名，侠骨柔肠拨乱尘，良缘佳话自兹始。

亢龙有悔盈难久，玉笛谁家听落梅：
江湖大佬的国菜情结和他心心念念的"鸳鸯五珍脍"

黄药师的这个宝贝女儿可谓集天地灵气于一身的女子，艳冠群芳还冰雪聪明、多才多艺且博古通今，上得了沙场，下得了厨房，对美食的研究比武功还精深，报起菜名来如数家珍，就像她的桃华落英掌般姿态俊逸，行云流水。

八样主菜加上四干果（荔枝、桂圆、蒸枣、银杏）、四鲜果（拣时新的）、两咸酸（砌香樱桃、姜丝梅儿）、四蜜饯（玫瑰金橘、香药葡萄、糖霜桃条、梨肉好郎君）、十二样下饭菜、八样点心和十年陈竹叶青汾酒，这样一个豪华阵容简直堪称江湖版国宴。而她本人的手艺也并不比御厨逊色，正是用这一招"收买"了多年来大嘴吃四方、稳坐武林吃货第一把交椅的丐帮帮主洪七公。[71]

> 洪七公笑道："报仇雪恨么，也算不得是什么心愿，我是想吃一碗大内御厨做的鸳鸯五珍脍。"三人只道他有什么大事，哪知只是吃一碗菜肴。……洪七公却摇头道："不成，做这味鸳鸯五珍脍，厨房里的家什、炭火、碗盏都是成套特制的，只要一件不合，味道就不免差了点儿。咱们还是到皇宫里去吃的好。"
>
> ——《射雕英雄传》第二十三回·大闹禁宫

金庸先生笔下的洪七公耿直可爱不做作，是真正的豪侠。其降龙十八掌刚猛绝伦，登峰造极，无论黑白两道都十分敬重他；其饕餮功夫和辨味本领也登峰造极，自言"我就是这个馋嘴的臭脾气，一想到吃，就什么也都忘了"。曾因贪吃误事，一发狠，自断右手食指，于是"北丐"又有了一个新的绰号——"九指神丐"。此后，老爷子一闻到奇珍异味，食指虽无法"大动"，但贪吃习性难改。所以才有了邂逅靖蓉，"降服"于黄蓉的一道道拿手绝味，心甘情愿地将其平生绝学传给两位徒儿。郭靖习得了武学中巅峰绝诣的降龙十八掌之十五招，黄蓉亦被授以逍遥游掌法。

黄蓉最先博得七公欢心的两道菜，一是以羊羔坐臀、小猪耳、小牛腰、獐腿肉加兔肉揉在一起制成的五味炙牛肉条，名曰"玉笛谁家听落梅"；另一道则是取樱桃剜出其核，嵌入斑鸠肉，制为荷叶笋尖樱桃汤，引《诗经·周南·关雎》之典，美其名曰"好逑汤"。古灵精怪的蓉儿厨艺精湛不说，菜名也起得雅致有趣，难怪七公赞不绝口，说他在大内吃到的樱桃汤远不及这一碗。这一夸不要紧，巧厨娘来了劲，忙问："御厨有什么好菜，您说给我听听，好让我学着做了孝敬您。"于是老爷子提到令他印象深刻的一样菜——鸳鸯五珍脍。后来他被欧阳锋的蛤蟆功重伤，性命垂危之际的未了心愿不是找仇家雪恨，而是能再吃上一碗五珍脍，可见此菜魔力之大。

七公不愧是第一武侠美食家，虽于鸳鸯五珍脍的做法说不出个名堂，但他深谙滋味之道：佳肴必须得即烹即享，打包回来的外卖肯定不成，况且厨房里的家什、炭火、碗盏都是全套特制的，只要一件不合，最后的成品都不会出彩，所以口刁的七公才否决了老顽童要"把皇帝老儿的厨子揪出来，要他好好地做就是"的提议，不去皇宫里吃就死不瞑目。

这道美味虽于史无考，但金庸先生也绝非向壁虚造，估计其灵感应来自清河郡王宴请宋高宗的那份菜单中的"五珍脍"，也就是我们下文要介绍的大宋第一奢宴。可惜此菜烹法久佚，留给后人的只是一份神秘缥缈的遐思。至于今日一些杭帮菜馆以五种肉类拼凑而成的同名菜，实与千年前之宋脍难以同日而语，娱口尚可，切莫较真。

珍馐玉馔不足贵，御前索唤抢单忙：
从"宋五嫂鱼羹"看宵禁令解除后的皇家特供外卖

什么是江湖？江湖无处不在，有人的地方就有江湖。

北宋名臣范仲淹《岳阳楼记》中有句名言："不以物喜，不以己悲。居庙堂之高，则忧其民；处江湖之远，则忧其君。"在士大夫眼中，江湖是与庙堂截然相对的、远离朝廷与统治阶层的民间，或者说是一个表征其隐逸情怀的抽象概念：一叶扁舟去，不负五湖心，那里是功成身退的逍遥所在；"道不行，乘桴浮于海"，那里也是赍志抱恨者聊以自遣的清净港湾。在武侠小说等古典文学作品中，它是草莽英雄与侠客们的活动场所，在特定语境下也是黑社会的代称，泛指某种不受当权者宰制、傲立于法律约束之外的可适性而为的超现实主义环境。

"或遁迹江湖之上，或藏名岩石之下"，虽然做一个远离尘嚣、避世高蹈的隐者是许多人的梦想，但其实并没有几个自称耐得住寂寞的人真正具备欣然接受抛弃社会的同时也被社会抛弃这一客观事实的心理素质。人一来到这个世界上，就注定已成为江湖中人。在你的庸常生活之外，并不存在一个使心有所栖的绝对自由所在。江湖与庙堂的分界其实很模糊，看似如梦境般虚幻美好的江湖其实比现实更现实，而供奉着至尊神祇的庙堂里的江湖可能比江湖里的水更深。不管是身处庙堂还是江湖，物喜也好，已悲也罢，忧乐都离不开吃。

在小说中，江湖上叫花子的老大能跑到大内偷吃为皇家御宴准备的鸳鸯五珍脍；而在现实中，高居庙堂的天子也时不时地会点一些江湖上的外卖来调剂口味，毕竟殿中省尚食局的珍馐玉馔再好吃，天天吃也会腻的。所以说，面对"吃"这个重大的哲学问题，庙堂与江湖的关系早已由"你是你，我是我"变成"你中有我，我中有你"了。无论天下一统与否，美食是一统江湖的。

提起在手机上点外卖，大家肯定不陌生，每天都有成千上万的死宅、懒虫们全靠外卖小哥续命呢。你可能想不到的是，其实有几任宋朝统治者也喜欢点外卖，皇家市井取食叫"宣唤""宣索"或"御前索唤"，这是当时宫廷饮食的一大景观。想知道两宋京城里最牛的七星好评高分店铺和天子们点单率最高的人气美食吗？稍等，这还得先从北宋宵禁令的解除、夜市的兴起说开来——

"宵禁"即禁止夜间活动，此制周已有之，当时掌管夜间报时和宵禁事宜的部门主管叫"司寤氏"。《周礼·秋官·司寤氏》云："司寤氏掌夜时，以星分夜，以诏夜士夜禁。御晨行者，禁宵行者、夜游者。"两汉宵禁由执金吾负责，颇严，入唐益甚。[72] 由于历史上的大都市一般都是各朝政治中心或军事重地，出于维护统治秩序、保障安全之需，创设一个布局严整、功能分区明确且便于监管的法治商业空间就显得尤为必要。将作为居民住宅区的"坊"（又称"里"或"坊里"，古代城市的基本单位）与商品交换场所的"市"隔离开来，用法律制度对商业活动的时间和地点严加控制，这便是坊市制。

不过随着中唐以来农业、手工业的发展，夜暮商铺停业、坊门紧闭、全城禁行的模式已难以适应商业之蓬勃发展。另一方面，德宗"两税法"的颁布及"均田制"的瓦解使土地兼并更加严重，大量劳动力脱离农业生产涌入城市改行从事工商业，丁口滋众导致的居住设施不足亦对固有的里坊管理体制造成冲击。贸易时间延长的市场需求与市民阶层壮大的消费需求共同呼吁一种新型城市管理制度。到了僖宗朝，不论是在京城还是地方，宵禁令已不再严格执行，各地官吏有了自行处置权，夜市便应运而生。晚唐五代以来，严循千年的宵禁制度逐渐懈弛，至北宋废弛。经改建的东京城打破了传统的坊市布局，允许市民沿街设铺，虽太宗、真宗曾一度试图恢复旧制，但未成功。到了仁宗朝则不再设坊墙，二者自此合一，封闭的坊市布局成为历史，坊中可开店，做生意不再受到时限，夜市空前繁荣。[73]

宋朝宵禁令的解除意义重大，它不仅是商业发展的必然见证者与直接推动者，更是大众文化得以形成的原动力与唐宋之际文化生态转型的深刻背景。传统昏晓之节的瓦解还意味着精神枷锁的解除以及随之而来的全日制生活方式的开启：广大市民的消遣需求得到承认，百姓可随意聚会，各地夜游之风遂兴。原本只囿于特定区域，服务于上层官僚、贵族等小众群体的文娱活动开始下行；同时，社会精英阶层的游乐项目也出现了向世俗化形态演变的趋势，宋词的产生便是这种雅俗双向流动引致文化风尚与文学情趣转变的结果之一。[74]而宫廷饮食文化作为华夏民族文化中的不可分割的有机组成部分，在两宋亦呈现出别样之风采——

> 和宁门外红权子，早市买卖，市井最盛。盖禁中诸阁分等位，
> 宫娥早晚令黄院子收买食品下饭于此。凡饮食珍味，时新下饭，奇

细蔬菜，品件不缺。遇有宣唤收买，即时供进。

——《梦粱录》卷八"大内"

市场的繁荣不光体现在夜市上，忙碌的一天从早市就开始了，或者应该说是无分早晚，不舍晨昏。[75] 天晓诸行铺席填塞街市，吟叫百端，笑语喧阗，殊可人意。早市供膳物件甚多，在在有之，难以尽举，亦不论晴雨霜雪皆然。考虑到有皇家这个大主顾，商贩们在提供优质食物的同时，还特别注意在商品外包装上下功夫。《东京梦华录》卷八"立秋"条云："鸡头上市，则梁门里李和家最盛。中贵戚里，取索供卖。内中泛索，金合络绎。士庶买之，一裹十文，用小新荷叶包，糁以麝香，红小索儿系之。卖者虽多，不及李和一色拣银皮子嫩者货之。"此处的"鸡头"显然不是鸡的头，而是素有"水中人参"之美誉的绿色保健食品——鸡头菱，种子名为鸡头果，即芡实。从新鲜鸡头菱中剥出的果实呈圆球状，尖端突起，形似鸡头，故名。[76] 说来也有趣，当时京城里独占鳌头的鸡头菱竟出自一家以炒栗闻名的干货店，老板叫李和。

李和家的炒栗到底有多牛呢？用现在的流行语来说就是：一直被模仿，从未被超越。而且他还是个有故事的人。金破汴后流寓于燕，仍以干货世其业，曾因一幕递赠南宋使臣炒栗挥泪告别的场景被评为"宋朝感动中国人物"。[77] 在特定的时代背景下，炒栗香味因融入家国之思得以升华，成为一种寄托遥深又无须言明的文化符号，使人不禁追念故都之味，共起风景不殊之叹。"遗民泪尽胡尘里，南望王师又一年"，放翁在笔记中特书此哀感之事，自有其味外之旨。李和这位东京城里名不见经传的干货店兼鲜果铺掌柜，其名本应早已湮没于历史的洪流，何曾想到因出现在陆游笔下而名传千载。[78] 朝斯夕斯，念兹在兹：管不了外面风风雨雨，心中念的是你。我要飞越春夏秋冬，跨过千山万水，守住你的味——李和炒栗。

那么，李和家的鸡头果究竟好在哪儿呢？一到鸡头上市的时候，他的这爿小铺子每日自打开张就人满为患了，但这里不分先来后到，只有优先原则：若是达官显贵、皇亲国戚来提货，就先给他们；若是宫里采办的人来了，那就更得好生招呼着，要多少给多少，且全部用金盒包装。剩下的客户就是普通士大夫和老百姓了，每包卖十文，碧荷叶裹嫩鸡头并撒入一点麝香，再用小红绳系着。虽说没法和皇家特供的金盒子比，也算是非常精致的包装了。可见，李和家的鸡头果不仅胜在清一色白皮嫩肉的出色品质上，还胜在细腻考究的包装上，再加上有"御供"这么一个无声又响亮的巨无霸硬核广告，不名动京师就不对了。

当时的杭城风俗是："凡百货卖饮食之人，多是装饰车盖担儿，盘盒器皿新洁精巧，以炫耀人耳目，盖效学汴京气象。及因高宗南渡后，常宣唤买市，所以不敢苟简，食味亦不敢草率也。"（《梦粱录》卷十八）虽然高宗算是宋朝皇帝里特爱点外卖的一位，但"宣唤"绝非南渡后特有，这股风是从汴京刮过来的。真宗差人到市场沽酒赐宴群臣之事时有，而到了徽宗宣和年间，在正月里点几单夜市的外卖，边吃边赏灯是再正常不过的情景了。众多商贩聚集在酸枣门前等待御前索唤的盛况，[79]成为京城顶级外卖团队的一个缩影，从中不难看出当时宫外采办之频与规模之巨。前面我们讲了徽宗的生日派对，那元宵节又是怎么过的呢？

先是正月十四，巡幸五岳观、迎祥池，赐宴群臣（谓之"对御"），晚上回到内宫。第二天，摆驾上清宫，也要安排一顿宴请。到了正月十六，就不出宫了。从容吃过早饭后，头戴小帽，身穿红袍，登上宣德门城楼，把御座设在楼门临街处坐着。音乐奏响，帘子徐徐卷起，干吗？让百姓观瞻天表，以示与民同乐。但这只是能早早地赶到城楼下边的腿脚麻利者的福利，因为"须臾下帘，则乐作，纵万姓游赏"。不一会儿帘子就会放下去，龙颜岂有一直被盯着看之理，音乐倒是不会停，你们大家纵情游赏吧，朕就暗中观察。

逢年过节的夜市当然更比平日热闹。这时，京城里卖小吃的商户都出摊了，各色食品琳琅满目。徽宗就坐在晨晖门外专设的看台里边，御座前还用周长约七十步的荆棘围着，糁盆中火光耀空，有如白昼。门司、御药、知省、太尉等内侍近臣陪伴左右，另外还有三五个年轻小伙子——

皇家御用外卖小哥——静候差使，随时把皇上想吃的东西从市场上端回来。其中，徽宗钦点次数最多的是瓠羹。检之《东京梦华录》，里面提到好几家卖瓠羹的名店，如皇城东角楼街巷的徐家、尚书省西门外的史家、相国寺桥边的贾家。但最合皇上胃口的是一个周姓掌柜家做的羹，因常被宣唤，还得了一个"周待诏瓠羹"的美名，倚仗着"皇室特供"四字贴金，任性地卖到每份一百二十文还供不应求，是别家羹店价格的十二倍。

那么徽宗钟爱的瓠羹究竟是何等神奇美味呢？《清异录·蔬菜门》中称瓠"少味无韵，荤素俱不相宜，俗呼'净街槌'"，也就是说这种菜寡淡无味，于荤于素都难以烹出惊艳的好菜，直接给人泼了一瓢冷水。但转念一想，徽宗是个讲究人儿，他喜欢的东西肯定自有妙处，所以我们也不能一味听信陶榖的一家之言而小看了这个貌似不起眼的瓠。因此，还是很有必要来好好考察一下这道名震京师的"周待诏瓠羹"的。

瓠，葫芦变种，亦称瓠子、瓠瓜，果实圆长，可食，其叶嫩者亦可入馔。《诗经·小雅·瓠叶》云："幡幡瓠叶，采之亨之。君子有酒，酌言尝之。"早在西周时期，瓠叶就已入菜煮汤作为贵族待客的食品了。到西汉初年，瓠叶仍是相府侯门餐桌上的常见食材，长沙马王堆一号汉墓就有以此为菜名的竹简出土。宋人又把瓠瓜吃出了新花样。林洪《山家清供》中介绍了一款"法制蓝田玉"，这道菜做法其实很简单，"用瓠一二枚，去皮毛，截作二寸方，烂蒸，以酱食之"。说白了，就是酱蘸蒸葫芦，取这么一个诗意的菜名主要是意在批评北魏李预虽求玉服饵却不戒酒色的舍本逐末之举。告诉大家养生贵在寡欲，即使不炼丹餐玉，吃些可口的蔬食，"不烦烧炼之功，但除一切烦恼妄想，久而自然神清气爽"。

徽宗点的这碗瓠羹，其实不是素羹，切不可被其清爽的菜名所迷惑，若改称为"羊肉瓠叶羹"就不会有歧义了。《齐民要术·羹臛法》称，取嫩瓠叶五斤，羊肉三斤，葱二斤，细盐五合，用以上食材炖成羹汤即可。记载元代宫廷名菜的《饮膳正要·聚珍异馔》中有一道"瓠子汤"，工序则复杂得多。将羊身羊腿去皮剔骨，切成大块，加入草果等作料，炖成一大锅羊汤，滤净浮沫，捞肉切片；取六只瓠子，挖瓤、削皮、切片；再以姜汁和面，擀切成面条；将瓠片、肉片与葱段同炒，加羊汤煮沸后，下面条，最后用盐醋调味。

如此看来，宋朝的瓠羹应该对北魏瓠叶羹的做法有所吸收借鉴，而元朝的瓠子汤则又为前朝之改良升级版，其实叫它"瓠瓜羊肉汤面"更恰当。当然了，时隔五百多年，食风与烹法都在变迁，此瓠羹不一定就是彼瓠叶羹。但结合当时宋人的饮食习惯来看，有一点还是基本可以肯定的："周待诏瓠羹"不是口味清淡的素菜羹，而是肉类浓汤。

宋室南迁，开封小吃亦随人口流动来到临安。早年曾在旧京生活、后定居于杭城远郊的世家子弟袁褧回忆道：

> 旧京工伎固多奇妙，即烹煮盘案亦复擅名，如王楼梅花包子、曹婆肉饼、薛家羊饭、梅家鹅鸭、曹家从食、徐家瓠羹、郑家油饼、王家乳酪、段家熝物、石逢巴子南食之类，皆声称于时。若南迁，湖上鱼羹宋五嫂、羊肉李七儿、奶房王家、血肚羹宋小巴之类，皆当行不数者。
>
> ——《枫窗小牍》卷上

他提到的宋五嫂与前面那位卖炒栗的李和一样，也是个有故事的人。她就是至今仍风靡杭城的传统地方风味名菜——宋嫂鱼羹和西湖醋鱼的发明者。2018年9月10日，"中国菜"首次向世界发布，这两道菜被评为"浙江十大经典名菜"。

宋五嫂本为民间女厨，原籍开封，以经营酒肴为业，精于烹调，尤擅鱼馔。都城陷落后，随流民南下，寓居西湖钱塘门外。为维持生计，她便重操旧业，张罗着开了一家小店，卖的也还是原来在东京时的那些菜。

但生意却不似旧时好，几年下来也就处在平淡有余、亮点不足的状态，勉强维持还行，盈利谈不上。穷则思变，不服输的她决定找出原因，对症下药，好在这个新城市里站稳脚跟。接下来，她走遍临安大小酒馆，进行了细致的市场调研，发现主要问题还是出在了鱼上。自己做的鱼虽然不能说不好吃，但还是缺乏鲜明的特色，加之此地有近海之便又多产湖鱼，男女老幼皆嗜鱼，同行家家都有几道以鱼烹制的菜肴。要想在激烈的竞争中立于不败之地，非与时俱进地搞一把创新不可，如果不整出点有别于大众的拿手菜肯定是立不住脚的。

于是她"闭门造鱼"，经过无数次试验，创制出一种以醋为主要作料，辅以盐、糖、生姜、大蒜等配料的口感别致的鱼馔，取名"醋熘鱼"。此菜选材精细，专挑一斤半左右的草鱼；火候要求亦严，必须在四分钟以内烧得恰到好处；出锅时浇上一层平滑油亮的秘制糖醋汁，烹好的鱼肉胸鳍竖起，质嫩鲜爽，酸甜开胃不说，还自带蟹香。总之，是一道口感辨识度非常高的佳作。

果然，此菜甫一推出即博得食客们的广泛好评，大家口耳相传，没过多久她的小馆子就后来居上，一跃成为临安的网红店及各路吃货慕名而来的打卡胜地。醋熘鱼每天都供不应求，排队叫号忙得一塌糊涂，火爆场面可想而知。

但问题又来了，别家看宋五嫂的醋熘鱼卖得好，为招揽顾客都群起而效仿之。不久，便满城尽刮醋鱼风了，虽说良莠不齐，但做得好的馆子也还是有几家的。就这样过了几年，宋五嫂店里的客人被分流了不少，看来指望单靠一道招牌菜就一劳永逸的想法显然还是盲目乐观了。就像现在的各类网红店，红极一时容易，想保持红的状态久些就很难。还是红了一个多世纪的 Gabrielle Chanel 说得好啊——In order to be irreplaceable, one must always be different.（要想无可替代，就必须时刻与众不同。）宋五嫂家的醋熘鱼虽然卖得还是不错，但生意经门门熟的她居安思危地想好上加好变得更好，就琢磨着以此为契机，孔明借东风——巧用天时外加地利、人和，再干一票大的。于是又沉潜下来，二度"闭门造鱼"。

考虑到南方人喜食羹的特点，她研发出一道以鳜鱼为主食材，以香菇、蛋花、竹笋末、火腿丝等为辅料的鲜美无比的鱼羹。此菜再次让大家眼前一亮，反响之好远超其心里预期，关键是这回她真的是一个不小心给玩大发了：名气都传到了宫里，此鱼羹特别对高宗的胃口，经常钦点她家的外卖。就这样，宋五嫂终于赚到了她这个本无就业优势的外乡人在临安立足的资本，经过十几年的辛苦打拼，终于从一个初来乍到的失败者，变成了事业蒸蒸日上的女强人，书写了一部励志感人的外乡妇女创业史。而更令其受宠若惊的是，多年后的某一天，她竟有机会得以瞻仰龙颜。[80]

高宗退休以来的养老生活，无非是写字画画逛园游湖。白居易说"逢春不游乐，但恐是痴人"，况且还是身在烟柳画桥、叠巘清嘉的东南形胜临安，若要再辜负了这大好春光可就有点说不过去了。

于是这一年的三月十五一过，他就安排了趟西湖一日游。老爷子命人把湖里的龟鱼全都买下来亲自放生这件事倒并无甚可圈点处，别说是龟鱼了，整个大宋都是赵家的，想怎么折腾不就一句话的事儿嘛。有意思的是，他还在龙舟上举办了一场别开生面的非正式会晤，召见对象为他平日里经常点外卖的几家店的店主，宋五嫂即在其列。

为了表达对美食缔造者的谢意，太上皇一一询其籍贯及生意情况，赏赉金银绢帛自不在话下。亲切交谈间，总算是把这些年来常点的鱼羹和它的创始人给对上号了。只见宋五嫂恭敬行礼道"万福"之后娓娓自叙身世："老身乃东京人氏，当年随圣驾至此……"听罢，高宗不禁为其赤诚之心深自动容，对她也格外照顾。饫赐之外大赞其手艺绝伦，还高度评价了她老有所为、干一行爱一行钻一行的工匠精神，将她树为行业学习的楷模，鼓励她继续推陈出新，创制出更多佳肴。

孝宗则又比他爷爷和他爹更会玩，二老以前一般都是点了外卖让人送到宫里来吃，他则经常于游幸西湖时在御舟上点，鱼都是现捕现烹的，口感自然更棒。钱塘天下景，朝昏晴雨，四序总宜。御舟四垂珠帘锦幕，宫姬韶部俨如神仙，天香浓郁，花柳避妍。"小舟时有宣唤赐予，如宋五嫂鱼羹，经常御赏，人所共趋，遂成富媪。"本来宋五嫂鱼羹的名声就不小了，《梦粱录》列举"向者杭城市肆名家有名者"时即提到

"钱塘门外宋五嫂鱼羹"，再有太上皇的当面点赞和两代君主的御赐加持，想不红得发紫也难，忙到没时间数钱的宋五嫂成了当时餐饮业首屈一指的富婆。这道鱼羹连同她之前创制的醋熘鱼作为浙江名菜世代相传，至今仍是拥有一百七十余年历史的老字号——杭州楼外楼的看家招牌菜，同时也出现在了 2016 年 G20 峰会的国宴菜单上。

北宋建都东京开封府，这一百六十八年是开封历史上最辉煌的一段时期：八荒争辏，万国咸通，节物风流，人情和美。雕车竞驻于天街，宝马争驰于御道；新声巧笑乎柳陌花衢，按管调弦乎茶坊酒肆。东京富丽甲天下，是当时世界上数一数二的大都市。而此时的杭州为两浙路路治，徽宗崇宁年间人口已达二十万户，为江南人丁最繁之州郡。市列珠玑，户盈罗绮，金翠耀目，箫鼓喧空，钱塘自古繁华。逮至南宋建炎三年（1129），高宗置行宫于此，升为临安府，遂成全国政治、经济、文化中心，亦迎来其商业发展之鼎盛期。日本、高丽、大食、波斯等五十多个国家地区派使节往来贸易，朝廷专设"市舶司"以主其事；史载南宋杭城商业有四百四十行之多，可谓四方辐辏，商旅如云，民安物阜，各得其所。其城池苑囿之富，风俗人物之盛，虽事异时殊，然较畴昔"汴京气象"则有过之而无不及。经过治理修葺的西湖景区也愈发妩媚动人，吸引着大批游人驻足流连，驿站旅舍、艺场教坊等服务行业的兴盛也是自然。

消费刺激生产，需求决定市场，餐饮业尤如是。早市也好，夜市也罢，正是借着"宣唤"的东风，市井烟火气越过深宫重闱飘上了天子的御案。市场与宫廷的良性互动使御膳更加活色生香，也使民间饮食的档次得以提升。

道高物备食多方，山肤既善水豢良：
杨贵妃的千里马，雍正帝的贡荔船，怎一个"奢"字了得！

高宗虽然喜欢点外卖，庙堂上也不时飘起江湖味道，但这并不代表他不爱高大上的珍馐玉馔。

一碗清新朴素的宋五嫂鱼羹能吃得有滋有味、衎然自足；面对几百道菜的大场面大制作，也同样来者不拒，怡然自得。这才是一个高段位吃货应有的态度：不矫揉造作，不故作深沉，繁简皆宜，切换自如，唯美食最大，唯口感第一。

前面孝宗宴请金人的那场宴会仿佛给我们这样一个印象——低调，节俭。食材都很普通，连高档酒楼中常见的参、鲍、翅等山珍海味都没出现。其实不然，毕竟管中窥豹只见一两斑、牖中观日仅得数道光而已。具体怎么个奢靡法呢？

先举个太子的例子：曾任理宗朝东宫讲堂掌书的陈世崇，偶然得到一份某司膳内人所书之宫廷食谱《玉食批》，里面就有皇帝每日赐给太子的饮馔，七七八八罗列了三十来种"玉食"。[81] 有些菜名比较平直，从字面大致可推知其烹饪方法，其中大众化的食材也不是没有，比如笋、豆腐、田鸡之类。问题是浪费现象非常严重，"羊头签止取两翼，土步鱼止取两腮，以蝤蛑为签、为馄饨、为枨瓮，止取两螯，余悉弃之地，谓非贵人食"。

只吃最精华的部位，其他统统扔掉，如有人取用，则被叱之为"狗辈"。写到这儿，作者都忍不住对这种暴殄天物的行为连连感慨："呜呼！受天下之奉，必先天下之忧。不然，素餐有愧，不特是贵家之暴殄。""噫！其可一日不知菜味哉！"的确，就是欠饿，饿他三天就啥事儿都没有了。

虽说宋朝初创之时诸事尚俭，太祖在福宁殿宴请平蜀归来的将帅时，所陈也不过"胾肉斗酒""酒终设饭"而已。在祖训的约束力之下，北宋宫廷前期基本能保持比较简朴的食风，然而承平日久，文恬武嬉，骄奢淫逸的帝王病总是要犯的。到徽宗朝，丰亨豫大达到极致，他本人也挑剔得很，某日早晨起床气比较大，就"选饭朝来不喜餐，御厨空费八珍盘"。平时吃饭也是动辄"常膳百品"，虽远超其祖而意犹不满。

对于生活品质要求极高的徽宗来说，吃饭是头等大事，举办宫廷御宴的点点滴滴自然马虎不得。有时因不满意手下安排的餐具、乐舞、会场布置等，他甚至还会亲自上阵手把手地指导。比如政和二年（1112）三月，蔡京再拜相，徽宗赐宴于太清楼。据蔡京自述，对于他的这次复官，皇帝"饮至于郊，曲燕于垂拱殿，祓禊于西池"，可谓宠大恩隆，还提前驾临现场指导宴会厅的布置。[82] 指指点点，头头是道，对每个细节都操碎了心，俨然行家里手。

有其君则有其臣，贪官的奢靡无度也是你难以想象的。一次蔡京在府上宴请同事，光是制作蟹黄汤包就耗资一千三百余缗。"缗"是古代穿铜钱用的绳子，一缗钱为一千文，也叫一贯。在不同朝代的不同时期，币值不一。按当时的粮价粗略换算：一石米重约六十公斤，一千二百文每石，一贯铜钱的购买力约合一百五十元，保守估计，仅汤包这一项就花了近二十万。

前面提到的经常出现在国宴上的那道炒咸豉，原材料一般都采用羊肉，但蔡京家吃的咸豉却是用黄雀胗做的。某次宴客，喝得开怀，他命人端出十瓶江西官员贿赂他的黄雀胗咸豉与大家分享。而这样的咸豉，蔡府上还有八十多瓶的库存呢！[83]

蔡京垮台后，有人在京城买了名女子做妾，此人自称是蔡府上蒸馒头的厨娘。一天，主人叫她蒸两笼来尝尝，厨娘说不会，那人就奇怪了："你说自己原来是后厨做馒头的，怎么来我这儿就不会了！"对方悠悠地说了句："俺当时在馒头间里只是负责切葱丝的。"[84] 想不到蔡府后厨之分工竟已达到了如此专业化、精细化、极致化的程度，想必主人听罢当场晕倒。以上三则逸闻不排除有夸张的成分，但以其挥霍程度，在历史上的巨贪排行榜中肯定也是稳居前十名的。

《宋史·食货志》称，蔡京被抄家时查获其侵吞公款"以千万计"。

北宋龙泉窑荷叶纹碗

北宋越窑刻花牡丹莲瓣罐

北宋建窑兔毫纹盏

南宋定窑印花凤穿牡丹纹碗

宋鎏金水仙花纹银碗

宋行春桥魏三郎匠刻款双夹层鎏金牡丹纹银盏

（以上六图实物皆藏于浙江省博物馆）

被流放后的他作了一首《西江月》，对一生进行回顾性总结："八十一年往事，三千里外无家。孤身骨肉各天涯，遥望神州泪下。　　金殿五曾拜相，玉堂十度宣麻。追思往日谩繁华，到此翻成梦话。"充满感伤之情。蔡太师几度宦海沉浮，遍尝荣华富贵，绞尽脑汁地陪着徽宗玩，玩垮了国家，也玩垮了自己，最终落得一个身死潭州的下场。

　　说完徽宗的宠臣，再来讲讲高宗的宠臣。

　　张俊是南宋初年名将，与岳飞、韩世忠、刘光世并称南宋"中兴四将"，所部有"张家军"之誉。他自小弓马娴熟，十六岁便投身行伍，崭露头角；征南蛮，攻西夏，御金兵，屡立功；后为保全富贵，依附秦桧，转为主和，促成岳飞冤狱。晚年深得高宗恩宠，被封为清河郡王，非常显赫。张俊从小家贫，得势后就养成了贪婪的坏毛病，不择手段多方聚敛，膏腴别墅，疆畛相望。据载，张家有良田一百多万亩，年收租米六十多万斛，相当于南宋最富庶的绍兴府全年财政收入的两倍之多。

　　问题是钱太多了也是件烦心事，因惧怕府上招贼，他让人将每千两白银（重六十余公斤）熔铸成一个大球，名之曰"没奈何"，意思是谁都奈何它不得，连梁上君子也搬不动。无怪乎时人讥嘲"只有张郡王在钱眼内坐耳"。自此，"没奈何"还一度成为钱的别称。绍兴二十一年十月的某一天，张俊在清河郡王府上大摆筵宴，侍奉高宗。席间山珍海错，水陆杂陈，排面大到让人惊掉下巴。下面我们就来看看菜单开开眼：

　　绣花高饤一行八果垒：香圆（即"橼"）、真柑、石榴、枨（即"橙"）子、鹅梨、乳梨、榠楂、花木瓜。

　　乐仙干果子叉袋儿一行：荔枝、圆眼、香莲、榧子、榛子、松子、银杏、梨肉、枣圈（枣脯的一种）、莲子肉、林檎旋、大蒸枣。

　　缕金香药一行：脑子花儿、甘草花儿、朱砂圆子（丸子）、木香丁香、水龙脑、史君子（中草药名，即"使君子"）、缩砂花儿、官桂花儿、白术人参、橄榄花儿。

　　雕花蜜煎一行：雕花梅球儿、红消花、雕花笋、蜜冬瓜鱼儿、雕花红团花、木瓜大段儿、雕花金橘、青梅荷叶儿、雕花姜、蜜笋花儿、雕花枨子、木瓜方花儿。

砌香咸酸一行：香药木瓜、椒梅、香药藤花、砌香樱桃、紫苏奈香、砌香萱花柳儿、砌香葡萄、甘草花儿、姜丝梅、梅肉饼儿、水红姜、杂丝梅饼儿。

脯腊一行：肉线条子、皂角铤子、云梦䏑儿、虾腊、肉腊、奶房（以干酪与羊肉糜合制成）、旋鲊、金山咸豉、酒醋肉、肉瓜齑。

垂手八盘子：拣蜂儿、番蒲萄、香莲事件念珠、巴榄子、大金橘、新椰子象牙板、小橄榄、榆柑子。

再坐。

切时果一行：春藕、鹅梨饼子、甘蔗、乳梨月儿、红柿子、切枨子、切绿橘、生藕铤子。

时新果子一行：金橘、葳杨梅、新罗葛、切蜜蕈、切脆枨、榆柑子、新椰子、切宜母子、藕铤儿、甘蔗奈香、新柑子、梨五花子。

雕花蜜煎一行：同前。

砌香咸酸一行：同前。

珑缠果子一行：荔枝甘露饼、荔枝蓼花、荔枝好郎君、珑缠桃条、酥胡桃、缠枣圈、缠梨肉、香莲事件、香药葡萄、缠松子、糖霜玉蜂儿、白缠桃条。

脯腊一行：同前。

下酒十五盏。

第一盏：花炊鹌子、荔枝白腰子。

第二盏：奶房签、三脆羹。

第三盏：羊舌签、萌芽肚胘。

第四盏：肫掌签、鹌子羹。

第五盏：肚胘脍、鸳鸯炸肚。

第六盏：沙鱼脍、炒沙鱼衬汤。

第七盏：鳝鱼炒鲎、鹅肫掌汤齑。

第八盏：螃蟹酿枨、奶房玉蕊（西番莲果实）羹。

第九盏：鲜虾蹄子脍、南炒鳝。

第十盏：洗手蟹、鲟鱼假蛤蜊（鲟鱼，即鳇鱼。大致以鳇鱼肉批成蛤蜊片状，用虾汁烫熟）。

第十一盏：五珍脍、螃蟹清羹。

第十二盏：鹌子水晶脍、猪肚假江鳐。

第十三盏：虾枨脍、虾鱼汤齑。

第十四盏：水母脍、二色茧儿羹。

第十五盏：蛤蜊生、血粉羹。

插食：炒白腰子、炙肚胘、炙鹌子脯、润鸡、润兔、炙炊饼、脔骨。

劝酒果子库十种：砌香果子、雕花蜜煎、时新果子、独装巴榄子、咸酸蜜煎、装大金橘小橄榄、独装新椰子、四时果四色、对装拣松番葡萄、对装春藕陈公梨。

厨劝酒十味：江鳐炸肚、江鳐生、蝤蛑签、姜醋生螺、香螺炸肚、姜醋假公权、煨牡蛎、牡蛎炸肚、假公权炸肚、蟑蚷（一种甲壳纲海生物）炸肚。

准备上细垒四桌。

又次细垒二桌：内蜜煎咸酸时新脯腊等件。

对食十盏二十分：莲花鸭签、茧儿羹、三珍脍、南炒鳝、水母脍、鹌子羹、鲟鱼脍、三脆羹、洗手蟹、炸肚胘。

……

——《武林旧事》卷九"高宗幸张府节次略"

各位看官是不是叹为观止，被扑面而来的豪气震惊到颤抖？徽宗的生日宴和孝宗的国宴比起张府上安排的这场御宴，简直是小巫见大巫。

然而，这只是菜单的一部分，后面详细罗列了陪同皇帝赴宴的群臣、懿亲、侍从等近二百人的吃食，按等级高下各有差次，从享宴十品至数品不等。末了，还有一份张府进贡物品的清单，即所谓"进奉盘合"，包括各色玉雕佩饰、彝敦鼎盘、汝窑瓷器、螺钿犀毗、名家字画、匹帛锦绫等等，不胜枚举。所谓"螺钿"，指的是用螺壳与海贝磨制成人物、花鸟、几何图形或带有文字的薄片，根据画面需要而镶嵌在器物表面的一种装饰工艺。犀毗，即"犀皮"，漆器，属外来语音译之误读。[85] 看到这里，吃货们可能还有个疑问：这么大的规模、这么多道菜而且都是硬菜，纵使张府上的家厨再能干恐怕也忙不过来吧？

唐花鸟人物螺钿青铜镜
（中国国家博物馆藏）

放心，当时民间有专业的宴会服务一条龙团队来打理此事，什么规格的筵席都可以拿下，"承揽排备，自有则例"，"主人只出钱而已，不用费力"。关于筵会假赁的介绍，《东京梦华录》《梦粱录》中都有。官府贵家则自置"四司六局"，专为盛宴供役。"四司"指帐设司、厨司、茶酒司、台盘司，"六局"指果子局、蜜煎局、菜蔬局、油烛局、香药局、排办局。上述每个部门各有所掌，分工协作，耐得翁《都城纪胜》中对此录之甚详。举行于绍兴二十一年的这场张府大宴就可看作是四司六局的得意之作。毫不夸张地讲，宋朝所有高端菜品包括网红小吃的精华都已荟萃于此，若能将这场筵宴上的每道看馔都研究通透，庶可领略大宋饮食文化之要义所归。限于篇幅，此处只能撷取最具代表性或有歧义、难考证的特色菜品略作介绍，余则片言只语以括号形式标注于上引菜单内。

十五盏下酒菜中打头的"花炊鹌子"，就是开篇黄蓉报菜名时的那道菜。花炊，言其烹饪手法之新颖，就是花式烧鹌鹑。具体怎么个新法，不可考，反正知道它是一道在宋朝雅俗共赏的名菜就是了。后面的"荔枝白腰子"倒是得详细地说一说——

白腰子，即羊宝。明人刘若愚《酌中志·饮食好尚纪略》云："羊白腰者，则外肾卵也。"清代医药家王士雄《随息居饮食谱》称其"功同内肾而更优"，"房劳内伤，阳痿阴寒，诸般隐疾"皆可治，具有很高的食疗价值。"内肾"就是我们平时所称的"羊腰子"，又叫"红腰子"。这一白一红，一外一内，区别大着呢。《随园食单·特牲单》中有"荔枝肉"的做法，简言之，"三撩一煮"而已。[86] 其中有一关键步骤，就是要把刚炸透的肉迅速放入冷水中发生热胀冷缩反应，使其切口起皱，微微卷缩定型，外观酷似荔枝皮，达到类似松鼠鱼那样的造型效果。清朝还有一本集庖厨实践经验大成的葵花宝典《调鼎集》，其卷六"衬菜部"中把这道菜的做法讲得更详细。[87]

概之，清代荤馔中大凡出现"荔枝"二字的，基本上都是将肉以花刀切成荔枝皮花纹状的意思，而不能望文生义地理解为：让你剥好一颗颗的荔枝去炒肉、炖鸡。仔细想想，这种黑暗料理型的小众搭配方式肯定不是大众口味能勉强认可的，不具推广价值。故以上所言"荔枝"，乃烹饪刀法"剞刀"之一种，指通过切和片的技法在食材表面划出深而不透的纵横刀纹，经高温烹调后，即可形成菊花、玉兰、蓑衣、麦穗、木梳背等形状。花刀是剞刀法中运用最广泛的一种，适合于猪肚、鸡胗、鱿鱼及牛、羊腰等有韧性的无筋带脆原料。

再来看看高宗面前的这道"荔枝白腰子"，如果你"触类旁通"地把它理解为花刀羊宝，则谬矣。此"腰"既非"焖荔枝腰"中的腰，此"荔枝"亦非"焖荔枝腰"中的"荔枝"，别忘了大宋独具特色的仿真菜，这是一种更流行也更讲究的做法。吴曾《能改斋漫录》卷十五《方物·荔枝谱》

载："好事者作荔枝馒头，取荔枝榨去水，入酥酪辛辣以含浆。又作签炙，以荔枝肉作椰子花与酥酪同炒，土人大嗜之。"所谓"荔枝馒头"，其实就是荔枝乳酪馒头。比物连类，御宴上的这道"荔枝白腰子"应是以荔枝肉为盅，酿入馅料制成的一种"假白腰子"。前面我们在介绍孝宗宴请金国使者的假菜时不是顺带提了一句"假白腰子羹"嘛，其具体做法为：

> 白鱼去骨研，入豆粉和匀，灌入粗大白肠内。线结两头，熟煮，作片，清姜汁入料作羹。

结合以上《事林广记》所载假白腰子羹的烹法，不难看出张府御宴上的这道菜可谓在此基础上的大胆突破与创新，形逼真，味精妙，特别抓人眼球。而且高宗入席之后享用的都是些鲜果、蜜饯、小糕点、腊肉干之类的开胃零食，终于轮到热菜登场了，不可能一下子就端上来一盘腥味重口的大部头，所以这道仿真菜在第一盏中高调亮相，自有其安排的独到之处。而吃到后面，第十五盏之后插食中出现的那道"炒白腰子"就是真菜了。同样地，第十盏中的"鲟鱼假蛤蜊"是仿真菜，而第十五盏中的"蛤蜊生"就是真蛤蜊了。

荔枝原产于中国，是宋朝最负盛名的水果。其拉丁学名作 *Litchi chinensis*，前面的属名 *Litchi* 为荔枝的拼音，后面的种名 *chinensis* 代表中国，这在植物学分类中也是极具纪念意义的。欧阳文忠公的一句"绛纱囊里水晶丸"，将此果之美描摹得惟妙惟肖，楚楚动人。

说起荔枝，就会想到贵妃，但宋人以为杨妃心水的蜀地荔枝其实并非最优品种，兴化军所产陈紫方为荔枝中的极品。李时珍也认同这种观点，《本草纲目》称："荔枝生岭南及巴中，……其品以闽中为第一，蜀川次之，岭南为下。"艺多不压身的北宋名臣兼书法家兼文学家兼藏书家兼茶学家蔡襄，还业余研究植物学，现存最早的荔枝专书《荔枝谱》（1059）即出自其手。[88]

回过头来，我们看这场宴会上下酒菜之前的那些果盘、点心，里面就有不少荔枝的身影：如乐仙干果子叉袋儿一行里的荔枝，珑缠果子一行里的荔枝甘露饼、荔枝蓼花、荔枝好郎君。荔枝叶如冬青，花如木樨，朵如葡萄，核如枇杷，壳如红缯，膜如紫绡，瓤肉莹白如冰雪，浆液甘酸如醴酪。但这种香气清远的上方珍果却有个致命缺点：喜高温高湿，经不起运输，移植到北方来根本结不出果子。关于这一点，大汉天子早已在长安城进行过数次失败的尝试了。

汉武帝在上林苑专门辟出一块种荔枝的地方，叫荔枝宫。屡种屡死，屡死屡种，锲而不舍地瞎折腾了几年，还搭上了好些人命，终于放弃。[89]司马相如《上林赋》中描写的"樱桃蒲陶，隐夫薁棣，答遝离支（即荔枝），罗乎后宫，列乎北园"，只是浪漫的文学想象编缀出的虚假繁荣罢了，真相人艰不拆。

武帝连年的荔枝移植试验其实搞得一塌糊涂、一败涂地——种来种去只有一棵勉强存活了下来，虽未能开花结果，就只光秃秃一棵树，他也当个宝似的珍视异常，其惨淡之景可想而知。更要命的是，不光荔枝树，上林苑中栽种的菖蒲、山姜、甘蔗、龙眼、橄榄、槟榔、留求子、千岁子等成百上千本奇草异木都在劫难逃，"南北异宜，岁时多枯瘁"。画外音：在此献上一道送命题——求武帝之心理阴影面积。

春秋时期齐国著名政治家晏子说过一句很经典的话："橘生淮南则为橘，生于淮北则为枳，叶徒相似，其实味不同。所以然者何？水土异也。"环境不同了，事物的性质就会随之发生变化。所以，这不是才有了"一骑红尘妃子笑，无人知是荔枝来"的故事嘛。试想，如果当时的园艺技术已达到可在北方种植荔枝并成功结果的水平，还犯得着劳民伤财地驿马千里，昼夜递送吗？

但有一问题尚需澄清——此一骑红尘究竟从何而来、到何处去。按惯性思维，可能多数人会不假思索地说是岭南，其实不然；虽然小杜这首诗的标题是"过华清宫"，但杨妃吃荔枝时应当不大可能在骊山上的行宫。何哉？详细考证见书末注释。[90]还有一点需要说明：杨妃食荔枝的故事虽说是家（臭）喻（名）户（昭）晓（著），然而飞骑荔贡自西汉已然，不自唐始，亦非自杨氏始。在被接踵而至的失败彻底击垮后，汉武帝停止种荔之时便是荔贡之

民国陆小曼绘《献荔图》

始，"其实则岁贡焉，邮传者疲毙于道，极为生民之患"。[91] 三国东吴谢承所撰《后汉书》所载亦同。而按《三辅黄图》的说法是，"至后汉安帝时，交趾郡守极陈其弊，遂罢其贡"，略晚。

再者，同为荔枝控，比起雍正爷那清新脱俗的贡荔船来说，杨贵妃的千里马接力赛就显得有些落伍了。为避免"一骑红尘四爷笑，怕是荔枝已蔫了"的窘况出现，机智的闽浙总督觉罗满保想出一个绝好的创意，便于雍正二年（1724）四月初九，会同福建巡抚黄国材奏报了一份以船载小荔枝树送至京城的折子。[92] 具体办法是，择佳种荔枝苗分枝移入桶栽，经复杂园艺处理后待其花初发、果初挂即送上贡船，小荔枝树就这样开始了它的漫漫入宫之旅。船上还要备足产地之水作浇灌用，全程派专人悉心呵护。沈初《西清笔记·纪庶品》云："署中罗列数百桶，至时择其本大实繁者数十以进载，闽中水随之日以溉。"精挑细选，淘汰率高达90％以上，拔萃者才有资格拿到船票，然后经过两个月的水路到达京城，就刚好熟透可食了。

为博四爷一笑，飞舸计日北上，地方官员真是煞费苦心啊。那雍正爷对此作何反应呢？[93]

得知忠心可昭日月的下属解锁了一个能吃到鲜荔枝的好法子，四爷当然是眼前一亮，可又担心此举招致沿途百姓不满，引发事端，损其令名，就咽了咽口水、装作很克制地嘱咐道：心意已领，少来点尝尝鲜就成，千万别搞出太大动静啊！就这样一切按计划进行，没有出现任何纰漏，四爷终于破天荒地第一时间吃到了树上现摘的荔枝。他觉此法甚可行，便将水陆进贡荔枝树定为常例，从自选动作到规定动作过渡自然，一气呵成，不失为千年荔贡史上革旧鼎新的一大创举。何须驿马快递，荔枝照样飘香。自此，雍乾嘉三代爷孙享用的就都是鲜荔枝了。据宫中太监反映，打理这些南方来的娇贵果树着实是一项磨人的高技术含量活儿，非园艺草木领域资深专家难以胜任。不过这个贡荔船的想法也非清人原创，其灵感估计来自北宋的荔枝盆栽。[94]

徽宗平时吃的荔枝其实都是岁贡的荔枝干和荔枝煎（瓶装荔枝罐

头），但以蜜或烧酒或盐水渍之，毕竟伤其真味，与鲜果差之远矣。好不容易见到了几株活的荔枝苗，以为它会茁壮成长，结出累累硕果，到时候就可以吃到香沁齿颊的鲜荔枝了。越想越开心，还慷慨地拿出几盆来赐给中书省和枢密院，与大家一起分享他的喜悦，并赐御诗一首："密移造化出闽山，禁御新栽荔子丹。玉液乍凝仙掌露，绛苞初降水精丸。酒酣国艳非朱粉，风泛天香转蕙兰。何必红尘飞一骑，芬芳数本座中看。"不过这些以泥土包敷、置于瓦器中运抵开封的盆栽最后到底结出荔枝否，自然是没有疑问的，就跟汉武帝当年一样。

而时隔五百多年后，移栽到清宫里的这些南方娇客口感又如何呢？

想知道这个也不难，因为乾隆有写"日记"的习惯，他把对荔枝的念想和对与荔枝有关的人的情思都融入了御制诗中。[95] 只是他说的"酪浆雪质无能比"还真的不能信以为真——经过艺术滤镜加工后的口味毕竟不是真味，这种半原生半移植的荔枝其实并不好吃。

曾任福建学政的沈初回到京城后，曾得到乾隆赏赐的一颗荔枝，他在笔记中把这件事记了下来："闽中荔枝入贡，植本于桶，至京始熟。然一本仅存二三枚，上赐侍臣，得一为幸，[96] 其味逊在闽中远甚。"坦言比起他在当地吃到的鲜荔枝，实在太逊了。若乾隆得知他这个身在福中不知福的白眼狼如此吐槽自己的宝贝荔枝，绝对扎心。因为能分到一颗荔枝已是宠渥之至，他的绝大多数同事连闻都没得闻呢。但沈初说的也是大实话，强扭的瓜儿不甜，强栽的荔枝也一样。人定胜天，但万物随人取用的前提是在遵循自然规律下的适地、适时、适度而为，否则只会适得其反。

官员向朝廷例行贡纳，简称例贡，荔贡即例贡之一。纵而观之，清初无定式，雍正时逐步规范化，成为一种规定动作的政治义务；乾隆朝达至顶峰，嘉、道走向衰落。宣宗登基后，以恭俭之德昭示天下，对各地总督、巡抚、盐政、织造、关差所贡方物大加删汰，成本高昂的水陆进贡荔枝树也画上了句号。

插播完"一骑红尘"考及清朝特色荔贡，我们再穿越回南宋张府上的这场御宴来，接着说说第二盏里的"三脆羹"。

《林家清供》中记载了一道"山家三脆",可与此类比。"三脆"指嫩笋、小蕈、枸杞头。按常识来讲,我们都知道"蕈"指菌类食物,但此处的"小蕈"不是小蘑菇,而是嫩茭白。试想,本菜之所以取名"三脆",就是因其口感爽脆,菇类烹熟后可一点都不脆。古人称茭白为菰,春秋时便有记载。但菰又是怎么和蕈产生关联的呢?菰是一种水生草本植物,其嫩茎经菰黑粉菌寄生后膨大,方才变为可食的茭白,其果实叫菰米,亦可食。原来,蕈之所以为茭白的别称,是因为在其生长过程中有寄生菌的参与。枸杞头,就是枸杞的嫩芽梢,属木本芽苗菜。枸杞嫩芽梢营养丰富,清火明目,补肾养肝,是名贵的食疗蔬菜。

清人顾仲《养小录·餐芳谱》中记有一道健康美味的快手菜——凉拌枸杞头,焯熟后加姜汁、酱油及少量醋调味即可。而林洪的这道"山家三脆"的做法有二:一是将鲜笋、茭白、枸杞嫩芽梢放入盐汤里焯好,油熟后加胡椒、盐调味,出锅以酱油、醋直接拌食。二是煮一锅汤面,以"三脆"为浇头制成三脆面,特别适合消化能力较弱的老年人。

第三盏中有一道"萌芽肚胘"。萌芽,谓其初生。胘(xián),即牛百叶(重瓣胃)。本来在先秦时期,有身份、有地位的人是不吃动物内脏的。后来估计是受到孙思邈"以脏补脏"的医学理论影响,在唐代出现了食材大解放,猪、牛、羊下水成为宫廷贵族阶层趋之若鹜的美食,宋朝亦然。这道菜后面还出现了几道不同做法的胘,如第五盏中的"肚胘脍"、插食中的"炙肚胘"、对食中的"炸肚胘"等。

关于烤牛百叶,有两个诀窍,首先在选材方面,要用老一点的,肉厚且脆。其次在操作上,铲净、穿串后,一定要把肉用力压皱挤紧。靠近大火快烤,使其表面出现裂口,再割下来吃。如果拉直扯平,放在小火上隔远烤,就会变得又薄又韧,其美味就要大打折扣了。关于烧制肚胘的方法及注意事项,《齐民要术·炙法·牛胘炙》言之甚详。

最后谈谈蟹馔。

此番盛宴先后有五道各具特色的蟹馔出场,分别为第八盏中的"螃蟹酿枨"、第十盏和对食中两次出现的"洗手蟹"、第十一盏中的"螃蟹清羹"和厨劝酒十味中的"螃蟹签"。鲁迅先生曾说:"第一个吃螃蟹的人是很可佩服的,不是勇士谁敢去吃它呢?"螃蟹形状可怕,丑陋凶横,要下得了口的确需要点勇气。天下第一个吃螃蟹的人是谁,不知道;若将范围缩小到中国,据说是汉武帝。[97]

另有观点认为,国人食蟹的历史可追溯至西周王室,理由是《周礼·天官·庖人》中出现了"蟹胥"一词。但这种看法并不确切,因为"蟹胥"并非原文所有,而是出现在"共祭祀之好羞"句后的郑注中:"谓四时所为膳食,若荆州之鳝鱼,青州之蟹胥,虽非常物,进之孝也。"何为"蟹胥"?刘熙《释名·释饮食》曰:"取蟹藏之,使骨肉解,胥胥然也。"胥胥,状松散貌,吕忱《字林》直接将其释为蟹酱。

刘熙与郑玄为同时代人,从上述记载来看,只能说明东汉末年人们已经开始吃蟹了,且青州以蟹胥闻名。但这并不能说明爱吃酱的周天子的膳单里就有蟹酱,因为同期文献中并无明确旁证。用东汉人当时常见的一种具体食物来解释作于战国时期的一部书里的笼统的"好羞",显然不够客观。不过自从蟹这种美味被发现以来,大家就对它爱不释口了,进而积淀为一种妙趣横生、潇洒文雅的食蟹文化而为历代文人吃货所乐道。

蟹馔好做,有巧厨就不成问题,但吃蟹却是个烦琐的技术活儿:你得折下蟹钳、掰去蟹脐、掀开蟹斗、剔出蟹黄、弃掉蟹心蟹胃蟹腮蟹肠。真够麻烦的,但为什么大家都乐此不疲呢?芥子园主人李渔是与随园主人袁枚齐名的清代文学家兼美食家,他本人就是个不折不扣的嗜蟹狂人,对此有精辟论述。

他说,我平时在吃一些需要辅助工具的美味时,都会让下人代劳,等他们帮忙整治好了,我则坐享其逸而食之。但唯独三件东西得"自任其劳"——吃螃蟹、嗑瓜子、剥菱角,边剥边吃才有味。试想,如果有人都给你剥好了,直接入口,简直味同嚼蜡,兴趣索然。笠翁深谙饮食的清供之道,强调一种与美食直接互动的参与感,这种乐趣只能亲自独享,别人是不能帮你体验的。李渔痴迷于蟹无法自拔,他给秋天起了个别称叫"蟹秋",准备用来做糟蟹的糟,叫"蟹糟",做醉蟹的酒叫"蟹酿"，酿酒的瓮叫"蟹瓮"，把干这些活儿的婢女叫"蟹奴"。反正就是生活中任何东西都要尽可能地贴上"蟹"字标签。每年夏末蟹还未上市之时，他就早早地存好私房钱跃跃欲试地准备买蟹了，家人都笑他嗜蟹如命，他则解嘲道此钱为"买命钱"。

清人李斗《扬州画舫录》记曰："蟹自湖至者为湖蟹，自淮至者为淮蟹。淮蟹大而味淡，湖蟹小而味厚，故品蟹者以湖蟹为胜。"诚哉斯言！湖蟹虽美但性寒，过犹不及。比如宋孝宗就是个蟹痴，曾因贪吃湖蟹患痢不止，御医无策。朝廷派人遍访名医，得知小巷一药店有位严姓医师擅治胃肠疾患，便立马召其入宫为龙体把脉。严医师给孝宗开出一副热酒调制鲜藕节的偏方，服之，立愈。龙颜舒展，龙心甚慰，御赏其金杵臼，市人呼为"金杵臼严防御家"，今日杭城南宋御街之严官巷即得名于此。

历史上爱吃蟹的皇帝多不胜举，而把这件事拔高到一个无出其右的新高度的还要数隋炀帝。

他有个非常别致的嗜好——每次吃蟹之前，他都会先把蟹壳擦拭干净，然后用金纸剪成的龙凤花密密地贴在上面作装饰，美美地欣赏够了才开吃。[98]真是好雅兴，有情调，城会玩哟！除了蟹，蔬菜里面他最爱的是茄子，《清异录·蔬菜门》称："落苏本名茄子，隋炀帝缘饰为昆仑紫瓜，人间但名'昆味'而已。"因为喜欢，就爱不释手，在上面雕刻花纹，还给人家改名字。于是自大业末年以来，落苏又有了一个雅致的别名——昆仑紫瓜。

至于宫里人集体吃蟹的情景，刘若愚在《酌中志》中为我们描画了一幅特别生动的"明代宫眷侍臣食蟹图"。[99]

八月秋高蟹正肥，宫中又迎来了一年一度的吃蟹盛会，但大家的吃相却不怎么雅观，甚至有点狼狈。美味当前，根本顾及不得形象，"自揭脐盖，细将指甲挑剔"，正应了贾宝玉那句"持螯更喜桂阴凉，泼醋擂姜兴欲狂"。个别能把蟹壳剔下来而保持蟹身完整的巧手人儿倒是可以在小伙伴们面前炫耀一番。不过，吃蟹开始讲究也是在明朝。有鉴于此，民间一位叫漕书的能工巧匠为了使大家吃蟹吃得更方便畅快，发明出一套包括锤、镦、铲、钳、叉、匙、刮、针八种物件的食蟹工具组合，称为"蟹八件"。

据说食蟹分为"武食"和"文食"两种，前者吃的是快意，后者吃的是工具。吃蟹本是风雅事，自从有了这套得力的工具，人们便要将这种风雅发挥到极致，不断在材质和数量上做文章：普通的是铜制，考究的则用白银。至民国初年，已由初创时的八件发展到了六十四件。时人都以有一套精美的蟹八件为豪，据说这玩意儿还一度荣登苏浙地区大户人家的嫁妆之列。但它终究还是退出了历史舞台，因为这些叮叮当当的饮食器械已不适合现代人的习惯了，毕竟用蟹八件拆完一只蟹得半个来小时，如今谁还耗得起这个工夫。再者用工具总有附庸风雅、隔靴搔痒之嫌，朴实无华的美食家都是直接上手的，就像林洪的友人钱震祖那般豪爽——"举以手，不必刀"。

至于高宗在清河郡王府上吃的那道很抓人眼球的"螃蟹酿橙"是怎么做出来的，林洪书中亦有详载。[100]"味尤堪荐酒，香美最宜橙。壳薄胭脂染，膏腴琥珀凝。"以橙为盅，以蟹实之，一蒸一酿，果味充分融于肉之肌理而倍增其鲜香。《周易》有言："君子黄中通理，正位居体，美在其中而畅于四支，发于事业，美之至也。"蟹之生理构造恰为"黄中通理"，古人因以君子之德比附之，这也是自古雅士对其情有独钟之缘由。"多肉更怜卿八足，助情谁劝我千觞。对斯佳品酬佳节，桂拂清风菊带霜。"

关于蟹，总有说不完、道不尽的话题。蟹酿橙这道立意新巧、颜值与美味兼具的南宋经典名菜因清河郡王府的御宴而名噪一时，千年后又因 G20 杭州峰会的召开而大放异彩。在楼外楼的国宴上，这对"蟹·橙"最佳搭档征服了四海宾客的味蕾，成为弘扬传统国菜、传播中华饮食文化的优秀使者。

余　话

高宗在位三十六年，他不想当职业生涯超长待机的皇帝，便以"倦勤"为由，于盛年主动禅位，提前切换到了颐养天年的退休模式。从此更是不遗余力地潜研书画，展玩摹拓，真、行、草体无不造妙。这种燕闲清雅的日子过了二十五年才离世，享年八十一，是中国历史上少有的长寿帝王之一。梁武帝萧衍虽然活了八十六，但最后的结局是饿死台城。"〔太清三年〕五月，丙辰，上卧净居殿。口苦，索蜜不得，再曰'荷！荷！'逐殂。"饥渴交攻，含愤而去，跟身体倍儿棒、吃饭倍儿香，外卖、大餐随时调剂的高宗没法比。而且在高宗的影响下，南宋的皇帝还特别流行禅让，仅高、孝、光、宁四朝就出现了三次内禅，历史在这短短的三十多年中似乎总是不厌其烦地单曲循环着。但比起绍兴、淳熙之禅，绍熙之禅实际是情势迫不得已下的皇位更迭，它意味着日后的赵宋王朝连表面和谐的升平之景与仁君之德也难以为继了。

顺带提一句，高宗的饮食习惯也很不错，讲究卫生，杜绝浪费，还有使用公筷和公勺的意识。每用膳，高宗的面前总会摆上两套匙箸。看到自己想吃的菜，就先拿多出来的那套餐具按需分拨到一只碗里，再用自己的筷子把所盛食物吃干净。皇后见状，问其何故。他说："盘中这些剩余的馔品打算赏赐给宫人们吃，如果弄脏弄乱，让他们吃我剩下的多不好啊。"[101] 虽如此，他对饮食的要求还是极为苛刻的，故张俊亦不敢怠慢，献上豪宴以表悃诚。

道高物备食多方，山肤既善水豢良。清河郡王这一桌大宴千滋百味，包罗万象，代表了宋朝美食的最高水准。纵观两宋御宴，时间越靠后，食风越豪奢，国势越衰颓。安知崖山之上，幼帝赵昺尚可果腹否？正如诗有正格、变格之论，词有正调、别调之分，凡事皆有特殊情况，皇家饭局亦然，比如宋太祖的"杯酒释兵权"就是御宴中的变调。宋代除了有曲宴、闻喜宴、琼林宴、春秋大宴等，每逢帝王登基、皇族诞辰、皇子公主婚嫁、诸藩使臣来访、传统佳节等值得庆贺的重要活动也都少不了各色大型筵宴，凡此种种方为御宴之主旋律。

08

迷倒马可·波罗的宫廷御酒：忽迷思

元贞元年（1295）冬日的一个黄昏，威尼斯码头海风凛凛。

三个风尘仆仆的男子脚蹬蒙古皮靴、身着质地考究的绸面皮袍，从一艘帆船上走下来。由于刚度过一千多个海上漂浮的日日夜夜，他们的两腿还不大习惯坚硬的石子地面，走起路来步态显得有些摇晃……

这就是马可·波罗与他的父亲尼科罗、叔父马菲奥在阔别祖国二十四年后重新踏上故土的情形。

他们从中国回来的消息迅速传遍整个威尼斯城，他们的见闻引起了市民极大的兴趣，而从神秘古国运回的无数珍宝使他们一夜之间变为巨贾。三年后，威尼斯与热那亚因商业冲突爆发了一场战争，马可·波罗连同他家里的战船，一同作为战利品被热那亚人俘走。

身陷囹圄的他做梦都想重返上都，回到忽必烈那座富丽堂皇的镀金宫殿里，向大汗报告他从意大利一路走来的旅行见闻。但此刻，他只能和一个名叫鲁思梯谦（Rustichello）的比萨战俘枯坐在阴暗潮湿的牢房地板上，闲聊他在中国经历的那些"传奇故事"以打发时日。于是诞生了这部由马可·波罗口述、鲁思梯谦记录在羊皮纸上的、向欧洲打开东方之门的游记。[102]

16 世纪法语抄本《马可·波罗游记》书影

邀饮酌琼醴，金碗举不停："这是大汗的最爱"

马可·波罗对狱友说，在元朝供职的十七年中，最令他印象深刻的莫过于忽必烈举行大朝宴时的情景。御宴上，他有幸品尝到了大汗亲赐的宫廷御酒——忽迷思，简直是天下至味。他津津有味地描述着当时的盛况：

宴会开始，所有人都依品级坐于指定位置。宫殿中央的高台上摆着一张御案，大汗坐北朝南，皇后坐在他左手边，皇子在右边；皇孙和其他国戚座位较低，他们的头恰好与大汗的脚成一条水平线；再往下一级的贵族座位就会更低些。妇女们也适用同样的仪规，皇媳、皇孙媳和大汗的其他亲属都坐在左侧，座位同样渐次降低，接着是贵族和武官夫人的座位。但不要以为凡是朝见的人都有座位，其他绝大部分官员，都是坐在大殿中的地毯上进餐的，殿外还站着一大堆携奇珍异宝远道而来的外国使者。

大汗的御案之前，放着一件巨大的镀金器具。它的形状像一个方匣，每边各长三步，上面雕刻有各种精致的动物图案。匣子是中空的，里面有一只巨大的纯金容器。方匣四角各摆一件小一些的器皿，目测能盛 52.5 加仑液体，在最醒目位置的一个器皿盛着忽迷思，剩下的几个容器里则是其他饮料。这个匣子中还放着大汗漂亮的金酒杯和酒瓶等物件。对于有座位的人，每两位桌前会摆放一瓶酒和一把金属勺子，勺形好像一个带柄的杯子。喝酒时，宾客们把瓶中的酒倒入勺中，并将它举过头顶。大汗的金属器具如此之多，简直让人难以置信。

至于宝座旁伺候的侍者，都用美丽的面纱或绸巾遮住口鼻。这主要是为了防止他们呼出的气息触及大汗的食物。大汗饮酒时，侍者奉上酒，后退三步跪下，朝臣们也都同样伏在地上，这时宫殿里庞大的乐队开始演奏，直到大汗喝完才停止。然后，所有人起身，恢复原来的坐姿。只要大汗一饮酒,就要重复这套礼仪。至于食品的丰富程度,更是可想而知,也就用不着多讲了。

马可·波罗说，忽迷思是大汗的最爱，每逢宴会都能见到他频举金碗、尽情畅饮。他还说，忽迷思是一种神奇的营养补给物，蒙古士兵极为顽强，能忍受各种困苦，有时外出打仗粮食匮乏，他们可以用忽迷思维持一个月的生活。

东游之谜："旅行家"鲁布鲁克其人其书

这种惊艳了马可·波罗的酒到底是什么来头呢？

"忽迷思"是蒙古语的叫法，意为"熟马奶子"，即马奶酒。此酒口感润滑，酸甜之中伴有乳香，且酒性温和，具有舒筋驱寒、活血健脾等滋补功效。白斑《湛渊集》中讲到当时蒙古族的八种顶级佳肴——醍醐、麈沆、野驼蹄、鹿唇、驼乳糜、天鹅炙、紫玉浆、玄玉浆，其中"玄玉浆"指的就是马奶酒。以上所列"蒙古八珍"亦称"北八珍"，是元朝宫廷菜的代表。

其实早在"一代天骄"成吉思汗之时，马奶酒就被封为国酒，此后便一直是蒙元宫廷和贵族府第最主要的宴饮佳品。元朝中央设有掌供御食的宣徽院，凡稻粱牲牢酒醴蔬果庶品之物，宴享宾客宗戚之事，及诸王宿卫、怯怜口（蒙元皇室、贵族的私属人户）粮食等事皆属其管辖范围，下属机构有尚酿、尚饮等局，宫廷御酒忽迷思即出于此。"内宴重开马湩浇，严程有旨出丹霄。羽林卫士桓桓集，太仆龙车款款调。月出王孙猎兔忙，玉骢拾矢戏沙场。皮囊乳酒锣锅肉，奴视山阴对角羊。"（杨允孚《滦京杂咏》）马湩，即马奶酒。[103]

虽说《马可·波罗游记》使马奶酒美名远播，但第一位将忽迷思酿造工艺介绍给西方世界的却另有其人，他就是比马可·波罗早二十一年来到中国的法国方济各会士鲁布鲁克（Guillaume de Rubrouck）。或许是《马可·波罗游记》知名度太大，以至于《鲁布鲁克东行纪》似鲜有人问津。

1253 年 5 月，奉法兰西国王路易九世的秘密使命，鲁布鲁克携带信函，从君士坦丁堡出发，经由黑海达伏尔加河流域，谒见了拔都父子。后东行至哈拉和林附近，见到蒙哥汗，请求留在蒙古地区传教，遭拒，次年返回地中海东岸，以长信形式将见闻寄呈路易九世复命，此即《鲁布鲁克东行纪》之由来。

鲁布鲁克虽不承认出访蒙古担负有任何正式使命，但不难揣测，其东游无疑带有窥伺目的。一方面，当时蒙古军队在征服了东亚、中亚大部分地区后，继续向波兰、匈牙利挺进，蒙古人的崛起使教廷意识到这个潜在的可怕威胁，西欧诸国皆惶惶。他们亟须摸清对方底细，包括军情实力、作战韬略等，好未雨绸缪地制定良策。另一方面，欧洲这边正如火如荼地进行着所谓的"十字军圣战"，他们幻想如果蒙古人能皈依基督教并与之建立盟邦关系来共同对付穆斯林，那是再好不过。教皇便不断派出"旅行家"出行蒙古地区，鲁布鲁克即其中之一。《鲁布鲁克东行纪》不是单纯的徜徉山水、闲云野鹤式游记，而是一份严肃的考察报告。鲁布鲁克是以传教布道为名，搜集情报为实，来完成他这次特殊的东方之旅的。其实，在他之前的柏朗嘉宾（Jean de Plan Carpin）及其《蒙古史》（亦作《柏朗嘉宾蒙古行纪》）、在他之后的鄂多立克（Friar Odoric）及其《东游录》，也都具有类似性质。

不过无论出于何种目的，以今日眼光观之，13 世纪这批"旅行家"的游记作为欧洲人对蒙古及其社会风俗等诸多方面的最早专门记述，向来在蒙古史和中外关系史研究领域具有重要参考价值，对从成吉思汗到蒙哥四朝统治时期这段历史尤其如此，因为当时存留下来的文献实在寥寥。

忽迷思与哈剌忽迷思之诞生

马奶酒本非中原土产，是两千多年前从漠北传来的异域佳酿。古籍中的叫法有很多，除了上文提到的"马湩"外，还有湩酪、重酪、马酪、马酒、马奶子、奶子酒等。[104]

自传入中土以来，西汉皇室就对马奶酒青睐有加，很快将其纳入长安官坊酿造的行列中，设立专职官员管理。据《汉书·百官公卿表》载，西汉太仆（秦汉九卿之一，为掌舆马之官）下设"家马令"一职，职责之一就是马奶酒之酿制。汉武帝太初元年（前104）将"家马令"改为"挏马"，马奶酒便被称作"挏酒"或"挏马酒"。所以，"挏马"既为酒名，又是官名。此酒多见于唐代典籍，至元朝更是受到了空前的重视，其国酒地位确立后，又伴随蒙古铁骑横扫欧亚大陆的赫赫武功，驰名域外。

受蒙古族影响，汉族和其他少数民族也对马奶酒产生了浓厚的兴趣。契丹人耶律楚材本仕金朝，蒙军攻占中都时，归附成吉思汗，从此辅弼其父子三十余年，在帝国发展与元朝建立的历史上扮演着重要角色。他本人就对马奶酒情有独钟，估计是平日里大汗赐酒喝得不尽兴，经常要向好友索酒，还喜欢把这事儿在诗里记上一笔。[105]耶律楚材秉承优良家风，自幼研习儒典，精通汉文，作几首律诗可以说是信手拈来，当年成吉思汗也正是赏识其满腹经纶，才将他收至帐下的。

世易时移，江山换主。蒙古族各部流转北国，酒香亦随之远飘四方，历千载而不绝。满族人也爱喝马奶酒，自清兵入关以来便作为贡品，每年都会由藩王直接送至清帝行宫。据《清会典》载，康熙十三年题准，每逢年节，科尔沁等十旗进乳酒一百零八瓶，鄂尔多斯六旗、乌拉特三旗进八十一瓶，其余二十五旗进二十七瓶。这样的进贡，两百余年从未中断，可见马奶酒在清廷的受欢迎程度。

马奶酒的传统制法为撞击发酵法，《鲁布鲁克东行纪》载录甚详：取奶工事先要在空地上拉一根长绳，两端固定在插入土中的木桩上，然后将小马仔系在上面。母马则站在它们孩子的附近，平静地让人挤奶。如果其中哪匹马不大听话，就会有人把它的小马仔牵过来，吮些奶，过会儿再将其移开，继续前面的工作。待收集到足够量的奶时，就将它们全部倒入一只大皮囊中，用一根下端粗若人头的特制空心棍棒开始搅拌。奶液随着棍子的快速旋转，开始像新酿的葡萄酒那样起泡、变酸，说明已经开始发酵了。再继续搅动，直至能提取出奶油，其间要不时地尝一下，当奶味变得特别辣时，就可饮用了。

用力搅拌推拉是酿酒的关键环节，这样才能使奶液中的乳脂分离出去，留下的奶酪才好进一步酿酒，即所谓的"以马乳为酒，撞挏乃成也"。挏，指搅拌马奶的动作。《说文》云："挏，拥引也。汉有挏马官，作马酒。"此酒初入口时有醋一般的刺激感，但喝完后又会有杏仁汁般的味道留在舌头上，胃里也很舒畅。因草原鲜奶杂质很少，酒中甲醇、异丁醇、铅、汞等有害物质含量极低，故饮后不上头、不伤肝，人体对其耐受度较好。

这酒度数不高，但也不能掉以轻心。明人谢肇淛《五杂组·物部》中说，"北方有葡萄酒、梨酒、枣酒、马奶酒，南方有蜜酒、树汁酒、椰浆酒……此皆不用曲蘖，自然而成者，亦能醉人。"不管什么酒，只要是酒，你喝的时候牢记"小酌怡情，豪饮伤身"这条金科玉律就不会走偏。

至于马奶酒的等级则以马之毛色别贵贱，以白马所酿者最佳。忽必烈在他的上都御花园中豢养了万匹色白如雪的牝马，只有成吉思汗的直系亲属及个别功勋卓著的大臣（如霍里阿德家族）才有权饮用这种酒。稍次一等的，是黑马奶酒，又称"哈剌忽迷思"。[106]

宋人称蒙古为黑鞑靼，以别于漠南之白鞑靼（即汪古部）。徐霆说他在蒙古汗帐中喝到的黑马奶酒味道甘甜，与平日里那种带酸味的腥膻口感大不同，非常难得，属皇室特供。鲁布鲁克在他的书中也提到，这种"黑色忽迷思"是供"大贵人"享用的。酿酒时，要一直搅拌马奶，直至奶中所有的固体部分都下沉到底部，像葡萄酒的渣滓那样；而纯净的部分则留在上部，像乳清或白色的发酵前的葡萄酒汁那样。渣滓很白，是给奴隶们吃的，有催眠的功效，纯净的液体则归主人们享用。可见，这种黑马奶酒的酿造工艺十分复杂，又因其产量不高，所以尤为珍贵。

事亡如事存：忽迷思与祭祀

> 凡大祭祀，尤贵马湩。将有事，敕太仆寺挏马官，奉尚饮者革囊盛送焉。其马牲既与三牲同登于俎，而割奠之馔，复与笾豆俱设。将奠牲盘醑马湩，则蒙古太祝升诣第一座，呼帝后神讳，以致祭年月日数、牲齐品物，致其祝语。以次诣列室，皆如之。礼毕，则以割奠之余，撒于南棂星门外，名曰"抛撒茶饭"，盖以国礼行事，尤其所重也。
>
> ——《元史·祭祀志》

此处提到的"割奠"是属于蒙古族"国礼"级别的大祭。在祭祀时，由博尔赤（蒙古语，意为司膳、厨师）跪割奠牲之肉，置于太仆卿奉侍的朱漆供盘之上，醑以马奶酒，而后开始祭供。太祝呼帝后御讳、祭祀时间、物品，最后读蒙古语祝文。

礼毕，还有一个名叫"抛撒茶饭"的、将祭品撒于南门外的仪式。举凡大型祭祀活动，必行割奠之礼，以示隆重。古人讲究侍奉死去的父母，要如同其健在时一样毕恭毕敬，这才是孝道的至高境界，即《礼记·中庸》所讲的"事死如事生，事亡如事存，孝之至也"。

蒙古族人民世居草原，因地制宜，以畜牧为生计。自忽必烈入主中原，以往的游牧生活亦随之改变，饮食起居等诸多方面大不同于从前，但嗜饮马奶酒的习俗却一仍其旧。无论是宫廷赏赐群臣、年节吉日庆典、招待域外来宾，还是祭祀祖宗家庙，乃至官府贵族家宴等，在各种场合都少不了马奶酒的身影。

随手翻阅元代诗集，多处可见关于马奶酒作为祭天、祭祖供品的描写。[107] 字里行间无不传递着这样一种信息：蒙古族人民虽已离开草原，过上了繁华的都市生活，但永远不会忘记曾经养育他们的"根"，以及先民勇武尚俭、吃苦耐劳的民族美德。"马逐水草，人仰湩酪"，一直是他们心中不褪色的美好记忆。

从"阿尔乞如"到"熏舒尔"：六蒸六酿出上品

上至宫廷下到民间，马奶酒在人们的生活中始终扮演着重要的角色。鲁布鲁克说："在夏天，只要有忽迷思，他们就不在乎其他食物。"随着人们不断地摸索实践，酿酒工艺日臻完善，除了前文提到的比较原始的发酵方法，还出现了烈性奶酒蒸馏法，据说经"六蒸六酿"后的马奶酒方为上品。

明人萧大亨《北虏风俗》（一作《夷俗记》）中就记载了这种改良后的方法："马乳初取者太甘不可食，越二三日，则太酸不可食。惟取之以造酒，其酒与我烧酒无异。始以乳烧之，次以酒烧之，如此至三四次，则酒味最厚。"纯度提高了，口感变得更加醇厚自是当然。

经此法烧制的酒，鲜有悬浮沉淀，非常清亮透明。具体工序是：将鲜奶倒入瓮或木桶中，置于温暖处，用木棒来回搅拌加快发酵速度。奶脱脂后，倒入铁锅，其上罩一两尺高的蒸笼状木桶，桶内中央吊一双耳瓦罐，再在桶上置一装有冷水的铁锅，使瓦罐上口与锅底对准，接口处紧塞巾布防止漏气。待"蒸馏装置"安置妥当，加猛火烧锅，蒸汽随之上逸，酒精冷却后凝于锅底，随后便滴在瓦罐里，成为奶酒。以此法初酿制得的头锅酒称为"阿尔乞如"，度数不高；再将其倒入锅中，混以适量未经蒸馏的奶酒回锅，所得二酿称为"阿尔占"；依此类推，三酿为"浩尔吉"；四酿为"德善舒乐"；五酿为"沾普舒尔"；六酿为"熏舒尔"。多一次蒸馏，便增强一次酒力。

据说这种"六蒸六酿"的马奶酒虽然家家户户每年都会酿造，但数量很少，平日里一般都舍不得喝，储存起来留待宴请贵客。但需注意的是，传统发酵型马奶酒的酒精度不超过 18 度，属低度酒；而蒸馏型马奶酒则是在前者基础上，经高温提纯而得，度数较高，一般在 19 ～ 48 度之间。另外，反复加热的步骤致使酒中多数有益物质难免损耗。所以，营养和口感难以兼得，如何取舍在你自己。

真实的"谎言"："我未曾说出我亲眼所见的一半"

马可·波罗所讲述的东方文明，在当时的欧洲人看来纯属天方夜谭，大家都把他的游记当作神话故事来读。

1324 年，已七十岁的马可·波罗重病缠身，时日无多。他的朋友们劝他否定掉书中那些令人匪夷所思的说法，好让死后的灵魂升入天国。但他的回答却是："我未曾说出我亲眼看见的事物的一半。"语毕，安详地合上双眼，放任意识逐渐消融在缥缈的梦境中。

忽必烈汗嘴里叼着镶有琥珀嘴子的烟斗，胡须垂到紫晶项链上，脚趾在缎子拖鞋里紧张地弓起，连眼皮都不抬一下，听着波罗的汇报。这些天，每到黄昏，总有一股淡淡的忧郁压在他的心头。……

"……如此看来，你这可真是记忆中的旅行！"一直认真聆听的可汗，每当听到马可发出忧伤的叹息，就在吊床里直起身子，喊道："你跑了那么远的路，只是为了摆脱怀旧的重负！"或者："你远征归来，舱里满载的是悔恨！"……

马可："……掌控故事的不是声音，而是耳朵。"……

——伊塔洛·卡尔维诺《看不见的城市》

09

宴衣与衣宴

祖宗诈马宴滦都，挏酒啍啍载憨车。向晚大安高阁上，红竿雉帚扫珍珠。

——张昱《辇下曲》三十二，《张光弼诗集》卷三

大汗曾选出一万二千名男爵，赏赐他们每人十三套衣服，每套都不相同。每套一万二千件都是一个颜色，而十三套的颜色即有十三种。这些衣服上镶有珍珠、宝石和其他宝物，十分富丽名贵。大汗自己和他的男爵一样，也有十三套这样的衣服，不过更加富丽名贵。不难想象，光是服装方面的花费就已经无法计数了。

——《马可·波罗游记》

这个令马可·波罗大开眼界的赐服活动，究竟是为庆祝什么大节日他没说。但据其所提供的"每套衣服都是一个颜色，十三套有十三色"这条关键信息及对服饰之华丽的描述，显然是指"质孙服"，只是在具体的数字细节上又与我国官方正史记载颇有出入。那么，这个"质孙服"是否跟张昱诗中的"诈马宴"有关呢？看完这篇您就知道了。

质孙之形制：何为"纳石失"？

所谓"质孙"，又作"只孙""济逊"等，出自蒙古语（Jisun，意为"颜色"）。《元史·舆服志》中讲得很明确，质孙就是一色服，穿着场合是内庭大宴。冬夏之服各不同，以质地与色泽分等：皇帝冬服十一等，

夏服十五等，每套衣服都要搭配相应的冠饰，即所谓的"衣冠同制"；百官质孙为冬九等，夏十四等，而不是像马可·波罗所说的君臣都为十三种。此外，勋戚、近侍、乐工、卫士等也都会得到与其身份相应的御赐宴服，虽精粗之制各异，但都叫作"质孙"。

天子的质孙服无疑做工最精，其每等服饰所用原料与选色完全统一，衣、帽一致，上身效果十分和谐。比如，穿金锦剪茸衣，要配金锦暖帽；换成白毛子金丝襕袍时，戴的是白藤宝贝帽；"服驼褐毛子，则帽亦如之""服大红、绿、蓝、银褐、枣褐、金绣龙五色罗，则冠金凤顶笠，各随其服之色"云云。[108]

《元史》中多次出现的"纳石失"一词又是什么意思呢？此为波斯语之音译，亦作"纳赤思""纳失思"等，指织金锦缎。这种以圆金线或片金线为纹纬的西域风格绣金制品，金碧辉煌，异常华美，是制作质孙服的主要材料。中国古代的加金织物早在战国时就已出现，两汉时进一步发展，唐宋时织金技术臻于成熟，入元达到极盛。元朝设有多处专门制作纳石失的织造局，以满足宫廷、百官之服饰所需。纳石失质孙不仅是最高等级的蒙元宫廷礼仪服饰，也代表了当时丝织技艺的顶级水准。

一句话，质孙服是一种以绣金锦缎织就，以珠翠宝石装点衣、帽、腰带的华服。质孙宴服＝纳石失衣，左边为蒙古语，强调纯色；右边为波斯语，突出材质与工艺。

质孙之用途与皇室"米其林"的着装规范

为什么要准备多套一色服呢？这取决于其穿着场合与实际用途。皇上赐服，不是让你参加时装秀，而是要去赴宴，这个宴会就叫作"质孙宴"，是元朝最高规格的国宴。[109]

柯九思《宫词十五首》其一云："万里名王尽入朝，法宫置酒奏箫韶。

千官一色真珠袄，宝带攒装稳称腰。"诗后注曰："凡诸侯王及外番来朝，必赐宴以见之，国语谓之'质孙宴'。"此宴宴期三日，要求每日换一服色。在大宴期间，你不能穿重样的，这就是质孙宴的着装规范。

周代官员品秩分九命，其官服亦因命爵不同而各有定制，赐质孙服就跟当年周天子赐服是一样的。"凡群臣预燕衎者，冠珮服色，例一体不混肴，……必经赐兹服者，方获预斯宴，于以别臣庶疏近之殊，若古命服之制。"（王恽《秋涧集》卷五十七）说得很清楚，出席这个国宴的前提是你得有几套皇上御赐的宴服，穿上它才能入场。否则，对不起，拜拜。所以，时人都以获此恩赏为荣耀。[110] 至于像吕嗣庆那样，"应对周旋，动惬睿思"、十年寒暑夙夕如一日者，自然会更受隆宠，于是，他"前后被赐只孙锦服十余袭"，这当然是值得在其神道碑铭里大书特书的一件事了。

穿着质孙服去赴质孙宴是一件非常体面的事情，是元朝少数贵族的特权，普通人根本不需要也没资格操这个皇室"米其林"的心。但当今的情况可大有不同，只要你不差钱儿，大家都有权选择所谓的高端享受方式，比如去吃顿"米其林"就不仅仅局限于高门大户了。据说"米其林"三个等级的餐厅是这么区分和定位的：

一星★：值得去造访的餐厅，同类饮食风格中特别优秀者。

二星★★：厨艺非常高明，值得绕远路去造访的餐厅。

三星★★★：值得特别安排一趟旅行，如打飞的造访的餐厅，有着令人永生不忘的美味。

订餐成功后，你会收到一封电子邮件跟你确认就餐时间、人数，还会特别强调其餐厅的着装规范，一般来讲 Smart Casual 就够了，三星餐厅则会要求 Smart，也就是穿得要介乎正式与非正式之间。西方宴会服饰礼仪中最正式的是 White-tie——男士们要内穿挺括的硬领白衬衫，配法式扣法的金色或银色袖扣；外穿黑色丝质前襟、前衣剪裁在腰部以上的燕尾服。女士们则以一袭华丽飘逸的曳地晚礼服亮相，搭白色过肘长手套，可佩戴醒目的重量级珠宝首饰，而冠状头饰则通常仅限于已婚者。需要你如此装扮的场合并不是很多，一般为皇室典礼、重大授奖仪式、隆重晚宴或舞会以及少数非常正式的婚礼。

　　古今宴服类比一下，现在西方人所谓的 White-tie，就有点像当年的质孙，它们在着装规范上的要求都是最严格的。对于大众来说，享用美食是一种休闲方式，但是去吃"高级"的东西，也不能穿得太随心所欲了，就像前些年五星级酒店大堂通常都立有一个"温馨提示"的牌子——"衣履不整，恕不接待"。服装仪容都讲究个场合，什么地儿该怎么穿咱心里得有点数，以免不得体的自由发挥带来不必要的尴尬。

一宴二名："诈马"考

　　说完质孙及质孙宴，我们再来看看诈马宴。

　　"诈马"一词，《元史》无载，传世文献中的最早记述出自至治元年（1321）袁桷所作《装马曲》。[111] 虽不以"诈马"为名，但就内容观之，当咏此宴无疑。其后，贡师泰《上都诈马大燕》则是最早明确以"诈马"为题的作品。[112]

　　诈马宴的高规格，决定了赴宴者与相关题材的创作主体只能是馆阁文臣。以文献分布之时间跨度而言，吟咏此宴的作品多集中于元代后期（文宗至顺帝朝），且基本不脱将御赐质孙服与盛饰宝马连缀起来大肆铺陈的套路，衣、马似乎约定俗成为描述元宫大宴的两大要素。

　　其实，所谓"诈马宴"即"质孙宴"，正如张昱《辇下曲》中所描述的"只孙官样青红锦，裹肚圆文宝相珠。羽仗执金班控鹤，千人鱼贯振嵩呼"，即穿着质孙服、骑着盛装马匹参加的宴会，"诈马宴"与"质孙宴"二者的关系用四个字概括就是：一宴二名。那么问题来了，"质孙"与"诈马"

这两个貌似风马牛不相及的词到底是如何扯上关系的？这还得从周伯琦的一篇诗序谈起。甚至可以说，后人对"诈马"之种种误读皆肇于斯。[113]

周氏乃元顺帝近臣，"帝尝呼其字伯温而不名"。至正六年，身为翰林修撰的他与国子监同事，扈从顺帝由大都至上京，亲睹六月二十八日诈马宴的全程后写下这首《诈马行》，既然身临现场，所言本因确凿无疑，也是记录此盛宴的珍贵史料。但上引诗序之末句，却引发了后世对"诈马"一词的不休争论——

他说诈马宴是质孙宴的俗称，但具体源于何俗、怎么个俗法，却语焉不详，只是简单地将二者画上了等号。今所见与周氏同时代者中关于"诈马"的唯一解释来自王祎《上京大宴诗序》。[114]他说之所以称为"奓马"，是因为"俗言其马饰之矜衒也"。"矜衒"即"矜炫"，夸耀、炫耀之义。值得注意的是，他在序文中直接将"诈"写为"奓"（zhà）。"奓"作动词时，为"张开""打开"之义，现代汉语方言中仍有使用，如"奓沙""奓胆""奓毛"；作形容词时，与"侈"同义，表骄纵放逸、过分奢华，常以"奓纵""奓汰""繁奓""奢奓"等词的形式出现，如张衡《西京赋》中就有"冯虚公子者，心奓体忲"之句。也就是说，王氏此处将"诈""奓"二字等量齐观，又结合他看到的"穷极华丽，振耀仪采"的预宴者所乘之马匹，将诈马宴的得名归到了马身上。此外，还有一处细节需要注意，王氏在解释"奓马"时，用的是"俗言"云云；而谈到"济逊"时，则云"译言"如何。上文已提到，"质孙"一词来自蒙古语，对于这一点，大家并无异议。"译"字针对的是外来语，显然在王氏眼中，"诈马"是一汉语俗语。

只是这个诈马宴的入宴门槛较高，非王公显贵无法参加。用王祎本人的话说，就是自己身份"微贱"，"不获奔奏厕诸公之列"，所以他写的诗序仅为"窃推本作者之意"而得，都是从与其在京都交游的那些参加过宴会的公卿大夫口中听来的。说白了，这么一篇洋洋洒洒的序文，全靠其学优才赡的文笔支撑着，毕竟道听途说的二手资料未免隔靴搔痒、望文生义，无形之中将后人对"诈马"的认识引入歧途。自王祎之后，"奓马"一词只在明人郑以伟的诗中出现过："滦阳冠盖宴华豪，奓马雕装只孙袍。千步廊边仍汉月，拂庐早办应昌逃。"（《灵山藏·杜吟卷五》）他处并未得见，大家提及此宴，仍以"诈马"称之。叶子奇于洪武十一年（1378）写成的《草木子·杂制篇》中，说道："北方有诈马筵席，最其筵之盛也。诸王公、贵戚子弟，竞以衣、马华侈相高。"即为这种固化了的衣马捆绑关系之典型注脚。

那么，衣、马、宴此三者之关系究竟该如何定位呢？元史学界关于"诈马"一词的认识分歧已持续三十年，目前仍无定谳。诸家秉持实事求是的原则，旁搜远绍，新见迭出，其观点大致分为两派——"马说"与"非马说"。进一步细分，前者包括"饰马说"与"赛马说"，后者包括"赐服说"与"羊宴说"。若从语言学角度审视，则涉及波斯语、蒙古语、汉语间的共时渗透与历时演变等问题。[115] 但诸说仍存可商榷之处，推进"诈马"研究仍有赖于新史料之发掘，下文仅陈笔者管见。

首先，元末明初汉族文士的记述不足以作为唯一或主要凭据。诈马宴滥觞于蒙古帝国建立之初，距袁桷等人生活的年代已有大半个世纪。从理论上讲，唯探本溯源，方不失其真。蒙元初期存世资料寡缺固为影响论证的客观限制因素，但若抛开源头，置元朝多语言通行的背景及本民族语言对外来文化之接纳于不顾，而只是将着眼点落在汉语文献资料上，显然缺乏客观性。对"马背上的民族"而言，马是大家日常生活的亲密伴侣，方方面面都离不开它，平时装饰一下坐骑本就不是稀奇事儿。联系现今的有车族，大多数人都会在内后视镜上挂几串小东西，在中控台上摆瓶香水或是公仔之类的，还会时不时地换上个性化的坐垫、方向盘套什么的，这不都是一个道理嘛。所以，当马主人有幸参加质孙宴时，装扮自己的同时，也把坐骑打扮一下，很正常。况且，质孙宴作为蒙元宫廷大宴，属于国制，对预宴者的服饰形制在《元史》中有详尽明晰的规定，但未见对其所乘马匹特书一笔。可见，如何装饰马，与赴宴者的级别或资格并无关系。

考虑到元朝多语言交融的特定时代背景，我们不妨尝试从非汉语语境中探本溯源。据巴托尔德《蒙古入侵时期的突厥斯坦》，公元 7 世纪至 9 世纪间，阿拉伯语是伊斯兰教地区几乎所有散文著作的通用语言；从 10 世纪起，波斯语就逐渐确立了其在东部教区文学语言中的统治地位；至蒙古族崛起，波斯语在中亚地区已普遍使用。

> 鞑人本无字书，然今之所用，则有三种。行于鞑人本国者，则只用小木，……即古木契也。行于回回者，则用回回字，镇海主之。……行于汉人、契丹、女真诸亡国者，只用汉字，移剌楚材（耶律楚材）主之。
>
> ——彭大雅著、徐霆疏《黑鞑事略·其书》

所谓"回回"，在元代是一个比较含糊的、变动不居的概念，大体上指信奉伊斯兰教的中亚波斯人、突厥人及阿拉伯人。而元文献中所谓的"回回字"，一般指波斯文，其实当时的人们包括知识分子精英阶层，往往不大分得清波斯语和阿拉伯语，有时将这两种文字都笼统地称为回回字。

引文中徐霆提到的主管波斯语的镇海，就是柏朗嘉宾等人出使上都时负责接待的三大臣之一。后来在梵蒂冈发现了由使团带回去的那封贵由大汗回复教皇的书信，正本是蒙古语，还有两个分别译为拉丁文和波斯文的副本。可见，当时波斯语在国际交往中的地位。

其实早在成吉思汗统一漠北之前，回回商人就游走于蒙古诸部，掌控了牧民与中原地区的贸易，在中亚地区的经济领域中非常活跃。后来从元朝建立到征服波斯，越来越多的回回商人投奔于大汗帐下，为蒙古贵族经商牟利；同时，大量波斯书籍、物品等也不断输入中土。加之蒙古统治者对伊斯兰教采取优容政策，元朝政府在各重要职能部门均设有回回译史、回回令史。至元二十六年（1289），为适应与西域各国经济文化交流日臻密切的需求，于大都始设培养官方译员的高等学府——回回国子学，又于仁宗延祐元年（1314）改名"回回国子监"。[116]波斯语是元朝除蒙古语、汉语之外，通行的第三种官定文字，在宗教语汇、政治制度、官职称谓，以及水果、动植物、生活日用品等多领域都有不同程度的渗透。可以说终元一代，回回人都在政治、文化、经济中扮演着重要角色；回回与蒙古的交往及其在中国的发展，因有元朝提供的广阔政治舞台而驰骋纵横，多所建树。在这种情况下，不同语言间的互动、融合也成为再正常不过的现象。[117]

回到前述《元史·舆服志》中关于质孙形制的记载。天子夏季穿的质孙服有一种是"答纳都纳石失"（原注曰：缀大珠于金锦），戴的质孙帽有一种是"黄牙忽宝贝珠子带后檐帽"，其中"答纳"（Dāna，珍珠）、"牙忽"（Yāqūt，宝石）均为波斯语。据《元史·尚文传》，元成宗大德七年（1303），有西域商人以"押忽大珠"进售，据说这种宝石有奇效，"含之可不渴，熨面可使目有光"，要价六十万锭。有需求就有市场，当时回回商人将珠宝从原产地贩运到中土来做生意，索取远超其价值的酬金以牟暴利。虽然耿直的尚文不为所动，以"一人含之，千万人不渴，则诚宝也；若一宝止济一人，则用已微矣"拒绝，但穷极奢华的元朝宫廷对这些异域明珠是没有抵抗力的，其他场合的用途暂且不论，仅花在服饰这一项上的就数目可观。

因此，既然质孙服的主要衣料"纳石失"是波斯出品，其上镶缀的珠饰也是波斯商人运来的，交易时肯定也是使用母语来称呼这些布料和珠宝。在波斯语中，"质孙服"写作"Jāmahā-yi nasich"，全称为"纳石失的诈马"，即织金锦缎外衣。"Jāmah"意为"衣服"，依其读音以汉字记之，便为"诈马"。该词之所以没有出现在元朝官方记载中，恰恰是因为蒙古语中的"质孙"与其所指本为一物，因此"诈马"这一称呼最初恐怕更多的是在非正式场合中被提及时所用，这估计才是周伯琦所谓的"俗呼曰'诈马筵'"之"俗"字的真正含义。这就好比人的官名与昵称，虽适用场景有别，但名字背后指称的人是同一个。

再者，实际参加宴会时，作为交通工具的马匹都是要求被系于专门设立的禁外系马所的，就像现在酒店停车场里的那些 VIP 专用车位一样。罗马教皇使者柏朗嘉宾曾亲历贵由的登基大典，也得以目睹质孙宴之盛况。据他记载，这些马匹"拴在两箭射程左右远的地方，佩带武器的首领们和他们的一些部下来自四面八方，但任何人都不能靠近"。至于马饰的豪华程度，也着实让这个意大利老爷子大开眼界，他还粗略算了笔账：许多马的胸甲、口衔、鞍及后鞯都有金饰，"据我们看来，其价值共约二十马克的黄金"。正因为是参加国宴，预宴者都需遵循国礼，穿戴讲究的同时也装扮一下宝马，以展示荣耀、烘托气氛。就像你准备衣着光鲜地开车去参加某重要晚宴时，肯定想着最好能事先把车送去车行洗干净一样。只是质孙宴的场面太过隆重，预宴者个个气宇轩昂地身着盛装，这么多靓马都聚集在上都宫殿西边"失剌斡耳朵"（"失剌"即蒙古语"Shira"，意为"黄色的"；"斡耳朵"即"Ordo"，为"皇家帐幕"或"宫廷"之义。二者合在一起指"金色的皇家帐幕"，"金帐汗国"之名即源于此）外的平野上，实在是一道壮观耀目的风景，无疑会引来汉族人士及域外使者的驻足赞叹。因此其诗文行记中频现对马匹的特写、突出渲染其华美也就不难理解了，再想当然地将衣、马、宴联系起来，以汉字义比附"诈马"可谓事出有因。

此外，有三点尚需说明。其一，"饰马说"者将"诈"与"马"拆开来解释，认为"诈马"是偏正结构的词，并举王士熙的"白鹅海水生鹰猎，红药山冈诈马朝"一句为证。七律颔、颈二联要求对仗，由"白鹅"与"红药"、"海水"与"山冈"两两相对，推得"生鹰"与"诈马"也应对偶，且"鹰"与"马"又都为动物，均处于中心词的位置，所以就得出了"诈"为"马"之修饰语的结论，进而认定"诈马宴"的得名与马有关。殊不知，王氏此语正是当时汉人对"诈马"一词产生曲解的显证。

通过稽考历代文献，发现汉语在吸纳外来语时将音译词附会汉字含义而造成讹误的现象屡见不鲜，试举梵语中的两个例子来说明。"Icchantika"，音译作"一阐提"，意译为"断善根"或"信不具"，即不具信心、断了成佛之善根者，指那类贪恋生死、被欲望妨碍出离修道之人。"Samādhi"一词，汉译为"三昧""三摩提"，是佛教中重要的修行方法，指摒除杂念、心神平静的禅定境界，后亦借指事物之真谛。这两个佛教词语的中文译名本与数字"一""三"无关，但在诗文中却常被用以与其他数字对举或形成对仗，以修辞的方式消解其本义，附会产生出新的含义。[118] 故而将"诈马"拆而释之并不妥帖，"诈马"与"马"本不相干，不能因在诈马宴上出现盛装马匹大聚会的景观就一定要牵强地联结起宴会名与马之关系，毕竟身着质孙服的赴宴者才是主角。况且八百年前，"诈"在金元俗语中的含义与今日作为贬义词作"假装""欺骗"解，有天渊之别。[119] 至于郑泳《诈马赋》"百官五品之上赐只孙之衣，皆乘诈马入宴"中"乘诈马"的用法，就更是错得离谱。

要之，"诈马"作为外来语（波斯语）音译词，只能看作固定结构，不可拆分强解。从语言学角度讲，这是一个联绵词，即双音节的单纯词。构成联绵词的两个音节是一个词素，"诈"与"马"二字具有共同表义性和不可拆分性，单独使用便各自无义或与连用之义不相干。

联绵词由来已久，西周中晚期金文中即已有之，但对其系统搜集研究还是中古以来的事。宋人张有《复古编》有"辩证六门"，收录五十八个联绵字并辨其正俗，首次将联绵词冠以"联绵"之名。在古代语言学著述中，联绵词又有"谰语""连语"之称。清代朴学大师王念孙指出："凡连语之字，皆上下同义，不可分训。说者望文生义，往往穿凿而失其本指。"（《读书杂志·汉书第十六·连语》）从王国维《联绵字谱》始，注意到联绵词所含类型，尤其是从声韵角度去考察。但各家所持界定尺度宽严不等，莫衷一是，暂略不提。徐振邦《联绵词大词典》为我们解决"诈马"一词的相关问题提供了依据。他将联绵词的产生途径归纳为八种，"外来语的译音"即为其一。译音联绵词的出现其实就是对"怎样用恰当的单音节汉语词翻译少数民族与外国语多音节词"这一问题的有效回应。但汉语单音节词只能充当外来语多音节词中的一个音节，于是译音词中的双音节、三音节或四音节词便大量涌现。由于双音节译音词具有汉语联绵词之特点，故将其视作联绵词中的特殊类型。最早的译音联绵词"猃狁"[120] 见于西周虢季子白盘，《诗经·小雅》"采薇""出车"等篇作"玁狁"，另有"荤允""熏鬻"等异写。此外，我们还能举出许多类似词例。

源于西域者，如：可汗、琥珀、箜篌、氍毹；源于梵语者，如：般若、袈裟、兰若、茉莉、莳萝；源于匈奴者，如：单于、骆驼、猩猩、烟支；源于马来语者，如：槟榔、芦荟；源于蒙古语者，如：胡同、戈壁；等等。

可以说，联绵词的形符趋同性是造成古人今人对"诈马"等译音词产生误解的主要原因。汉字为表意体系文字，而联绵词则"寄义于声"，用以形表义的汉字去记录以音表义的联绵词，在音同条件下势必会出现字形选用各随己意的混乱现象。译音联绵词虽音形众多，但其含义唯一且不变，无衍生词群的作用。出于汉语思维惯性，由形及义的认字方式也会渗透到对联绵词的处理上。在使用过程中，人们总是设法将其形符趋同，此即王力先生所谓的"类化法"。具体地，仅就波斯语而言，汉语对其借用及改造的情况，黄时鉴在《现代汉语中的伊朗语借词初探》中根据《汉语外来词词典》所收一百零六个伊朗语词，归纳罗列出三十六个被现代汉语规范化的实用词，很能说明问题。一个民族的语言作为其文化的主要载体，必然会映射出区别于外族的文化心理状态。博大的包容性是以汉文化为主体的中华文化的一大特征，汉语在接受、涵纳其他语言时要求外来文化趋同的文化心理，在书面语之借词活动中有明显而特殊的体现——创制出对应的以形表意兼表声的汉字是汉语在改造外来语时的重要方法，如"葡萄""苜蓿""水仙""唢呐""珐琅""狮子"等。这类经过贴切自然的本土化改造的外来词早已丧失语源词的音译成分，且伴随长期流播过程中的同化作用，其异域色彩逐渐被强大的民族文化同而化之，成为中华文明"固有"的成分。[121]

其二，持"羊宴说"者将"诈马"归于蒙古语"Juma"，解释为"整羊席"或"全羊宴"亦欠妥。首先，虽然《蒙汉词典》中释"Jum-a"条作"（旧俗）在婚礼或盛宴上主人让宾客争食的煺掉毛的整畜"，此处的整畜不单指羊，还包括驼、马、牛等大畜，但"Jum-a"与"Juma"并不能完全画等号，前者中间有停顿，发音有别。其次，乾嘉时人著述或近人所撰辞典，受乾隆妄解"诈马"之影响不容小觑，清初与元朝已隔四个世纪，"质孙"到了明朝也已不再指御赐宴服，何况"诈马"呢？[122] 迄清，"诈马"之义则因清高宗的一篇诗序而变了味：

> 诈马，为蒙古旧俗，今汉语俗所谓跑等者也。然元人所云"诈马"，实"咱马"之误。蒙古语谓掌食之人为"咱马"，盖呈马戏之后，则治筵以赐食耳。所云"只孙"，乃马之毛色，即今蒙古语所谓"积苏"者，是亦属鱼鲁。……
>
> ——爱新觉罗·弘历《塞宴四事·诈马》，《御制诗三集》卷八

先来解释一下引文中最后的"亦属鱼鲁"，显然，以博学自命的乾隆爷在这里暗用了"鲁鱼亥豕"之典——将"鲁"错写成"鱼"、"亥"误作"豕"，形近而讹，谓书籍在撰写或刻印过程中出现的文字错误。

不过，斗胆说句大不敬的大实话，乾隆这段盲目自信的"严肃"考证文字，实在是无稽之谈。元朝蒙古语称掌食者为"保兀儿赤"，他却置明确无疑的记载于不顾，硬要将质孙"新解"为"马之毛色"。何以至此？因为他老人家当时正在木兰围场观赏打猎呢。蒙古王公来朝，选名马幼童表演赛马游戏以悦龙颜，他便触景生思，把眼前奔腾的骏马跟元朝的诈马宴给联系了起来，而后就"咱马""马戏""马毛"什么的尽往"马"上去扯。其谬说甚至远漂东洋，史学家都不小心踩了雷。[123]

如果你想对乾隆《诈马》诗中描述的赛马情景有进一步直观的认识，可以去北京故宫博物院欣赏著名宫廷画家郎世宁所作的《塞宴四事图》。这幅工笔重彩巨帧栩栩如生地再现了诈马（赛马）、什傍（蒙古器乐合奏）、相扑（摔跤比赛）及教跳（套马驯马）等"四事"场景，上方题有乾隆御制四诗并序，画面精美，设色和谐，定可令你大饱眼福。关于赛马与塞宴，即清代木兰秋狝中所谓的"诈马宴"，诚如古人所言，"亥豕马焉因而愈误，鲁鱼帝虎久则失真"。因限于篇幅，此处姑不展开论述，留待另撰文以详申之。塞宴四事是清帝重要的政治活动，频繁举行于康乾之际，坐标都定在承德避暑山庄。这一招待蒙古各部上层及八旗将士的"皇家野营狂欢派对"的最终目的不是为了行乐，而是为了行政：赛马是蒙古王公向清皇室

表忠心的重大礼仪，赛马之余赐塞宴是清廷维护民族团结的一种方式。讲武事以柔远怀来，牢握国柄，安边固疆，金瓯永固才是宗旨。

再者，若只因周伯琦《诈马行》"大宴三日酣群悰，万羊脔炙万瓮醲"，及其他文人诗赋中所述在宴会上大吃烤羊肉的情景，便将"诈马宴"释为羊宴，未免失之偏颇——按此逻辑，"诈马宴"除了被叫作"整羊宴"，还可以是"驼峰宴""熊掌宴""忽迷思宴"等，因为驼峰、熊掌、马奶酒、葡萄酒等同样是诈马宴餐桌上的主角。[124] 归根到底，诈马宴的最大亮点还在于服装。至于具体到宴会上吃的东西，其实元朝各种规格的国宴，肴馔本就相差不大，最有代表性的便是所谓的"蒙古八珍"，不同的只是因预宴者身份、等级而别的就餐场所、桌面布置、餐具材质、品类多寡等。正因为诈马宴与其他国宴最大的区别在于赴宴者之穿着，所以才会以衣名宴，突出特色。

其三，"质孙"与"屈眴（xuàn）"的关系应当厘清：虽然二者译音相近，但实实在在是两种不同的东西。[125] 清人李文田《元耶律文正公西游录略注补》称："屈眴，似即元人之质孙。"所谓"屈眴"，指的是一种由木棉心织成的细布，"西域屈眴布也，缉木绵华心织成，后人以碧绢为里"（《景德传灯录》卷五），传说达摩所传信衣即以此裁成。赞宁《唐韶州今南华寺慧能传》中介绍得很清楚："其塔下葆藏屈眴布郁多罗僧（僧侣法衣中的上衣，礼诵、听讲、说戒时所穿），其色青黑，碧缣复袷，非人间所有物也，屡经盗去，迷倒却行而还褫之。"（《宋高僧传》卷八）可见，与质孙相差甚远。至于李文田所言，若把它简单理解为两种布都是外国来的洋货，倒也不谬。

综上，作为百年盛典的一代名筵，质孙宴与诈马宴的关系是一宴二名，"诈马"为波斯语，本文第一节末尾的那个等式可进一步表述为：质孙宴＝诈马宴＝一色服宴，分别对应蒙古语、波斯语、汉语。产生曲解是当时汉人不晓畅蒙古语和波斯语的文化隔阂造成的；同时因这一大宴的重要地位及其高辨识度的民族特色，自然会成为馆阁文臣笔下常被吟咏的对象；加之这些作者又多为名擅当时的大家，作品流播面广，讹传效应也随之扩大化，为后人正确释读其义造成困扰。

议政—宴饮—游艺—竞技：
元朝两都巡幸制下的"四位一体"国宴

> 车驾自四月内幸上都，太史奏某日立秋，乃摘红叶。涓日张燕，侍臣进红叶。秋日，三宫太子诸王共庆此会，上亦簪秋叶于帽，张乐大燕，名"压节序"。若紫菊开及金莲开，皆设燕。盖宫中内外宫府饮宴，必有名目，不妄为张燕也。
>
> ——熊梦祥《析津志》

元朝实行两都制，有大都、上都之分。前者为首都，在今北京；后者又称为上京、滦京，位于今内蒙古自治区锡林郭勒盟正蓝旗境内。上都在金朝时称为"金莲川"，乃皇室避暑之地。

1251 年蒙哥汗即位后，忽必烈以宗亲的身份，受任总领漠南汉地军国庶事，便将其藩府南移至金莲川地区。当时蒙古帝国的都城是哈拉和林（又称和林、和宁），忽必烈在择其藩邸时，考虑到既要方便与大汗联系，又要利于就近对华北汉人管控，于是便将大本营定位在了蒙古草原南部、地势冲要的农耕、游牧交错带。此后，他以藩王之尊广揽人才，"征天下名士而用之"，建立了蒙元历史上著名的"金莲川幕府"。其间，通过大量的幕府活动与汉人士大夫频繁接触，商讨安邦定国之策，不仅加深了对汉文化的学习与吸纳，更重要的是取得了汉族的支持，为下一步开创大元伟业奠定了文化认同之基。1256 年，刘秉忠奉忽必烈之命，在滦河以北、桓州以东修筑规划新城，名为开平府。1259 年，蒙哥汗在合州前线病逝。次年，忽必烈称汗于开平，建元中统，随后与留守和林的幼弟阿里不哥展开汗位争夺与守卫战，以开平作为前沿，凭天时地利人和，历四载终于获胜。中统四年（1263），世祖升开平府为上都，以取代和林。但此时其政权统治重心已南移至中原汉地，若于此设都，僻远不便。故在至元元年，下诏改燕京为中都，定为陪都；九年，又将中都改名为大都（突厥语称"汗八里"，意为皇城、帝都），定为京师，将上都作为避暑的夏都，二都制格局就此形成。

上都在元朝历史上具有特殊地位。

它是忽必烈的发家之地，见证了"圣德神功文武皇帝"的丰功伟业；而出于地缘政治的战略考虑，"控引西北，东际辽海，南面而临制天下，形势尤重于大都"，其在军事上的作用更是举足轻重。上都这座兼有汉式阁楼宫殿与毡帐草原风格的新兴城市，是联结游牧文化与农耕文明的政治中心，还是沟通东西南北的商业大都会，其景物风习在元朝文人及西方传教士笔下多有记叙。大元帝国横跨欧亚，开放多元的格局使丝绸之路与海上通道相当活跃，社会经济亦有长足发展。上都是元朝的政治中心，也是北方驿站的一个重要枢纽。[126] 周伯琦《扈从诗后序》中称，从大都到上都有四条驿路，而拉斯特《史纪》中记载的是三条，目前学界对于两都驿路方面的考证研究也基本持上述二说。但不管具体有几条，我们只需知道元朝皇帝巡幸上都期间，诸王百官频频朝会、使臣商旅络绎不绝、驿站交通非常发达就是了。

两都一在燕山南麓农耕区域，一在北麓牧业地带，自然生态与气候环境差别较大。大都与上都互为依托，相得益彰，两都巡幸制的确立，有利于元朝统治者在草原交通枢纽的上都与掌控中原的大都之间畅行无碍，游刃有余。因此，每年一月到四月份，皇帝便会巡幸夏都避暑，一直要待到八、九月秋凉了才返回冬都。作为一国之主，度假归度假，这小半年的时间肯定不能全花耗在逍遥享乐上，日常办公、军政要务、祭祀典礼之类的也样样不能落下，否则长此以往，国将不国，好在这些事项会有大批扈从北上的政府官员各司其职地来帮主子打理。

马可·波罗在记述"大汗欢度岁月的方法"时说，"他居住这里（上都）的时间是每年的五月到八月底"，其间就会举办诈马宴。[127] 宴会时间一般选在六月"吉日"，起始共计三天，具体日期不定，三日、十四日、二十一日、二十八日等都见载。但宴会地点是固定的，设于上都"龙冈"附近一个被称为"棕殿"的建筑内。[128]顾名思义，"棕殿"就是由棕榈皮装饰的大殿。

关于诈马宴的举办次数，虽然《马可·波罗游记》中说元朝皇帝每年要举办十三次这样的大型节庆，实则并无定制。元朝统治者热衷于宴飨，一年中会有数次这样的宴会。但宴会也不光是吃喝，诚如王恽所言，"国朝大事，曰征伐、曰蒐狩、曰宴飨，三者而已。虽矢庙谟、定国论，亦在于樽俎餍饫之际"。[129]他概括了元朝统治者的三大重要活动：征伐的目的在于扩张版图、占有资源、发展壮大，属军事活动；狩猎，是游牧民族重要的生产活动，同时也是一个射御练武的机会；宴飨，除了是统治阶级满足自我享受的娱乐方式之外，还是融洽君臣关系与理政的场合——将选举、议政、宫廷宴饮密切结合，于推杯换盏间谋定国事，乃元朝国宴之一大特色。域外史料对此常不惜笔墨津津乐道，如推举窝阔台、贵由及蒙哥继承汗位的忽里台大会，在柏朗嘉宾及波斯史学家志费尼等人的笔下都有详细描述。[130]

现在来简单回顾一下诈马宴的起始沿革。作为蒙古宫廷筵宴之最，其举办离不开殷实的物质基础作保障。蒙古帝国肇建之前及初期的最高国事会议——忽里台大会，其实已具备了诈马宴之核心要素：因铁木真通过该会被举为大汗，以后历任最高领导人继位，均按此传统推戴，故这一会议的主要职能为推举大汗，同时也有宣布新制度、决定重大军事行动、分派征战任务等权力。参加这等隆重的大型集会时，蒙古贵族们往往会找出自己最好的衣服盛装出席，只是当时的服色、形制尚未统一，也非出自大汗恩赐。浓重的政治色彩、与会者的尊贵身份、盛大的规模、筵宴时的竞技歌舞等各种要素综合起来，虽然还差服装统一这一项，但完全可看作诈马宴之雏形。

随着"一代天骄"在军事上的节节胜利及疆域版图的层层扩张，欧亚的财宝珠翠、绸缎绫罗大量涌入中土，这是质孙服得以产生的客观条件；当物质进一步丰富、需求得到基本满足之际，蒙古贵族们的"日常服饰都镶以宝石，刺以金缕"，服装也就自然而然地承担起彰显地位、

元刘贯道绘《元世祖出猎图》

绢本设色，纵 183 厘米，横 104 厘米

（台北故宫博物院藏）

差别等级的社会功能。关于质孙服的最早记载，就是如上志费尼书中所言"一连四十天，他们每天都换上不同颜色的新装，边痛饮，边商讨国事"，即 1229 年忽里台大会上窝阔台登基时的盛装宴会。虽不很详细，但至少在此时，质孙服的色彩、款式等基本特征要素已较为明确，待元朝建立，便以典章载之史册。经济的发展使得经常性地组织大型聚会成为可能，这便是诈马宴产生的前提，真正的诈马宴应该在成吉思汗统治后期即已出现。而曾经为诈马宴提供土壤的忽里台选举大会，却被时代的洪流冲走，一去不返。因为从本质上讲，忽里台大会与不断强化的中央集权之间的冲突，使其合法性很难不遭遇严重威胁。忽里台大会虽淡出历史，但诈马宴的传统自形成之日起，便一直在规范、完善，此后历诸帝发扬光大，成为国宴史上的一抹亮色。

一日一衣，欢宴三日。载歌载舞，不醉不休。衣香鬓影与觥筹丝竹交相辉映，筵宴游乐与议国理政相结合的方式，展示了蒙古王公重武备的民族传统，也可看到北方古老联盟议事制的痕迹，如金朝早期之勃极烈制度。女真人这种部落色彩浓厚的贵族民主制，主要体现在以合议形式决定国之要政方针及军事行动。[131]"勃极烈"，又译作"孛堇"，女真语"长官"之义，其成员均为金朝宗室显贵，异姓完全被排斥在外。这一制度施行二十余年至熙宗朝方废除，在吸收了辽、宋之制后，由二元政治走向单一汉法之制。

至于诈马宴之流程、仪式、饮馔、文娱等相关内容，于诸家诗作中不难梳理：

> 锦衣行处狡狻习，诈马筵开虎豹良。特赦云和罢弦管，君王有意听尧纲。（诗注）诈马筵开，盛陈奇兽。宴享既具，必一二大臣称青吉斯皇帝礼撒于是。而后礼有文、饮有节矣。云和署隶仪凤司，掌天下乐工。
>
> ——杨允孚《滦京杂咏》

礼撒，即"扎撒"，亦作"札撒"，蒙古语"法令"之义。当年成吉思汗西征前，曾命人将律令、训言等汇总并书于纸上，编成"大扎撒"，这其实就是蒙古建国之初的简单成文法。

柯九思《宫词十五首》其一诗后自注云："凡大宴，世臣掌金匮之书，必陈祖宗大扎撒以为训。"诈马宴开始时，首先要进行的仪式就是宣读大札撒中的有关法令，告诫众人勿忘前辈创业之艰，即所谓的"大明前殿筵初秩，勋贵先陈祖训严"。袁桷《装马曲》"须臾玉卮黄帕覆，宝训传宣争俯首"之"宝训"，即柯九思提到的"祖训"，也就是大扎撒。读毕扎撒、颂完帝德，庄重的仪式之后便是轻松欢快的筵宴了。

这里有珍馔佳酿、窈窕曼舞，有文雅的联句赋诗，还有精彩的百戏竞技：摔跤、舞狮、鱼龙曼延、俳优杂耍及各色游戏轮番登场，宾主欢腾，其乐融融。[132] 身着质孙服的贵宾们在享用完美食和视听盛宴之后，还有狩猎、颁赐等一系列活动。[133] 可以说，整个诈马宴的活动内容是非常丰富多彩的。诗歌因有体裁字数之限，故以上所举仅只鳞片爪，若欲窥盛宴全豹，可参郑泳《诈马赋》。[134]

诈马宴作为元朝宫廷议政、宴饮、游艺与竞技"四位一体"的君臣大联欢，于内于外都有重要意义。于内，一方面可满足统治集团穷奢极欲、及时行乐的物质需求与精神享受；另一方面，以宴饮、封赏的方式来深化宗亲贵族感情，增强黄金家族之凝聚力与向心力，满足巩固皇威之政治需求。于外，以此高规格的国宴接待西方使节，可展示国力之强盛、气度之恢宏。穷极华丽，振耀仪采，正所谓"黄金酒海赢千石，君臣胥乐太平年"。

宋理宗淳祐五年（1245）春分月圆后的第一个星期日，是西方的传统佳节复活节。根据里昂主教会议作出的决定，六十三岁的柏朗嘉宾收到了一枚特制的节日彩蛋——奉英诺森四世（Innocent IV）之旨，前往大蒙古国考察。他的这趟旅行比马可·波罗早了整整二十六年。

这位意大利老爷子因年事已高，加之身形肥胖，获准骑驴代步。他从里昂起程，一路向东，由西欧至中亚，终于在第二年复活节的前一周（1246年4月4日）抵达钦察汗国，受到拔都接见。然后继续沿着里海前行，经巴尔喀什湖南部，越过阿尔泰山进入蒙古地区。7月22日，来到和林（蒙古上都），8月24日参加了贵由大汗的登基典礼。次年11月，跋山涉水返回里昂，随后向教廷递交了一份名为《蒙古行纪》的报告，为期两年半的东方探秘之旅画上句号。

从严格意义上讲，柏朗嘉宾此行是以失败告终的，他显然没能完成教廷托付的使命——迢迢而来的两份书札[135]被呈递到贵由大汗面前时，贵由不仅没当回事，还亲自写信对教皇大加指责和威胁，击碎了当局企图劝说其皈依基督、止息侵伐的美梦。但作为出访蒙古的第一代方济各会士，这位意大利特使的"游记"独具开创性价值，蒙古及中亚地区的风俗人情得以借此首次传入欧洲。他在书中提到，蒙古人的"食物是一切可以吃的东西组成的。实际上，他们烹食狗、狼、狐狸和马匹的肉，必要时还可以吃人肉……"看后是不是毛骨悚然？又是吃人又是吃狼的，画面的视觉冲击力有点大。[136]

由于柏朗嘉宾此书的写作目的是千方百计使罗马教廷信服蒙古人意欲西征，并呼吁欧洲方面提高警惕、积极备战，所以就有意渲染蒙古人的残暴血腥。虽说此书部分内容有歪曲夸大之嫌，但黄金家族独特的饮食习惯及其制作"黑暗料理"的本领确实一流。如果你认为源于"西洋游侠"的描述不甚可靠，那么，出自元宫太医或南宋使臣的记述总该不太会质疑了吧。

朕嘉是书：景泰帝疯狂打 call 的养生宝典《饮膳正要》

历朝天子都想长生不老、江山万世，素来十分重视食疗保健，大汗也不例外。

早在世祖忽必烈开国之时，即依照《周礼·天官》中的典制和成例，设有饮膳太医四人（师医、食医、疾医、疡医），"于本草内选无毒、无相反、可久食、补益药味，与饮食相宜，调和五味。及每日所造珍品，御膳必须精制"（忽思慧《饮膳正要·进书表》）。注意到食物间的相生相克及药食同补原理，每顿饭都吃得非常精细考究，所以戎马倥偬一生的"圣德神功文武皇帝"能够活到耄耋之年，这在古代帝王中也算是高寿的。至于他老人家晚年的失控酗酒及暴饮暴食，与至亲亡故（察必皇后去世、明孝太子早逝）、外交政策上的失败不无关系，设若没有双重悲剧的打击，精食万化，滋养百骸，鲐背之龄可期矣。

到了文宗朝，有位名叫忽思慧的宫廷御医很有心，他觉得自己从延祐年间被选来充任饮膳太医的这些年里，"久叨天禄""无以补报"，总想做些什么以报答浩荡皇恩于万一，于是就在不知不觉间做成了一件大事。

他把有元以来六十年间亲侍人员进奉给皇上的珍肴玉馔、汤饮膏剂、名医处方以及御膳日常必需之谷肉果蔬，系统地研究了个遍。而后撷取其中性味最具补益者，汇集成册，名为《饮膳正要》，又择一吉日，选在天历三年（1330）三月的第三天将书献上。

此书一出，立刻吸引了宫廷上下无数关注的目光。

皇上满意，皇后看了也是赞不绝口，遂命"中政院使拜住刻梓而广传之"。皇家的做法很是大气，得此佳作，没想到秘藏延阁，而是要流芳于世，让老百姓都能看到。书刻成之后，文宗又下诏，命当朝颇负文名的奎章阁侍书学士虞集作了一篇序加以宣传。所以说，此书初衷虽为满足元廷生活之需而撰，但流传开来以后在民间的影响不可小觑。

其实，不管是自序还是他序，都比不过一百多年后一位皇帝作的序来得有分量。忽思慧成书之后肯定也想不到，他的大作不光在同时代反响强烈，时过境迁，到了明朝还出现了一位皇室粉丝。

明代宗朱祁钰是个有想法的皇帝，很重视文化事业。当年永乐帝曾命夏原吉等人纂修《天下郡县志》，未成。后来此事搁置，无人问津。他上任之后，为继成此业，派人分行全国各地博采舆地事迹，于景泰七年（1456）五月完成了明代官修地理总志《寰宇通志》，并亲自作序，颁行天下。与此同时，他看到忽思慧的《饮膳正要》，翻了翻这书，发现不得了，写得太棒了！"朕嘉是书，而用之以资摄养之助"，遂视为养生宝典。

而且他这个人也不自私——千秋万代应该与民同享，便"锓诸梓以广惠利于人"以示其"好生之仁"。大笔一挥，又是一篇御制序文。在序的末尾，他还意味深长地写了这么一段话："虽然生禀于天，非人之所能为；若或戕之，与立岩墙之下者同，有不由于人乎！故此非但摄养之助，而抑顺受其正之大助也。"意思就是，"天作孽，犹可恕；自作孽，不可活"。人的寿数在老天爷那里自有定数，肆意糟践自己身体的做法实在是太蠢了，元朝太医写的这本书不光对养生保健有指导作用，还对于人们如何顺应自然规律而得以善终具有重要的启发意义。

但是我们知道，景泰帝并没有得到善终。而且遗憾的是，序成之后仅半年多工夫，江山就易主了。景泰八年正月，"夺门之变"爆发，英宗复位，朱祁钰被废为郕王，软禁于南宫，不久归西，享年三十。至于景泰帝是有疾而终还是被害身亡，明人多有忌讳，史书记载龃龉不一。景泰帝虽没能有机会践行书中的养生妙诀来颐养天年，但他"推一人之安而使天下人举安，推一人之寿而使天下之人皆寿"的良好愿望以及不遗余力地推广此书的举措还是值得后人记住并肯定的。

为什么说忽思慧干成了一件大事呢？因为他写的这本书是我国第一部营养学专著，也是一部很有价值的元朝宫廷食谱。此书不仅广纳前代本草要籍，遍撷朝野食方精粹，还图文并茂地配有二十余幅版画，见解独到，自成体系，特色鲜明地展示了元朝民族文化之融合在食疗养生方面的结晶。随着元朝疆域的不断扩张，其属地"遐迩罔不宾贡，珍味奇品，咸萃内府"，宫里的食物品种变丰富了，也就自然而然地催生出不少创新菜谱，有些用"奇绝"来形容都不为过。凡此种种，在书的第一卷"聚珍异馔"中皆有体现，下面就从"狼馔"说起。

狼吃羊，人吃狼：狼之烹法及其妙用

如果你认为蒙古人吃狼肉只是填饱肚子的权宜之计那就错了，与当年在野外打仗缺粮少肉的情形不同，狼馔是被当作宫廷玉食来享用的。[137]

前代医书中没有关于狼肉的记载，人们似乎也对这种动物的肉敬而远之。其实，狼肉性热，可治虚劳、祛冷积，对脏腑多有益处且无毒，可放心食用。[138]

以炒狼汤为例。在具体做法上，只需按配比把草果（姜科植物果实）、胡椒、哈昔泥（蒙古语之汉字记音，即中药"阿魏"）、荜拨（胡椒属作物，子似桑葚，果穗可入药）、缩砂（即中药"缩砂仁"）、姜黄、咱夫兰（"Saffron"之音译，指番红花，又名"藏红花"）这几味中药或香料与狼肉同煮，熬成汤，出锅时加入适量葱、酱、盐、醋调味一下，一道美味又滋补的炒狼汤就做好了。[139]

除了做汤，再来看看狼的其他部位还有什么功用：

> 狼喉嗉皮：熟成皮条，勒头去头痛。狼皮：熟作番皮，大暖。狼尾：马胸膛前带之，辟邪，令马不惊。狼牙：带之辟邪。
>
> ——《饮膳正要·兽品》

"喉嗉"指动物的咽喉和食道。吃狼肉之前总要先剥皮吧，那么，这皮也不能浪费掉，因为有大用处。比方说，你可以把生的喉嗉皮鞣制成熟皮，切割成条状，像发箍那样戴在脑袋上，既时尚个性又能治疗头痛，多好。狼的整张皮自然是用来做皮大衣最合适了，保暖性能绝佳，就俩字儿——"大暖"，有多暖你可想而知。狼尾巴也不要丢掉，把它系在马胸前能辟邪，这样马就不容易受惊了，跑起来也比较听话，不会撒野。狼牙嘛，是给人戴的，也可辟邪，男女皆宜，小装饰品而已。其实关于辟邪一说，于史无考，不知元太医是否姑妄说之，反正你姑妄听之就好了。

　　《饮膳正要》中关于狼的记载，开本草先河，其中所涉狼肉之烹法及其皮牙之妙用无不令人神而往之，但对于我们来说可操作性基本为零——首先，你去哪儿能弄一只狼回来呢？农贸市场肯定是没有卖的。

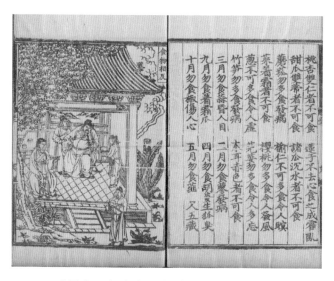

明景泰七年内府刊本《饮膳正要》书影

浓煎凤髓茶，细割羊头肉，与江湖做些风月主

　　说完吃狼，再来说说怎么吃羊。

　　这似乎是个老生常谈的话题：蒙古人嗜羊，无羊不欢，妇孺皆知。但与宋朝统治者对羊的有节制的爱不同，元朝宫廷将其对羊肉的感情发挥得淋漓尽致、无以复加，羊馔被玩出许多新花样。

据统计，《饮膳正要》所载九十五方宫廷名馔中，多达七十七方都有羊的参与（包括肉、肝、肾、骨、髓、蹄、尾等）。其中，五十五方都突出了羊肉的用量，动辄一脚子，多则三脚子。"一脚子"相当于整只羊的四分之一，也可笼统地理解为"一大块"。今日内蒙古及东北一些地区，仍在使用这个数量单位，或曰"一脚""一角"，其最大时可指整只牲畜胴体的四分之一，最小时仅指一块肉。如此大量用羊，固然与民族饮食偏好密切相关，更主要的是羊肉益精补髓、强肾固气、可治冷虚羸瘦等食疗功效是大家有目共睹、深信不疑的。可以说，在元朝的宫廷餐桌上，无羊不成宴。

下面就介绍几款特色羊馔让大家饱饱眼福。

马思荅吉汤："羊肉一脚子，卸成事件；草果五个；官桂二钱；回回豆子半升，捣碎、去皮。一同熬成汤，滤净。下熟回回豆子二合，香粳米一升，马思荅吉一钱；盐少许，调和匀；下事件肉、芫荽叶。"马思荅吉为西域特产，味似椒而香酷烈，主开胃消食，破积除邪；一说为波斯语，译作"乳香"。"事件"即"什件"，零块儿之意，就是把羊肉拎过来大卸八块，这个词在《饮膳正要》中出现频率很高；也可指鸟兽类内脏，如："御街铺店，闻钟而起，卖早市点心，如煎白肠，羊、鹅事件"（《梦粱录》）。回回豆子，又名"回鹘豆"（《契丹国志》）、"那合豆"（《救荒本草》），就是我们今天说的鹰嘴豆，是元朝人常食用的豆类品种之一。这道羊肉汤补中、顺气，亮点是香粳米与异域香料马思荅吉的友情加入，想来应该别有一番风味。

河鲀羹："羊肉一脚子，卸成事件；草果五个。同熬成汤，滤净，用羊肉切细乞马；陈皮五钱，去白；葱二两，细切；料物二钱；盐、酱拌馅儿；皮用白面三斤，作河鲀。小油炸熟，下汤内，入盐调和，或清汁亦可。"乞马，在蒙古语中为"脍"之意，就是切碎的小肉丁或薄肉片。这是一道"名不副实"的仿真菜，与河鲀没什么关系，说白了就是煎饺羹。馅料由羊肉、葱花、陈皮等拌好，包入面皮中，捏成河鲀鱼形状，下锅用素油炸一下，捞出放入备用肉汤中再煮一会儿，盐调味即可食，不调也行。这道菜的特殊之处在于，它不像今人吃的煎饺或是一道什么肉汤，都是单独分开来食用；即使是汤饺，里面的饺子也不是炸的。元朝人创造性地将饺子先油煎后汤煮，使煎饺与肉羹二合一成为"河鲀形羊肉煎饺羹"。

珍珠粉："羊肉一脚子，卸成事件；草果五个；回回豆子半升，捣碎、去皮；同熬成汤，滤净。羊肉切乞马；心、肝、肚、肺各一具；生姜二两；糟姜四两；瓜齑一两；胡萝卜十个；山药一斤；乳饼一个；鸡子十个。作煎饼，各切；次用麻泥一斤，同炒；葱、盐、醋调和。"关于这道菜，也不能被它的名字所迷惑，里面并没有珍珠，但是食材特别丰富，烹法也比较讲究。羊的肉、心、肝、肚、肺等内脏，包括羊奶酪都用到了，此外还有酱瓜碎、胡萝卜和山药。鸡蛋是用来打成蛋糊煎饼的，煎好之后切细丝，同上述原料下锅炒熟，葱、盐、醋调味即可。

马乞："系手搓面，或糯米粉、鸡头粉亦可，补中益气。白面六斤，作马乞；羊肉二脚子，熟，切乞马。用好肉汤炒，葱、醋、盐一同调和。"这道菜与马肉无关，所谓"马乞"，是少数民族的一种面食，制法颇似我们现在北方人常吃的"搓猫耳朵"——把和好的面团分揪成小疙瘩片儿，再在面板上将其逐个儿按压扁，用指腹搓捻成卷曲的开口小圆筒状，形似猫耳，故名。另外，在名称上还要注意别和前面提到的"乞马"搞混了。猫耳朵一般以汤食为主，在搓捻工序方面基本没什么文章可做，其个性化主要体现在汤料上，比如这道菜中下猫耳朵的汤是用羊肉炖的。

脑瓦剌："熟羊胸子二个，切薄片；鸡子二十个，熟。用诸般生菜，一同卷饼。"取羊胸脯肉剔骨、煮熟、切薄片，鸡蛋煎薄皮切丝；将二者与各种可生食的蔬菜一同用烙饼卷起来吃。这就是元朝宫廷手抓饼，比起我们今天路边小食摊的那种夹培根、香肠或里脊之类的手抓饼不知高级了多少。

炙羊心："治心气惊悸，郁结不乐。羊心一个，带系桶；咱夫兰三钱。用玫瑰水一盏，浸取汁，入盐少许。签子签羊心，于火上炙，将咱夫兰徐徐涂之，汁尽为度。食之安宁心气，令人多喜。"带系桶，指羊心上带有部分动脉、静脉的脉管。这道串烤羊心妙就妙在上火烹炙时，要将番红花与玫瑰花的混合汁液涂刷到肉上面，直至被其完全吸收。这就是为什么吃了用此方炙烤的羊心可使人心气安宁、精神愉悦的原因之所在。忽思慧说，番红花"主心忧郁积，气闷不散，久食令人心喜"；明人姚可成《食物本草》中指出，玫瑰"主利肝脾，益肝胆，辟邪恶之气，食之芳香甘美，令人神爽"。两种都能令你舒心的香草搭配起来，涂在一颗赤诚的羊心上，这样的烤串下肚，你要是再开心不起来可就有点说不过去了。

柳蒸羊："羊一口，带毛。于地上作炉，三尺深；周回以石，烧令通赤；用铁芭盛羊，上用柳子盖覆，土封，以熟为度。"铁芭，指带支架的铁制大火算子。说是"蒸"，其实是"烤"，来看看这道烤全羊是怎么做的：杀掉一只羊，去除内脏，但要留毛，就这样将整羊放在铁算上备用。在一块地上挖个三尺深的坑作炉灶，取石块码砌在灶膛内壁，入燃料点火；待膛内石块烧红，撤明火；将羊及算一同放入炉内，羊身以柳枝覆盖，其上再用土封严。待肉烤熟，刨土、开封、取羊、刀割、蘸料，大快朵颐。别看短短几十字，连筑灶的方法都交代清楚了，而且这道菜做起来并不复杂，只需袖手等待羊被烤熟就行，最麻烦的还是砌砖造炉这项前期准备工作。在加热过程中，柳条自带的天然植物芳香混以泥土气息，一齐渗入肉中，估计能起到去腥膻的作用。

鼓儿签子："羊肉五斤，切细；羊尾子一个，切细；鸡子十五个；生姜二钱；葱二两；陈皮二钱，去白；料物三钱。调和匀，入羊白肠内，煮熟，切成鼓样。用豆粉一斤、白面一斤；咱夫兰一钱、栀子三钱，取汁；同拌鼓儿签子，入小油炸。"这是一道炸羊灌肠。将羊肉、羊尾切碎，鸡蛋打糊，取葱、姜、陈皮及混合香料末调好作馅，灌入洗净的羊大肠内。口扎紧，入锅煮熟，晾凉后切成鼓样小段，备用。然后取豆粉、白面和匀，拌入番红花和栀子榨取的汁液，将面糊涂抹于羊肠外，素油中炸熟即成。

此菜后来发展为一道传统京味名小吃。《酌中志》介绍明宫特色饮馔时就提到，"斯时（正月）所尚珍味……本地则烧鹅……冷片羊尾、爆炒羊肚、猪灌肠、大小套肠……羊双肠……羊肉猪肉包……烩羊头……"

在明朝，做灌肠的原材料虽改用平民化的猪肉，但羊肉在皇家餐桌上依旧受欢迎，仅以上所列就不难看出，羊的不同部位都被用在了冷菜、热菜及主食中。不过，自从中原王朝改姓朱之后，猪肉的身价也抬高了，往昔宫廷御宴中的贵羊贱猪之风已悄然扭转。这倒并不是因为"猪""朱"同音，而是与太祖生于微末、起于草莽的艰苦创业背景和敦行俭朴的个人生活作风有关。故而有明一代，猪头、猪肚、猪肠、猪油渣等原本难登大雅之堂的民间食材出现在宫廷菜单上也就不稀奇了。

据说到了清光绪年间，福兴居的灌肠为慈禧所爱，其掌柜被称为"灌肠普"。从油炸羊肉灌肠，到用猪大肠灌入淀粉、碎肉而成；再到后来改为用淀粉加入红曲、香料灌在猪小肠中成型，灌肠的制作工艺在不断发生变化。而我们现在在超市熟肉制品货架上看到的所谓"灌肠"，仅是用绿豆淀粉混入食品添加剂灌制成型的一根淀粉肠，是工业化标准流水线的产物，与元朝宫廷名菜"鼓儿签子"不可同日而语。

羊皮面："羊皮二个，挦洗净、煮软；羊舌二个，熟；羊腰子四个，熟，各切如甲叶；蘑菇一斤，洗净；糟姜四两，各切如甲叶。用好肉酽汤或清汁，下胡椒一两，盐、醋调和。"此菜的滋补功效毋庸赘言，主食材是羊的脊背皮、舌头和腰子，还有富含维生素 D 的蘑菇，将它们一道放入用好肉熬制的浓汤中慢炖，再用胡椒、盐、醋调味，想必味道也不会差。羊皮是好东西，骨胶原及弹性硬蛋白等营养成分含量丰富，《食疗本草》称其"煮作臛食之，去一切风，治肺中虚风"，《本草纲目》亦云"干皮烧服，治蛊毒，下血"。抛开这些药用价值，就冲着它的抗氧化功效，平时多吃吃肯定是极好的，估计此菜颇受后宫青睐。

关于这个羊皮面里的羊背皮，还是有点说道的。

游牧民族讲究"以背为尊""抬背为敬"，即把动物烹熟拆解后，按食客之尊卑等级依序献上标示不同意义的部位，质厚味醇的羊背皮则只能由最尊贵的客人来吃。从《大明会典》《礼部志稿》等典籍载录来看，明宫宴制对草原风俗多有承袭，尤其自明中叶以来，食风渐奢，羊背皮成了光禄寺承办的一些重要宴请的当家硬菜。

比如，英宗接见边疆少数民族长官时。天顺元年（1457），筵宴番夷土官桌面之规格为："上卓高顶茶食，云子麻叶，大银锭油酥八个，棒子骨二块，凤鹅一只，小银锭笑厴二楪，茶食果子、按酒（又作"案酒"，即下酒荤菜）各五般，米糕二楪，小馒头三楪，菜四色，花头二个，汤三品，大馒头一分，羊背皮一个；添换小馒头一楪，按酒一般，茶食一楪，酒七钟。"而在洪武二十六年（1393）、永乐元年（1403）举办的同类同级宴席上，则只会出现羊肉饭，按酒、茶食之类的花样也都少得可怜。

又如，孝宗款待国家智库高端人才时。弘治元年（1488）定下的驾幸太学筵宴标准为："上卓按酒五般，果子五般，大银锭大油酥，宝妆凤鸭，小点心，棒子骨，汤三品，菜四色，大馒头，羊背皮，酒五钟。"进士恩荣宴之定制为："上卓按酒五般，果子五般，宝妆茶食五般，凤鸭一只，小馒头一楪，小银锭笑厴二楪，棒子骨二块，羊背皮一个，花头二个，汤五品，菜四色，大馒头一分；添换羊肉一楪，酒七钟。"以上所举，皆上等席膳单，也就是说，其他桌子上是吃不到羊背皮的，取而代之的是羊脚子饭或牛肉饭。

镏绩曾与元末诸老交游，见多识广，其笔记《霏雪录》中记述了一件枢密院客省大使食羊背皮的逸闻。[140]

某日，哈剌公应邀到潘公家喝早茶。主人知道他是个大吃货（彼时形容某人好胃口，有个很体面的说法，叫"善啖"），就备了一桌比午餐还丰盛的早膳，其中便有绝对体现东道主诚意的上好羊背皮。只见来客将羊肉和烧鹅切割好，卷在饼里津津有味地开吃起来。不一会儿工夫，饼没了，肉还有，索性就以余下的大块肉（也懒得切了）配大口酒，干脆利落地消灭了个精光。但仍不甚满足，接着又干掉了一大块煎鱼和两碗粥，这才勉勉强强觉得"毛落胃"（杭州话，相当于四川人说"巴适得板"）。"别人吃两口就饱了，我吃饱了还能再来两口。"如果搁现在，哈剌公业余开个吃播玩玩，单靠那些流着哈喇子看他吃饭的粉丝赚的点击量就够他天天吃羊背皮吃到撑了。

由上所举不难看出，元朝宫廷肴馔离不开羊肉，其实连主食也不例外，最典型的就是花样繁多的各类带馅面点。如：仓馒头（仓囷形羊肉馒头）、剪花馒头（用羊肉、羊脂、羊尾作馅，用剪刀在馒头皮上剪出各种花形）、水晶角儿（馅料同前，只是改用豆粉作皮，捏为菱角形，所以蒸出来的效果就如水晶包一般呈半透明状）、莳萝角儿（馅料同前，即莳萝果形烫面饺）、撇列角儿（即羊肉韭菜锅贴，"撇列"指边皮不全部捏拢，有一部分任其披撇），以及酥皮奄子、天花包子、荷叶兜子等等。但有一道所谓的"茄子馒头"却不是白面馒头："羊肉、羊脂、羊尾子、葱、陈皮各切细，嫩茄子去穰；同肉作馅，却入茄子内蒸；下蒜酪、香菜末，食之。"做法与食法都同我们今天餐桌上的常客——酿茄子——如出一辙。

鼠馔：黄鼠登盘脂似蜡，"塔剌不花"不是花

"塔剌不花"[141]这个词，译自蒙古语，指土拨鼠。在元朝汉语文献中，还有很多近似的译写，如：塔剌不欢、塔儿巴合、打剌不花、獭剌不花等，反正看到之后你明白它们指的都是一种东西就行了。以土拨鼠为食，蒙古族旧有此俗，狩猎、游牧或征战中乏食，以此充饥渡过难关是常事。据《元朝秘史》载，当成吉思汗还是铁木真的时候，幼失所怙，生活艰辛，硬是靠着捕食土拨鼠、野鼠填肚子才撑了下来。鲁布鲁克在他的游记中也介绍了蒙古人吃鼠的具体情形：

> 他们不吃长尾鼠，而把它拿去喂鸟。他们吃家鼠及种种短尾鼠。那里还有很多土拨鼠，称为索古尔，冬天它们群居在洞里，二十或三十成群，一睡六个月，他们大量捕捉这些土拨鼠。
>
> ——《鲁布鲁克东行纪》第五章

"索古尔"乃"sogur"之音译，突厥语作"sour"。土拨鼠是群栖、

穴居动物，主要分布于青藏高原、甘肃、四川等地，喜欢在阳坡筑洞，日间活动，还有冬眠的习性。所以，猎人就在人家安然过冬的时候一网捕尽。土拨鼠的洞穴一般有好几个出口，人们在从事捕捉行动时，只留一个口子，将其余几个都堵死；或直接猛灌水，或用硫黄等能产生刺鼻气味的物质对着洞口熏烧，把熟睡中的洞主一家老小逼出来，而洞外等着它们的是早已张开嘴的大麻袋。

元朝宫廷太医的专业建议是，土拨鼠不仅无毒、肉质肥美，还能治病。煮食最佳，但莫贪嘴，吃多了会不消化。鼠皮可制成暖和的裘皮大衣，而且防水性能超棒，穿上它根本不用担心衣服被雨水或雪水濡湿。至于头骨，就更玄了：把下巴上的肉剔掉，保留完整的牙床，将这块骨头悬挂在小孩子的枕边，就再也不用担心他睡觉不踏实了。看来，土拨鼠的头骨还有镇静安神的功效，貌似与狼尾有同工之妙，不过听上去都像是无稽之谈。

为什么忽思慧在《饮膳正要》里除了介绍每种兽类的烹制方法外，还不忘提一句它们的皮毛有什么用处呢？因为蒙古人对皮草的需求量极大，这可是大家在冬日里和严寒作斗争的利器。而且他们也不是在外面披一件就了事，为了增强保温效果，要把两件皮草一正一反来叠穿。[142]平日里在户外也好在室内也罢，大家总是离不开皮衣的，贫富差距仅体现在身上披的是哪一种兽皮而已。马可·波罗说："富裕的鞑靼人所穿的衣服是由金银丝线所织的布匹或用黑貂皮、银鼠皮及其他动物皮制成的，极其豪华奢侈。"反正不管是羊皮、狼皮还是高级灵长类动物的皮，能不让你冻成狗的都是好皮。

居无定所、食无定给的生活，迫使大家都养成了量入为出的节俭美德，且深明物尽其用之理。柏朗嘉宾说："对于他们来说，浪费饮料、食物是一大罪孽。所以，在吸尽骨头中的骨髓之前，他们绝不会把骨头抛给狗啃。"鲁布鲁克也提到，他们吃肉时，如果来不及细啃骨头，就将其存放于随身携带的袋囊中，好在以后需要时拿出来继续吃，免得浪费。志费尼在《世界征服者史》中也提到："他们穿的是狗皮和鼠皮，吃的是这些动物的肉和其他死去的东西。"《元史·伯颜传》载:"〔至元〕二十二年秋,宗王阿只吉失律,诏伯颜代总其军。先是,边兵尝乏食,伯颜……令军士有捕塔剌不欢之兽而食者,积其皮至万,人莫知其意。既而遣使辇至京师,帝笑曰:'伯颜以边地寒,军士无衣,欲易吾缯帛耳。'遂赐以衣。"伯颜是元初政坛上的风云人物,治军筹谋颇受兵家称道,当年统二十万大军伐宋,如统一人。而且这个人还深明大义,体恤下属,边地苦寒又没什么吃的,就命令士卒捕鼠充饥,还把鼠皮都攒起来,给他们做冬衣,考虑得不可谓不周全,难怪后人将他列为元朝"三仁"之一。[143]

土拨鼠不仅是应急方便食物、皇宫宴席珍馔,还是祭祀用品之一。《元史·祭祀志三》记"牲斋庶品"一项时,云:"至元十七年,始用沅州麻阳县包茅。天鹅、野马、塔剌不花(原注:其状如獾)、野鸡、鸽、黄羊、胡寨儿(原注:其状如鸠)、渾乳、葡萄酒,以国礼割奠,皆列室用之。……鲤、黄羊、塔剌不花,冬季用之。"所以说,不要小瞧"塔剌不花",由肉及骨及皮都可为人所用;从朔漠到宫廷,无论供生还是奉死,大家的生活都不曾离开过它。

不过,鼠馔并非蒙古人所独嗜,其盛行亦非始于元朝。早在辽宋时期,产自契丹国的肥美大黄鼠就已充当起了两国外交往来中高级贡品的角色。[144]因其"天气晴和时出坐穴口,见人则拱两腋如揖状",又有"礼鼠"之称。韩愈和孟郊的《城南联句》里也给过它特写镜头——"礼鼠拱而立,骇牛躅且鸣"。此物体色棕黄,形似大家鼠,小于土拨鼠,以羊乳喂养,只能国主享用,连王公将相都难得一尝。"北朝恒为玉食之献,置官守其处,人不得擅取也。"(镏绩《霏雪录》)只是辽人视为无上妙品的这种啮齿目皇室特供对于大部分中原人来说还是表示接受无能啊。

但明朝统治者却出人意表地悦纳了此黑暗料理,当时大同、宣化所产的优质黄鼠就赫然荣登边疆土贡清单。如果入贡数量较巨,一时半刻消化不完,皇帝还会与亲贵们分而享之,比如朱棣就曾慷慨地赏赐给妹妹一千只黄鼠。[145]

上行下效,食鼠之风从中央刮到地方,鼠馔成为官场高档宴请的大菜和馈赠友侪的豪礼，只是入清之后，这股风没刮多久就歇止了，"明人尚重之，今亦不重矣"（纪昀《阅微草堂笔记》卷十五）。不管是刘仁本《羽庭集》中描写的"满斟白湩烧黄鼠，仰看青天射黑雕"，还是于谦笔下的"炕头炽炭烧黄鼠，马上弯弓射白狼"这般塞上风情款烤黄鼠，都不大容易在清宫筵宴上找到复刻版了。

物材苟当用，何必渥洼生：朱载垕食驴史话

除上文介绍的狼、羊、鼠肉之外，牛、驴、猪肉在元代蒙古人的饮食生活中也占有一席之地，但重要性远不及羊，特别是猪，食者甚少。《饮膳正要》"聚珍异馔"与"食疗方"所载仅黑牛髓煎、牛肉脯、攒牛蹄、猪头姜豉、猪肾粥、驴头羹、驴肉汤等几味，与羊馔所占篇幅比例悬殊。

还有许多猛兽、禽鸟也都可以成为他们的盘中美味。兽品如象、驼、虎、豹、熊、麋、麞、獐、獭、獾、狍子、犀牛、刺猬等，禽品如雁、鹅、鸠、鸧、鸳鸯、鹁鸽、水札（即"鸊鹈"，一种水鸟，比鸭稍小，俗称"油鸭"）、鸂鶒（形大于鸳鸯而色多紫，又名"紫鸳鸯"）等，诸如此类，不知凡几。

民间有俗语："驴肉香，马肉臭，打死不吃骡子肉。"但在元朝人眼中，马浑身上下都是宝：马肉属凉性食物，本身虽有小毒，但除肝不能食用外，各部位对人体颇多补益。其肉祛邪热，长筋骨，强健腰膝；其头骨可作枕，减轻嗜睡；其蹄主治妇科顽疾；其茎增肌、壮阳，可提高生育能力；其心专治健忘；其乳止渴止热。[146]

此外，其肚、肠、油脂甚至脑浆皆可入馔，当时宫廷里有一道叫作"马肚盘"的名菜便由这几样烹制而成。

先取马肚、大肠一副，净置、煮熟备用；将马白血（古代通常指动物的白脂油及脑浆）灌入肠内，系好肠口，熟制后雕刻花形；然后除去

肚内黏液与杂质，混入适量马油，剁馅；再另起炒锅，烧开底油，入葱花爆锅，下灌肠、肚沫一同煸炒；最后以盐、醋、芥末调味即可食。对于食域狭窄的伪吃货而言，看罢菜谱的第一印象就是，这道马肚爆炒灌肠所选食材都太过别致，很难畅想其口感如何。但是，马的内脏于蒙古人而言可是绝佳美味。鲁布鲁克说："他们用马的内脏制成腊肠，比猪肉味道更佳，但他们是生吃。"

蒙古人吃肉以烧烤为主，只有极少部分煮食且有优先级序列，"非大燕会不刑马"。[147]元制，马为大牲，惟祀天及宗庙用之。其实早在商代，殷人祭祀即特重白马。据《汉书》载，汉人与匈奴盟誓时亦刑白马，后被蒙古及其他北方游牧、狩猎民族承继之。到了明朝，马肉依旧尊贵，梳理一下《万历重修会典》中所列宫廷节日筵宴膳品，发现在正旦节（春节）、冬至节、圣节、郊祀庆成这四大重要场合，铁定是有马肉饭闪亮登场的。

至于驴肉，今人（尤其是北方人）并不陌生，最有名的吃法是将卤好的驴肉伴着老汤汁夹到酥脆的火烧里面，即广泛流行于冀中平原的传统小吃——驴肉火烧。以貌观之，分为圆形保定火烧和长方形河间火烧两派。民间称其起源与建文帝有关，但于史无征。不过，因为吃驴肉而写入史册的皇帝也不乏其人，比如南陈后主和明穆宗。

陈叔宝被掳至长安后，杨坚对其礼遇甚厚，准他以三品官员身份上朝，还常邀他一道儿出席隋宫筵宴，并贴心地嘱咐乐队班子不得演奏江南音乐，生怕后主听了勾起伤心的回忆。只是杨坚想多了，这位新受封的长城县公每日嚼着他最喜欢的驴肉、喝着貌似永不会断供的美酒、吟着"妖姬脸似花含露，玉树流光照后庭"的得意之作根本就停不下来，剧饮通夕的快感比国破家亡的痛感来得更汹涌澎湃以至于后者完全可以忽略不计。"嗨，男人嘛，就由着他的性子喝吧喝吧不是罪……不然还能怎样？你叫他如何打发这窝心的日子嘛！"[148]共情能力超强的杨坚以一个善解人意的知心兄长对废柴熊小弟的宠溺口吻如是说。不过，"威范也可敬，慈爱也可亲"的他还是深感惋惜地叹了口气："此败岂不由酒！

将作诗功夫，何如思安时事！"

有道是：天上龙肉，地上驴肉。驴肉虽然好吃，但名头却不大好，早在汉朝，人们就开始拿驴恶语相加了："凡人相骂曰'死驴'，丑恶之称也。"（应劭《风俗通义·辨惑》）。但骂归骂，吃归吃，明宫里过年必吃驴头肉，"以小盒盛之，名曰'嚼鬼'，以俗称驴为鬼也"。看来其成为年节看馔也是为了被除不祥、图个吉利，仍与其恶名脱不了干系。不过，贵为真龙天子的朱载坖[149]尽管没吃过龙肉，却坚信驴肠子要比龙肉好吃一百倍且不接受任何反驳。什么？驴肠？对的，就是这种登不上台面的东西，却是裕王府里多年来的保留菜品。

嘉靖四十五年（1566），一心沉迷方术的朱厚熜"得道升天"，裕王三十年来"二龙不相见"的压抑苦日子也总算熬到了头，登基后便火速开启报复性反弹解压模式。隆庆元年（1567）三月，尚在为父谅阴期间，他就不管不顾地纵情逸游了。玉食珍馐迷人眼，但终归还是少了点"内味儿"——不及从小吃到大的驴肠对胃口。某日，馋虫爬上嗓子眼不依不饶，朱载坖跟近侍耳语了几句，就在下人着手找驴打算给御膳加菜的当口儿，又被一道口谕给喊停了。原来，皇帝猛然顿悟，反思自己每吃一次驴肠就得牺牲掉一头驴，口舌之欲是满足了，但驴呢？驴子那么可怜无辜，怎么能说吃就吃呀！颇感于心不忍。所谓没有需求就没有杀戮，从此决定跟驴肠一刀两断。[150]

穆宗居裕邸食驴肠而甘之事，除何乔远《名山藏》，亦见于余继登《典故纪闻》、于慎行《谷山笔麈》、沈德符《万历野获编》、谈迁《国榷》、龙文彬《明会要》等著述。各家转载来转载去的，故事情节也都大同小异——"左右请宣索""近侍请增入御膳中""间以问左右，左右请诏光禄常供"，最后都被主子义正词严的一句话给噎回去了。其实，上述记载远不如《夷坚志》里"韩庄敏食驴"的掌故来得精彩刺激。[151]

主人公韩缜（谥曰"庄敏"）出自北宋望族灵寿韩氏，其家族从韩亿以科举入仕身居宰执高位崛起，历真宗至南宋宁宗数朝，因"兄弟同胞八人三学士，祖孙共列一朝四国公"而名传千古。韩缜当政期间以严毅著称，时有"宁逢乳虎，莫逢玉汝"（"玉汝"乃韩缜字）之语；又因"在先朝为奉使，割地六百里以遗契丹"（《宋史·韩缜传》）而被同僚诟病，常遭谏官弹劾。其中闹得很欢的就有苏轼的弟弟苏辙，翻开《栾城集》卷三十七"右司谏论时事"系列，《乞责降韩缜第七状》《乞责降韩缜第八状》赫然在目，你就大概知道他前前后后锲而不舍地写过多少封举报状了。那么，这位"外事庄重，所至以严称"的庄敏公，又是怎样"虐驴"的呢？洪迈用颤抖的手写道——

韩缜酷嗜驴肠，已到无驴不成宴的地步，但凡他们家搞饭局，驴就得遭大殃。因为做驴肠特别考验庖夫的技艺，入锅略久会煮烂，火候稍欠又硬韧寡味。为保证最佳赏味体验，也出于尽量免受皮肉之苦的考虑，厨役们想出一个十分稳妥的狠办法：每每开宴前，先把几头活驴五花大绑地提前备好拴在后院柱子上。掐指一算，估摸着差不多该上驴肠这道菜了，就即刻宰杀，跟时间赛跑根本来不得半点含糊。只是活驴剖腹抽肠太过残忍，所以每当从门缝中窥到宾主满意地大快朵颐之后，参与屠宰烹煮驴肠行动的下人们都要去干一件很有仪式感的事：虔诚地烧些纸钱，乞求老天爷恕罪。韩缜以天章阁待制知秦州时，某次宴客，席间一人起身如厕，无意间路过后厨瞄到了本不该入其眼但过目必难忘的惨烈场景。那些抽肠未死、哀吟不止的驴们对其心灵触动非常大，搞得这位从前也是嗜驴如命的关中人士硬是戒掉了驴肉。

韩缜吃了那么多香脆可口的驴肠，未必晓得盘中美味背后的血腥一幕，但黄庭坚知道。知道又怎样，还不是和老丈人照吃不误嘛，在飘着椒香加橙香的诱人驴肠面前，爷俩吟风弄月，把酒剧谈，驴子受的万般折磨早就抛到九天去咯。[152] 看来驴肠的名头虽不大好听，但早在宋代就已颇受雅士追捧，毕竟人家不是靠虚头巴脑的包装而是以脆爽独绝的口感取胜的。

我们再回到朱载垕这位因吃驴肠而在黑暗料理界意外蹿红的皇帝这里。虽然其执政时间不过区区六载，且比较尴尬地夹在两位超长待机的中兴之主中间，但《明史》赞其"端拱寡营，躬行俭约，尚食岁省巨万"，仁俭撙节之名素为后世称赏。果如是乎？以及，老朱家的历任掌门人都有哪些调性迥异的宴饮偏好呢？要知端的，且听下回分解。

余　话

元朝宫廷御膳的特殊贡献在于：不泥古法，不落时蹊，别饶胜韵，自成一家。将创意食材以创意方法烹之，飞禽猛兽皆可入菜，创制出诸多前朝后代望尘莫及的"聚珍异馔"，还为我们留下一部非常宝贵的、代表当时最高烹饪水准的食疗养生宝典——《饮膳正要》。

对蒙古族而言，乳、肉制品为其饮食之重，随着民族间联系加强，元代中后期漠南蒙古族诸部与汉人杂居，饮食好尚随之变化自不待言。考察元朝皇室食俗变迁，既要着眼于本民族特色之历史传承，又要关注多民族文化交融背景下的潜濡之功。本篇虽名曰"黑暗料理"，旨在采撷几个有趣的点来呈现元朝宫廷贵族在饮膳方面的独到之处，但并不意味着他们日常只吃这些东西。对于汉族传统宫廷御馔，当然也不会视如敝屣。笔者并无以偏概全之意，相信各位慧眼读者亦能心领神会，而不致一叶蔽目。

绾合今昔，叠映时空，我们在探索黄金家族的"黑暗料理"时，发现元代宫廷饮食与明朝御馔之间有不少重合点。朱氏王朝对孛儿只斤氏草原风俗之文明互鉴，包括但不限于尊羊背、好食鼠、喜马馔、嗜驴肉。正所谓："文明因多样而交流，因交流而互鉴，因互鉴而发展。"饮食文化之河水静流深，渊源有自，并不曾因易代戛然而止，亦不由民族畛域之殊而判若云泥。

再余话

至正二十八年夏历闰七月二十八日深夜，明将徐达率军逼近大都，孛儿只斤·妥懽帖睦尔在清宁殿召集群臣，共商出逃事宜。

《元史》称，失列门、黑厮、伯颜不花等力劝固守，顺帝不听。[153]
刘佶《北巡私记》的说法则是，众皆屏息默许，独知枢密院事哈剌章力
谏不可，大意谓："贼已陷通州，若车驾一出，都城立不可保。金宣宗南
奔之事可为殷鉴。请死守以待援兵。"然反对无效，知院痛哭不已。是
夜漏三下，扈驾仓皇北奔。

八月初二，徐达进师取元都，至齐化门，命将士填壕登城而入，蒙
元大一统王朝终结。从大都到上都再到应昌，作为北元振兴派股肱之臣，
哈剌章力图光复大元江山的坚定信念从未动摇过。昭宗亦矢志中兴，"延
揽四方忠义，以为恢复之计"。特别是不计前嫌，重用被朱元璋誉为"天
下奇男子"的扩廓帖木儿，而辽东的纳哈出、云南的把匝剌瓦尔密等也
都在各自辖地策应着大元皇帝的军事行动。北元虽然在断垣残壁间强撑
了二十年，但毕竟昔日威仪已成明日黄花，几度南征均未能重占大都。
天元十年（1388），捕鱼儿海激战使大明一役定天下，蓝玉收编了哈剌
章的大部军马，而拒不投降的他则在朱元璋的追缉令下最后不知所终，
结局令人唏嘘。

当然了，这位北元复国派中坚与镏绩笔下那位吃羊背皮的枢密院客
省大使并非一人，后者至正年间已于官舍坐逝，且二者职衔有别，只是
恰巧同名罢了。[154] 值得一提的是，昭宗自幼寄养在脱脱家就学于名儒，
回宫后又入端本堂接受系统的儒学教育，汉语功底还是可以的，相传此
《新月诗》即出自其手：

> 昨夜严陵失钓钩，何人移上碧云头。
>
> 虽然未得团圆相，也有清光遍九州。

元末明初文人叶子奇评曰："真储君之诗也！"换一视角观之，又何
尝不是春秋难永月难圆的诗谶呢？今人不见古时月，今月曾经照古人。
属于黄金家族的时代已然落幕，此时雄踞历史舞台中央的是朱明王朝。

11 明宫食事钩沉

怨不在大，小子识之：搏击风浪的弄潮儿最怕阴沟里翻船

洪武十一年（1378），朱元璋的三皇子朱棡在前往太原就藩的途中，忽然收到从南京星夜速递来的一封加急密函。拆开信一看，瞬间石化……

本以为父亲有什么重要指示，没想到只是跟他聊厨子。事情的起因很简单：某日，随行厨师做的菜不合口味，三皇子就揍了他一顿，密探将此事报与老朱。身患被迫害妄想症晚期的他一听，大惊失色，一个激灵从龙椅上跳了起来，立马驰谕训诫，刻不容缓。因为在他看来，鞭笞膳夫这种惩罚方式虽然不是特别残忍，但情节极其恶劣，后果极其严重，已经触碰到了关乎性命安危的红线。

"世之有血气者，未尝不以饮食为命。在常人则常之；在上人者，于饮食必重其事而精调之，庶无患矣。……前者命尔之国，闻道中忽责操膳者，吾甚惊之。……尔知吾操膳者否？止一徐兴祖者，操吾膳二十有三年，轻易不辱之。吾平昔甚不忍于事，于操膳切记忍之，保命也。尔当蹈吾所为，勿轻易，吉哉！"普通人吃普通饭食，但贵为九五之尊的人上人则务必将饮食安全视作第一要务来抓，对于饭菜中可能出现的任何潜在纰漏必须绝对零容忍。言之切切，闻者动容，其姑息隐忍之态，很难让人将他与那个传说中发明了剥皮楦草等酷刑的铁腕统治者联系起来。在性命与口味面前，孰重孰轻，掂量得非常清楚，看来"霸道总裁"朱老大也是有软肋的。

朱元璋之所以如此"小题大做"，一方面是生性猜忌多疑，身份焦虑的心魔使然；另一方面，历史上血的教训太过深刻——

汉平帝刘衎、质帝刘缵、少帝刘辩，西晋惠帝司马衷、怀帝司马炽，南凉末代国君秃发傉檀、北魏献文帝拓跋弘、孝明帝元诩、节闵帝元恭、孝武帝元修，东魏孝静帝元善见，西魏废帝元钦、恭帝拓跋廓，北周明帝宇文毓，隋文帝杨坚，唐中宗李显、哀帝李柷，南唐后主李煜，元明宗孛儿只斤·和世㻋……粗略统计，在他之前已实锤或高度疑似死于鸩

毒之祸的皇帝不下二十位，加起来都够组队踢场足球赛了。以宇文毓为例，他虽然表面宽仁文弱，其实内里极聪睿有识量，宇文护对他颇为忌惮。刚好当时有个叫李安的人，厨艺了得，被宇文护提升为膳部下大夫。武成二年（560）四月，宇文护指使李安在明帝进膳时投毒，成功拔掉了这枚眼中钉。[155]

殷鉴在前，揆诸现实，如履薄冰。明宫防鸩甚严，朱元璋吃到肚子里的每一口食物皆由马皇后亲自打理，非经其手绝不下箸，小心驶得万年船嘛。[156] 但包容不是无尺度的，忍耐也

清四库全书本《明太祖文集·谕晋王敕》书影

不是无限度的，凡事一刀切可不行。"小过释之，大过详审而议之。若非犯分则又赦之，果犯分则罪而弃之弗用，若罪而复用之则祸矣。盖为保命之要也，故不轻易。"对待厨役的总原则是：能忍则忍，微过忽略不计，大过谨慎处置；一旦犯事儿严重就治罪弃之，谴逐而复叙用是为大忌。

历史上还有个极端的例子：楚惠王食寒菹而得蛭,在"废法而威不立"与"谴诛则心不忍"的进退维谷之际，最后竟然选择吞下异物，这种铤而走险的窝囊态度肯定是不足效法的。

东汉有一位以批判唯心主义先验论著称的"意见领袖"就曾对此事发表过不拾人牙慧的深刻见解，痛批楚惠王之愚，骂他是不肖之主。[157]一国之君，专擅赏罚，而赦免人的权力也应掌控自如。揭其错而放其一马，这是对犯错者最大的恩惠，他也会改过自新，避免日后再犯。楚惠王不清不楚地硬吃下对自己身体有害的东西，管膳的臣子也不晓得自己的过失，这样一来，不但失去了统治臣民的威严，也没有制止错误的意

思。原心定罪，不明其过，可谓惠矣。况且蚂蟥体形那么大，又不是尘埃或虮卵，掉在咸菜中，就算瞎了一只眼也可看得到。只能说臣子对君王没有敬畏之心，择菜洗涤太马虎了，如此罪过却不加责备，这能说是贤明吗？最关键的一点是，楚惠王你个死脑筋何必如此为难自己呢？饭菜里惊现不和谐之物，发现后直接扔地上不就行了；如果怕左右侍臣看见，你可以偷偷把它揣怀里然后再丢在隐蔽的地方嘛。王充的批评确实句句在理，如果朱元璋读到这一段，必定也会点头如捣蒜的。

我们再来说说这个徐兴祖。此人从重八兄打天下时就一直跟着他，开国后，宣徽院改为光禄寺，他先是担任副长官少卿一职（正五品），后转正，直到洪武十二年致仕。老朱特赏银二百两、钞一百锭为其送行，可谓恩礼有加。徐兴祖能坐稳光禄寺第一把交椅多年，想必其颠勺儿的本领笑傲群厨。虽然我们很关心老朱的日常餐桌，也非常想知道徐大厨究竟是如何拴住皇帝的胃的，可惜明初留传下来的资料十分有限。揆诸史乘，难觅其踪，目之所及者仅以下出自《南京光禄寺志》的洪武十七年六月某日的一则记录：

> 早膳：羊肉炒、煎烂拖薑鹅、猪肉炒黄菜、素熇插清汁、蒸猪蹄肚、两熟煎鲜鱼、炉煿肉、箸子面、撺鸡软脱汤、香米饭、豆汤、泡茶。
> 午膳：胡椒醋鲜虾、烧鹅、燖羊头蹄、鹅肉巴子、咸豉芥末羊肚盘、蒜醋白血汤、五味蒸鸡、元汁羊骨头、糊辣醋腰子、蒸鲜鱼、五味蒸面筋、羊肉水晶角儿、丝鹅粉汤、三鲜汤、绿豆棋子面、椒末羊肉、香米饭、蒜酪、豆汤、泡茶。

虽然这两餐都非出自老徐之手，但强将手下无弱兵，他调教出来的团队青出于蓝，接班人办起膳来极为用心。所以说，老徐虽然是退休了，但御膳的水准并未降低。即便是晚膳阙载，单从这菜色齐备的十二味早膳和二十味午膳也看得出，老朱享用的玉食的丰盛程度。对于一个"斥侈靡，绝游幸，却异味，罢膳乐，泊然无所好"的帝王来说，这两餐已经异常豪华了。

《明史·太祖孝慈高皇后传》中有一句用笔极简省却写得扣人心弦，画面感超强："后窃炊饼，怀以进，肉为焦。"

想当年老朱南征北战，马后亦随军四处颠沛，正值年成不好，军粮乏匮。祸不单行的是，老朱又受郭子兴猜嫌，被关进小黑屋软禁了起来。就在他饿得眼冒金星、快撑不住的时候，马氏怀揣炊饼出现在他面前，滚热的饼把胸口烫出了红斑，糟糠妻"怀饼救夫"的壮举也在老朱心上烙下了不灭的印记。称帝之后，老朱也从不忘本，每逢对群臣提及马后之贤，总将其比作李世民的长孙皇后；每每忆及夫妻俩患难与共的那些年月以及那些年月里马氏饥肠辘辘地接济他的小零嘴儿，总是不由自主地将其与当年冯异在光武帝蒙难时所献之"芜蒌豆粥"和"滹沱麦饭"相媲美。所以说，从苦日子里摸爬滚打出来的平民天子对吃食并不过分讲究，还制定了一部训导子孙的家法《皇明祖训》，持守躬俭自是其题中要义。但是——

由俭入奢易，由奢入俭难。明中叶以降食风渐奢，膏粱侈纵，穷治馔羞，其役日多，其费日繁，莫可稽核。[158] "采造之事，累朝侈俭不同。大约靡以英宗，继以宪、武，至世宗、神宗而极。其事目繁琐，征索纷纭。"（《明史·食货志》）明末锦衣卫指挥佥事王世德在《崇祯遗录》中所言之"神宗以来，膳羞日费数千金"或许有夸张失实的成分，但结合《国榷》《明神宗实录》所载万历三年司礼监"征光禄寺十万金"以及户科都给事中光懋所言之"不继"来看，当时宫膳用度每月平均过万两估计是差不多的。万历十七年，大理寺评事雒于仁上《酒色财气四箴疏》剀切陈谏，大意如枚乘《七发》吴客劝楚太子"皓齿蛾眉，命曰伐性之斧；甘脆肥醲，命曰腐肠之药"云云，只是更为犀利："臣备官岁余，仅朝见陛下者三""政事不亲，讲筵久辍""宠十俊以启幸门，溺郑妃靡言不听"，字字直击灵魂痛处。搞得万历龙颜扫地，雷霆震怒，一气之下打算将其置之重典。好在申时行等委曲慰解，给这个愣头青留了条生路："居数日，于仁引疾，遂斥为民，久之卒。"此事翻篇。其后，这位四病缠身的"中国版温莎公爵"选择彻底放弃治疗，变本加厉地倦勤怠政，三十年不"上班"，养出一身富贵臕。"因曲蘖而欢饮长夜，娱窈窕而晏眠终日。"太祖若黄泉有知，难保不会掀起棺材盖儿来揍他一顿。

跟卜昼卜夜地"八珍在御，觞酌是耽"的神宗比起来，思宗简直成了"微笑中透露着贫穷"的表情包现实版，而他本人也一贯乐以勤俭的人设自居："日进常膳，乐九奏，尚食以次献。帝概撤去，止三奏，食列数器，三宫亦同焉。"崇祯十六年（1643）九月，思宗还谕示内阁辅臣，带头将自己的日用膳品削掉一半，后宫配额亦随减。宋起凤《稗说》称其用膳时，会特意按例摆设一些民间小菜和粗粮，如：苦菜叶、蒲公英、芦根、葵瓣、斋芹、野薤、稷黍枣豆糕、仓粟小米糕、榆钱、蒸炒面、麦粥等。以上俱依时节进呈，未尝中断，以示谨记太祖家法，深恤民间疾苦。照谈迁的说法，"上俭约，御膳日费三百金"，算下来每月个人伙食开销还不足神宗的十分之一。不过，王誉昌《崇祯宫词》却抖出爆料："帝嗜燕窝羹，膳夫煮就羹汤，先呈所司尝，递尝五六人，参酌咸淡，方进御。"又云其每月持斋期间，颇嫌御膳寡味，尚膳监便挖空心思地给他改良斋菜，据说深受其好评的一种吃法是：将生鹅褪毛去秒，填以菜蔬，煮沸即取菜，用酒洗净然后麻油烹煮。如此一来，素菜也散发着荤香，算是给克制的舌头一丝安抚吧。"凌晨催进燕窝汤，佩梲鸣姜出膳房。为是酸咸要调剂，上方滋味许先尝。"太祖若黄泉有知，难保不会掀起棺材盖儿来揍他一顿。

明朝诸帝中，跟思宗一样以"俭朴"著称的还有穆宗朱载至，就是我们前文提到的爱吃驴肠的那位。史臣赞其"黜不经之祀，罢无用之作，蠲非艺之征，绝无名之献""岁省光禄费以钜万计，其恭俭如此"云云，但事实上，他在位期间国库并不充盈。穆宗自己也很是纳闷——为什么明明感觉没买啥，钱却一点都没剩？"帑藏之积，何乃缺乏致此！朕于一切用度，十分省减，正供之外，未尝妄费分毫。尔等尚当悉心措处，以济国用。"[159] 也许他的恩格尔系数确实不算高，但"省下来"的银子却花在了更烧钱的爱好上。随手翻开《明穆宗实录》，"罪证"俯拾皆是：

首先是沉迷珠玩珍宝无法自拔，稍微买买就是万两银子起步。采办来的东西如不称意，就怒而责令重购。至于供造鳌山、修理宫苑、服御器用等项目也都一样没落下。对犯颜直谏者，动辄罚俸半年或大荆条杖刑伺候。欲壑便如无底洞，"顷以内府缺用，偶一购买尔。"——明明已经买了很多了，但总觉得什么都没买。朕也就偶尔剁个手好嘛！（无辜脸）太祖若黄泉有知，难保不会掀起棺材盖儿来揍他一顿。

除操膳者外，还有一种职业的人，地位虽也不高，但朱元璋同样得谨小慎微地好生待之，以非常规擢升路径收之买之，那就是栉工。

明代文坛领袖王世贞所著《弇山堂别集》中有一个专题叫"皇明异典述"，主要记录明朝政坛之奇闻异事，其中述及"文臣异途"时，写道："国朝文臣入仕正途，惟有进士、乡科、岁贡、选贡而已。其任子及国初贤良方正、人材举荐亦次之。其有不由是途而登显位者，……太常寺卿杜安道、洪尚观以栉工，光禄寺卿徐兴祖、井泉以厨役。……"所谓"栉工"，又称"镊工""刀镊者""待诏"，乃栉发镊毫者是也。梳头、修眉、刮脸、理胡子、拔汗毛等一系列修饰仪容的活儿都是他们的业务范围。

对于这种与龙首零距离接触者，当然得谨防暗算：哪天一个不高兴，人家手里的美容工具可就秒变凶器了，而且连闪避求生的机会都不给你。有此二柄达摩克利斯之剑悬着，也就不难理解为何老朱把他信得过的庖夫和御用 Tony 老师分别安置在光禄卿（从三品）、太常卿（正三品）、礼部左侍郎（正三品）的高位上。不过这些本应靠手艺吃饭的人，能在刑乱国、用重典、杀人不眨眼的朱元璋手下得以善终，除了出色的工匠精神，还得具备另一项素质——高情商：

> 始终保全若二人者，不多见也。惟镊工杜安道起自尚冠郎，终太常卿；厨子徐兴祖起自典膳丞，终光禄卿。……三十余年，出入内廷，慎密不泄。遇要官势人，如不相识，一揖之外，不启口而退。故上每称忠谨必以二人为言。噫，搢绅之徒，无亦愧哉！
>
> ——黄瑜《双槐岁抄臣节忠谨》

总之，皇家安全无小事。老朱为了让娃儿们茁壮成长，防止祸从口入，也是操碎了心。本节开头提到的儿子打厨子、老子训儿子这件事，《明史》亦载之。太祖诸子列传中，朱枫传本就篇幅甚短，还为此事特书一笔，其用意嘛——你品，你细品。

泥深厌听鸡头鹘，酒浅欣尝牛尾狸：
明仁宗的身材管理困境和光禄寺血案

德国社会学家马克斯·韦伯曾给权力下过一个经典定义："权力意味着在一定的社会关系里，哪怕是遇到反对也能贯彻自己意志的任何机会，不论这种机会建立在何基础之上。"简言之，权力的本质就是压制异议，贯彻意志的能力。

明朝自太祖始，多为一帝一号，故后人亦惯以年号指称皇帝。但有三位比较特殊——

一是废除洪武以来嫔妃殉葬制度的英宗朱祁镇，因土木堡之变，先后当了两次皇帝，便有正统、天顺两个年号，《明史·本纪》也分两篇为其做传。一是光宗朱常洛，登极匝月即撒手人寰，又称"一月天子"。再者，就是仁宗朱高炽，年号"洪熙"仅使用一年，从登基到"无疾骤崩"，满打满算不足十月。据说逝前三日，他还在正常处理朝政，而《明仁宗实录》《明史·仁宗本纪》又对其死因讳莫如深，这就更加剧了人们的好奇心。

仁宗驾崩甚速之因何在？

除了无甚新意的"老梗"阴谋论（为其长子朱瞻基，即继他之后登位的宣宗所害），还有雷击、纵欲、中毒等说法。较多为人采信的是嗜欲过度，服用治疗阴症的金石之方而毒亡说。抛开这些捕风捉影的揣测，从其客观身体状况分析，死于肥胖引起的心血管疾病倒是很有可能。更确切地说，跟他长期被迫施行"饥饿疗法"，解禁后饮食紊乱不无关系。这一切都得从他那条不堪回首的辛酸减肥路说起。而关于这条减肥路上所遭遇的创巨痛深的一切，还得从他那位无时无处不在压制异议、贯彻权力意志的铁腕狠爹朱棣说起……

朱高炽虽然"端重沉静，言动有经"，是块读书的上佳料子，但身形肥硕且有足疾。对于将要继承帝业的储君来说，优秀的灵魂和好看的皮囊二者缺一不可，毕竟代表的是国家形象呀。所以，这个敦实的胖皇子不光被老爹嫌弃，连两个"俱以慧黠有宠于成祖"的胞弟也对他没有好脸色。当然了，野心勃勃的汉王朱高煦和赵王朱高燧觊觎的是龙椅，朱棣以"靖难"起家，这就为后代树立了一个造反的样板，有明一代几次不成功的藩王闹革命都多少有点向其"致敬"的意思。朱棣成功篡位后很长一段时间都拖着不肯立储，群臣上表吁请再三，他振振有词地以长子"智识未广，德业未进""欲正元良，宜预成其学问"来搪塞，继续不批准。又拖了将近一年，直到永乐二年二月，当了十年燕世子的朱高炽才被召回南京，正式册立为皇太子。好在他娶了个精明能干的贤内助，张氏不仅伶俐识大体，还很会揣摩公婆心思，侍奉明成祖和徐皇后周到备至，深得二老欢心。若不是有她从中周旋，朱高炽差点连皇帝也当不上。[160]

更郁闷的是，精神上受些打压也就罢了，连身体都惨遭制裁。

朱高炽的老爹完美地继承了他老爹的霸道总裁基因。本来嘛，儿子的身材管理问题是人家自己的事，他也硬要横插一手，以雷霆手段震慑之。所谓积重难返，积肥难减，对属于易胖体质又苦不能骑射的朱高炽来说，想靠疯狂消耗卡路里减脂甩肉的策略完全行不通，给他请来的皇家顶级健身私教也痛苦地表示——脑袋我可以不要，但这个学员我是真没法带。况且那个时候尚未诞生立竿见影的袖状胃切除术，也没有名目繁多的各种收割智商税的网红瘦身产品，迈不开腿就只能管住嘴了。

为逼迫胖儿子减肥，朱棣下令削减东宫饮膳配额，狠心地让堂堂太子饿肚子。当时有个给朱高炽供膳的官员实在看不下去了，就悄悄从家里带来些好吃的给快饿疯的胖子打牙祭。惜哉好心办坏事，破坏虎父帮儿子减肥大业的后果就是此人被朱棣以醢刑处死。逝者长已矣，生者常戚戚。朱高炽登基后，仍念及青宫取给之恩，对其后人多有关照。

祝允明《野记》中有两则关于仁宗的笔记，除上文所言"老虎项上拔毛"的惊悚剧，还讲了一幕巧手儿媳主演的家庭轻喜剧。[161]

一日，禁中私宴，胖皇子又不知哪句话没说对（即使全说对也是会被找茬的），惹毛了父亲，父亲趁着酒劲儿一通大骂，待心气稍舒，又指着太子妃道："亏得你个臭小子娶了个好媳妇儿，要不然我都记不清废过你多少次了！以后我们朱家全靠好儿媳撑持咯！"[162]张氏赶忙拜谢，一溜烟儿就消失了。少顷，两碗香喷喷的汤饼出现在御案上，原来这是精于烹调的张氏特地去后厨给公婆烧的。在孝心和美味的双重攻势下，再铁石心肠也得防线崩溃，朱棣破怒为笑，继而感泣。吃罢，又酣畅淋漓地痛饮了几杯，众皆尽欢而散。

那么，能把老公公好吃哭了的汤饼究竟是一种什么样的饼呢？

其实，什么饼也不是。"饼"乃古代谷物制成品之统称，"汤饼"犹今之面片汤，大约源于汉魏时期。束皙《饼赋》中介绍了当时一年四季食用的各种饼，而汤饼则为冬日最宜："玄冬猛寒，清晨之会，涕冻鼻中，霜凝口外。充虚解战，汤饼为最。"还夸张地描写了仆人侍膳时的滑稽馋相："行人垂涎于下风，童仆空嚼而斜眄。擎器者舐唇，立侍者干咽。"但有人偏就反其道而行，酷夏请人吃热汤面。何哉？何晏生得风仪俊迈，还很白皙，同是大老爷们的魏明帝心里就犯嘀咕了——这不科学呀！怎么会有这么好的皮肤呢？因此老是怀疑人家搽了粉，[163]就想出一个"当场卸妆"辨真假的馊主意。大热天吃汤面，几口下去果然满脸淌汗，然后呢？见证奇迹的时刻终于到了。曹叡秒变大眼表情包，目不转睛地盯着人家看——只见何郎轻撩衣袖拭汗，面色反而更显洁白透亮。[164]

我们接着来说说在明朝宫廷里，除了汤饼、剪刀面、鸡蛋面、白切面、棋子面、抻面等各色汤面或干捞面条，还能吃到哪些面点：

> 捻尖馒头、八宝馒头、攒馅馒头、蒸卷、海清卷子、蝴蝶卷子、大蒸饼、椒盐饼、豆饼、澄沙饼、夹糖饼、芝麻烧饼、奶皮烧饼、薄脆饼、梅花烧饼、金花饼、宝妆饼、银锭饼、方胜饼、菊花饼、葵花饼、芙蓉花饼、古老钱饼、石榴花饼、金砖饼、灵芝饼、犀角饼、如意饼、荷花饼、红玛瑙茶食、夹银茶食、夹线茶食、金银茶食、白玛瑙茶食、糖铵儿茶食、白铵儿酥茶食、夹糖茶食、透糖茶食、云子茶食、酥子茶食、糖麻叶茶食、白麻叶茶食，枣糕、肥面角儿、白馓子、糖馓子、芝麻象眼减煤……
>
> ——黄一正《事物绀珠·国朝御膳米面品略》

就拿最后这个"芝麻象眼减煤"来说吧，看着怪怪的，是什么东西？《金瓶梅》第四十二回写上元节那天，西门庆带着应伯爵和谢希大去狮子街赏灯吃酒，吴月娘让人送过去四个攒盒，里面都是些美口糖食，细巧果品："也有黄烘烘金橙，红馥馥石榴，甜瑠瑠橄榄，青翠翠苹婆，香喷喷水梨；又有纯蜜盖柿，透糖大枣，酥油松饼，芝麻象眼，骨牌减煤，蜜润绦环；也有柳叶糖，牛皮缠。"此处的"芝麻象眼"全称应为"芝麻象眼减煤"，即煎炸芝麻象眼，犹今之油炸麻球。"骨牌减煤"则是一种造型类似骨牌[165]的炸点心。这些"世上稀奇，寰中少有"之物本应皇家独享，却连清河县的一个财主也消费上了，晚明大户人家的尚奢之风可见一斑。金学界或有论者称，西门庆乃正德皇帝之影射：西门武宗，形神恍若兄弟；瓶里瓶外，笔走市井皇宫。此则另当别论。

彼时宫膳主食以面居多，大米属于陪衬，内府诸司专设甜食房、点心局负责面点小食的制作。高濂《遵生八笺·饮馔服食笺》记有松子饼、甘露饼、黄精饼、花红饼、鸡酥饼、神仙富贵饼、糖榧、雪花酥、荞麦花、高丽栗糕、荆芥糖、一窝丝等二十九种点心制法。以上《事物绀珠》所举皆万历朝面食，品类较朱棣父子掌舵的年代的确丰富了不少。但不论选择多寡，对于在减肥路上挣扎的朱高炽来说，这些高碳水副食乃绝对禁区，想都别想。悍父的高压节食政策太过严苛，点心不给吃也就算了，每日除维持生命必需的正餐供应，连茶水也没的喝。

不在沉默中爆发，就在沉默中灭亡。

因为吃饭这件事，爷俩日生嫌隙不说，胖皇子跟光禄寺也结下了大梁子。等老爹一死，朱高炽上任后干的一件大事就是整肃光禄寺领导班子——该问斩的问斩，该革职的革职，该贬为平民的贬为平民，可谓各得其所。[166]

整风运动的直接原因是，光禄寺不合时宜地请旨采办玉面狸，根本原因则是儿子清算老子五年前克扣厨子的糊涂旧账。

玉面狸是什么？又称牛尾狸、果子狸（对，就是那个臭名昭著的 SARS 病毒中间宿主），面白色，尾似牛，冬月极肥，肉质细嫩腴滑，令人食指大动。这种野生珍品在宋朝就已相当出名，时有"沙地马蹄鳖，雪天牛尾狸"之称，也是头面人物们互相送礼的尖儿货，苏轼兄弟、周必大、杨万里、刘克庄等人的文集里多有吟诵。尤其是杨万里，应该是史上写果子狸诗最多的人，《诚斋集》里收录了他跟果子狸打交道的一切。比如这一首："狐公韵胜冰玉肌，字则未闻名季狸。误随齐相燧牛尾，策勋封作糟丘子。子孙世世袭膏粱，黄雀子鱼鸿雁行。先生试与季狸语，有味其言须听取。"语言俏皮，活用典故，煞是有趣。至于玉面狸的烹法，或蒸或糟，各具其美，林洪《山家清供》记曰："去皮，取肠腑，用纸揩净，以清酒洗。入椒、葱、茴香于其内，缝密，蒸熟。去料物，压缩，薄片切如玉。雪天炉畔，论诗饮酒，真奇物也。……或纸裹糟一宿，尤佳。"

话又说回来了，严父既已作古，方今唯我独尊，胖皇上按说大可敞开肚皮尽情吃喝尽情嗨了，怎么就偏把人家光禄寺的讨好圣心之举当成驴肝肺了呢？

欲戴其冠，必承其重。国初上供从简，能省则省，朱高炽甫一即位，就必须以先辈为榜样，做出个仁君的样子，下诏尽罢一切非必需之贡。井泉等人算是不偏不倚地撞上了枪口，被朱高炽怒怼，遂下御史劾奏。赦后，又盗内府法物，还预谋避罪。但朱高炽说，其罪当斩者，远非止于此。对，事情根本没这么简单，这只是个导火索。朱高炽早就想收拾光禄寺这些不消停的家伙了，苦于把柄未得，时机欠成熟，权且忍而不发。

原来，永乐十八年（1420）朱高炽去京城谒见父皇时，随行带了二十个厨子做饭。一日，朱棣忽出内批责问："典膳局厨子二十人，曷为不奏？"便下令逮捕惩治这帮人。但其实这些厨子也没治罪，都被井泉偷偷划入光禄寺"充公"了。而彼时恰逢朱棣龙体欠安，"竟月不一临外朝"，光禄寺便自作聪明地利用父子间的信息不对称，从中作梗——除日供二膳外，"余者一毫不给，虽索茶亦不得，云奉上旨不给东宫"。

此事搞得朱高炽心里超级不爽，如骨鲠在喉吐不出。直到他即位，有权限翻阅先帝群臣奏牍，才着手彻查此事，好出掉这口老闷气。很快，他发现了"诬二十者乃泉及成所奏"，接着还想顺藤摸瓜地牵出光禄寺所谓的"不给之旨"，但把所有折子翻了个底儿朝天都未见只言片语，原系凭空捏造。至此，真相大白，光禄寺高层以欺主罔上、伪造圣旨、离间父子、构祸无辜的罪名，主谋从犯皆被严肃处理。念及井泉侍前朝有功，免去一死。关于这件事的来龙去脉及断案治罪过程，《明仁宗实录》载之甚详，全程高能，有兴趣的看官可自行查阅，篇幅所限，姑不赘引。

在实现了饮膳后勤保障团队的人员最优配置后，朱高炽本以为从此便可高枕无忧地吃好喝好大干一场，惜乎天不假年，人不遂愿，次年五月大渐，猝崩于钦安殿，庙号仁宗。《明史》赞其"用人行政，善不胜书"，如果能多活几年，涵濡休养，其德化之盛或可与汉之文、景比肩。

自公元前 221 年秦王嬴政称皇帝始，至 1912 年末代皇帝溥仪退位，在中国漫长的帝制历史上，由四百二十二人组成的皇帝群里，配享仁宗庙号者凤毛麟角，仅六位：宋仁宗赵祯、西夏仁宗李仁孝、西辽仁宗耶律夷列、元仁宗孛儿只斤·爱育黎拔力八达、明仁宗朱高炽、清仁宗爱新觉罗·颙琰。后世之所以对他评价这么高，原因在于，朱高炽虽然在位时间不长，但其实当政时间并不短。

朱棣执政时，大部分时间都在外忙于军事，不是北伐蒙古、南征安南，就是防御倭寇、筹备大阅兵展军威，监国理政则交由朱高炽负责。他虽然身肥体弱，不便随军作战，但并非纸上谈兵的书呆子，靖难之役时跟南军主帅李景隆斗智斗勇的北平保卫战即为明证："成祖举兵，世子守北平，善抚士卒，以万人拒李景隆五十万众，城赖以全。……成祖践祚，以北平为北京，仍命居守。"登基后，朱高炽积极改组内阁，削汰冗官，拨乱反正，与民休息，为仁宣之治奠立良基。故此，仁庙当之无愧。

永乐十八年（1420），北京宫殿落成，朱棣以迁都诏天下。洪熙元年正月初一，朱高炽御奉天门受朝，行登极仪，成为真正意义上的紫禁城第一任主人。那么，在新都新宫里办国宴又是怎样一种体验呢？

天道无不彰之美，天理靡不畅之机：
由"雪地团建"专业户明宣宗的赏雪宴聊聊明宫大宴仪

宣德五年（1430）冬天的第一场雪，比以往时候来得更晚一些。眼看大家望眼将穿，天公总算发了慈悲，腊祭后的第五天傍晚，开始飘雪。这雪也是很有性格，不下则已，下则诚意十足，一宿就静悄悄、认认真真地积了厚厚一尺。

晨曦正曈昽，万树梨花开。次日，朱瞻基醒来后，简直要被这映入眼帘的童话雪世界美哭。玩了会雪，欢惊之余，作七言古诗一章以咏志。[167]

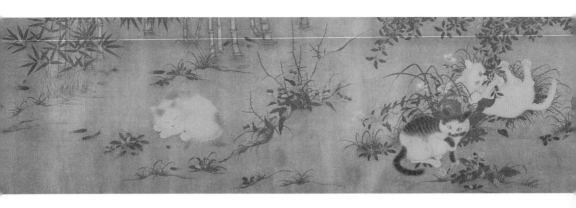

早朝时，又与大家分享了自己的新诗，群臣赓歌继作，争进和章，气氛相当热烈。吟罢，朱瞻基灵机一动：唯美景与美食不可辜负。何不趁此良机，搞一场不落窠臼的"雪地团建"呢？当即命光禄寺备办，是日赐赏雪宴，君臣相与之乐，自不待言。

关于这场风雅的即兴御宴之诸般细节，史书未留下过多笔墨。《明史》一笔带过，《明通鉴》多提了一笔，《明宣宗实录》则又多了朱瞻基为他们结集而作的序。[168] 不过，若想深入探索倒也并非束手无策，因为明宫各类筵宴皆有定制，此次"雪地团建"属大宴仪，是明帝国最高级别的国宴，这在《明史·礼志》中是有明确记载的。那我们就不妨顺着这条阿里阿德涅之线，来一趟明宫大宴仪的见证与发现之旅吧。

古有"五礼"之说，一曰吉礼、二曰凶礼、三曰军礼、四曰宾礼、五曰嘉礼，皆掌其制度仪式。明制，有大宴、中宴、常宴、小宴。大宴又名大飨，大宴仪属嘉礼，乃明朝宫廷宴礼之最隆重者，一般在国家有重大庆典或节日时举行，由礼部主办，光禄寺筹备。洪武元年，太祖于奉天殿大宴群臣，三品以上官员升殿，余列于丹墀。稍后定制，凡遇正旦、冬至、皇帝万寿节，俱设宴于谨身殿。洪武二十六年，重定大宴礼，

明宣宗朱瞻基《唐苑嬉春图卷》（局部）
原名"五狸奴图卷"，今据其包首改为现名
绢本设色，纵 37.5 厘米，横 264.2 厘米
（美国大都会艺术博物馆藏）

又改回奉天殿。永乐年间，赐宴地点都在奉天门外，用乐；宣宗朝开始，改在午门外，不用乐。迁都之后，各种规模的筵宴及膳品规格都已定型并载入《大明会典》。三大节之外，明宫节令食俗主要有"立春日赐春饼，元宵日团子，四月八日不落荚，端午日凉糕粽，重阳日糕，腊八日面"。其他几个节日我们都很熟悉，无须赘言，关于四月八日再多讲几句——

此为传说中的浴佛节，又称佛诞日，即佛祖释迦牟尼的诞辰。这一天，朝廷会在午门外赐百官食不落荚（一作"不落夹"）。所谓"不落荚"，按刘若愚的说法，是一种以苇叶包裹糯米，长可三四寸，阔一寸，味道与粽子差不多的糕点。孙承泽《春明梦余录》证实了这个说法："不落荚者，以糯米、粳米、黑糖、蜜、红枣为之。"到了清朝，据王棠《燕在阁知新录》，不落荚又出现了以"白面调蔬品摊桐叶上，合叶蒸食"的新花样，不过跟《清稗类钞》所记还是不大一样："京都点心之著名者，……以糯米饭夹芝麻糖为凉糕，丸而馅之为窝窝。即古之不落夹是也。"

还有个小插曲，由于世宗辟佛，热衷玄修，嘉靖年间曾一度取消过此节，改为四月初五荐新，赐麦饼宴。[169] 吃不落荚也好，吃麦饼也罢，有过节的仪式感就好了。但总有那么一小波爱较真的学究不满足于此，刨根问底地对到底该何时过节提出质疑。明人陆容雅德硕学，在他的《菽园杂记》中就有一段专门讨论这个节日。[170] 简单来说，因周历与夏历之岁首月建不同，即《尚书大传》所谓"夏以孟春月为正，周以仲冬月为正"，二历换算时存在两个月的间隔差。因此，陆容认为，大家把吃不落荚的日子都弄错了，应该在二月吃才对。同持此见者，还有稍晚一些的李诩，其《戒庵老人漫笔》所记略同。只是，众醉独醒的个别看法终究湮没于大流。宫里也依然是在四月八日这天，于英华殿供奉大不落荚二百对，小不落荚三百对，庄重地为佛祖庆生。"慈宁宫里佛龛崇，瑶水珠灯照碧空。四月虔供不落夹，内官催办小油红。"王象春的这首《不落夹》即记此盛况，不过"慈宁宫"当作"英华殿"为确。余不一一。

下面，就纤悉必具地为各位看官还原一场标准的明宫大宴仪。

宴前准备环节的各部门分工为：尚宝司负责在殿内摆放御座，锦衣卫在殿外插上黄麾，金吾等卫设护卫官二十四人侍立于殿之东西两侧。教坊司在殿内设九奏乐歌，在殿外设大乐，在殿下立三舞杂队。光禄寺在御座下方之西设酒亭，东设膳亭，酒膳亭东西两侧分设珍馐亭和醯醢亭。御座之东西设御筵，皇太子坐东朝西；诸王东西相向设座，由北而南依序分列两边。群臣四品以上者，殿内依官品序坐；五品以下者，在殿外东西走廊上招待。同时，会有司壶、尚酒、尚食等一班人员就近服侍。

开宴当天，由仪礼司奏请皇帝升座，御銮驶向宴会地点。驾兴，大乐作；升座，乐止。随后鸣鞭，皇太子、亲王上殿；四品以上文武官员由东西门进殿，五品以下官员站在殿外台阶上；百官行赞拜大礼，礼毕，各自就座。光禄寺官鱼贯而入进御筵时，大乐再度奏响；行至御前时，乐止，内官献花。然后，光禄寺开爵注酒，诣御前始进第一爵，教坊司奏《炎精开运之曲》。乐起，内外官皆跪，教坊司亦跪奏。待皇帝举杯饮毕，乐止。众官俯伏，再行赞拜礼后各就位坐，序班向群臣散花。之后是八轮敬酒，隔一爵进一次汤，每爵配乐各不同，辅以武舞、文舞、四夷舞等乐舞表演。[171]

九爵过后，正式开饭。由光禄寺官收起御爵，鸿胪寺序班收群臣杯盏。先是进汤，进大膳，奏大乐，群臣起立。等御膳摆好，众人复坐，序班开始供应群臣饭食，乐止。大宴仪进入尾声，由相应人员撤膳，奏《百花队舞》。然后撤案，光禄寺撤御案，序班撤群臣案。宴毕，群臣出席面北而立，赞拜谢恩后分列东西。此时仪礼司向皇帝奏告宴礼毕，圣驾离开，群臣有序出殿，大宴结束。

至于次等规模的宴会，礼仪会相应地略有简化，也不用喝这么多轮酒："中宴礼如前，但进七爵。常宴如中宴，但一拜三叩头，进酒或三或五而止。"就总体规模而言，明宫御宴上不及宋，下不及清，虽不似北宋春秋大宴之"山楼排场，穷极奢丽"，但宴飨之礼乐一体的政治教化内核并未约减。太祖初定天下，他务未遑，首开礼、乐二局，广征耆儒，分曹究讨。宫廷侑宴乐舞中的每一个元素，包括乐工、舞者、曲目、乐章等无不经过精心安排，比前朝也更加讲究。

《礼记·乐记》云："乐者，天地之和也；礼者，天地之序也。和，故百物皆化；序，故群物皆别。"礼序乾坤，乐和天地，儒家学术体系向来强调二者不可偏废的辩证统一关系和政治功利化导向："是故审声以知音，审音以知乐，审乐以知政，而治道备矣。"自西周先贤通过兴礼作乐形成一套规范封建纲纪的礼乐制度以来，历朝统治者无不克绍箕裘，踵武相承。[172] 在赓续传统与吸纳外来文明的平衡中，每个朝代的礼乐仪则作为典章制度的重要组成部分各具风貌，也是此一时期社会习俗与国民精神之缩影。

明兴，太祖锐志雅乐。初克金陵，即立典乐官；又置太常司，其属有协律郎等官；又置教坊司，掌宴会大乐。洪武三年，定朝会宴飨之制，其曲后凡再更。关于宴仪的乐器之制，洪武元年初定，二十六年增益之。[173] 年湮代远，宴乐乐器对今人而言也就看个名目，加之乐谱亦失，其演奏场景我们很难复原。古曲虽不存，乐章尚犹在。现不惮繁冗，兹将洪武三年初定、十五年重定之宴飨九奏乐章录于书末注释，[174] 供各位看官品其雅韵。

承永命，布皇威，歌圣德，庆雍熙。即使不唱出，读来也是朗朗上口。每一爵配乐的主题随宴会进行的节奏而层层递进、升华，但都是以"上化下，协民志"为总纲领、围绕颂圣这一核心展开的："古先圣王，治定功成而作乐，以合天地之性，类万物之情，天神格而民志协。盖乐者，心声也，君心和，六合之内无不和矣。是以乐作于上，民化于下。"（《明史·乐志》）如果新近发生了什么重大标志性事件，正是宣扬德政的最好时机，也是要在礼乐上做些文章的。

比如，世宗嘉靖年间续定庆成宴乐章、仁寿宫落成宴飨乐章、豳风亭宴讲官乐章，穆宗隆庆三年大阅礼成回銮乐章。有时碰上皇帝好兴致，还会自己动手填歌词。比如，洪武七年，太祖御制祀历代帝王乐章；次年，又御制方丘乐章。嘉靖九年二月，世宗始祈谷于南郊，亲制乐章，命太常协于音谱；又命词臣发起一场试图恢复洪武朝旧乐歌的复古尝试。

有明以来，宫廷宴乐几经修订。从太祖到世宗，乐章屡易，前后稍有增损，曲风亦随帝王个人喜好及品位调性而变。永乐十八年定宴飨乐舞，导膳、迎膳、进膳及升座、还宫、百官行礼诸曲，俱与洪武间同，但"奏曲肤浅，舞曲益下俚"，距太祖倡导的雅正之乐渐行渐远。代宗景泰元年，国子助教刘翔上书指其失，请敕儒臣推演道德教化之意，以振励风教。只是袭用既久，卒莫能改，其后教坊司乐工所奏中和韶乐，多有不谐者。

　　无论乐曲变得俚俗还是恢复典雅，明宫大宴仪的不变法则可以用十四个字概括——"大乐与天地同和，大礼与天地同节"。正如《礼记·乐记》所言："乐也者，情之不可变者也；礼也者，理之不可易者也。乐统同，礼辨异。礼乐之说，管乎人情矣。"乐主和同，则远近皆合；礼主恭敬，则贵贱有序。宫廷侑食宴乐不仅是诗、乐、舞三位一体的综合古典艺术，同时也是历朝君主巩固典制建设的重大议题。皇家饭局上的一饮一馔，已远非民间聚餐活动所体现的社交载体功能，它更是维护上层建筑的有力手段。透过那些貌似无聊、重复的程式化仪节，我们看到的是统治阶级千百年来积淀下的驭权智慧。

　　宣德五年腊月里的这场应候瑞雪，既有好看头，又是丰年好兆头，还给了宣宗一个大冷天升温君臣感情的好由头。

　　组这样一场别开生面的皇家赏雪饭局，倒不是文艺青年馋虫作妖，摆弄腔调。"古之明君未尝因一事之顺适而忘致警于其德，其臣亦未尝因一事之顺适而忘致警于其君。唐虞三代之世，皆然也。……"抛开御筵上那些必须按规定走完的繁冗礼节不说，朱瞻基这顿饭吃得并不是很轻松，满脑子都是些家国天下、民生冷暖，缵承洪绪、统理兆人的神圣使命感使他不得不朝夕自励、旰食宵衣。作为帝国最高权力的象征，从登极之日起，他就不再属于他自己。纵然置身绝美的琉璃雪世界，他考虑的也是怎样加强凝聚力，提高团队绩效，不忝祖宗之佑和百官协赞之助，吟出的是"仰荷郊庙灵贶隆，在庭文武卿与公""举觞相乐拜天庥，永念皇天与皇祖"这般豪言壮语。

　　而同是即景作诗，《红楼梦》第五十回描写宝玉和"人间富贵花们"在芦雪庵里赏着新雪，吃着烤鹿，呷着热酒，你一言我一言地对着俏皮的联句诗，出自脂粉香娃之口的则是"皑皑轻趁步，翦翦舞随腰""无风仍脉脉，不雨亦潇潇"这类风月词章。即便有"诚忘三尺冷，瑞释九重焦""欲志今朝乐，凭诗祝舜尧"这样称功颂德的表面文章，也充溢着闲澹安适、富贵享乐的优越感。紫禁城的雪景与大观园的雪景，"相与共醉乐时雍"的皇家团建与贵妇阔少们的随性烤肉趴的画风还是迥乎不同的。

作为一个把"雪地团建"搞得风生水起的艺术家皇帝，搞这样的赏雪宴既不是第一次也不是最后一次，朱瞻基在位十年期间共组织了多少次我们不得而知。稽诸各路史集、御制文集及后人选集，目前掌握的信息是，至少在宣德四年、五年、六年是连续搞了三年。而宣德五年的这场雪，因其姗姗来迟更显珍贵，被载入正史。虽然团建这玩意儿在当代已俨然成为职场毒瘤，但在六百年前，还着实是个新生事物，大明帝国高级智库的那帮专家组成员对于这项活动的参与度还是蛮高的，宣宗的"雪地团建"不失为一段历史佳话。

水边莫话长安事，且请卿卿吃蛤蜊：
尚膳御馔难敌老太家膳，也说"木匠皇帝"的四季餐桌

> 凡形状，一旦消退或者一旦黯然，便失去足以与意识会合的扩张能力，连扇贝形的小点心也不例外，……但是气味和滋味却会在形销之后长期存在，……虽说更虚幻却更经久不散，更忠贞不贰，它们仍然对依稀往事寄托着回忆、期待和希望，它们以几乎无从辨认的蛛丝马迹，坚强不屈地支撑起整座回忆的巨厦。
>
> ——普鲁斯特《追忆逝水年华》第一卷

香味是不由自主的回忆的隐身处，食物是解锁记忆的一把神奇钥匙。

当普鲁斯特笔下的主人公口含一块浸过椴花茶水的玛德莱娜小点心时，在贡布雷度过的生活场景便纷至沓来。旧时光被找回的瞬间，同时也意味着它被战胜了——过去已重归当下，此刻，我们感到自己征服了永恒。

从这个意义讲，美食是最深沉的乡愁。时间将味道烙在了人的味蕾上，永不磨灭，而童年记忆中温暖灵魂的母亲的味道更是无可取代……

> 忽赐金苔满院辉，蔷薇露喷熨宵衣。
> 横陈此夕真恩数，明日还愁事又非。

熹宗朱由校虽然是个苦命的孩子，但嘴巴还蛮挑的，一菜不合就大动干戈，时宫人往往有因进御而得祸者。冤有头，债有主，要怪只怪他有个好乳母。[175]

对于一个少有父母之爱的皇子，朝夕相伴的乳母就是他最亲近的女性，起居燥湿，饥饱燠寒，皆赖客嬷嬷十六载如一日的悉心呵护。客氏还有个过人的本事，就是鼎鼐调和之功非常厉害。

熹宗从小吃惯了她做的饭菜，再加上有这份特殊的寸草春晖深情打底，长大后任是尚膳监的"炮凤烹龙"亦难入其法眼。按照祖制，宫婢应住乾清宫东西五所，但客氏却破例住咸安宫，方便照顾熹宗起居饮食。每日御前进膳，皆客氏名下内官办送，名曰"老太家膳"，圣意颇甘之焉，正所谓：

> 大官烹脍惜芳牙，玉食须供自外家。
> 乞得余沾争问讯，珠盘擎著漫矜夸。

在整个明宫膳食体系中，光禄寺发挥宏观统筹作用，所辖厨役负责皇室以外宫廷人员饮膳，烹制玉馔原本乃尚膳监的分内之事，而万历年间却改弦更张，让体制外的轮流办膳团队给抢了戏。"神宗朝宫膳丰盛，

列朝所未有，不支光禄寺钱粮。彼时内臣甚富，皆令轮流备办，以华侈相胜。"（孙承泽《春明梦余录》）

思宗朝起初禁止外庖，回归尚膳监，以示俭省。但在崇祯十三年，又折回先年惯例，挨月轮流办膳。也就是说在天启以前，凡圣驾每日饮馔俱由司礼监掌印太监、秉笔太监、掌东厂太监轮办。朱由校登基之后，其乳母客氏一改"三分天下"之轮办局面，且享有常川备膳特权，至于大膳房遵照祖制所出品的膳酒，"乃只为具文，备赏用而已，希进御也"。[176]

熹宗深念襁褓倚毗之劳，对客氏亦眷遇日隆。夏则大凉棚贮冰无算也，冬则大地炕贮炭无量也，其骄奢僭越日异而月不同。"香舆仙佩碧云鬟，千骑绯袍侍从殷。呼殿只疑銮队出，火城如画照珠还。"客氏暂归私第，必于五更出宫，仪从甚盛，绯袍玉带者在前，摆队步行随从几数千人。"初度才知保姁尊，争遗彩履贴金鸳。琼枝到处霞生脸，御手亲传不谢恩。"每逢客氏生辰，熹宗亦必临幸，升座设宴，赏赉甚渥。而彼亦自视八母之一，居之不疑。凡此诸般，不一而足。

太家供膳备时珍，虾笋尝先百味陈。宫廷饮馔一向强调时序性和节令食俗，熹宗朝因多了客氏掌勺，又平添几分无以言表的恋母情愫。史料所限，想细探熹宗之饮食好尚及令其最难割舍的"老太家膳"之何滋何味，并不容易。搜罗吉光片羽，知其美食榜单排前十位的食物大略有：炙蛤蜊、炒鲜虾、田鸡腿、笋鸡脯、烩三事、云南鸡枞、鲜莲子汤、樱桃、西瓜、丝窝虎眼糖。

笔者无意间发现明遗民蒋之翘《天启宫词》组诗，系仿唐人王建宫词体例杂咏熹宗年间掖庭之事而作。其道细事而不入于俚，作艳语而不伤于巧；且每首之下均有自注交代事件原委，稽事揣情详悉入微，多有与正史相参并补起居注之阙者，可作为了解天启宫事的一条门径。下面就择其与宫膳相关者，带诸位一道领略熹宗的四季餐桌——

　　　　　上苑今朝共咬春，土牛舁入逐芒神。
　　　　　青阳左个瞻龙气，银胜先教赐厂臣。

立春，乃二十四节气之首，又名立春节、正月节、岁节、岁旦等。作为干支历岁始，有万物更生之义，向为礼俗所重，亦为岁首节庆之重头戏。立春前一日，顺天府于东直门外举行迎春仪式，凡勋戚、内臣、达官、武士赴春场跑马，以较优劣。地方官则行香主礼，用人扮句芒鞭土牛以示劝农催耕。

立春日当天，礼部呈进春山宝座，顺天府呈进春牛图。礼毕回署，引春牛而击之，曰"打春"。"是日富家多食春饼，妇女等多买萝卜而食之，曰'咬春'，谓可以却春困也。"（富察敦崇《燕京岁时记·打春》）也就是说，在这一天，无论贵贱皆啖生萝卜和春饼，宫里也吃得相对朴素。

> 海镜江瑶百宝并，黄纱笼盖尚候鲭。
> 后宫私做填仓会，骨董家厨也学烹。

京师正月二十五日，进酒食名曰"填仓"，亦无分贵贱。所谓"填仓"，意即填满谷仓，是一个象征新年五谷丰登的节日。届期，民间会往粮囤里添粮，并且吃讲究一点的饭食。在宫里，最讲究的佳肴莫过于"烩三事"了，也就是熹宗百吃不厌的一道海陆杂烩。

所谓"三事"，一为海参、鲍鱼、燕窝、鲨翅等海味，二为禽肉肥鸡，三为畜肉胶原蛋白猪蹄筋。三大类十余种食材共烩一处，文火慢炖至肉酥筋弹、汤浓汁醇即成，汤肉共食，鲜香难匹。这道融海陆珍萃于一锅的滋补杂烩，可谓明朝宫廷版佛跳墙。有多好吃呢？刘若愚用四个字概括熹宗对此菜的评价——"恒喜用焉"，就足以说明一切了。

几千年来，过年的主旋律其实压根儿没变过，就一个字——吃。在宫里就更不用说了，正月里的吃食最是丰盛，《酌中志》就罗列了百十来样。[177] 随意排列组合都可以做到一个月天天有新菜，日日吃不重。值得注意的是，刘若愚提到的"都中之土荳"，不知是否就是我们现在最熟悉不过的平民美食——土豆。"马铃薯"之名最早见于康熙三十九年纂修的《松溪县志·物产志》，因形似马铃铛而得之。至于其何时从何地引进中国，尚难确断。先前中外科技交流史上的主流观点认为，随着全球航路的开辟，原产于秘鲁的马铃薯于17世纪前半叶由荷兰人引入台湾，随后被带到福建种植。但由于马铃薯别称很多，不同地方叫法各异，这就为考证源流带来困难。新近有一种说法是，据陕西《兴平县志》，此物16世纪已传入中国，万历以后逐渐跻身宫膳之列，但普通百姓还没有口福享受。若从后者之说，熹宗的餐桌上已经出现这种与玉米合称为"并蒂开放的印第安古文明之花"的美洲新作物了。

> 鲥鱼冰党玉鳞鳞，千里红船荐庙新。
>
> 何事年来递偏晚，外头传食已嫌陈。

鲥鱼与河鲀、刀鱼齐名，素称"长江三鲜"。这种鱼的习性比较特别，幼鱼生活在淡水中，成年鲥鱼平时栖息于海，但每年春末夏初会溯江而上作生殖洄游，且处在繁殖期的鲥鱼也刚好达到其口感的巅峰。

唯一的问题是，鲥鱼季实在太短了，也就个把月时间，逾期不候，故而更显珍稀。[178] 因有诗曰："银光华宴催登早，鲥味寒家馈到迟。"可谓体物殊切。孔雀惜羽，鲥鱼爱鳞，其生而娇贵，一触网即不复动，出水则见光死。[179] 鲥鱼富含脂肪，肉极腴美，但有个缺点，就是多刺。宋人彭几平生所恨者五事："一恨鲥鱼多骨，二恨金橘太酸，三恨莼菜性冷，四恨海棠无香，五恨曾子固不能诗。"（惠洪《冷斋夜话》卷九）一时传为京中笑谈。

高端食材往往只需要采用最朴素的烹饪方法，鲥鱼当然是以清蒸为上。吴氏《中馈录》记曰："去肠不去鳞，用布拭去血水，放荡锣内，以花椒、砂仁酱擂碎，水、酒、葱拌匀，其味和，蒸之。去鳞，供食。"食法也讲究，肉和鳞要分开吃。俗语曰：鲥鱼吃鳞，甲鱼吃裙。如若弃鳞而只食肉，与煮鹤焚琴无异。或用蜜酒蒸之，唯不可去背取肚，否则真味全失。

对于明朝的"厂"，除了大家耳熟能详的皇家直属特务机构东、西缉事二厂，还有一个"鲥鱼厂"。朱棣前脚刚走，官府即在金陵城外临江设立了这么一个厂，由南京守备太监掌管，专事统筹鲥贡。每年鲥鱼季一到，满载冰块保鲜的鲥鱼船便急如星火地顺着京杭大运河昼夜前行，到达京师已是六月下旬。

洪武元年所定太庙月朔荐新仪物中，四月份的有樱桃、梅、杏、鲥鱼、雉五种，迁都后不得不将献鲥之日推迟至七月初一。[180] 到了熹宗朝，情况又加特殊，因客魏专权，凡荐新时物，庙中、御前未曾供用，二人已饱饫多时。等终于轮到给御馔加餐了，皇上既不会过问更不会追究，毕竟有的吃就不错了……

> 琼沼翳然水一方，风生珠翠夹亭凉。
> 内人共啜银苗菜，芳蒻先供点御汤。

坤宁宫后园曰"琼苑池"，有亭曰"浮翠"，曰"澄瑞"，夹立池上。荷风送香气,竹露滴清响。此时不食藕,更待何时? 清清爽爽的银苗菜(新嫩藕芽)配芳蒻（莲子）汤，便是宫中夏日的最佳打开方式了。

> 秋深御宿禁梨霜，酒泛缥甆月转廊。
> 纤玉剥残双郭索，落花舞蝶唾生香。

七月流火，暑退将寒。八月宫中进蒸蟹，用指甲挑肉净尽，以胸骨八跪完整，或列为花、或缀为蝶，以示精巧。关于明宫食蟹风貌，前文介绍大宋御宴之蟹馔时已述及，故此免去叠床架屋之累。

> 何处初寒赐锦裘，手携龙卵报琼羞。
> 君王果得昭仪宠，妾愿年年长信秋。

秋高气又爽,进补正当时。牡马之外肾甚益人,名曰"龙卵"。十月间,御馔最重之。此何物也? 我们前面在讲清河郡王宴请宋高宗时, 十五盏下酒菜中有一道"荔枝白腰子",各位看官翻回去一看便知,只不过这里的龙卵是马的,那里的白腰子是羊的。

> 玉戏崖公兴未阑,懋勤营窟御宵寒。
> 红虬催上刚烹熟,又报传汤灌牡丹。

众所周知,熹宗性喜土木,日夕躬自营缮,工师亦莫能及。他不仅亲自动手制造过精美绝伦的乾清宫微缩模型,还给自己设计了一款可折叠式便携龙床。"大事多教属厂臣,手营窄殿秘如神。氍毹恰受三人坐,藻井勾阑色色新。"如果放在今天,做个建筑设计师兼工艺美术大师无疑是最适合他的出路,可惜投错了胎,本该紧攥太阿之柄的手却挥斤运斤而乐不思政,最后只落得个"木匠皇帝"的尴尬绰号。

朱由校虽然文化程度低,也不情愿把引绳削墨的精力挪出来一些放在自我充电上,但必要时总得摆摆样子,换个环境换个心情嘛,关键是正好可以发挥一下专长,把书斋设计得舒适些。考虑到冬日御寒所需,他就在懋勤殿造了个火炕,缀以草桥园丁精心养护的三季之花,十月中旬,牡丹已进御矣。紫姹红妖,烂如三春,红虬一馔,更是增色不少。

所谓"红虬",即红虬脯,传说为唐朝宫廷名馔,乃唐懿宗赐给其爱女同昌公主的玉食。[181] 同昌公主为帝王家豪华独步,终唐一朝,绝无仅有,其饫甘餍肥,自不在话下。从史料记载来看,这是一种极富弹性、造型蜷曲似无角龙的丝状食品。但究竟以何种食材烹得,宋人尚不得而知,明宫御馔里的红虬恐怕也只是徒具其名罢了。

> 金饯菱花合钿螺,冰糖虎眼杂丝缢。
> 内中侍从叨恩啜,宁问樱桃旧毕罗。

明宫侍奉皇帝及其家族的机构有十二监、四司、八局,统称二十四衙门。宫膳食材之源主要有三:一是由司苑局、上林苑、林衡署、蕃蔬署、嘉蔬署、良牧署等内廷机构自给自足，二是各地上贡的精品土产野味，三是从光禄寺、户部等处支银向京城铺行采办。

最好的食材还需最好的呈现，"宫眷所重者，善烹调之内官；而各衙门内臣所最喜者，又手段高之厨役也"。但这些技艺高超的御厨总是将技术保密工作做得相当到位，"法不外传"是他们心照不宣的默契。烹饪时，外人一律禁止观看制作过程，即使某些朝官有幸得赏也只晓其味而不知其方。就拿甜食房来说吧，"经手造办丝窝虎眼等糖，裁松饼减煠等样一切甜食。……其造法器具皆内臣自行经手，绝不令人见之，是以丝窝虎眼糖外廷最为珍味"。美食必有美器衬，甜品完成之后于内官监讨取戗金盒子妥善盛装，便可进安御前了，进赐各官及钦赐阁臣等项亦由甜食房操办。

熹宗最为喜欢、外廷也最为珍味的这个神秘的丝窝虎眼糖到底芳容如何呢？谢肇淛《五杂组》云："有倭丝糖，其细如竹丝，而扭成团食之，有焦面气，然其法皆不传于外也。"据此描述，我们或可大胆臆测此物跟绵密细滑的龙须酥相差无几。

> 珥笔追随侍起居，殿头无事职成虚。
> 但看御酒供来旨，录得佳名百十余。

说完甜食，再来看看酒水。善饮者讲究得法于场所和季节：法饮宜舒，放饮宜雅，病饮宜小，愁饮宜醉；春饮宜庭，夏饮宜郊，秋饮宜舟，冬饮宜室，夜饮宜月。虽说不及"每夕必饮，每饮必醉，每醉必怒"的神宗那么夸张，熹宗也是个不折不扣的小酒鬼。明宫御酒房所造，不过"竹叶青"数种及糟瓜茄等按酒，干豆豉最佳，外廷不易得。魏忠贤便投其所好，设法在外造办美酒，转于御茶房上贡，有秋露白、荷花蕊、佛手汤、桂花酿、菊花浆、芙蓉液、君子汤、兰花饮、金盘露等。六七十种名色甘洌诱人，各擅其美，无不深契帝意，良酝署则形同虚设。而帮助魏忠贤提供造酒秘方的先朝外戚魏士望也因此一路擢拔，名利双收。

> 宝仗西临久不开，枢臣起草出新裁。
> 瀼瀼零露仙方饮，愿作金茎万寿杯。

天启七年（1627）五月，熹宗不豫，至八月间总不离枕席，枢臣霍维华进仙方"零露饮"。良药苦口利于病，仙药清甜可夺命。不日，乾清宫传出噩讯，朱由校草草结束了其短暂的一生，最后谥曰悊皇帝。

> 仙姬翦水散瑶芳，堆象镂狮侍屺旁。
> 警跸一声雷影动，亲持玉尺减增量。

往事浓淡，色如清，已轻；经年悲喜，净如镜，已静。朝辞人间清暑殿，暮至天上广寒宫。那里有个叫吴刚的"中国版西西弗斯"日夜伐桂不止，是一名忠实的原料供应商；"木匠皇帝"终于可以心无旁骛地钻研老本行，再也不必情非得已地打断手头的活儿，谕示王体乾等辈："朕已悉矣！汝辈好为之。"

余 话

我们看清宫剧时，百分之二百会出现的一个经典桥段就是膳前验毒。彼时还没有先进的"一物一码"食品质量安全追溯系统，只能是要么从内务府指派"小白鼠"尝膳，以身试毒；要么就用银牌、银筷等银质餐具进行物理试毒。溥仪自述也证实了这一点，"每个菜碟或菜碗都有一个银牌，这是为了戒备下毒而设的"。

现代科学表明，此法在当时还算简单有效。因为古代最常用的毒剂是砒霜，技术条件所限，制备不纯，往往会掺杂硫化物，而硫与银接触起化学反应会使银器表面生成一层黑色的硫化银。另外，据说清宫还有个用膳规矩，"侍膳不劝膳，菜不过三口"。意即皇帝的喜好永远不能被琢磨透了，谨防有人以此邀宠或心怀鬼胎地做坏文章。其实，《宫女谈往录》里提到的这条原则并未在《钦定宫中现行则例》《钦定总管内务府现行则例》等清宫文献档案中找到根据。对于帝后们的饮食偏好，内务府都一清二楚，这样才便于给他们准备合口的膳食。比如，肯定不会给乾隆整一堆他不爱吃的海鲜，慈禧老佛爷的餐桌上则最好经常出现鸡鸭等禽类。所谓"食不过三"，估计主要还是与满清贵族的用膳仪节有关。别说是贵族阶层了，就是稍有识见的中产人士，在教育他们的下一代时也会有意培养其温文尔雅的绅士淑女气质，其中很重要的一条就是吃饭要少而精，太能吃会显得有失体面、缺乏修养。

再余话

御膳验毒并非中国专利，凡尔赛宫亦如此。路易十四每次进餐前，都会有仆臣事先用面包心摩擦餐具或将其浸入菜肴测试有毒与否，不知所据为何。此外，我们更好奇的是这个曾引领欧洲中国热的康熙皇帝的小迷弟、自号为太阳王的"吃播"祖师爷那副令人咋舌的好胃口。

1682 年，路易十四宣布将法兰西宫廷从巴黎迁往凡尔赛。在其全盛时期，宫中居住的亲王贵族、主教及侍从多达三万六千余人。负责王室起居的各部门中，饮膳相关人员就有两千。虽然听上去很壮观，但这个数目跟紫禁城一比，还是小巫见大巫了。宣德初年，光禄寺厨役员额为九千四百六十二名，后屡经裁减，隆庆元年以三千四百名永为定额。不过与清宫所谓"食不过三"的规矩有霄壤之别的是，波旁家族以能吃为荣，王室成员争相攀比谁吃得更多，对食物的不理性贪婪令人骇异。路易十四的弟媳曾以拉伯雷式的口吻回忆说，她亲眼目睹他吃下四盘浓汤、一只野鸡、一只山鹑、一大盘沙拉、两大块火腿、一些羊肉、一盘甜点、一些水果和果酱。太阳王本人也一直信奉"拥有好胃口是国王应尽的义务"：国君身强体健，国家才会兴旺昌盛。如果瘦成一道闪电，试图通过吃饭展示威仪的策略就显得毫无说服力。

至于他命令群臣围观自己进食又是怎样的心态呢？当然不是表演癖

作祟，也不单是强化存在感，况且这种做法并非由路易十四开先河，早在瓦卢瓦王朝（House of Valois）即已采用。凡尔赛宫以餐桌为舞台，食物为道具，国王为男主，向观众反复传递出的是"朕即国家，王权至尊"的政治话语。作为波旁王朝的法国国王和纳瓦拉国王，路易十四是有确切记录的世界历史上在位最久的主权国家君主，越是骄矜黩武，越需要从外界饱含敬畏的仰望中获取安全感。其实，三百年前太阳王的"直播"吃饭跟现在的网红吃播性质一样，说到底，都是带货。只不过前者的受众档次更高些，吃喝贩售的也不是螺蛳粉、辣椒酱这些小玩意儿，而是抽象的中央集权威慑力。

不管是朱明王朝的天之骄子，还是波旁王朝的欧陆首霸，从奉天殿的大宴仪到凡尔赛宫的王之盛宴，帝国首脑的餐桌总是权力美学的表达载体。

12

清朝第一国宴：火锅宴

清宫一年之中筵宴不断，名目繁多，无论从种类还是频率上，都明显超越前代。诸如改元建号的定鼎宴，皇帝登极的会元宴，三大节日的朝贺宴，为皇室庆生的圣寿宴、千秋宴，与婚礼相关的纳彩宴、团圆宴、谢恩宴；还有圣驾视学的临雍宴，招待文臣的经筵宴，褒赏考官的出闱宴，为新科进士庆祝的"科举四宴"（鹿鸣宴、琼林宴、鹰扬宴、会武宴）；以及外交、军事性质的外藩宴、出征宴、凯旋宴，甚至实录、会典等官修书籍开始编纂及告成之日也要大摆宴席。有清二百七十六年间，规模最大、预宴人数最多的国宴，却不是上述四时八节之类的程式化御宴，而是举办次数最少、仅盛行于康乾两朝的敬老宴——千叟宴。

君臣同健壮，亿兆共昌延：千叟宴究竟办过几次？

"千叟宴"，顾名思义，就是年岁较大的老者参加的宫廷御宴。"千"为概数，极言其多，实际赴宴者远不止此。

关于举办次数，有六次之说，多数认为是四次——即康熙五十二年首开此宴，其后分别于康熙六十一年、乾隆五十年、乾隆六十一年亦即嘉庆元年（1796）办过三次，但实际情况也不尽然。对于此等史无前例的"养老尊贤"盛会，官方正典与笔记野史自然都少不了记上一笔，但对其可靠性则应详加甄别，比较而言，当首选《清圣祖实录》为主要参考。

康熙生于顺治十一年（1654），九岁登基，1713年适逢其六十周甲，且天下承平已久，物阜民丰，于是便决定在这年的生日大举赐宴臣民。宴会分两批进行，先是壬寅日（三月二十五日）在畅春园宴请了汉人四千二百四十人，三天后又宴请了旗人二千六百零五人，合计六千八百四十五人。预宴者以六十五岁为年龄下限，上不封顶，而且皇帝特别优待老者，令其与宴时不必起立行礼。[182]

九年后，也就是康熙在位的最后一年，举办了第二次千叟宴。但并未像上次那样选在万寿节，而是定在正月初二与初五。这次参加人数较少，仅一千零二十人，但多了君臣赋诗唱和的环节，后将作品编纂成集，名为《千叟宴诗》。[183] 康熙所作《御定千叟宴诗》列于卷首，在其自撰诗歌别集中亦有收录，全诗为："百里山川积素妍，古稀白发会琼筵。还须尚齿勿尊爵，且向长眉拜瑞年。莫讶君臣同健壮，愿偕亿兆共昌延。万机惟我无休暇，七十衰龄未歇肩。"其中"尚齿勿尊爵"，意思是以年齿而不以官爵为序，突出了尊老敬老之宴会主旨。康熙曾自言，"览自秦汉以下，称帝者一百九十有三，享祚绵长，无如朕之久者"，在位六十一年，其当政时间超过自秦始皇以来的历朝皇帝，还创下了任期内中原地区四十年无战事的纪录，如此文治武功当然值得庆贺。但有一点需要注意，关于康熙五十二年的那次宴会，《清圣祖实录》并未出现"千叟宴"字样，故从严格意义上讲，1713 年这次只能算是千叟宴之序曲。[184]

下面来看看乾隆效仿乃祖所办的千叟宴。为庆祝御极五十周年，他提前一年就开始筹划这项活动了，多次下谕称"着于乾隆五十年正月初六日，举行千叟宴盛典"。此次宴会在乾清宫举行，入宴者三千，均为六十岁以上。[185] 年龄门槛较之前朝降低，参加者的身份也更为多元，除去皇室宗亲、大臣官吏、外藩使节，还有士商兵民等。而且还多了一项赠送礼物的环节，人人都有份，老者们会得到如意、寿杖、貂皮、文玩之类的寓意美好的物件，这对于赴宴者来说绝对是莫大的荣耀。

到了乾隆六十一年或曰嘉庆元年，待归政大典结束，新君授位礼成，八十六岁高龄的乾隆以太上皇的身份于正月初四在宁寿宫再办千叟宴。由于此次盛会二帝同时参加，所以《清高宗实录》中也出现了两处记载。[186] 这是一次盛况空前的大宴，除三千名有座位的嘉宾外，再加上"未入座"而仅邀观礼者"五千人"，总数为八千，刷新了国宴参加人数的历史纪录，至于这场宴会上诸位耆老都吃了些什么奇珍异馔，且留待下文慢慢道来。

比照相关记载，不难发现赴宴人员构成的微妙变化。作为序曲的康熙五十二年的宴会汉人多于旗人，而三次千叟宴的宾客皆以旗人为主。[187] 从宴会诗集所列名单来看，两厢数目差异更是一目了然。从康熙朝的两日设宴分请汉人和旗人，到乾隆朝改为同聚一堂，也透露出满汉融合之势。综上，所谓的康熙五十二年的第一次千叟宴只能算是序曲，"千叟宴"之名始于康熙六十一年，加上乾隆朝的两次，共三次，以末次规模最巨。

御制诗第一人的火锅执念：千叟宴实为"千锅宴"

既然千叟宴在乾隆年间达到顶峰，那就没有理由不对这两次宴会来个特写。

这种大宴至少得提前半年就开始张罗：除餐饮方面的各项规划，如添置膳桌、木墩、坐垫、菜板、捧盒、盛盘、蒸笼、铁灶等食器炊具外，看馔所需原材料也得源源不断、分批有序地由各地运往京城。内务府营造司还要将宴会厅及周边殿宇，包括耆老们进出宫门的门座等都粉刷一新，毕竟是天子请客，得充分彰显皇家气派。

至于谁能赴宴，不完全是你的年龄说了算，而是由皇上钦定筛选的。这些幸运者一般无外乎退休的满汉文武大臣及在任的地方官员，而乾隆为示其亲民，格外开恩，谕令不少无官衔的庶民也参与了进来。名单一经确定，相关部门就会发出邀请函，知照有资格预宴者按其路途远近合理安排各自行程。因为那时候既没飞机也没高铁，考虑到天气、体力等各种不可抗力因素的干扰，远在边陲如蒙古、云南等地的老叟们怎么也要提前数月起程，水陆旱道，日夜不怠，好歹得赶在开宴前顺利入京，因为奉旨吃饭是一件非常严肃的事儿，万万迟到不得。

一番舟车劳顿之后，你终于在指定的筵宴当日步入紫禁城，是不是就可以敞开肚皮大吃特吃了呢？没这么简单。千叟宴不只是请客吃饭，更是一场隆重的礼仪表演，待各项繁缛的程序都走完了，你才能坐下来品尝美食。而且也不是所有人都管饭的，八千人中有五千位都只是来参加典礼看个热闹罢了。

先说乾隆五十年的千叟宴。

宴会开始前，外膳房总理要指挥摆设席面，赴宴者的官阶品级之别在食器与看馔上体现得一清二楚。膳桌分二等，上等为王公勋贵、二品以上大臣及外使，次等为三至九品官员及兵民。上等桌张设摆膳品为：火锅两只（银、锡锅各一）、猪肉片一盘、羊肉片一盘、鹿尾烧鹿肉一盘、煺羊肉乌叉一盘、荤菜四碗、蒸食寿意一盘、炉食寿意一盘、螺蛳盒小菜二盘，乌木箸两只，另备肉丝汤饭。次等桌上也有两只火锅，但是铜制的，配菜也不及上等桌高级，四碗荤菜和鹿肉都没有出现，以一盘烧狍肉代之。

国宴上怎么会出现火锅？原因很简单：乾隆帝是个无锅不欢的火锅控。

就像他对在名人字画上敲章有着近乎疯狂的执念一样，他对火锅也痴迷得无法自拔，不光在宫里吃火锅成癖，下江南时，每至一地也必备火锅。以乾隆五十四年《膳底档》为例，粗略统计，他在这一年中吃了不止两百道火锅菜，几乎到了"不可一日无此君"的地步，其中最偏爱的是野意锅和鸭肉锅。随手从春、夏、秋、冬四时里拿出一天来抽样，你就会发现"锅"这个字不断跃入眼帘。[188]

由己及人，自己喜欢火锅，也乐意和家人一起分享。比如，乾隆四十八年的元旦家宴上，他与嫔妃们吃的是"挂炉肉野意热锅""燕窝芙蓉鸭子热锅"和"万年青酒炖鸭子热锅"。皇帝平时用膳的地点并不固定，可能在书房、寝宫等经常活动的地方或其他任何地方，但一般都是独自进食，没有圣谕，他人都不得与其同桌。清宫筵宴"国"与"家"泾渭分明，一年中天子与家眷的团圆宴也吃不了几顿，且为了避嫌，还得分男女眷两场进行——早餐时间属于后宫，晚饭再与皇子们吃。而火锅其实就是吃个热闹，独食有什么意思，所以，像千叟宴这种大型国宴，正是吃火锅的绝好机会。

到了嘉庆元年的千叟宴上，乾隆的火锅又进行了升级换代，呈现在诸老叟面前的是一道"十二品野味火锅"，围碟有十二盘配菜，分别是：鹿肉片、飞龙脯、狍子脊、山鸡片、野猪肉、野鸭脯、鱿鱼卷、鲜鱼肉、刺龙牙、大叶芹、刺五加和鲜豆苗，荤素搭配，食材考究。虽说火锅是乾隆帝的心头爱，但在这么隆重的饭局上，肯定不会让大家只吃这个，野意火锅也只是其中的一道菜罢了，除此之外，完整的菜单是这样的——

丽人献茗：君山银针。干果四品：怪味核桃、水晶软糖、五香腰果、花生粘。蜜饯四品：蜜饯橘子、蜜饯海棠、蜜饯香蕉、蜜饯李子。饽饽四品：花盏龙眼、艾窝窝、果酱金糕、双色马蹄糕。酱菜四品：宫廷小萝卜、蜜汁辣黄瓜、桂花大头菜、酱桃仁。前菜七品：二龙戏珠、陈皮兔肉、怪味鸡条、天香鲍鱼、三丝瓜卷、虾子冬笋、椒油茭白。膳汤一品：罐焖鱼唇。御菜五品：沙舟踏翠、琵琶大虾、龙凤柔情、香油膳糊、肉丁黄瓜酱。饽饽二品：千层蒸糕、什锦花篮。御菜五品：龙舟鳜鱼、滑溜贝球、酱焖鹌鹑、蚝油牛柳、川汁鸭掌。饽饽二品：凤尾烧麦、五彩抄手。御菜五品：一品豆腐、三仙丸子、金菇掐菜、溜鸡脯、香麻鹿肉饼。饽饽二品：玉兔白菜、四喜饺。烧烤二品：御膳烤鸡、烤鱼扇。膳粥一品：荷叶膳粥。水果一品：应时水果拼盘一品。告别香茗：杨河春绿。

茗茶、蜜饯、点心、汤羹、粥品、烧烤、果盘应有尽有，老人家们饕餮豪饮、大快朵颐，难怪这顿饭下来吃趴了不少人，有撑着、醉倒的，还有因心情太过激动血压飙升乐晕的。

看罢菜单，想必大家心里都在默默地打着算盘：举办这等规模的宴会，所耗人力、物力、财力肯定不菲。清宫内务府《御茶膳房簿册》里是有一本账的。[189] 乾隆六十一年的千叟宴，其他暂且不提，仅两尺口径的大铁锅就预备了一百十六口，传膳人员达一百五十六名之多。此外，膳毕还有赏赐活动，都是些诗刻、如意、朝珠、貂皮等贵重物件，像银牌、寿杖这类玩意儿的数量都是动辄以千计算的。九十岁以上的老者还会被赐予顶戴花翎，享受品级俸禄。也就是说，单礼物一项开支都是惊人的，这在很大程度上固然是国富民强、政通人和的所谓"康乾盛世"之表现，但也与乾隆本人好大喜功及晚年的挥霍奢侈有很大关系，至于其"优待耆老"之"仁心圣意"则属于另外的问题。

奢由骄起，宽纵随之，一发而不可收拾。乾隆帝办千叟宴虽然是打着向康熙爷致敬的旗号，但到了他手里却越搞越浮夸。据吴振棫《养吉斋丛录》载，朝鲜国王受命派出六十岁以上使者远道而来奔赴盛宴，乾隆"嘉其忱悃"，于常规赏赐之外，还额外赍赉其国王宋澄泥仿唐石渠砚一方、梅花玉版笺、仿澄心堂纸、花笺、花绢各二十张，还有二十锭墨及二十支笔，出手很是阔绰。略览史料发现，乾隆喜欢搞庆典、讲排场，最初的主要表现是为其母祝寿。孝圣宪皇后一生尽享荣华富贵，寿数之高，在清代皇太后中居于首位。自乾隆六年的五旬万寿起，每十年都要大过一次，直至乾隆四十二年薨逝。从此以后，乾隆就把自己的整十万寿过得格外隆重。

乾隆对康熙的崇拜之情体现在处处以之为榜样，悉心学步而又表现得"不敢超越"，至于模仿祖父办宴会的举动，千叟宴只是最为后人所熟知的，其实早在乾隆十一年就搞过类似的庆典。

八月二十七日，乾隆改崇雅殿为敦叙殿，于瀛台大宴懿亲王公，翌日又赐大学士、九卿、翰林、科道等宴，就是仿康熙二十年瀛台赐宴之盛事。时任宫廷画家的张镐还创作了一幅设色精美的《瀛台赐宴图卷》，此画现藏于辽宁省博物馆。有趣的是，此次宴会还成了第二年顺天乡试的考题。主考官为阿克敦与刘统勋（即"刘罗锅"之父），而考生中恰有大家非常熟悉的"清朝四大才子"之一的纪晓岚。作文要求考生撰写一篇假想日后自己参加御宴时用来谢恩的表文。说实话，这题目出得也真够刁钻的，我们常说"艺术源于生活"，有体验、有情感，才会有好文章。对于整日里只和"四书五经"打交道、从未经过官场历练、更别提亲瞻天子尊颜的寒窗士子们，要写出这么一篇模拟君臣欢宴赋诗、赏花钓鱼的宫廷生活场景的文章并非易事。但谁让纪昀是"日食肉数十斤，终日不啖一谷粒"（昭梿《啸亭杂录》卷十）的奇人呢，或许是独绝的饮食偏好滋养了其迅捷发达的脑回路，他很快就笔走龙蛇地写好了一篇典丽工雅的美文。[190] 骈四俪六，咳珠唾玉，词采华赡而又恢宏大气。毫无悬念地，纪昀凭此文一举夺得本场乡试之魁，即解元。[191] 纪昀这个人虽然"貌寝短视"，长得丑还是个近视眼，但因其襟怀坦率、诙谐风趣的人格魅力，还是很受乾隆待见的。

播完插曲，言归正传。作为亘古未有的清宫大宴，千叟宴始于康熙，盛于乾隆，嘉庆之后便销声匿迹了。"巧妇难为无米之炊"，高调的前提是你得兜里有钱、国库充盈才行，如若囊中羞涩还不低调行事，就只能沦为尴且尬的笑柄。道光三年（1823），年轻的皇帝也有意效仿其祖大摆筵席，但受邀赴宴者仅十五名老臣，与三千人的大宴不知差了多少个数量级，乾隆帝的千叟宴是"千锅宴"，道光帝的"十叟宴"上，摆一只火锅就够用了。

火锅狂魔的传统文人情怀：千叟宴也是"千诗宴"

乾隆五十七年（1792）十月，廓尔喀投诚，进表纳贡，乾隆志得意满地御制《十全记》一篇，称天赐其十全武功并期待天眷，成为归政全人。"十全老人"又下令将此文以汉、藏、满、蒙四种文字，刻碑竖立于拉萨布达拉宫康熙皇帝的御碑之旁，以昭祖孙功垂久远。乾隆治下升平，自诩为"千古一帝"，福禄俱全且高寿，是十全十美的"人生赢家"。当然，这里面自矜的成分不少，但乾隆也确实有许多值得夸耀的资本，比如爱写诗。

我们知道，陆游在著名诗人中算是很能写的了，自言"六十年间万首诗"，今存九千三百余首。但放翁根本不是"十全老人"的对手，乾隆有四万三千多首御制诗存世，乃凭一己之力就可比肩《全唐诗》总篇数的古今第一高产诗人。[192] 其创作生涯如果按七十五年保守估计的话，平均每年最少产出五百七十三首诗，也就是说一天就得来两首，比吃火锅还要频繁。

既然平日口不离诗，当最喜欢的食物与最热爱的事情凑到了一块时，不可能不擦出更多灵感的火花。以下是关于乾隆帝两次千叟宴上与群臣吟诗唱和的描述：

> 乾隆五十年，逢国大庆，依康熙间例，举行千叟宴于乾清宫。宴席以品级班列，凡八百筵，与宴者三千人。用柏梁体，选百人联句。……嘉庆元年正月，再举于宁寿宫之皇极殿。与宴者三千五十六人，赋诗三千余首，列名邀赏而未入宴赋诗者五千余人。……高宗恭和圣祖原韵七律一章，仁宗圣制恭和，内廷诸臣俱许依韵。又选文武臣九十六人，仿柏梁体联句。两圣一堂，恩隆礼洽，万古未有之盛举也。
>
> ——吴振棫《养吉斋丛录》卷十五

所谓柏梁体，又称"柏梁台诗"，每句七言，押平声韵，逐句入韵，一韵到底，篇幅不拘。[193] 在汉武帝之后，帝王宴饮群臣，联句赋诗多效此体。如梁武帝萧衍于清暑殿同任昉、徐勉等人的唱和，"居中负扆寄缥缈，言惭辐辏政无术。至德无垠愧违弼，燮赞京河岂微物……"；唐中宗李显在蓬莱宫与韦后、长宁公主、崔湜、窦从一等人的联句，"大明御宇临万方，顾惭内政翊陶唐。鸾鸣凤舞向平阳，秦楼鲁馆沐恩光……"等。

上文提到，康熙当年在千叟宴上作过一首七律，孙子为了表达对爷爷的敬意，捎带展示一下自己的诗才，就"恭依皇祖原韵"和了一首，诗曰："抽秘无须更骋妍，惟将实事纪耆筵。追思侍陛髫垂日，讶至当轩手赐年。君酢臣酬九重会，天恩国庆万春延。祖孙两举千叟宴，史策饶他莫并肩。"吟毕，诸臣齐赞高妙，都积极地和起应景诗来。

屡膺挞伐、平定新疆的阿桂可不是只会统军打仗，文采也毫不逊色，其诗相当工雅："升平景物入春妍，法殿骈罗八百筵。愧领朝班承庆典，欣回使节引耆年。三千人合三元算，五福堂开五代延。跐进霞觞荣更甚，筴佺伏拜总随肩。"身为大学士的水利专家嵇璜也不是只会治理河道，毕竟担任过雍正朝的日讲起居注官和翰林院侍读学士，区区七律小菜一碟："宿雪新花雨逞妍，耆龄恩许拜春筵。胪欢共庆无疆寿，锡福频书大有年。丕迪前光章并焕，感叨世泽赏仍延。从知盛典依旬举，扶杖重看喜挤肩。"[194]

时任协办大学士、尚书的和珅所作的诗为："寅月辰朝曙色妍，祥开春殿启琼筵。承恩拜赐三千叟，祝嘏呼嵩亿万年。盛典再行臣可届，天章许和算维延。一堂五福无疆寿，咨尔期颐孰比肩。"当时乾隆已七十五岁，比和珅年长三十九岁，所以他自称"臣今年稚齿仅三十有六"，吟完诗还不忘美言几句，一方面恭祝万岁龟年鹤寿，一方面期待着自己黄发鲐背之年还能躬逢盛宴："若至圣寿满百再举斯典，则臣年已六十一岁，亦得与宴，不胜私心庆忭。"几句话说得老皇帝心里甚是舒坦。和珅年纪轻轻就官居要职，与其精明强干是分不开的，就在这次盛宴的前一年，他下令各府进献资金，未动国库一钱就完成了乾隆第六次南巡的筹备工作。龙颜大悦，龙心甚慰，遂下令出行时让和珅站在自己身旁，以示其功绩。说完和珅，再来看看刘墉的诗："春到皇都景物妍，欢传千叟赐华筵。仁风广被钦绳武，渥泽新沾庆引年。就日瞻云心共遂，饮和食德寿均延。臣叨葵藿依光近，耆耋班随幸接肩。"

以上所举皆乾隆朝第一次千叟宴时的作品，到了嘉庆元年"两圣一堂"的"万古未有之盛举"时，太上皇又作了一首怎样的诗呢？"才藻富赡"的他没有换韵，继续依康熙爷前韵写道："归禅人应词罢妍，新正肇庆合开筵。便因皇极初临日，重举乾清旧宴年。教孝教忠惟一笃，曰今曰昨又旬延。敬天勤政仍勖子，敢谓从兹即歇肩。"末联是对祖父当年那句"万机惟我无休暇，七十衰龄未歇肩"的积极回应，老骥伏枥却壮心不已——祖孙偕心护社稷，金瓯永固万年长。乾隆此诗御笔现藏于北京故宫博物院，名为"木板印弘历千叟宴诗轴"。接着嘉庆皇帝也作了一首，名字很长——《御制恭和圣制初御皇极殿开千叟宴用乙巳年恭依皇祖元韵》，在首联"开祺淑景喜清妍，千叟三番继祖筵"后还加了几句自注，提出

清乾隆帝御笔千叟宴诗

（故宫博物院藏）

以后要每隔十年办一次千叟宴的设想："圣祖仁皇帝肇举千叟宴，太上皇父乾隆五十年乙巳重举盛典。阅今十一年，寿宇延洪，敷天同庆，特命叟筵三开。自此每十年一举，递增亿万，申锡无疆。"但随着清王朝国力渐衰，美好的设想化为无奈的空想，此后千叟宴遂成绝响。

待二主吟毕，便又到了群臣唱和的环节，彼时景况恰似十一年前的镜头回放。

其实，应制诗的主要功能就是感恩颂德、粉饰太平，千篇一律的程式化通病在所难免。于此特定语境中，诗歌要达到袁枚所谓"性灵说"（包含性情、个性与诗才三要素）的标准几乎不可能。本来君臣共聚一堂，吃喝之余再舞文弄墨风雅一番，图个乐和就罢了，主子开心才是最重要的——因为作诗与吃饭一样，都是政治任务。但若以诗人集会的角度来审视这项活动，再以三次千叟宴赋诗结集的成果观之，那么至少在规模上，它是空前估计也是绝后的：康熙《御定千叟宴诗》凡四卷，计一千零三十首诗；乾隆《钦定千叟宴诗》三十六卷，录诗三千四百二十九首；而嘉庆《千叟宴诗》存诗最多，达三千四百八十七首。

不过这样的宴会雅集其实也还是掺有水分的，虽说原则上是"人赋一诗"，但"不能者内翰林代赋"的情况并不鲜见，捉刀代笔所涉知识产权的归属问题姑且不论，至少会给后人编纂清诗总集添堵。这个问题很复杂，也不属于本篇讨论的范畴，姑且按下不表。

无论如何，自古以来君臣宴饮时即席赋诗的传统在千叟宴上达到极致。千叟宴既是千锅宴，又是千诗宴，大家愉快地吃着火锅吟着诗，真可谓——两宫欢惬，夒铄盈廷，恩隆礼洽，乐何极之！

针锋相对唱反调：随园主人的火锅之戒

在嘉庆元年这次赴京师预宴的老翁中，来自江苏如皋的吴际昌显得格外引人注目。他是当地一带有名的寿星，能诗善文，性情豪迈，与扬州名士多有交游，比如"乾嘉三大家"之一的大才子袁枚就是他的好朋友，两人经常在一块儿品画论诗。嘉庆年间之《如皋县志》始增设"列传：耆寿"一卷，关于吴老爷子的事迹是这样记述的："吴际昌，字韦亭，年八十一岁。遇纯皇帝千叟宴，以八品官带匍匐丹墀，蒙恩赐鸠杖、银牌，千载旷典也。"

作为当事人，肯定会有更详细的记载。的确，他回到老家之后特撰《赴千叟宴恭纪》一篇，尽抒其受此"荣遇"的虔诚感恩之情。[195] 又是授官又是赐物的，真是皇恩浩荡，一时传为佳话。还有人以此为素材作了幅《吴韦亭赴千叟宴归画赐杖图》，袁枚特题诗三首，其二曰："宠锡重重喜不支，手拈如意下阶迟。一枝鸠杖君恩重，交付童孙好护持。"当然，袁枚也接到了乾隆邀其赴宴的诏书，只因身体不适，惜未能成行。[196]

其实，如果他得知千叟宴上会大吃特吃火锅，也就没必要在送别吴际昌时艳羡地感慨什么"路遥无福醉蓬莱"了，因为他生平最深恶痛绝的就是火锅。想象一下，三千多个老爷子对着一千五百五十只锅，这样

清光绪银寿字火锅

（故宫博物院藏）

清咸丰蓝地粉彩缠枝莲纹火锅

（故宫博物院藏）

一个令其大跌眼镜的火锅聚会现场，他若是亲身经历了不吓晕才怪，幸好没去。

火锅在乾隆手里发扬光大，成了宫廷名菜，当时朝野上下趋之若鹜地掀起了一股火锅热。但袁枚却冷眼旁观，不仅没随大流，还非常反感吃火锅这件事。在《随园食单》中，他明确将其列入"戒单"，[197] 这又是为什么呢？

其一，以就餐环境而论，众人围聚一锅，席间喧腾嘈杂，不够清雅。再者，从烹调技术角度讲，每种食材都各有其适合的火候，有的需要慢火，有的则宜旺火，该撤还是该添，不得有丝毫差池。现在倒好，你一股脑儿地把食物都放到锅中去煮，还有什么美味可言？也许有人会说，用烧酒代替木炭加热，不失为一个好办法，但他却不明白食物经过多次煮沸总要变味的道理。也许有人会问，那菜冷了怎么办，总不能凉吃吧？袁氏的回答是，即时起锅的滚热的菜，客人没有立刻把它吃光，直至菜都冷掉了，那么这个菜的味道之差也就可想而知了。

袁氏之说不无道理，一针见血地指出了问题的症结：古代的火锅不像我们今天的锅这么先进，有不同挡位可调节火力，彼时根本无法做到这一点。各种食材只能以统一火候焯熟食之，这就不可避免地会影响到食物的口感。对于味蕾挑剔者而言，显然难以接受。其实涮火锅这件事，大家各有仁智之见，只要不是老袁这般的顶级美食家，在寒冬腊月里热热闹闹地涮个锅，取个暖，联络一下感情，自是一件极舒心的乐事。

森系文艺范儿火锅鼻祖：林洪《山家清供》与"拨霞供"

云升雾罩、热意蒸腾的人间烟火味并不足以概括火锅的全部内涵，它也可以走清爽雅致的文艺路线——于隐逸高蹈的仙气中玩一把风风火火，深谙生活美学的宋朝人在这方面就是我们的楷模：

向游武夷六曲，访止止师。遇雪天，得一兔，无庖人可制。师云："山间只用薄批，酒、酱、椒料沃之，以风炉安座上，用水少半铫。候汤响一杯后，各分以箸，令自夹入汤摆熟，啖之。乃随意各以汁供。"因用其法，不独易行，且有团栾热暖之乐。

——林洪《山家清供》

宋代士大夫崇尚野味，食兔之风尤盛。南宋林洪这段文字记述了他游览武夷山拜访隐士止止师，并从他那里学到涮兔肉之法的经历。

武夷有三弯九曲之胜，止止师高栖于第六曲之仙掌峰，当林洪到达时，遇上大雪，猎得一只野兔，但没有厨师烹饪。止止师就教给他一招山里人的吃法：把兔肉切成柳叶薄片，以酒、酱、椒料等调味品腌之；再在桌上放一只生炭的小火炉，炉上架一口锅，里面加入少半锅汤；待烧开一滚后，每人拿一双筷子，自己夹着肉片在汤中摆动、涮熟，各依口味咸淡蘸料食之。林洪如法炮制，感觉甚妙，这样涮出的兔肉不仅味道鲜美且简便易行，更重要的是大家围炉共享美食的温馨氛围给他留下了深刻印象。

后来，他来到京城临安，在友人杨泳斋的家宴上又吃到了这种涮肉，心绪不禁遥接武夷，山中野趣历历在目，于是感而作诗曰："浪涌晴江雪，风翻晚照霞。"又联想到沸汤中烫熟的肉片色泽布列如渐变之晚霞，就为这道兔肉涮锅起了个极其文艺清新范儿的名字——"拨霞供"，这在整个火锅的发展演变史上，也称得上是最为诗意传神的描述了。

林洪笔下的"拨霞供"其实就是涮锅，只是今人较少涮兔肉，而以牛肉、羊肉、海鲜居多。许多人误以为《山家清供》的这段文字就是关于古人吃火锅的最早文献记载，其实不然。火锅的历史距今至少有一千八百年，离林洪生活的南宋绍兴年间也远隔着九百多年呢。

火锅小史：三国五熟釜—东坡古董羹—西太后菊花锅

汤物合一、老少咸宜的火锅作为中华独创美食，其演变历程同餐饮史的发展一样，都为渐进式前进，与当时历史背景下的生产力发展水平、厨具铸造工艺、烹饪方式、社会消费需求及外来食材的新发现与引进等诸多因素密不可分。

关于火锅之起源，先前主要有三种说法。

一说以为南北朝时期的"铜爨"为最早的火锅。《北史》载，獠人"铸铜为器，大口宽腹，名曰'铜爨'，既薄且轻，易于熟食"。另一说认为三国时期的"五熟釜"才是真正意义上的火锅。魏文帝曹丕曾赐给相国钟繇一只五熟釜鼎，并刻有"於赫有魏，作汉藩辅。厥相惟钟，实干心膂。靖恭夙夜，匪遑安处。百寮师师，楷兹度矩"的铭文。釜的最内圈为圆形，两层同心圆之间等分四格，可同时烹煮五种味道不同的食物，故名为"五熟釜"，可谓鸳鸯火锅之始祖。还有一说，东汉出土的青铜鐎斗即为火锅。鐎斗，又名"刁斗"，铜质、斗形、有柄，为古代行军用具，但可两用。[198] 由于外出打仗不便携带或临时铸制大锅灶，士兵们就每人背一只容量约为一斗的鐎斗，白天拿它来煮东西填饱肚子，夜里用以击打巡更。李颀的《古从军行》中不是有一句"行人刁斗风沙暗，公主琵琶幽怨多"嘛，说的就是这样一种情形。

但是，随着 2015 年全国十大考古发现之一的江西南昌西汉海昏侯墓出土的大量随葬品公之于众，上述三种说法被刷新——火锅的历史貌似又提早了两百年。此墓墓主为西汉第一代海昏侯、故昌邑王、废帝刘贺，考古工作者从其墓中发掘出的青铜温鼎外形酷似今天的火锅：圆腹、三足，上端口小，便于加盖，下端连接炭盘，上下分隔不连通。据介绍，出土时锅中还有板栗等食材。不过也有专家认为，这个疑似火锅的物品实为保温器，并非严格意义上的火锅。因为据炭盘所能承载的炭量推测计算，此锅很难将食物直接煮熟，更合理的实际用途还是将熟食端上去作保温之用。

唐朝的火锅由陶瓷烧制，亦称"暖锅"。白居易不是有一首妇孺皆知的约酒诗《问刘十九》嘛："绿蚁新醅酒，红泥小火炉。晚来天欲雪，能饮一杯无？"

"家酒""小炉""暮雪"三个意象二十字，言短味长，语浅情深，让人看得热意直钻心窝子，仿佛还嗅到了暖锅里溢出的香气。刘十九乃刘禹锡之堂兄刘禹铜，据说系一洛阳富商，与白居易常有唱酬，但在传世白诗中，提到他的其实并不多，仅两首；而关于刘二十八（刘禹锡）的，就很多了。

北宋餐饮业空前繁盛，火锅是汴京酒馆里供不应求的冬令肴馔。苏轼在《书陆道士诗》中介绍江南人好做"盘游饭"，还提到了一种叫"谷董羹"的岭南美食："罗浮颖老取凡饮食杂烹之，名'谷董羹'。诗人陆道士出一联云：'投醪谷董羹锅内，撅窖盘游饭碗中。'"据《大清一统志》载，食"谷董羹"乃"惠州习俗"，始见于宋，实为粤式火锅"打边炉"之雏形。清代《广东通志》云："冬至围炉而吃曰'打边炉'。"那么，"谷董"又为何意？其实是象声词，相当于"咕咚"，拟食物投入沸汤时之音。"打边炉"本应写作"打甂（biān）炉"，"甂"，意为小瓦盆。与其他类型的金属火锅不同，这种广式锅最初用的是瓦镡，筷子亦为竹制加长版，便于大家站立涮食，后来随着社会的进步，这一古老的饮食习俗也发生了变化，才改为坐食。这种火锅的汤底中，常加几片萝卜增鲜除涩；亦有放入豆腐或一小块生石膏（中药）者，据说可减轻打边炉后口干舌燥之弊；当然了，平日里动不动就喜欢煲靓汤的广东人更喜欢以虾头鱼骨汤等代替清水，增加火锅的浓郁风味。然后再往锅里面涮些鱿鱼片、生鱼片、生虾片等海鲜，除了食材的本地特色外，吃法与普通火锅无差，站食之趣虽不复存在，但围炉的暖意与温情从不曾改变。

据考证，内蒙古昭乌达盟敖汉旗出土的壁画墓为辽初墓葬，其中就绘有契丹人吃火锅的场景：只见三个男人围着一口火锅席地而坐，中间那位正在用筷子涮煮羊肉。火锅前面的方桌上，有酒杯及蘸料盘，桌旁还立着一个盛满羊肉的大铁桶。到了元朝，火锅传至蒙古一带，主要也是用来涮牛羊肉的。至清，火锅一统紫禁城，变为宫廷大菜。满族人为御寒，素有冬日点火锅之传统，现今北方人爱吃的涮羊肉，原为"野意火锅"，就是随清人入关传至中原的。清代掌故遗闻汇编《清稗类钞》中曾这样描述时人涮锅之情形："京师冬日，酒家沽饮，案辄有一小釜，沃汤其中，炽火于下，盘置鸡、鱼、羊、豕之肉片。俾客自投之，俟熟而食……故曰'生火锅'。"

说起清朝著名的火锅，除了千叟宴上的那道"十二品野味火锅"，就属晚清宫廷名馔"菊花火锅"了。乾隆酷爱火锅，慈禧太后也集其万千宠爱于一身的正是这个菊花锅。其实，清朝历代主政者都爱火锅，只是这两位更具代表性和话题性罢了。菊花锅与一般的火锅不同，勺形、两耳，加热用酒精而非炭火，这样就便于热传导且不产生烟气。涮物以鲜鱼片为主（有"四生""八生"之别），辅以鸡肉、里脊、玉兰、粉丝等。鸡鸭汤入锅滚沸，取菊花瓣洗净，条分缕撕撒于汤中。加热一阵，使菊香与汤汁水乳交融，再将各物烫熟即可食之。其味芬芳扑鼻，汤之鲜美甩出普通涮羊肉好几条大街，绝对是火锅中的上品，加之菊花清肺养颜的功效，难怪深得太后之心。

以"食不厌精，脍不厌细"而闻名的慈禧太后带动了当时餐饮业的发展，老北京城内各色酒楼鳞次栉比，其中又以四个"八大"（指"八大楼""八大堂""八大居""八大春"等著名饭庄）为翘楚。以同和堂为例，他们家的菊花锅汤底不用鸡鸭等禽肉熬制，而是选用上好的排骨吊成高汤，涮之以鳜鱼片、小鲜虾、腰花、猪肚，别具特色，名噪一时，放在今天就相当于被吃货们疯狂种草的"网红店招牌菜"。西太后钟爱的菊花火锅使京城刮起了一股食菊之风，时人吃火锅都以在汤中伴菊为尚。可谓从凤阙到闾阎，满城尽飘火锅香，锅锅满溢菊花香。随侍西太后八年的宫女何荣儿在回忆录中讲到宫廷饮膳注重节令的合理搭配——"不时不食"，还描述了冬日里大家"添锅子"的情形，可见火锅的受欢迎程度。[199] 火锅既已成为国菜，那么这口涮锅也自然变得越发脱俗精贵了。

　　美食与美器的和谐统一是中国饮食文化之一大特色，这在宫廷御膳中体现得尤为明显。袁枚在《随园食单·器具须知》中讲到，他很赞同古人所说的"美食不如美器"，明清一些名贵的食器，做工精湛，清丽雅洁，用来盛放看馔颇能为筵席增光添色。清宫御制火锅有金、银、银镀金、铜、锡、铁等数种材质。现北京故宫博物院所藏御膳器皿中就有不少火锅实物，因其物主的特殊性，无不体现着皇家独存的高贵气韵。

　　比如，有疏朗隽秀的錾刻镀金提手螭耳掐丝珐琅锅；有光绪年间的镂空蝙蝠纹寿字银镀金火锅；还有方、圆式、双环、八角、南瓜式等多件形制独特的一品锡锅，盖柄嵌有珍珠、宝石，饰以鲤鱼、立凤、狮首、双夔等动物造型，集实用性、观赏性、艺术性于一体，尽显皇室风范。而且这种一品锅都是成套的，里面的碗、盖、碟、座等加起来有二十五件，每个碗下面会单独配一只酒精盏，可分盛不同汤底，这就是所谓的豪华版"宫廷鸳鸯锅"。此外，还有一种叫作"火碗"的温餐器具，也可作为"简易小火锅"来用，由碗、三角支架、银制小酒精碟三部分组成，可拆卸，设计的点滴细节都颇见匠心。

唯锅是爱，无问西东：洋派及新派火锅趣谈

　　自古洎今，一路从大清的菊花香中走来，我们嗅到域外火锅也同样香气袭人。不仅国人爱吃火锅，欧亚多国也都有类似的料理，其中尤以东亚更为盛行。比如，日本有雪花牛肉火锅（寿喜锅），韩国有石头火锅，朝鲜有酸菜白膘肉火锅，泰国有冬阴功火锅，以及印度的咖喱火锅、瑞士的奶酪火锅、意大利的海鲜火锅，还有风靡全球的哈根达斯冰激凌火锅，等等。

　　中华乃美食之邦，火锅历史又源远流长，其大众化特色历来被消费者所普遍接受与喜爱。今日火锅大致呈现出以涮羊肉为代表的北派火锅

与重庆南派火锅平分天下之格局。同时，一批与火锅有亲缘关系的变种也在吃货圈占据着一席之地。"火锅是一群人的冒菜，冒菜是一个人的火锅"，这句话精辟地道出了火锅与冒菜二者的同质性。

在各色新派火锅中，有一种速食自热小火锅是当下炙手可热的网红食品。此物外形似盒装泡面，分内外两层，取食操作便捷。打开料包，倒入内盒，加净水没过食材；撕去自加热包的透明外袋，置于外盒，加凉水没至盒高三分之二处；两盒套叠，加盖等十分钟即可食。

时移世易，鲐簋不再，见证了大清盛衰的千叟宴昙花三现。今时今日每每吃到或看到火锅，彼时彼地袁枚的那几句诗常会穿越时空悄然掠上心头："冉冉浮云过，重重春梦长。沧桑何处问，只问满头霜。"

13

国宴上的调味品

> 柴米油盐酱醋茶，般般都在别人家。
>
> 岁暮天寒无一事，竹堂寺里看梅花。

唐寅在这首《除夕口占》中提到的"柴米油盐酱醋茶"是古人日常生活的必需品，俗称"开门七件事"。[200] 那时不论穷富，家家户户都离不开这七样东西。现在呢？此七事已非彼七事。

不过越是在"古七事"式微之际，就越该拿出来好好说说。因为调味品之于食材，犹如衣饰之于美人，纵然先天条件再好，也不能忽略装扮的锦上添花之功。[201] 五味调和百味香，古人向来讲求调味，烹饪时针对食材的特性，综合考量清浊、荤素、浓淡等多方面因素合理选取调味品，是一位优秀厨师必备的职业素养，也是烹出一道美馔的关键所在。

故曰：调味者，似小而实大，不可不详察也。

上有桓玄寒具油，烹煎炸炒总相宜：
从周天子一年四季吃不重样的秘制烤肉用油说起

"油"字从水，从由，有光润、流动义，本指润滑的动植物汁液。在植物油出现后，遂被作为脂油之义使用，而渐失其本义；也就是说，"油"字作为动植物油及其他油类的通称是随着人类榨油技术的诞生、发展而逐渐变化的。先民的烹饪用油都是从动物中提取的荤油，称为"脂"或"膏"。"戴角曰脂，无角曰膏"，至于到底是属于"脂"还是"膏"，其区分标准是看这类动物长角与否：长角动物（如牛、羊）体内的脂肪块称为"脂",不长角的（如猪、鸡）为"膏",如《周礼·冬官·考工记》郑玄注所言："脂者，牛羊属；膏者，豕属。"所以说，同为荤油，分类还是很细的。在那个物资匮乏的年代，脂和膏都是特别金贵的东西，王孙贵胄才能消受得起。故"脂膏"除本义外，又喻富庶之地，还指人民用辛勤血汗换来的财富。形容一个官员清正廉洁叫"疏食敝衣，脂膏不润"；反之，那就是搜刮"民脂民膏"、成了过街喊打的硕鼠。

脂膏在当时既然是上流阶层的食物，具体怎么个吃法儿呢，是不是也很高级？当然。周天子一年四季吃什么肉、用什么油去烹调都是一物配一物严格规定好的，相当讲究。

> 凡用禽献，春行羔豚，膳膏香；夏行腒鱐，膳膏臊；
>
> 秋行犊麛，膳膏腥；冬行鱻羽，膳膏膻。
>
> ——《周礼·天官·庖人》

庖人"掌共六畜、六兽、六禽，辨其名物"，其职责是掌管、供应天子膳馐所用之牲畜禽鱼等肉食。"禽"指鸟兽总名，也就是献给天子"割亨煎和"的四时鸟兽。彼时杀牲谓之"用"，烹煎调味谓之"膳"。腒（jū），是干腌的鸟肉，北方谓鸟腊曰腒，《说文》所谓"尧如腊，舜如腒"，即互文对举。鱐（sù），是干鱼块。麛（mí），指幼鹿或泛指幼兽。鱻，古同"鲜"。膻，古同"膻"。至于"膏香""膏臊""膏腥""膏膻"则分别指牛脂、犬膏、鸡膏、羊脂这四种动物脂肪。据此，我们可以简要勾勒出一份"周天子四季食肉图"——

春日以牛油煎的羊羔肉和小猪肉为主打；夏季吃用狗油烧的野鸡肉脯和小鱼干；到了秋天，就拿鸡油调和的牛犊肉和小鹿肉进补；寒冬则有羊油烤鲜鱼或鹅肉来大快朵颐。而且为了使肉味更可口，据《礼记·内则》载，当时的烹饪规定还细化到了"脂用葱，膏用薤"的程度。在周朝，脂膏的使用方法主要有二：或直接将肉放入膏油中去煮；或以膏油涂于肉，再将其放在火上烤。

到魏晋时期，以膏油煎炸的食物才渐渐多了起来，除了肉类，人们还经常会吃一些油炸面食小点心。

南朝宋檀道鸾的《续晋阳秋》和唐人李绰的《尚书故实》都记载了一个因为小小的油炸食品而导致友情破裂的悲剧：桓玄酷爱收藏书画，视若明珠，惜之如命。但每当有客来访时，他又会出示自己珍藏的宝物给大家伙儿品（炫）鉴（耀）。一日客至，待宾主寒暄、茶点毕，遂捧画请客观之。谁料这位客人是个不拘小节的马大哈，刚刚吃过主人招待他的寒具（时人喜食的一种油炸面点，类似于今人所食之"馓子"），连手也不擦洗干净就去把玩人家的字画，结果可想而知——"因有渑，玄不怪，自是会客不设寒具"。桓玄真是扎了老心了，憋着一肚子气没处撒，为今后避免类似"不濯手而执书画"的悲剧重演，以后不管谁来都不给你们准备寒具了。比起油腻腻的手指头把字画弄脏，吝啬的名声简直就是浮云，真是"一朝被蛇咬，十年怕井绳"哪！[202] 不过，比起这位风神疏朗的南郡公小时候干的那桩"忿而杀鹅"的瞠目之举，不设寒具之事也就权作饭后谈资，轻松一笑罢了。

我们现在的烹饪用油都是豆油、椰油、橄榄油、花生油、亚麻油、菜籽油等植物油（素油），这在周天子那个时候是想都不敢想的事情。素油的使用与榨油技术是相伴相生的，关于植物油提炼方面的初步探索，约始于汉。《释名》中记载了所谓"奈油"和"杏油"的制作方法，说是将奈"捣实和之以涂缯上，燥而发之，形似油也。杏油亦如之"，但这种将果仁捣碎搅烂然后涂在丝织品上晾干得到的油状物并非真正的食用油。古人最早食用的素油应该是芝麻油，这得感谢从大宛带回芝麻（当时称"胡麻"）种子的张骞。据现存文献，目前我们只知道在汉代胡麻已开始大量生产，张华《博物志》已载有用麻油制作豆豉的方法——"以苦酒浸豆，暴令极燥，以麻油蒸讫，复暴三过乃止"。但榨油技术是如何发明的，其早期操作步骤又如何，却不得而知。《齐民要术》中记有白胡麻和八棱胡麻两个品种，还说"白者油多，人可以为饭"，就是脱壳太麻烦了。

宋人庄绰似乎对榨油这个话题很感兴趣，薄薄一本《鸡肋编》，在上卷中还专门有一条是写油的，他认为"油，通四方可食与燃者，惟胡麻为上"，还总结了芝麻的八大特性，即书中所谓"八拗"——雨旸时则薄收，大旱方大熟，开花向下，结子向上，炒焦压榨才得生油，膏车则滑，钻针乃涩。

此外，除了对宋朝各地出产的食用油或生活用油（主要指灌烛燃灯所用之油）品评一番之外，谁知最后笔锋陡转，竟曝出一幕大煞风景的恐怖片场景："宣和中，京西大歉，人相食，炼脑为油以食，贩于四方，莫能辨也。"

作者轻描淡写悠悠然，看客脊背发凉瘆瘆也。不过庄绰所言"惟胡麻为上"，在沈括的笔记中倒是得到了印证。他说北方人真是忒能吃油了，不管什么东西都喜欢拿来炸一炸——"不问何物，皆用油煎"。还讲了两个炸蛤蜊、炸鱼炸到走火入魔，叫人啼笑皆非的真实案例。[203] 好在这个笨厨师伺候的是一帮文雅的翰林学士，大家也就付之一笑，大不了再写几首诗哂谑一番；若是碰上个暴脾气的武官，不被揍扁才怪。

还有一个油炸过火的悲剧是沈括亲历的，某次他去亲家家里赴宴时，见识了一道名为"油煎法鱼"的菜，令他印象十分深刻。本来这个"法鱼"就是腌过的，按理说稍微简单烧一下就可以直接吃了。但主人为表殷勤，就按当时社会上流行的烹饪方法，把这鱼扔到油锅里开炸，也不知是没控制好火候，还是入油时间太久，反正最后的成品是惨不忍睹的：愣是将好端端的一条鱼炸成了鳞鳍蜷曲的怪物，搞得客人都没处下筷子了。主人也觉得甚是尴尬，怎么办？那就扔掉筷子，直接上手呗。他拎起这条鱼，左手鱼头，右手鱼尾，横着用力撕咬了半天也嚼不动，只得悻悻作罢。

这两则笑谈反映了宋朝北方人的嗜油之风，麻油在其饮食生活中的重要性也不言而喻。到明朝，烹饪用油的花样就非常繁多了，详参宋应星《天工开物》"膏液·油品"条。[204] 此外还记载了每种植物种子的出油比例，如"胡麻与蓖麻子、樟树子，每石得油四十斤""菜菔子每石得油二十七斤（甘美异常，益人五脏）""菘菜子每石得油三十斤（油出清如绿水）"等等，一共罗列了十五种植物油之后，末了一句神来之笔："此其大端，其他未穷究试验，与夫一方已试而他方未知者，尚有待云。"这就是古代科学家的严谨态度和求是精神。

接着，在"油品"之后的"法具"条，宋氏详细记录了榨取各种菜籽油的具体操作方法。[205] 从整理榨具、碾碎翻拌到出甑、包裹等每个环节都不厌其详，而且还特意强调了"疾倾，疾裹而疾箍之"这一减少油损的诀窍。鉴于许多榨工干上一辈子都琢磨不出个所以然，"有自少至老而不知者"，所以作者就大大方方地倾囊相授了。但《天工开物》中却没有提到花生油。

花生是一种优质的油料作物，原产南美洲，但具体是源于玻利维亚，还是巴西和秘鲁，尚难确定。15 世纪末，葡萄牙人将花生传入印尼；16 世纪初，当地华侨将其引入我国华东及东南沿海地区，然后再向南北方传开来。至于自 20 世纪 50 年代末 60 年代初以来，在浙江吴兴、江西修水等原始社会遗址中发现的碳化花生种子，据测定的灶坑年代推知距今四千多年前国人就开始种花生，但也仅是推断，并无确论。我们目前食用的花生、现今广泛种植者，则为南美引进无疑。而关于花生的早期文献记载，见于明弘治十七年（1504）唐锦纂修的《上海县志》、正德元年（1506）王鏊纂修的《姑苏志》等。由于花生传入我国的时间较晚，在清末才在全国推广种植，因此花生油也是在诸多植物油中提炼最晚的，到清代方渐渐出现在人们的餐桌上。花生油首次见诸文献，乃清嘉庆年间檀萃仿宋人范成大《桂海虞衡志》所撰云南地方志《滇海虞衡志》。[206]

作者称花生为"地豆"，很形象；还说当时福建、广东一带的人都普遍吃花生油；但言其种子于宋元间传入，不知所据为何，应该说并没有这么早。其后，在道光三年（1823）刊印的食疗著作《饮食辨录》中，章穆讲到植物油时，只记芝麻油、豆油、芸苔油、棉花籽油四种，并未提及花生油。而《调鼎集》第七卷"调和作料部"专记植物油的"制油法"条中，下列"炼油""制豆油法""麻油膏""用油借味"诸目，亦未见花生油之影。据此不难判断，花生油被比较广泛地食用，至少应是 19 世纪末以后的事了。[207]

经现代科学研究证实，花生油含 80% 的不饱和脂肪酸，其含锌量高出豆油、菜籽油、粟米油等植物油许多倍，常食则有延缓脑细胞衰老之功效。且气味芬芳，香甜可口，特别适合煎炸各类面点，比如给桓灵宝留下严重心理创伤的馓子。

朝事之笾，白黑形盐；汲井挏挏，出车连连：来自老虎的懵圈表情包——为啥要把盐块搞成我的形状？

古人食盐之史可谓久矣。周朝设有专门掌管盐政、供诸事用盐的专门官员，叫"盐人"。那时已经有四种食盐了，不同场合、不同身份的人享用的盐的种类是不一样的。

据《周礼·天官·盐人》载，周王室的祭祀用盐是"苦盐"和"散盐"，招待宾客用的是"形盐"和"散盐"，天子、王后和太子则吃"饴盐"。苦盐，乃盐池所出，未经煎熬者，味特咸苦。散盐，乃"鬻水为盐"而得，咸度次于苦盐，"散"就是次一等的意思。饴盐，是一种带有甜味的岩盐。郑玄注："饴盐，盐之恬者，今戎盐有焉。"

以上四种盐，口感孰优孰劣一目了然：饴盐咸度适宜，最佳，故仅供周天子及其家眷享用。至于形盐嘛，比较有意思，它是一种被特制成老虎形状的盐块。这种造型别致的盐最初在西周是不折不扣的王室用盐，后来到了礼崩乐坏的春秋时期，它也就成了国际外交场合上诸侯国用来招待别国来访使者的食品，而不独独是周家人的专享了。《左传·僖公三十年》记载了这样一件事：

> 冬，王使周公阅来聘，飨有昌歜、白、黑、形盐。辞曰："国君，文足昭也，武可畏也，则有备物之飨，以象其德。荐五味，羞嘉谷，

盐虎形，以献其功。吾何以堪之？"

所谓"聘"，指的是先秦时期天子与诸侯以及诸侯国之间在长期没有会盟等相见机会的情况下，派卿大夫互相聘问以联络感情的一种重要外交手段。既然是外交，礼数周全就显得尤为重要了。荀子说，"人无礼则不生，事无礼则不成，国无礼则不宁"，凡是往聘使团与接待国之间在接触中所涉及的种种礼仪，统称为"聘礼"，这是当时贵族之间极为郑重的高级会见礼。

完整的天子与诸侯相聘问的礼节至今已不得而知。诸侯间的聘礼，据载，则有大聘、小聘之分（其实二者的基本礼数相同，区别只在于使者身份及相应的礼物厚薄之别）。周人尊礼，礼尚往来，国君在上朝时先与卿商定好往聘的国家、使者人选及上介（副使，由大夫担任）；然后就是由宰[208]来开列礼物清单，再命宰夫交给各部门备办；出行前一日傍晚还要检视礼品，以确保齐备无误；接下来就是国君送别、临行前告庙、受命起程了。在进入聘问国国境之前，使团一行还要演练一次聘问仪式，但只演习国君命令的聘问献礼，不得演习私下会见卿大夫等事宜，所谓"习公事，不习私事"是也。待使团来到往聘国，接下来就是执玉—郊劳—辞玉—受玉—私觌—问卿—还玉等一系列仪节了。

周公阅是周公旦的后裔、周朝公爵。公元前630年，他奉周襄王之命到鲁国聘问，在欢迎宴会上，鲁僖公准备了四样食物（昌歜、白、黑、形盐）来招待他。周公阅作何反应呢？只见他忙行揖礼，连连推辞道："一个国家的君主，只有当他的文治足以显扬四海、武功使天下人畏服时，才有资格享用这样的虎形盐和这些由优良的谷物制成的糕点啊。它们都是象征功劳和德行的神圣食物，我哪能当得起呢！"哦，原来不是嫌弃待客不周，而是觉得鲁僖公这个国宴搞得太隆重了，自己受之有愧。

昌歜，杜预注曰"昌蒲菹"，就是由菖蒲根切制腌成的咸菜。传说周文王喜食昌歜，孔子慕文王而食之以取味，后人因以代指前贤所嗜之物。先秦时，昌歜常用来飨他国来使，以示优礼。那么，"白""黑"又各指什么食物呢？杜预说，"白熬稻，黑熬黍"，就是分别用炒熟的稻子和黍子制成的米糕。如果用今人的眼光来看，这顿国宴也太寒酸了，米糕就咸菜，典型的"穷人需要关爱"。即使摆出一大盘虎形盐压场子，估计也只有观赏的份儿，肯定不能当菜吃，否则还不得齁个半死。但当时的人可不这么看，因为这几样菜都是有极好的寓意的，放在外交场合接待贵宾也相当体面：嘉谷，象其文；虎盐，以象武。米糕就咸菜的组合就代表了对来访使者及其国允文允武、德昭邻邦的最高赞誉。因此，周公阅一看到鲁国这个诚意百分百的接待阵势，才会彬彬有礼、推来挡去地客套一番。

其实虎形盐并不仅限于招待宾客，主要用途还是体现在宗庙祭祀上："朝事之笾，其实麷、蕡、白、黑、形盐、膴、鲍鱼、鱐。"（《周礼·天官·笾人》）笾人的职责为督管周室祭祀活动中行朝事礼、馈食礼、加笾、羞笾四次用笾进献食物的整个流程。麷（fēng），炒熟的麦子。蕡（fén），大麻籽。膴（hū），薄切的大肉片，此指生鱼片。注意，这里的"鲍鱼"可不是我们今天吃的那种单壳软体贝类，而是烤鱼干，"鲍者，于煏室中糒干之"。[209] 以上八物，前四样为谷类，然后是虎形盐，后三样为各种鱼类制品，这些食物都用笾盛放。笾，《说文》曰："竹豆也。"它是西周祭祀宴飨礼器中常用的物件儿，笾似豆而平浅、沿直、矮圈足，由豆分化而来，竹编居多，亦有木制或陶制者，主要用途就是盛放果脯、干肉之类的食品。

所谓"朝事之笾"，是指宗庙祭祀在行朝事过程中所荐之笾；所谓"朝事"，即荐血腥之事。周朝祭祀用尸祭，在正式的祭祀活动拉开帷幕之前，要在室中先向尸（代表死者受祭的人）行裸将礼（灌礼），迎祖酌献、躬奉郁鬯（一种香酒）于尸，尸受之而灌少许于地，奠而不饮。王先行礼，王后继献（称为"亚献"），待二人献尸毕，方出室至庭中迎牲。由祝官迎尸出室，面南立于堂之正中，位前设席。此时，王后要在尸席前进八豆、八笾（即上列"麷、蕡、白、黑、形盐、膴、鲍鱼、鱐"八物，分盛于八笾而进）。周王迎牲入庭后，即行杀牲，并向尸荐献牲血及牲肉。

接着，周王夫妇还要手持玉爵酌醴齐献尸。从王出室迎牲到与王后齐献醴这一整套过程中的所行之礼，即为"朝事"；其间王后向尸席所进之八笾，即为"朝事之笾"。朝事意味着祭礼的正式开始，之后才是第二步——荐馈食礼之笾，包括"枣、栗、桃、干橑（lǎo，干梅）、榛实"等。周朝的宗庙祭祀是非常庄重肃穆的一件大事，其各环节及细节可讲处甚多，限于篇幅，兹不赘述。

想来古人真够委婉含蓄，既然都费尽心思地把盐块雕成老虎的形状了，命名时怎么就不直截了当一些呢？干脆叫"虎盐"多好。继续考证，发现北宋还真有这么叫的。如王黄州[210]有诗："糠籺豪家笑，铏羹古味全。虎盐宜燕享，猴棘谩雕镌。"[211]自打谢太傅的侄女在家庭诗会上崭露头角，其"咏絮之才"就名动千秋了，同时大家也记住了谢朗的那句"白雪纷纷何所似，撒盐空中差可拟"。此后，以盐喻雪在文人吟诵中就变得多起来，不过当然要比胡儿的大白话蕴藉得多。[212]既然虎盐也是盐，当然就有人拿来入诗，如韩琦《喜雪》："凝霭收冰乳，堆庭镂虎盐。"

讲了半天虎盐，让我们对先秦的宫廷用盐大致有了一个比较感性的认识，现在是时候来系统梳理一下盐史了。盐，这种现代人餐桌上最普通的调味品究竟源于何时呢？这还得从跟盐有关的几个字说起。

我们今天通用的简化字"卤""鹾（cuó）""咸""盐"在古代分别写作"鹵""鹺""鹹""鹽"，它们的共同点就是都含有"鹵"这个偏旁。虽然《说文》将前三字归鹵部，后一字属鹽部，但汉字都是义著于形的，四者在字义上存在密切关联，即"鹺""鹹""鹽"皆由"鹵"孳乳而来。"鹵"是籀文象形字，象盐池中有盐形，其本义为西方盐碱地。"鹽"字则象在器皿中煮卤。"鹺"为盐之别名，亦有咸味之义。《说文注》进一步解释为："盐，卤也。天生曰卤，人生曰盐。"也就是说，盐池天然所产者称"卤"，人工煮海水而得者称"盐"。《世本》称，黄帝时有个名叫夙沙的诸侯，"始以海水煮乳，煎成盐"，其色有青、黄、白、黑、紫五种。虽说汉末大儒宋衷曾为之作注，但毕竟《世本》已佚，后人征引有差。根据夙沙制盐传说的文献记载及现已出土的煎盐器具物证，我们至少可以得知，早在距今约七千至五千年前的仰韶文化时期，古人就已掌握了煎煮海盐的技术，中国古代最早的食用盐通过煮海水提取而得。

什么地方的人吃哪种类型的盐，是因地制宜的事情，正如太史公所言："夫天下物所鲜所多，人民谣俗，山东食海盐，山西食盐卤，领南、沙北固往往出盐，大体如此矣。"(《史记·货殖列传》)此处"山东""山西"泛指东部沿海及西部天然盐池，非今日山东、山西二省。伴随着人口的增长和食盐消耗量的增加，人们又开始在蜀地凿盐井。扬雄《蜀王本纪》记曰："宣帝地节中，始穿盐井数十所。"魏晋辞赋中不乏对盐池壮观景象的描写，[213] 值得一提的是，那位以《江赋》闻名的大才子郭璞还写过一篇文采斐然的《盐池赋》，赞美其家乡山西运城的盐池。[214]

运城盐池古代叫"解州盐泽"，是全国著名的产盐地之一。因其得天独厚的地理条件，所产之盐色白、味纯、杂质少，在春秋战国时已驰名全国，汉代则广销冀、豫、陕、甘等地。郭璞夸赞这里产的盐聚集了天地川泽之灵气，比周天子的饴盐还要好，巴蜀的井盐就更没得比了，满满的地域自豪感跃然纸上。这是文学家笔蘸浓情的写法，那么，它在科学家眼里又是怎样的呢？《梦溪笔谈》卷三对其形态及成因有翔实专述。[215] 另在该书卷二十四《杂志一》中还继续了他对运城盐池结晶问题的探索，提出"盐南风"一说。[216] 而郭璞赋中提到的"火井"，来头一点都不小，位于今四川邛崃的火井镇是世界上最早发现天然气的地方。[217]

食盐提取颇为不易，安炉架锅直接烧煮，忙活老半天下来，不仅费时耗工产量还不尽如人意。这就注定了自从食盐诞生的那一刻起，它是作为一种昂贵的稀缺品参与到人们的生活中来的。夏商周三代，盐还处在民间自由开采贩卖的阶段，与其他物产一样，以土贡形式上缴国家，中央向产地征税。西周虽设有专掌盐务之官——盐人，但彼时尚无正规的盐法颁行以管理食盐生产流通之各环节。春秋时期，管仲相齐，设鱼盐之利以赡贫穷，徼山海之业以朝诸侯，用区区之齐显成霸名，成开西汉盐铁官卖之滥觞。[218]

武帝朝设立了食盐专卖、严禁私产私营的峻法。当时的情况是，中央招募一批吃苦耐劳的百姓，费用自己筹备，给你提供生产场地和煮盐器具牢盆[219]并定出产量，待煮好之后由政府统一负责收购、运销，所以你老老实实地做个埋头苦干的"杭育杭育"派就行了。谁要是不守规矩敢自制私盐，那就钛（dì）刑伺候——在违法分子的左脚趾上箍一个六斤重的铁钳。想象一下，是不是比干脆利落地把这只脚砍掉还要难受？"钛，以铁为之，着左趾以代刖也"，官家就是特意这么做的。在经历了被折磨得生不如死的刻骨铭心之痛后，你还敢再犯吗？肯定打死也不敢了。不仅当事人不敢，他周围的人也不敢了，如此一来，杀一儆百的惩治目的就达到了。

自元狩四年（前119）武帝采纳东郭咸阳和孔仅的建议，实施盐铁官营以来，至天汉三年（前98），又颁行了算缗、铸造五铢钱、均输、平准、告缗、酒榷令等一系列重大财经政策。[220]待到昭帝始元六年（前81）二月，在主政大司马霍光的组织下，朝廷从全国各地召集贤良文学六十余人齐聚京城，与以御史大夫桑弘羊为首的政府官员，就武帝时期推行的各项政策进行总体评估并展开大讨论。此次会议的核心议题为是否罢盐铁，实质乃是国营垄断与自由经济之争。同年七月，会议闭幕，结果是废除酒类及部分地区的铁器专卖，但仍保留盐铁官营和均输平准之策。这就是著名的"盐铁会议"。[221]

晋朝规定，"凡民不得私煮盐，犯者四岁刑，所在主吏二岁刑"。不但犯法的盐户要坐四年牢，还严格实行责任追究制，主管领导也得跟着挨两年铁窗。唐初不重盐利，盐业实行公私兼营模式，这种较为宽松的政策一直持续到"安史之乱"爆发。

肃宗乾元元年（758），第五琦临难请命，借鉴平原太守颜真卿"以定钱收景城郡盐，沿河置场，令诸郡略定一价，节级相输，而军用遂赡"的成功经验，奏请唐肃宗创立榷盐法。具体办法是，官府于产盐处募民为亭户专业煮盐，煮成之后以每斗十钱之价尽数上交，再提价十倍出售。[222]且各地设置监院管理，严禁私人盗煮贩卖。第五琦建策起江淮财赋，开盐铁置使之端，变征税为专营，国库收益立竿见影，浩繁军用得以填补。此为唐朝盐业政策之转捩点，也是魏晋以来数百年私营盐业历史之终结。[223]

其后，刘晏代为主持盐务并结合实际情况对榷盐法进行了一些改革：在坚持原有官营原则的基础上，对政府、私商与盐户的关系作出适应性调整。为保障盐商利益，奏罢诸道对商人盐舟过境及使用堰埭的加征税，设十三巡院以加强对私盐的缉查力度。这种变"官家专利"为"官商分利"的禁榷制度充分调动了私商贩盐的积极性，也取得了可观的双赢效果：从代宗宝应元年（762）刘晏继任盐铁使兼转运使之初，到德宗建中元年（780）他被罢官之前，中央财政的盐利从四十万缗增加到了六百余万缗，"天下之赋，盐利居半"，其变法之功足可见之。

五代盐法特峻。虽宋朝有关盐业犯罪的刑罚比前代宽缓，但无论是从自上而下的行政管理体制，还是对于食盐的生产、仓管、税收、运销等每个环节的严密监控上来看，其盐法较之历代盐政都更为奖惩分明且具有鲜明的时代特色。责任明确、分工精细的各部门，使盐法在维护盐业市场的稳定秩序、适应繁荣的商品经济以及充盈边防军库等方面都起到了积极作用。宋朝盐法以律、令、格、式等形式出之，未被列入国家法典，但已显示出其合理性与完备性，故有"后世盐法各依宋旧"之说。纵而观之，自汉唐以来，榷盐之总趋势是法网日密，越变越繁细苛刻；至于将盐事之禁例刑用入章，纂为定制，则自《大明律》起。

盐是世界上利用最普遍的非金属矿物原料，是人们生存的必需品，在国计民生中占有举足轻重的地位。因自身属性的特殊性，自诞生之初就注定了其国有垄断的命运，历朝历代皆如此。作为中国古代最重要的国家专卖品，中央对盐政的监控力度直接关系到国库的财政收入，自东周、两汉至魏晋隋唐，靠征收盐税以摆脱财政窘况的事例屡见不鲜。

五味之中咸为首，食盐在古人的生活中是位列第一的调味品。而对于现代人，吃盐已不再奢侈，我们面临的问题是：不患无盐患多盐。对于那些努力践行个人健康管理的人士而言，他们在烹饪时往往都会"锱铢必较"地使用带刻度的量勺去苛刻控盐，这仿佛与古人量入为出、精打细算的用盐情形很相似，但背后的原因却有本质上的不同：前者是供过于求的后工业化背景下的主动反思与觉悟，后者则是供不应求的封建农耕时期生产力不足及禁榷制度下的被动妥协与无奈。

"口之于味也，辛、酸、甘、苦经年绝一无恙。独食盐禁戒旬日，则缚鸡胜匹，倦怠恹然。岂非'天一生水'，而此味为生人生气之源哉？"《天工开物·作咸》篇首宋氏的这段感叹，怕是共鸣难寻了。至于周王室的特供虎形盐，在今天听起来也似乎魔幻得像个笑话。

醢醢鬻菹，麋鹿蠃蚳；肉不离口，口不离酱：周王室的名贵蚁卵酱 VS 宋明帝的夺命鱼肠酱

说起酱，笔者首先想到的是果酱，因为每天的早餐吐司不能没有它。果酱之诞生应不早于人类普遍食用砂糖。公元前 334 年，亚历山大大帝（Alexander the Great）挥师东征。拿下波斯帝国后的他野心急剧膨胀，继续乘胜东进，将触角伸向印度。海达斯佩斯河会战（Battle of the Hydaspes）以印度溃败告终。据说也就是在此时，马其顿军队把砂糖带回欧洲，开启了制作果酱的历史，不过仅限宫廷贵族食用。果酱真正大规模地普及开来，则是在十字军东征以后的事情了。

那么，在中国，古人制酱、食酱又始于何时呢？要比欧洲早得多。而且酱在诞生之初也并不是简简单单作为调味品这种衬红花的绿叶出现的，从某种程度上讲，它本身就可以算作是花：百花竞妍，朵朵惊艳，不乏奇葩。

《汉武内传》载，西王母下凡会武帝时，告诉他神药上有"连珠云酱""无灵之酱"和"玉津金酱"，于是就有了"瑶池金母秘传制酱法"一说。但《汉武内传》这本书本来就是后人托名班固（一说葛洪）所撰的神话志怪小说，本身王母下凡也只是个美丽的传说，若再把酱的起源和她扯上关系，岂不是传说中的传说了嘛，其可信度不攻自破。另有周公制酱说。[224] 一个人某方面

杰出了，大家就觉得他方方面面理应都杰出，包括各种发明创造的专利权也十分乐意划归至其名下，比如酱。但在《周礼》中就已有"凡王之馈，食用六谷……酱用百有二十瓮""食医掌和王之六食、六饮、六膳、百羞、百酱、八珍之齐"的记载，故而酱的产生应在周朝以前。明人张岱《夜航船》卷十一"日用部·饮食"条为我们回顾了一下隆古时代先民之饮食进化史。[225]

他说燧人氏是人工取火的发明者，也是肉脯和肉块的初创者。黄帝做烤肉，成汤制肉酱，"醢"指肉酱，也就是说，早在殷商时期酱就出现了，姑且信之。我们比较关心的是上文提到的周朝宫廷里那一百二十口大瓮里面到底都装了些什么酱呢？可惜，今已不可全考。别说现代人不大清楚，其实到了东汉末年郑玄生活的时候，这些瓶瓶罐罐就已经是个谜了，所以他在给《周礼》中讲到"百酱"这一块的内容作注时，才会不无遗憾地发出这么一句捉襟见肘的感叹："天子、诸侯有其数，而物未得尽闻。"虽然不得尽知，但也不是一无所知，有十几样还是可以知道的，而且大部分都是我们可能只是略有耳闻或闻所未闻也肯定没机会见识的顶级土豪料理。[226]

醢是一种在周人的饮食中分量极重的食物，周王室专设"醢人"一职以掌管宫廷祭祀、日用及待客等场合所要用到的肉酱。这个部门的具体人员编制是，"奄一人，女醢二十人，奚四十人"。[227]醢人由一名宦官担任，其手下配有一个由六十名女奴组成的助理团队帮他打理跟肉酱有关的各项事宜。前面我们讲到，周人在祭祀过程中行朝事礼时，要进献虎形盐，即"四笾"之一。而醢人所掌的四豆与笾人所掌的四笾是同时而设的，笾放干食，腌菜、肉酱等带汁食物则由豆来盛。豆的形制类似高足盘，上部呈圆盘状，盘下有柄，柄下有圈足。现在我们就来看看九献之礼以及加爵环节中出现的这些豆里面都装了什么秘密——

菹为醋酱腌渍成的菜之通称。所以，腌菜类豆有：韭菹，腌韭菜；菁菹，腌蔓菁；茆（máo）菹，腌莼菜；葵菹，腌秋葵；芹菹，腌水芹；箈（tái）菹：腌嫩笋；笋菹，腌笋。共计七种，叫"七菹"。

此外，素菜豆还有：昌本，腌菖蒲根；深蒲，腌嫩蒲叶。肉类豆有：脾析，牛百叶（按："脾"为"膍"之假借。膍，古指百叶，即牛羊之重瓣胃）；蜃，大蛤；豚拍，小猪肋肉。这三种虽不带"醢"字，但也属腌制品，只不过切得比较细碎，即所谓的"齑"，与"菹"之别在于菜、肉切块时的大小不同。如郑玄所言，"凡醯酱所和，细切为齑，全物若牒为菹"。故以上荤素五豆，合称"五齑"。

醓（tǎn），指肉酱的汁，"醓醢"是一种多汁的肉酱；蠃（luǒ）醢，蜗牛/田螺酱；蠯（pí）醢，蚌肉酱；蚳（chí）醢，蚁卵酱；鱼醢、兔醢、雁醢，好懂，不解释。这七种酱加起来，就是"七醢"。

那"臡（ní）"又是什么呢？郑玄说，"有骨为臡，无骨为醢"。言简意赅，一看就懂：臡和醢一样，都是肉酱，区别是带不带骨头。所以，"麋臡""鹿臡""麇（jūn）臡"分指带骨麋鹿酱、鹿肉酱、獐子酱，这便是所谓的"三臡"了。

上了这么多河珍海鲜、奇禽异兽做成的肉酱，总得配点主食吧，当然有酏（yǐ）食，即稻米稀粥。但它也不是普通的粥，是取淘洗好的稻米，加入动物脂膏切成的小块同煮而成的粥。糁食，是一种煎饼。其做法是，取牛、羊、豕肉切丁，再与稻米按 1 ：2 的比例掺和、煎熟。注意，最后的"羞豆之食"仅酏食、糁食二豆，与前三献皆为八豆者有别。

盘点一圈下来发现，周室的饕餮酱宴虽以各种珍奇肉酱为主打，但亦兼及时蔬、糕点与羹汤，可谓搭配合理，一应俱全。我们知道，在先秦时期，肉类的烹调方式除了做羹，最常见的就是晒干加工制成肉脯，以便长期保质。但像蚌蛤之类的贝类软体动物，还有蚁卵这种神乎其神的食材，就只适合制成肉酱密封到罐瓮里保存了。所以说，周王室奇奇怪怪的上百瓮臡醢，在当时有限的食物贮存条件下，可谓因肉制宜的绝佳典范。

此等高级料理不仅在盛大的祭祀场合中笾豆各有定制，平日里大家每天怎么个吃法、人均供给量什么的也是严格按等级来的。比如，对于天子、王后及太子而言，"王举则共六十瓮（同'瓮'），以五齐（同'齑'）、七醢、七菹、三臡实之"。这里面提到的二十二种咸菜和肉酱，就是我们前面罗列的那些食物。所谓"举",即杀牲盛馔,这就涉及周天子的用膳习惯了——每日早餐前杀牲,然后吃上一整天,即贾公彦《周礼义疏》所言"一日食有三时,同食一举"。但也有例外情况:斋戒期间,每日三餐都杀牲;若逢大丧、大荒、疫疠、灾异或重要军事行动,则不杀牲。[228] 我们常说"一日之计在于晨",一国之君、天下之主的早餐当然是非常隆重的。

用膳前将牲杀好之后,陈列十二只鼎(牢鼎九,陪鼎三),然后将九鼎之牲取出分置九俎。古人"食必有祭,示不忘先",食前祭礼之所祭对象是从前发明这种食物的人,以表其不忘本。具体的祭法,若是饮品,就取少许浇于地;若是食物,则亦取少许置于席前俎、豆、笾等食器之旁以示祭奠。周天子的食前祭礼是膳夫先帮他准备好当祭之食,一一取以授王,再由王一一祭之;祭毕,他要先为王品尝食物,然后王才开吃。整个进膳过程,均有雅乐伴奏以侑食;包括食毕,将食器撤回厨房的这个环节,也少不了音乐。[229] 周朝的礼乐文明,在天子每日的早餐中就已体现得淋漓尽致了。

而对于宾客来说,则由醢人"共(供)醢五十甕"。天子在招待宾客行致饔饩之礼时,要用五十瓮酱。天子的座上宾,也不是普通人,此指五等诸侯。等他们来朝时,周天子就会派人到其下榻的馆舍送去牲肉(饔)、活牲(饩)、酱和其他多种食物,如此这般的隆盛馈赠,就称之为"致饔饩"。凡有朝觐、会同等外交接待任务,宰夫就要依牢礼之法,除饔饩以外还要供应来客路途所需的粮草,留居期间消耗的牲肉、禽鸟,以及燕礼和飨礼中要用到的酒食等。[230] 可见,肉酱不仅是周室国宴上的重要组成部分,还是周天子赠送给诸侯的国礼之一。

先秦留下来的文献资料本就不多,而关于周室饮馔最全面、靠谱的记载,莫过于"三礼"。以上所举诸般奇齑异醢皆出自《周礼》,而在《礼记·内则》中,我们发现了一份更有条理、更完善,同时也更令人眼界大开的周天子膳单:[231]

饭:黍、稷、稻、粱、白黍、黄粱,稰、穛。

膳:膷、臐、膮、牛炙;醢、牛胾、醢、牛脍;羊炙、羊胾、醢、豕炙；醢、豕胾、芥酱、鱼脍；雉、兔、鹑、鷃。

　　饮：重醴。稻醴，清、糟；黍醴，清、糟；粱醴，清、糟。或以酏为醴，黍酏、浆、水、醷、滥。

　　酒：清、白。

　　羞：糗饵、粉酏。

　　食：蜗醢而苽食、雉羹，麦食、脯羹、鸡羹，折稌、犬羹、兔羹，和糁不蓼。濡豚，包苦实蓼；濡鸡，醢酱实蓼；濡鱼，卵酱实蓼；濡鳖，醢酱实蓼。腶脩、蚳醢，脯羹、兔醢，麋肤、鱼醢，鱼脍、芥酱，麋腥、醢酱。桃诸、梅诸、卵盐。

　　以上饭、饮、酒、羞、食五大类，把周天子平日里的主要饮馔罗列得甚是详尽。[232]逐条分析之后最大的感受是——怎一个精致了得！

　　先说主食吧，光米饭就有六种粮食轮换着吃，而且每种还细分为成熟时的收获品（稌，xǔ）和未完全成熟的早收之谷（穛，zhuō）。因为什么时候收割也是有讲究的，熟有熟的味道，嫩有嫩的口感，这样一来，其实就是十二种米饭了。国宴上的饮料多以醴（一种佐餐甜酒）为主，每种谷物制成的醴都有清、糟（未经过滤者）之分，二者合称"重醴"。这份膳单里列了稻、黍、粱三种原料酿成的醴，那就是一共有六种醴饮可选。盛醴的专用杯子叫"觯（zhì）"，《仪礼·聘礼》中"宰夫实觯以醴，加柶于觯，面枋"，说的就是国君在宴请使者时，由宰夫往觯中酌醴酒，再在觯中加一把勺子（柶，sì），且勺柄（枋，bìng，古同"柄"）要朝前这么一个细节。此外，有时也会以粥为醴，如黍米粥，还有酢醋、梅浆（醷，yì）、寒粥[233]等，或者就是直接以水为饮。"糗饵"和"粉酏"是两种点心：糗是用炒熟的大豆捣成的粉，饵是用黍米、稻米粉混合蒸成的糕饼，因为饵是黏性的，所以要在上面裹一层糗以防止粘黏，于是就成了糗饵。是不是看着很眼熟？确实和老北京小吃"驴打滚"的做法如出一辙哟。而"粉酏"，跟前面提到的"糁食"也差不多，是一种由稻米和碎切的动物脂肪拌和而成的面饼。关键是下面"食"之部分才是重头戏。

我们来看看周天子的各种酱到底是怎么佐膳的。

吃菰米饭和野鸡羹时，来一点蚌蛤酱；肉脯羹配兔酱；细切的生鱼片和芥子酱最搭。是不是又看着很眼熟？没错，这就是小资们经常爱拿来标榜生活品位的日料里面的刺身。你们现在趋之若鹜的洋气玩意儿，都是人家周天子三千多年前玩剩下的。至于鹿肉的吃法，可就更精细了：如果是烹熟的麋鹿肉片（麋肤），就蘸鱼肉酱；若直接吃生鲜麋鹿肉（麋腥），则要配上味道更浓郁的醢肉麋酱。而这其中最高标脱俗的吃法莫过于将加了桂、姜等香料捶打而成的干肉条（腶脩）拌着蚁卵酱吃了。我们可以把腶脩想象成是类似于五香牛肉干的东西；但是，对于"蚳醢"，感觉它纯粹就是一种不可描述的神奇存在，不知其形貌是否如西餐里那种黑乎乎一坨的鲟鱼子酱似的让人看着头皮发麻。

其实，这些五花八门的肉酱除了摆在餐桌上供天子佐肉而食之外，它们在烹饪环节中就已经发挥巨大作用了：煮鸡肉时，为了提味，得在去掉内脏的鸡腹中填入蓼菜，再加一些肉酱；煮鳖的时候，操作方法也一样。注意，文中提到的"卵酱"之"卵"读作"kūn"，指鲲鱼子。"濡鱼，卵酱实蓼"的意思是：在烹鱼时，要加入鲲鱼子酱，并辅以蓼菜填充鱼腹。如果把"卵"按常用义理解为鸡蛋，以为是在烧鱼时要裹蛋糊什么的，则大谬不然矣。况且，这是周天子的膳单，要吃就得吃高大上的鱼子酱，鸡蛋这种普通食材根本不够档次。至于后面的"卵盐"之"卵"，则还是正常读作"luǎn"，指大如鸟卵的那么一块盐巴，故名。

前面我们讲到，肉不离口、口不离酱的食酱达人周天子会把酱赠送给来朝的诸侯。那么在宴会上，来宾们能享用到些什么酱呢？以礼定分，君臣有别，规格肯定离天子的家常便餐要差老一大截，患有密集恐惧症的诸侯们也不用担心万一给自己端上来一碟子蚁卵酱可咋整。放心好了，是你想太多，这种顶（黑）级（暗）料理轮不上你吃，那是周天子的"一人食"。

酱的品种虽然少了点，各位诸侯吃的也不差，奢侈浮华谈不上，"体面周到"这四个字还是完全当得起的，这就是我们从上述引文"膳"之部分得到的信息。充分发挥你的空间想象能力，再结合《仪礼》"聘礼""公食大夫礼"等篇相关记载，就可以复原出当时宴会上一桌子摆放有致的丰盛肉馔了。

牛肉羹（腷）、羊肉羹（臐）、猪肉羹（膮）这三种不加菜的纯肉羹，再配上一道烤牛肉，共四品，放在第一行，自西向东开始摆放，置于食案北侧；肉酱、切成大块的牛肉（牛胾）、肉酱、细切牛肉片，这四品位于第二行，自东而排；烤羊肉、切成大块的羊肉（羊胾）、肉酱、烤猪肉这四品是第三行，再由西面开始摆放；第四列从东到西分别是肉酱、切成大块的猪肉（豕胾）、芥子酱和细切生鱼片。以上四行十六豆为下大夫的食礼规格，无非就是猪牛羊"三牲"，不是做成肉羹，就是烤着吃，要么就是煮熟大块大块地蘸些酱吃，唯独特别一点的就是给上了道生鱼片。若再添上野鸡、兔子、鹌鹑、鹦雀这四品排在第五行，那就是上大夫的接待标准了。观察以上肉馔和酱碟的摆盘方式，我们不难总结出这么一条规律：醢是用来搭配胾和脍吃的，炙则不用。因为大肉块是煮熟的，味比较淡；鱼片是生吃的，所以都需要额外的酱来提味或去腥。而做烤肉的时候，因为上火之前会在肉外面涂一层酱料，味已足，吃的时候自然就没有必要再蘸酱了。

《论语·乡党》有一则记录孔子的饮食规矩，可归纳为夫子"十不食"。[234] 食不厌精，脍不厌细，老人家是很挑嘴的。食材不够新鲜，不吃；菜色烧得不好看，不吃；味道差，也不吃；厨师手艺欠佳、烹调失当，更不吃了。不到饭点儿肯定是不吃饭的；不按正确的屠宰方法或正确的纹路切出来的肉，不吃；酱配错了，不好意思，我也不吃。一席饭菜肉馔虽多，但也不贪嘴，蛋白质的摄入量绝对不能超过碳水化合物。

《黄帝内经·素问》总结的养生要诀是，"五谷为养，五果为助，五畜为益，五菜为充"；谷肉果菜，食养尽之，但无使过之，否则会"伤其正"。夫子在其日常饮食中很注重膳食平衡，主次分得是一清二楚，毫不马虎。关于喝酒呢，他的原则是：在喝醉之前，酒不限量。不过老爷子只喝自家酿的酒，沽酒不沾，因为对其品质信不过。同样地，外边市场上买来的侑酒肉干，考虑到卫生隐患，也是拒绝入口的。还有一点，夫子喜食姜，"不撤姜食"的意思是饭吃完了，但姜碟子还得给我留着，要稍微再吃一点点。当然了，也不会过量的。朱熹在《论语集注》中，对孔子的这个嗜好从理学的角度作了进一步阐释，他说姜能"通神明，去秽恶，故不撤"。[235]夫子七十三岁登遐，放古代算是高寿，这与他老人家讲究卫生的健康饮食观是分不开的。他郑重地把食酱规矩列入饮食十戒，也从侧面反映出酱在先秦饮食中的重要地位。

现存关于制酱法的最早记载，见于《齐民要术》，其中记有九种作酱法及五种成分近似酱的美味。里面详细介绍了以牛、羊、獐、鹿、兔、鱼、虾、野鸡等动物蛋白为原材料的传统肉酱制法及快手速成法，还有两种比较有创意——"燥脡（shān）"和"鰿鮧（zhú yí）"。与单一原料的肉酱不同，燥脡由生肉、熟肉加调料混合而成，[236]里面用到的"豆酱清"应该就是酱油最初的名称。先秦以来，酱的制作经历了从佐肉的肉酱到以调味为主的素酱这样一个过程。约自汉代起，始以大豆作酱，但酱油之起源尚无确考。因其对发酵、制酱工艺要求较高，故出现稍晚，待到宋人林洪《山家清供》中才始见"酱油"一词。

关于"鰿鮧"之由来，据说与汉武帝有关。看完这个故事，你就会明白为何"鰿""鮧"二字的鱼字旁右边是"逐""夷"了。[237]汉武帝攻打夷人一直追到海边，忽然被一阵神秘的食物香味给迷住了，但只闻其香不见其物，遂命人去探查个究竟。原来是一个渔翁在坑里盖上湿土在那儿酿鱼肠酱呢，所以香味是从土里丝丝缕缕地钻冲上来的。武帝一尝，惊喜得不得了，真是让人回味无穷啊！再结合当时发现这道美味的背景，就给它起了个颇有纪念意义的名字——鰿鮧。其制法如下：

> 取石首鱼、鮧鱼、鳎鱼三种，肠、肚、胞齐净洗，着白盐，令小倚咸。内器中，密封，置日中。夏二十日，春秋五十日，冬百日，乃好。熟时下姜、酢等。

"胞"指鱼鳔，"鲑鮧"就是取黄鱼、鲹鱼和鲻鱼的内脏用盐腌成的鱼酱。鱼鳔可是好东西啊，它含有的生物小分子胶原蛋白是人体补充合成蛋白质的原料，鳔胶自古就是中医名贵药品，补肾益气，滋养经脉，可治产后风痉、吐血不止等。本来按照上古的食规来讲，贵族是不会去碰动物内脏的，更别说君临天下的帝王了。《礼记·少仪》中不是有"君子不食圂腴"一说吗，连猪狗的肠子都不吃，难道会去吃鱼肠？鱼鳔吃吃当然是好的，但把肠肚都混进来一起腌有点不可思议，直至后来看到《南齐书》中讲宋明帝贪食鲑鮧之事，方才释惑："帝素能食，尤好逐夷，以银钵盛蜜渍之，一食数钵。"

刘彧本来是个"少而和令，风姿端雅"的翩翩美男，不过由于岁月这把杀猪刀对"猪王"下手太狠：成年以后的他因运动不足，身体基础代谢率降低，BMI 值暴涨，好端端一个粉雕玉琢的文艺青年就悲哀地变成了油腻腻的胖叔叔。体质变差不说，还特别怕冷，连夏天都得穿件小皮衣挡风。所以，为了第一时间避风，他就专门派了两个人去观察风向，哪边来风务必及时禀报，于是"司风令史"这样一个奇葩的官职就应运而生了。倘若风伯飞廉有知，怕是要笑哭咯！话说他老人家都已经这么胖、这么虚了，还是管不住自己的嘴巴，那种用蜂蜜腌渍的甜丝丝的鱼肠酱，放在银碗里给他端上来，精食美器，哪能停得下来，每次都得干掉好几钵才肯罢口。在他已经病入膏肓的时候，每顿饭还要吃掉三升肉糜羹之类的流食呢。最后，因为肚子里油水积得太多，任何灵丹妙药都不见效了，到了大渐之日，"正坐，呼道人，合掌便绝"。这可真是应了放翁那句"倩盼作妖狐未惨，肥甘藏毒鸩犹轻"啊！

明帝如此贪恋美食，估计很大程度上与其早年所受的精神巨创有关——被他那个狂悖无道的混蛋侄儿给整怕了。[238] 但关于这个鲑鮧是否确为鱼肠酱，被李约瑟誉为"中国科学史上的坐标"的《梦溪笔谈》作者沈括又有话说。[239] 乌贼，本名乌鲗，又称花枝、墨斗鱼或墨鱼。它与章鱼、鱿鱼一样，虽然名字中都带"鱼"字，但三者均不属鱼类，而是软体动物门、头足纲动物。沈括认为鲑鮧就是墨鱼卵。如果你还不知道墨鱼卵不仅能吃且非常好吃，估计十有八九是没去过潮汕，因为当地的"墨斗卵粿"可是众多美食达人心目中 NO.1 的潮汕特色小吃呢。那蜜渍鲑鮧又有何渊源呢？隋炀帝爱吃甜食，又特喜欢蟹，吴郡就投其所好，上贡了两千头的蜜蟹和四坛子蜜蟛蜞（一种淡水产小型蟹类）。大概北人好甜、南人好咸吧，将鱼蟹以糖蜜腌渍，可迎合北方人的口味。沈氏的侧重点在于说明蜜渍之因由，但为何鲑鮧就是墨鱼卵，却未细说，鲑鮧这桩公案还是没有理顺。

此时，大法官李时珍出现了。"孙恼《唐韵》云：'盐藏鱼肠也。'……观此则鳔与肠皆得称鲑鮧矣。今人以鳔煮冻作膏，切片，以姜、醋食之，呼为鱼膏者是也。"李氏说鲑鮧就是鳔胶，认同贾氏观点并以明人所食"鱼膏"引证类比，一锤定音。至此，本以为这件事也差不多就这么了结了，没想到清朝学者俞正燮又提出新论。他认为"鲑"乃"鰶"字之笔误，而"鰶鮧"是河豚的古名，所以，鲑鮧并非腌鱼肠，而应为名贵的河豚肉。貌似也有一定道理。[240]

同样地，关于鲑鮧的诞生时间，在现存最早的吴中方志、署名撰者为陆广微的《吴地记》中就提供了一个有别于汉武帝的版本。[241]

今江苏省苏州市吴中区东三十里有唯亭镇，其得名与"夷亭"有关。范成大《吴郡志》载："夷亭，阖闾十年，东夷侵逼吴境，下营于此，因名之。"后转音为唯亭，镇以亭名。公元前 505 年，东夷寇吴，阖闾率军讨伐之事于史有征，而武帝呢？戎马一生，征伐四方，任期五十四年内打仗就打了四十四年，试问古往今来谁有他这么能打？除凿空西域、解除北方匈奴边患，还完成了对闽越、南越、东瓯等地方割据政权的统一，巩固了汉朝之海疆。据《汉书·武帝纪》载，自元封元年（前 110）春正月始，至征和四年（前 89）春正月最后一次行幸东莱，武帝曾先后七次巡海，且每次间隔都不长，直到去世前两年，六十八岁高龄的他老人家还在海上漂着呢。[242] 当然了，其频繁出海的主要目的跟秦始皇当年一样，御驾虔诚访仙以求不老之药。至于鲑鮧是在哪一次东巡途中发现的，还真不好说。武帝吃过鲑鮧应不是虚无缥缈的传说，但若要将这道美味的发明权归于春秋时期的吴国君主阖闾，似乎也难以排除这个可能，故录以备考。

到清代，人们食用的酱就跟我们现在相差无几了。

《调鼎集·调和作料部》里就介绍了不少制酱法，其中有几个菜谱是今人闻所未闻的，估计也只有在宫廷里才能吃得到。调味酱有芝麻酱、黄豆酱、黑豆酱、蚕豆酱、米酱、甜酱（又分为自然甜酱、面甜酱、西瓜甜酱等）；此时已出现了果酱和鲜花酱，如乌梅酱、玫瑰酱；还有以甜酱为主料，加入砂糖、冬笋干、香蕈（极好的嫩菇）、鸡丁、辣椒，以及研磨好的砂仁、干姜、橘皮等香料炒制而成的"八宝酱"和"千里酱"。

至于酱油，也记有十四种之多，如：苏州酱油、扬州酱油、麦酱油、花椒酱油、麸皮酱油、套油等。且彼时已有红、白之分，就如今日酱油有老抽、生抽之别。老抽是在生抽中加入焦糖，经特别工艺制成的浓色酱油，酱香醇厚，最宜烹调烧卤等深色菜肴。《清稗类钞》称，"京师以黑醋、白酱油为贵，味特鲜美"。白酱油之"白"非白醋之"白"，它是一种采用手工古法酿造的不添加焦糖色的淡酱油，属江浙一带特产，现已列入嘉兴市非物质文化遗产。[243]

> ……肆筵设席，授几有缉御。或献或酢，洗爵奠斝。醓醢以荐，或燔或炙。嘉殽脾臄，或歌或咢。……
>
> ——《诗经·大雅·行苇》

铺席开筵，佳馔连连；殷勤酬酢，兴高采烈。端上肉酱请客尝，或烧或烤滋味妙；百叶牛舌也煮食，高歌击鼓人欢笑。这是周代贵族家宴的盛况。那时从国宴到家宴，无酱不成宴，现在则是有宴不一定有酱，要有也只是佐味的配角。今人所食肉酱，多以作为下饭菜的速食罐头或北方打卤面浇头的形式出现，在火锅店蘸料自选区也能觅得一两处酱影。"乱花渐欲迷人眼"，各类新鲜烹制的肴馔使选择困难症成了大众通病，肉酱的生存空间被挤压得越发逼仄。时代在进步，食尚在变迁，生活水准在提高，今日之酱已非昔比。

酢醶醯醨，截浆酪酸，醢鸡同舞瓮中天：
"宁饮三斗醋，不见崔弘度"与"郎君又有她，洗手不当家"

陶穀《清异录·馔羞门》云："酱，八珍主人也；醋，食总管也。反是为：恶酱为厨司大耗，恶醋为小耗。"酱列第一，醋列第二，两者的重要性毋庸赘言。通过上文，我们认识了"主人"，下面就来介绍一下这位"总管"，首先从一则因为喝醋而升了大官的故事说起。[244]

事情发生在中唐德宗年间，时任天德军节度使的李景略是个治军严酷到让人闻风丧胆的主儿。一日，他宴请部下，判官任迪简迟到了，按例得罚酒一巨觥。谁知碰了个不走心的卫士倒酒，误把醋瓮作酒瓮，给老任斟了一大盅醋。老任深知李节帅之脾性，若声明杯中是醋，犯事儿的小卫士必死无疑。于是慈悲心肠的他，强忍着难言的酸爽，脸上挂着笑容，将"酒"一饮而尽，好不容易撑到宴会结束，离席时吐了不少血。军中壮士听闻此宽厚仁恕之义举，都感动得泪流满面，老任也日益受到官兵的拥戴。后来，李景略死了，军中便报请朝廷推荐任迪简接替其职，这样任判官就成了任节度使，"呷醋节帅"隐忍得志的佳话也流传了开来。后晋刘昫在《旧唐书》中为他作传时，归入"良吏"，这是对其人品的充分肯定。

忍，自古以来就是国人遵奉的处世原则之一。《说文注》云："忍，能也。……凡敢于行曰能，今俗所谓能干也；敢于止亦曰能，今俗所谓能耐也。"吴亮所撰《忍经》乃我国古代最系统的忍学教科书，其"谢罪敦睦"篇就引用了北宋贤相王曾的一句经典名言——"吃得三斗酽醋，方做得宰相"，忍乃胸中博闳之器局，极言忍之可成事也。节度使在唐朝中后期位高权大，属于省部级高官，相当于现在的省委书记兼省军区第一政委，不得不说任迪简这顿醋喝得可真是太值咯！

讲完了"良吏"感天动地的光辉事迹，顺带提两位"酷吏"，也跟醋有关。

元弘嗣是史上有名的酷吏。开皇九年（589），他随晋王杨广参加平陈之战，因功授上仪同涧。后任观州（今属河北沧州）总管长史，待下以严酷闻名，大家多有怨言。开皇二十年，改任幽州²⁴⁵总管长史。谁知他的上司燕荣也是个酷吏，其人性情乖僻残暴，心狠手辣。他对地方上那些作威作福的豪门大族铆足了劲儿地狠狠打击，绝不心慈手软；对待自己的部下随从，只要稍不称意，就以上千下的笞杖伺候。面前被鞭打的人血流满地，而他却"饮噉自若"，能云淡风轻地像个没事儿人似的照旧大碗吃肉、大口喝酒。这不，元弘嗣到了他手下也是受尽百般屈辱。当初元弘嗣一听说自己被任命为幽州长史时，差点吓尿——这往后还不得被燕荣虐死啊！细思恐极，硬是左躲右闪、百般推辞。

隋文帝为了让他老老实实就任，就给燕荣下了道敕书，也是给元弘嗣吃定心丸，说："以后元弘嗣要是犯下需笞杖十下以上的罪过，你都务必上奏让我知道。"燕荣一听，怒不可遏，心想："元弘嗣你个臭小子，竟敢在背后捅你大爷刀子，看以后怎么收拾你！"于是，他就特意"照顾"元弘嗣，给他分派了一个监管百姓纳粮的好差事。为什么说是好差事呢？因为"飏得一糠一秕，辄罚之。每笞虽不满十，然一日之中，或至三数"。只要检查发现你收回来的粮食里面有一点糠皮或一粒瘪谷，那就上鞭子，打！而且谨记皇上吩咐，每次抽打不超过十下，但有时候一天里要打好几次。你说坏不坏！就这样挨了一年，二人彼此怨隙日深，燕荣借故将元弘嗣逮捕下狱，并断其口粮。元弘嗣实在饿得受不住了，就抽出衣服里的棉絮，就着水吞咽下去充饥。好在他有个勇敢的妻子，替他进京控告燕荣虐待下属的罪行。文帝遣人彻查此事，属实，将燕荣召回京赐死，由元弘嗣代其职。

可是，问题来了。苦媳妇终于熬成婆，元弘嗣也迎来了他的人生巅峰。上行下效，青出于蓝而胜于蓝，他把从上司那儿学来的阴、狠、损招儿经"涡轮增压"处理后变本加厉地施加在了刑犯身上:"每推鞫囚徒,多以酢灌鼻,或椓弋 [246] 其下窍。无敢隐情,奸伪屏息。"

他比燕荣的残暴有过之而无不及。每次审讯囚徒时,都要将醋灌入其鼻腔,或摧残其下身,所以犯人不敢有任何隐情。想想鼻子里被塞满醋是怎样一种体验,尖酸刺激上达七窍,下通咽喉,头痛半死+呛个半死,比任迪简那受虐的五脏六腑可怜多了。元弘嗣,算你狠!由受虐小弱弱变身施虐大狂魔,估计是报复心理+补偿机制在作怪,灭掉一害,又添一害,无乃"除狼得虎"乎?《隋书·元弘嗣传》里的这句"及荣诛死,弘嗣为政,酷又甚之",十二字笔简意深,中间略去的千言万语客官们自己去体会,真是令人倒吸一口凉气啊!跟元弘嗣一起被《隋书》写入酷吏列传的还有崔弘度 [247],当时长安城里有这么一句广为流传的民谣——"宁饮三升酢,不见崔弘度;宁茹三升艾,不逢屈突盖。" [248]

我们知道,自公元 581 年杨坚建立隋朝,结束了西晋末年以来三百年纷争割据的局面,度量衡也随之再次统一起来。正如顾炎武《日知录·权量》所言,"三代以来,权量之制自隋文帝一变",其变主要表现为汉儒们一直遵从的秦汉古制被北朝大制取代。这一办法此后又被唐宋以降历代沿用,可见隋初改制在整个古代度量衡史上的重大意义。而此前,南朝沿用三国时期的斛斗,其基本量值与秦汉相同,1 升约合 205ml。据《隋书·律历志》,"梁、陈依古。齐以古升〔一斗〕 [249] 五升为一斗",可知北齐容量略大,1 升约合 300ml;而之前的拓跋朝,则每升"于古二而为一",相当于 400ml。逮至文帝以北周之制统一权量,规定"以古斗三升为一升",其单位容量已增至 600ml。南北度量衡单位量值竟差之数倍,就出现了"南人适北,视升为斗"的现象。这一时期的度量衡之所以混乱,主要原因在于南北分治,各自为家。南朝虽也政权更迭,但以华夏正统自居,一切以沿袭汉制为主,尊而不改,度量衡亦然。而北朝动辄两三倍于古的原因则在于法制无序及统治阶层之贪婪,拓跋珪虽自天兴元年(398)以来就推行了一系列汉化政策,但其执行效果并不尽如人意。顽固的奴隶制与试图构建封建秩序的矛盾与对抗,几乎一直持续到了鲜卑族统治的最后崩溃阶段。

我们再回过头来看看"宁饮三斗醋，不见崔弘度"的说法。"三斗"就是1.8L，比我们今天喝的三瓶矿泉水还要多，让常人一口气咕嘟咕嘟连喝近两升水是一项非常痛苦、基本不大可能完成的任务（大胃王除外），更别提是醋了。两相比较，可见崔弘度是有多么的可怕。

此外，还注意到一个细节，《隋书》作"酢"，《北史》作"醋"，可见在隋唐时期，二字已同义混用了。而在很早之前，"醋"这个字的本义并非指醋这种调味品，且与你的想象可能出入较大。《说文·酉部》释其曰："醋，客酌主人也。"《玉篇·酉部》云："醋（zuó），报也。进酒于客曰献，客答主人曰醋。"包括《仪礼·特牲馈食礼》中所说的"祝酌授尸，尸以醋主人"，"醋"都是用作动词，表客人以酒回敬主人之义，与表主向客敬酒的"酬"字相对应，所以古代有"酬醋"这个说法。

"醋"作为名词，表调味品之义，应自东汉起。如《东观汉记》卷十五《桓鸾传》有"泰于待贤，狭于养己，常着大布褔袍，粝食醋餐"之句。说的是桓鸾这个人不追求生活享受，过得很节俭清苦，只穿着乱麻絮衬里的粗布袍子，吃些醋拌粗米饭度日。又如，张仲景在《伤寒论》卷五为阳明病开出的方子——"蜜煎方"中还附记了一个以醋调和猪胆汁的清润导便之方："又，大猪胆一枚。泻汁，和少许法醋，以灌谷道内，如一食顷，当大便出宿食恶物，甚效。"[250]

"酢"为"醋"的同义词，与"醋"之出现时间和使用语境相当。《说文注》释其曰："酢，醶也，酢本戠浆之名。引申之，凡味酸者皆谓之酢。上文醶，酢也。酸，酢也。皆用酢引申之义也。……今俗皆用醋。"即"酢"为正字，"醋"为俗体。"酢"专指调味品，多见于汉魏以后，如《南齐书·虞愿传》有载："〔帝〕食逐夷积多，胸腹痞胀，气将绝。左右启饮数升酢酒，乃消。"看到"逐夷"二字是不是感觉眼熟？没错，这就是我们前面提到的那位狂嗜鱼肠酱不要命的宋明帝。

因为吃得过量，消化系统失灵，胸腹结块鼓胀，难受得眼看要断气了。身边的人见势不妙，赶紧端来几升醋酒让他喝下去，才消了闷胀。看看，关键时刻，醋还能救命呢，厉害了，我的醋！但是再厉害，也只能偶尔救个急，哪能架得住你天天这么胡吃海喝。中古以降，作为名词的"酢"与"醋"相比，使用频率远不及后者；宋代中叶以后，大家已习惯于将饮酒时主客互敬或友侪间之酒食往来称为"酬酢"；清朝，表示调味品的"酢"已基本被"醋"所替代了。《康熙字典》称，"今人以此（指'酢'）为酬酢字，反以'醋'为'酢'字，时俗相承之变也。"《说文注》亦云："诸经多以'酢'为'醋'，惟《礼经》尚仍其旧，后人'醋''酢'互易。""醋"与"酢"在使用过程中发生的互换现象也反映了语言文字因时而变、随事而制的社会属性及内在活力。

其实，古汉语中表示醋或酸味之义的字还有很多，如"醯（xī）""醶（yàn）""酨（zài）""醦（chǎn）""醶（chǎn）""酮""酪""酸""浆"等，散见于不同历史时期的各类典籍中，细考其共时分布与历时演替状况，不难写出一长篇语言学论文，此处暂且先略去三万字，让我们直接进入醋的起源与生产环节。《齐民要术》卷八"作酢法"条记有二十三种酿醋法，其中有十种是传统的谷物发酵法：用曲或麦麨（黄衣）使炊熟的粮食（如粟米、秫米、黍米、大麦、小麦等）发酵产生乙醇后，在醋酸杆菌乙醇氧化酶之催化下，与空气发生氧化反应，即可得到含有6%～7%乙酸的食醋。有三种是在熟豆类或粮食中直接加酒而酿成的醋，如"大豆千岁苦酒法"[251]。取一斗大豆，淘净，浸泡发胀，炊熟。完全晒干后，灌入酒醅。不论酿多少醋，都依此标准来做。另外还介绍了四种利用粮食加工所得的副产品（麸、糠、酒糟）来酿醋的方法。而"回酒酢法"和"动酒酢法"则是将酒转做醋的方法。[252]

比起酿醋，酿酒的工艺流程更加复杂，其对温度、水质、原料的配比以及酿造时间等各项指标都有严格要求。古人初期的酿酒设备较简陋，技术也不成熟，在实践中经常会出现不得法而使酒酸败的情况：比如因密封不到位，酒未发酵好就已开始氧化，或因发酵菌类没有控制好等原因，酿造过程中谷物淀粉的糖化、氧化与酒化反应往往参差错杂，极易导致"酿酒不成反成醋"的事情发生。虽然不能作饮品了，但也不能白白浪费掉这些粮食，于是就有了补救的办法，把它做成调味品——醋。

酒一般能变成醋，但醋则转不回酒，从酒、醋酿造的生化过程分析，也能说明"酒醋同源"的关系。

此外，在《齐民要术》卷四"种桃柰"中还介绍了桃子醋的制法，这样前后加起来一共就是二十四种酿醋法了。当时的酿醋原料已非常多样化，除了采用普遍流行于黄河中下游地区的各种谷物制醋，还有以蜂蜜发酵的"蜜苦酒"和"外国苦酒"（加入少许胡荽子）以及别具风味的粉末醋——乌梅醋。[253] 将去核的乌梅肉与醋以 1 : 5 比例浸泡数天，晒干之后捣碎碾成粉末贮存，什么时候想吃了就取出一些来搁在水里面，于是见证奇迹的时刻到了：眨眼间，原先摆在你面前的一碗水化身为混合着幽幽梅香的醋。万万没想到的是，早在 6 世纪，我们智慧的老祖宗们就已经发明了速溶果醋这样一种不占空间、便于储存的神奇粉状调味品或饮品。

若是从酿造工艺方面考量，南北朝时期的制醋技术也已十分成熟：贾氏所记二十一法为液态发酵法，另有纯固态法（酒糟酢法）、固态浇淋法（作糟糠酢法）、水果固定醋酸法（乌梅苦酒法）各一。而且食品卫生保障方面的工作也做得比较好，在"作酢法"篇首，贾氏便开宗明义地指出："凡醋瓮下，皆须安砖石，以离湿润。"因低洼潮湿之地易滋生霉菌，使醋醅败坏，所以他强调醋瓮要放在高处，用砖石与地面隔开。他还说，用料应务求洁净，制醋用水均取用比地表水要干净得多的新汲井水；发酵容器要密封严实，如"但绵幕瓮口，无横刀益水之事""向满为限"云云。对制醋者的个人卫生也提出了要求，"恐有人发落中，则坏醋"。卫生意识固然难能可贵，但贾思勰认为妊娠妇人会坏醋，其谬说至清朝仍流播未绝，这个得指出来郑重批评一下。但批评归批评，贾氏之书瑕不掩瑜，我们也只能心平气和地视之为时代的局限性，客观地看待这个问题。

论醋之名品，唐有桃花醋，元有杏花酸，明有正阳伏陈醋，清有佛醋和神仙醋。清宫酒醋房设立于顺治十年（1653），属内务府内管领处下属机构，负责酿制、储藏酒醴酱醋以供内廷及筵宴等事宜需用。初由首领太监管理，乾隆二十四年（1759）起则改派内管领二人经办，下设酒匠、酱匠各十六人，醋匠、苏拉（清代内廷机构中担任勤务的低级杂役人员）各八人。

以中国第一历史档案馆所存"乾隆四十二年宫中酒醋房用物销算折单"为例，[254] 我们可以对当时宫廷内从皇帝、嫔妃、阿哥、郡王、福晋到一般侍从、太监、僧道等人的日用等级差别有个大致印象，同时也可从一个侧面了解清中叶前内膳房之动支、销算及京师部分物价的情况。

据载，五个妃子加起来的酱醋消耗量还不及乾隆一人。这份清单再往后看，各人份例逐级递减，到了太监，每人每日用酱四两八钱、醋一两二钱，少得可怜，尤其是醋，还抵不过皇上用醋零头的四分之一。雍和宫里的十四名喇嘛分得的酱醋比太监还少：酱砍掉一半，二两五钱；醋基本持平而稍少，一两。此外，再加上皇帝前添用赏用碗菜饭桌、外膳房预备苏造卤煮等物、侍卫饭房每日预备份例饭食，以及咸安宫官学教习、武英殿修书处供事、造办处柏唐阿和匠役，包括圆明园、清漪园的住班水手们，将各色人等都算在内，清宫这一年共用掉 56411.1 斤酱和 9415.7 斤醋，仅乾隆一人就吃掉了八分之一的醋。时至今日，我们吃醋可就没这么多限制了，想吃多少就吃多少，"四大名醋"（山西陈醋、镇江香醋、永春老醋、四川保宁醋）任你挑，开怀就好。在全国各地的名醋里面呢，又以山西老陈醋为最，此醋呈红棕色或琥珀色，味道绵酸香甜，醇而不酽，素有"天下第一醋"之盛誉。晋人善制醋，嗜食醋，民间有"无醋不成味"之说。由于山西对酿醋的特殊贡献，加之"醯"字与山西之"西"同音，所以外省人又会亲切地称晋人为"老醯儿"。

作为重要调味品的醋，除了具有食疗保健等药用价值外，其民俗文化内涵也不可忽略。宋代民俗，孕妇到了产期分娩之后，亲朋要争相赠送小米、木炭、食醋等用品，以求平安吉祥。[255] 其时又有"打醋炭"之俗，[256] 就是在铁勺上放一块烧红的炭，再浇上醋，在屋里的每个角落都走动走动，旨在驱妖邪、除晦气。明朝遗民屈大均《广东新语》"祭厉"条中亦有"各家或用醋炭以送疫"之说，现今陕北地区仍保留着这一独特的风俗。

倘就流传的广度及时间长度来考察，自唐至今，历千祀而犹盛者，则非"吃醋"之典莫属了。据"青钱学士"张鷟的笔记小说集《朝野佥载》载，唐太宗即位后，为表彰房玄龄的"筹谋帷幄，定社稷之功"，封其为梁国公，并赐美女数名，与其为妾，但房玄龄死活不肯接受。太宗料想定是其夫人不答应，于是心生一计，派太监持一壶"毒酒"传旨房夫人，命她在"同意"与"赐饮自尽"之间作出选择。谁知房夫人二话不说，面不改色地接过酒壶就喝，喝完之后人一点事儿没有，原来壶中装的只是醋而已。房夫人宁为玉碎，不为瓦全，留下一段千古佳话，后来"吃醋"就演变成表示男女之间嫉妒心的代名词了。

类似的一幕在明朝也上演过，不过不是发生在宫廷，而是在民间。据传有个男子不顾妻子再三规劝，执意纳妾，其妻无奈，怨而作藏字诗一首：

> 恭喜郎君又有她，侬今洗手不当家。
> 开门诸事都交付，柴米油盐酱与茶。

这位妇人在诗中巧埋伏笔，表面说是把开门七事都交付了，但实际只交代了六项，独独未提及醋，因为这是她留给自己呷的。含而不露，引而不发，真真是此处无醋胜有醋啊。

无论是果决刚烈的房夫人，还是这位温文谲谏的某妇人，她们都是长期以来在我国古老食醋文化背景下形成的以"醋"为源域的隐喻认知系统中，借助具体实在的日常生活体验来传达抽象心理感受的一个缩影。

上世纪 80 年代，美国著名语言学家、认知语言学创始人乔治·莱考夫（George Lakoff）与马克·约翰逊（Mark Johnson）在《我们赖以生存的隐喻》（*Metaphors We Live By*）一书中指出，隐喻不仅是作为语言修辞方法存在的，它还作为人类思维的重要手段直接参与认知过程，首次提出"隐喻概念体系"（Metaphorical Concept System）的理论。隐喻之本质，乃是在源域与目标域之间寻求相似点，建立起跨越不同物质属性与文化范畴的映射关系，从而达成对目标域更具体可感的深刻认识。而"醋"就是汉语隐喻体系中颇具代表性的一个源域：醋，闻之微微刺鼻；品之，非苦非甜、亦苦亦甜。这样一种独特的口感与既艳羡又厌恶的嫉妒心理具有微妙的契合点，况且它作为"柴米油盐酱醋茶"开门七事之一，是人们非常熟悉的居家必需品。

"吃醋"并不限于表达妒妇心理，其隐喻的源域主体也可为男性或其他群体，只不过用得不多罢了。同样，"醋"的隐喻目标域也并不限于嫉妒心理，在表示惊骇、愁闷、感伤、憎恶等语境中亦不乏其例。[257]不难看出，在以"醋"为源域的隐喻认知系统中，其目标域涉及人之心理、神态、动作、学问、性格等多个层面，折射出彼时彼地特定场景下民俗文化积淀对人的认知思维方式之影响。

余 话

油盐酱醋写完了，也许有些无辣不欢党觉得意犹未尽，好像还缺点儿什么，忍不住要问一句：古人也像今人一样爱吃辣吗？说实话，这是一个很扎心的问题。

因为根本谈不上爱与不爱的选择，明朝以前的中国压根儿就不存在辣椒这种作物。考古证据表明，早在五千年前，野生辣椒就已被美洲大陆的原住民用作烹调食品了，之后在墨西哥东南部开启了人工种植的历史。但由于地理阻隔，直至15世纪，其他大陆的人都从未品尝过辣椒，甚至连听也没听过。1492年，哥伦布的远航改变了这一局面，当他登上美洲大陆发现辣椒时，起初还以为是他们欧洲人心心念念的胡椒，因此名之为"辣胡椒"（hot pepper）。

辣椒被带回去之后，最先于地中海地区开始种植，大家很快接受并爱上了其辛辣刺激的口感。而将辣椒全球化的功劳，可能要归于葡萄牙人的商贸船队，是他们把辣椒作为其全球香料贸易的主要商品，从他们在印度南部建立的第一个殖民地起，广泛传播到世界各地的。有观点认为，高濂《遵生八笺》中提到的"番椒"，是目前已知关于辣椒的最早记录，[258] 高氏另一著作《草花谱》亦载此物。在汤显祖《牡丹亭》第二十三出"冥判"报花名的情节中，也提到了辣椒花，但当时距辣椒传入中国不远，国人尚未将其作为食材接受，而是当成观赏植物来栽培的。有关辣椒传入中国之路线说法不一，联系明清海禁政策，广东极有可能是辣椒最初的安家之所。而辣椒真正进入人们的食谱，与明末战乱及天灾导致的食物紧缺不无关系，清初部分地区的大规模人口流动则加速了其在内陆渐次传播的进程。

尽管辣椒是我国调味品中最年轻的小字辈，跟酱醋的悠久历史无法比肩，但它后来居上，很快就成为中国饮食文化中不可替代的一员，八大菜系中的川菜和湘菜皆以辣为精魂。因传自海外，四川人至今还管辣椒叫"海椒"，没有海椒便没有川菜，川菜就是在中国早期全球化这样一个大背景中诞生的。俗话说得好，"四川人不怕辣，贵州人辣不怕，湖南人怕不辣"，中华辣文化正是中西交流结出的果实。有了辣椒的加盟，油和酱也重焕生机，一种油、酱、辣三位一体的"神品"——辣椒酱横空出世。试想如果周天子那会儿就有辣椒酱吃，还要盐人、醢人、醯人做什么，每日一罐辣酱配烤肉，爽歪歪吃到天荒地老。

"发纤秾于简古，寄至味于澹泊"，这是苏轼对韦应物、柳宗元二人诗歌的总体评价，自然天成、美在咸酸之外的诗，才是好诗。人生也一样，再轰轰烈烈的绚烂也终必归乎平淡：诗与远方海市蜃楼，油盐酱醋方为生活。最后，来低哼一曲周德清的《折桂令》，感知一下这平凡的人间烟火气吧：

> 倚篷窗无语嗟呀，七件儿全无，做甚么人家？柴似灵芝，油如甘露，米若丹砂。　酱瓮儿恰才梦撒，盐瓶儿又告消乏。茶也无多，醋也无多。七件事尚且艰难，怎生教我折柳攀花！

少时狂走西复东，秃发乌孤并不秃：
道路千万条，安全第一条；骑马不规范，后宫泪几行？

东晋十六国时期发生了一起震惊南北的"醉驾飙车"事件，[259]肇事者是一个名叫秃发乌孤的像风一样的男子，系南凉开国君主。此事后果严重，直接导致刚成立三年的南凉政权仓促交接。

先来还原事故现场。太初三年（399）八月某日，乌孤心情不错，进膳时多饮了几杯。在酒精的刺激下，感觉浑身血液翻滚，脑袋有点飘，飘了就想飙，就不顾左右劝阻纵马扬鞭作的卢飞快了。时值夏末秋初燥热之际，银鞍骏马驰如风的感觉不要太棒！乌孤不由自主地越骑越嗨，只是高浓度的酒精麻痹了小脑，导致其身体肌肉越来越不协调，紧握缰绳的手也开始不听使唤，蓦地头一晕、眼一黑，不慎从马背上跌了下来。

这一摔倒是摔清醒了不少，劫后余生的他摸摸擦伤的皮肤和隐隐作痛的肋骨，定了定神儿，发出一阵狂笑："哈哈哈，老天有眼啊，你爷我命最大！要不然可就差点让吕光那老贼看笑话了！"

可惜他盲目乐观了，大大低估了自己这次酒驾后果的严重性。当时出了车祸不外乎两种情况：一、伤势太重，当场毙命，那就收尸回去办葬礼；二、苟延残喘，一息尚在，那就抬回家里慢慢养着。而在这第二种情况里还分两种情况：一、在医师回春妙手的诊治与自身机体强大修复能力的密切配合下，康复了；二、病笃，崩。显然，从史书记载来看，不幸的乌孤属于第二种情况中的第二种情况。落马之后虽自我感觉尚可，但其实肋骨骨折已伤及内脏，内出血比外伤更要命哦。所以回宫不久，太医就给下了病危通知书，他只好在弥留之际含恨立下遗嘱，由其弟秃发利鹿孤接班。随即撒手人寰，谥号武王，庙号烈祖。

从晋安帝隆安元年（397）正月，乌孤反叛后凉，自称大都督、大将军、大单于、西平王，改年号建国，到他去世，满打满算还不足三年。就因为一场喝酒造成的交通意外，雄勇有大志又要强好面子的武威王以一种近乎滑稽的不体面死法，离开了他筚路蓝缕打拼出来的创业成果，江山尚未坐稳，雄鹰已然折翼，一切戛然而止，唯饮恨黄泉而已矣。正所谓：壮志未酬身先死，长使看客泪满襟。作为历史上唯一一位因醉驾而亡的君王，秃发乌孤之死被载入多部史册，除《晋书》外，北魏崔鸿《十六国春秋别传·南凉录》、北齐魏收《魏书》、司马光《资治通鉴》等均录之。乍一看，大家可能对凉武王这个自带喜感的名字比较好奇，故有必要对"秃发"之义稍作考证，请感兴趣的看官移步书末注释。[260]

所以说，当我们看到秃发乌孤这个名字时，切莫作戏谑心态观，乌孤纳苻浑之策，治兵以讨不宾，人如其名，他短暂而精彩的一生，包括死，都不落俗套。正如《晋书》赞曰："秃发弟兄，擅雄群虏；开疆河外，清氛西土。"

我醉欲眠卿且去，向天再借五百年：
溥仪的香槟·曹操的青梅酒·赵襄子的"战国版鸿门宴"

讲完了悲壮惨烈的君王"醉驾飙车"（确切地说应该是飙马）事件，我们得到一个深刻的教训：骑马不饮酒，饮酒不骑马。接下来，就好好谈一谈这个让人爱恨交织的东西——酒。

宋人朱肱《酒经》曰："酒之作尚矣。仪狄作酒醪，杜康秫酒，岂以善酿得名，盖抑始于此耶？"其实不然。根据西安半坡遗址发掘出的浅层灰坑及周边粮窖推测，早在仰韶文化时期先民就已开始酿制谷物酒了。《淮南子·说林训》云："清醠之美，始于耒耜。"酿酒技术属于发酵工程，其起始必在农业兴起之后，演进则离不开种植业的发展，是劳动人民在生产实践中共同智慧的结晶。为了使后人对这一伟大的发明更为遵信，才塑造出夏禹时代的造酒官仪狄这样的善酿者形象，而杜康更是被奉为酒神、制酒业的祖师，并以之作为酒的代称。

除了"杜康"，酒还有许多饶有趣味的雅号别称：金波、白堕、清酌、黄封、天禄、浮蚁、椒浆、粔籹、壶觞、浊贤、欢伯、狂药、杯中物、快活汤、钓诗钩、扫愁帚、曲道士、平原督邮、青州从事等，不知凡几。以上或据酒之色味、浓淡、功用、酿法得之，或由历史名人典故演绎而成，或直接以酒器、酿酒者之名代指。[261] 隋末王世充僭号后曾谓群臣曰："朕万几繁壅，所以辅朕和气者，唯酒功耳。宜封天禄大夫，永赖醇德。"（《清异录·酒浆门》）听说过卫懿公的"鹤将军"，亦曾耳闻北齐幼主的"赤彪仪同"和"齐鸡开府"，现在轮到酒也被封官加爵了，倒并不觉意外。小小的名号中满满的都是古人对酒的喜爱，这种命名本身就是中国酒文化之一大特色。

《礼记·明堂位》称："夏后氏尚明水，殷尚醴，周尚酒。"三代以来，酒都是祭祀礼仪中不可或缺的重要饮品，且随着酿造工艺的进步，饮者的口味偏好也对醇度提出了更高要求。古文字为我们研究酒的起源提供了可靠的参考依据，如在甲骨文和金文中，从"酒"字窄口圆腹尖底瓮的形象，可知青铜时代酿酒器之大致形貌；而从角、斝、觥、觚、觞、爵等古代盛酒器的字形，可知早期酒杯应由兽角制成。隆古先民所饮的酒一般呈半流质状，乃酒糟与浆液之混合物，时间长了大家发现用兽角杯盛酒并不是很便利，便改用陶制品，但比较随意，盆盆罐罐、钵钵碗碗都可以拿来盛酒。直至新石器时代晚期，才有了专为饮酒而设计烧制的酒具；约在铜石并用时代，出现了陶制组合酒器的雏形；而随着商周冶铜业之崛起，青铜酒器成为权力地位的象征。酒杯的形制也开始按其功能进一步细化，口窄者盛清酒，口广者盛糟酒。大量出土的精美青铜酒器反映了当时酿酒业的发达与宫廷贵族饮酒之风的炽盛，如现藏于山西博物院的商朝的云雷地乳钉纹瓿、兽面纹龙首提梁卣、龙形觥，西周晋侯鸟尊、鸟盖人足盉，春秋青铜匏壶等瑰宝，都是先秦时期宫廷酒器中的杰出代表。

在酿酒的物质基础不断殷实、技术水准逐步提高的情况下，不同历史时期所产之酒也不尽相同，结合大量考古资料，我们可以得出如下判断：黄酒作为中国本土的发酵原汁酒，是世界上最古老的酒类之一，早在商周时期就有了酒曲复式发酵法；从秦汉到南北朝，制曲工艺大幅提高，其酿造工序在宋朝已定型、成熟。而高度依赖蒸馏技术的白酒则产生较晚，元朝酿酒师利用黄酒糟生产出当时俗称为"烧酒"或"火酒"的高度酒；明人将此工艺发扬光大，诞生了一批蜚声中外的名酒。关于白酒，有两点尚需说明，详见书末注释。[262]

再来说说葡萄酒，估计不少人都认为它是配西餐的洋酒。其实不然，它是地地道道的国酒，古人很早就掌握了葡萄的栽培及酿酒方法。《诗经·豳风·七月》"六月食郁及薁"，"薁（yù）"即为野葡萄，《本草纲目》作"蘡薁"。遇到闹饥荒的年岁，人们会到山野灌木丛中采摘来果腹。朱元璋的儿子朱橚编过一本非常有影响的植物志《救荒本草》，其中就讲到这一点："野葡萄，欲名烟黑，生荒野中，今处处有之，茎叶及实俱似家葡萄，但皆细小，实亦稀疏味酸，救荒采葡萄颗紫熟者食之，亦中酿酒饮。"自然界中，凡是含糖物质，不管是什么形式的糖（葡萄糖、蔗糖、麦芽糖等）在酵母菌的作用下都能生成乙酸。南宋词人周密的《癸辛杂识》中就记载了一则久藏山梨而成酒的事例。[263]

草窗先生从来没碰到过这么好吃的山梨，舍不得马上吃光光，就码好封存到瓮中打算细水长流地慢慢品尝，结果时间一久竟把这档子事给忘了。直至半年后满园酒气熏天，遍寻线索未果，打开瓮盖一看才破案。满瓮山梨竟化作了清冷甘美的梨酒，真是无心插柳得佳酿呢。梨能自然发酵成酒，葡萄也不例外。[264]《史记·大宛列传》："宛左右以蒲陶为酒，富人藏酒至万余石，久者数十岁不败。……汉使取其实来，于是天子始种苜蓿、蒲陶肥饶地。"可知中亚古国大宛及其周边国家早在公元前2世纪就已广植葡萄并积累了丰富的酿酒经验；通过张骞的西域之行，良种葡萄被引入中土，作为奇珍异果开始在上林苑种植，所获果实供汉家天子享用。

赵岐《三辅决录》载，张让是汉灵帝时期宦官集团的"十常侍"之首，独揽朝政，卖官鬻爵。扶风人孟佗仕途不通，就倾尽家财结交张让的家奴，又"以蒲桃酒一斛遗让，即拜凉州刺史"。汉制一斛为十斗，一斗为十升，一升约合 200ml，现在市面上的红酒通常为 750ml 装，也就是说孟佗拿出二十七瓶葡萄酒贿赂张常侍，就得到了凉州刺史一职。要知道凉州刺史自西汉以来就权力很大，所辖郡县都是军事重地。孟佗凭借当时中原稀有的葡萄酒书写了一段旷古未有的火箭升迁"佳话"，难怪苏轼也不禁感叹"将军百战竟不侯，伯郎一斗得凉州"呢。

到了三国时期，著名的帝王美食大咖曹丕曾专门召集群臣开会讨论"吃"，尤其对葡萄和葡萄酒赞不绝口。[265] 他说，讲究服饰饮馔的前提是要有社会地位和经济基础，衣食享受的门槛是很高的。所谓"三世长者知被服，五世长者知饮食"与陆游《老学庵笔记》中提到的那句宋谚——"三世仕宦，方解着衣吃饭"是一个意思。他说现在国内能吃到的珍奇水果虽然多，但我唯独喜欢不厌其烦地说葡萄，品尝这种水果的最佳季节是夏末秋初暑气尚未全退之时，宿醉方醒，清晨起来摘一串带露珠的新鲜葡萄放在嘴里，甘酸味长，清冽可口，味道不要太赞哦！提起葡萄酒，啧啧，那就更不得了了，光听到这个名字就垂涎三尺了，更不用说小抿一口了。你们说说看，有哪些水果能和葡萄媲美呢？包括龙眼、荔枝这些南方佳果也都比不上。

曹丕不愧对葡萄酒深有研究，"善醉而易醒"五个字总结得相当到位，这种感觉喝过葡萄酒的人都深有体会。不过若是喝太多，酒醒起来就没那么容易了，严重的话还能要了命，当年秃发乌孤就是因为葡萄酒喝高了才发生的坠马事件。可能有人要问了，史官未载其具体所饮何酒，奚以知之？你找出来东晋十六国地图看看南凉国的位置，就能猜个八九不离十了嘛。杨衒之《洛阳伽蓝记》卷四中称，北魏末年白马寺一带种了很多葡萄，且长势喜人。[266] 果子成熟时，孝武帝就将其分赐给宫人，而大家得到后也都不舍得独食，转饷亲戚，可见葡萄在当时仍是极其稀有之果。至于宫廷贵族所饮之葡萄酒，大多还是得靠从西域进贡过来，一路消耗人力、物力不菲，其身价也就居高不下。

唐代是葡萄酒业发展的强盛时期，这与太宗贞观十四年（640）征服高昌国（今新疆吐鲁番市）有关，此事《唐会要》《册府元龟》等史籍均载之。[267] 侯君集率师凯旋，带回了高昌的特产马乳葡萄，太宗将其植于御苑，还亲自尝试新学的造酒法，将所得佳酿与群臣共享。随着这一优良品种的引入，葡萄产量也较之前代增加不少，同时带动了酿酒技术的提高与葡萄酒的普及。

《新唐书·地理志》载，太原府的土贡物品中除了有铜镜、铁镜、马鞍、甘草、梨等，还有一项就是葡萄酒。某日，唐穆宗临芳殿赏樱桃，清风在耳，美人在侧，又有葡萄酒助兴，畅饮数杯，心满意足地谓左右曰："饮此顿觉四体融和，真太平君子也。"可惜他畋游无度，宴乐过多，经常在大明宫的国宴厅麟德殿摆下歌舞酒筵与群臣狂欢，年纪轻轻就患了中风，病重期间又固执地迷信金石之药，三十岁不到就驾崩了，没能让他的"太平君子"多陪伴他几年。

到了宋朝，太原仍是葡萄的重要产地。苏轼《谢张太原送蒲桃》诗云："冷官门户日萧条，亲旧音书半寂寥。惟有太原张县令，年年专遣送蒲桃。"世态炎凉甚，交情贵贱分，只有太原的张县令初衷不改，每年都一如既往地派人将土特产送来，想必这葡萄应该是甜到东坡心里的。南宋偏安一隅，临安虽繁胜，但因太原等北方重要葡萄产区已沦陷，葡萄酒也就更显金贵了，正如陆游所言，"如倾潋潋蒲萄酒，似拥重重貂鼠裘"；即使有葡萄酒喝，也没有了陶渊明那般悠然自得的闲适，更多的是感伤——"樽有葡萄簪有菊，西凉州，不似东篱下"。

宋代大部分葡萄酒都是去皮葡萄与米混合加曲酿成。[268] 其实就是在传统的米酒酿法中加入葡萄充当配料，与西域的葡萄汁榨取自然发酵之法完全不是一个概念。而当年唐太宗所谓的"得其酒法"，正是后者，但经唐末五代战乱及宋室南渡，在中土已濒临失传。直至元朝，山西人仍用此法制酒。[269] 只是果粮混酿法造出的酒已失葡萄酒本应有的醇美，口感并不理想。自古对传统曲酒工艺的倚赖，加之原料稀缺、天然发酵法掌握不到位、酒质难以把控，很长时期以来中原人喝到的葡萄酒与王翰《凉州词》所写还是有较大差距的，皇室贡品除外。

元朝国祚不及宋朝三分之一，却是葡萄栽培与葡萄酒发展史上的一个高峰，马可·波罗在其游记中多处提及沿途所见葡萄园。[270] 葡萄酒是元朝宫廷除马奶酒之外最重要的一种国酒，赐宴王公大臣、招待外国使节都离不开它。忽必烈在大都宫城中建有葡萄酒室，《元史·祭祀志》"牲齐庶品"中明确规定"潼乳、葡萄酒以国礼割奠，皆列室用之"。另据《元典章》《农桑辑要》《草木子》等文献记载，元初统治者重视农桑，各级官员身体力行加强葡萄种植的农业技术规范化督导，使得除河西、陇右外，山西、河北、河南等地的葡萄产量也前所未有地大增。加之政府的倾斜性税收扶持政策，民间自酿葡萄酒之风日盛，朝廷专设大都酒使司向坊间酒户索酒并允许其公开售卖，"自戊午年至至元五年，每葡萄酒一十斤数勾抽分一斤""乃至六年、七年，定立课额，葡萄酒浆止是三十分取一"。如此一来，葡萄酒便在宫墙内外两开花，成了大家馈宾宴飨时撑场面的网红饮品，葡萄也为文艺圈里的大小咖们提供了不可多得的创作素材与灵感。[271]

而元朝的葡萄酒酿造技术也是十分了得的，跨过宋朝的低谷，直承盛唐工艺且又向前迈进了一大步，制法详见《析津志·物产》"异土产贡"条。[272] 将带皮青葡萄捣碎入瓮，利用皮中所含天然酵母菌自然发酵成酒。而且还有头酒、二酒、三酒之别，也就是将前一次酿酒所得的葡萄渣进行再发酵，"直似其消尽，却以其滓逐旋澄之清为度"。我们比较关心这个酒的度数，按现行的葡萄酒酒精度标准来说，一般也就在 8.5% ~ 15%（ABV）[273] 之间，少数加强型可达 15% ~ 20%（ABV）。但《析津志》上却说"上等酒，一二杯可醉人数日"，也不知是杯子太大还是这个人酒量不行，反正听着心里有点发毛。最后熊梦祥还补充了一句——"复有取此酒烧作哈剌吉，尤毒人"，听着更是可怕。

"哈剌吉"在《饮膳正要》中作"阿剌吉"，乃"好酒蒸熬取露"所得，因其酒精含量远高于未经蒸馏之酒，点火即燃，故又称为"火酒"或"烧酒"。复烧蒸馏法是传统酿酒工艺质的飞跃，而忽思慧此书中所记"阿剌吉酒"之制法也是目前可见的关于蒸馏酒的最早史料。《饮膳正要》在介绍到葡萄酒时，说此酒"益气调中，耐饥强志。酒有数等：有西番者，有哈剌火者，有平阳、太原者，其味都不及哈剌火者，田地酒最佳。"哈剌火，指哈剌火州，即前面《析津志》中提到的"火州"，也就是曾经的高昌国。可见，元朝品质最好的葡萄酒还是产自吐鲁番的田地酒。[274] 明清时期的葡萄酒酿造不能说乏善可陈，只是相对于光芒四射的元朝来说，显得比较黯淡。而且从纵向的宏观视角来看，葡萄酒在整个古代酒史上还是属于相对小众的饮品，在市场占有率方面难与传统黄酒并驾齐驱。

我们都知道，香槟是葡萄酒，但不是所有的葡萄酒都能叫香槟。在制法上，它是由优质白葡萄原酒加糖经过再次发酵而成的含气特种葡萄酒，气泡是其身份标识。由于香槟对葡萄品种及酿造技术的要求比较高，直至路易十五到路易十六时期，才获得蓬勃发展进而声名远播国外，随之就是欧洲其他国家追随法国潮流，使得这种气泡酒成为当时贵族阶层的时尚饮品。香槟酒对于国人来说，是真正意义上的洋酒。既然18世纪才在大西洋东岸流行开来，那么它要来到华夏，保守估计也得清末民初了。谁是第一个品尝香槟的中国人不可考，但若说清朝的某位皇帝还开过一场史无前例的香槟酒会，你们可不要嗤之以鼻，毕竟有照片有真相，咱拿事实说话，此绝非虚妄之谈。

1922年12月1日是溥仪的大喜之日。婚礼前后举行了三天：首日大典，迎"帝后"婉容入宫；次日，新人于景山寿皇殿向祖宗行礼；第三日，溥仪在乾清宫大殿升座，接受宗室亲贵、遗老遗少以及尚在小朝廷任职的官员等共计千人的排班叩拜，民国总统亦派礼官前来觐见。大婚典礼的最后一天，也就是12月3日，"皇帝"专程派人去北京饭店订来了丰盛的糕点和香槟，以一场时髦西式冷餐会招待了前来祝贺的十四国驻京公使团代表及其夫人。

在这场有近一百五十位外宾参加的盛大酒会上，身着满族旗袍、梳起高耸的"二把头"的"皇后"打破了三百多年来的祖制，与穿戴龙袍皇冠的夫君一起抛头露面，接受来宾的鞠躬礼，时而还会大方地伸出玉臂与其中的一两位握手。酒会正式开始，"皇帝"用英文致辞："朕在此见到来自世界各地的高朋宾客，不胜荣幸。谢谢诸位的光临，并祝诸位同享健康与幸福。"然后，他接过外务部尚书梁敦彦递来的香槟酒杯，微笑着环视满堂，左右鞠躬，一饮而尽。总之，这是一场没什么繁文缛节的轻松聚会，也首次实现了男女同席，风度翩翩的溥仪与优雅端庄的婉容举着香槟跟大家 say hello。另外，到场的每位嘉宾还收获了一只精巧的皇家银质或景泰蓝小首饰盒作为留念，整个招待酒会的每个细节都流露着地道浓郁的西洋风格。

但西化归西化，作为逊帝的溥仪其实也一直对宫里那套尊卑秩序和众星捧月的仪式感恋恋不忘。1934 年 1 月 20 日，以郑孝胥为委员长、下设六个业务部门的"登极"大典筹备委员会召开"吁请执政就皇帝位"重臣会议，通过了拥立溥仪的宣告。3 月 1 日，伪满洲国举行郊祭、登极、宴飨三大仪式，溥仪如愿以偿，第三次"重登九五"。后来，其父载沣一行到长春，"康德皇帝"大摆西餐家宴接风。他回忆说，待家人一踏进宴会厅，宫廷乐队马上就开始了演奏，"他们爱奏什么就奏什么呗，反正喇叭一吹起来，我就觉得够味儿"。众人就位，高举香槟酒杯齐呼"皇帝陛下万岁万万岁"，酒不醉人人自醉，听到这个，溥仪就已心满意足了。

普鲁斯特在《追忆逝水年华》中写道："当一个人不能拥有的时候，他唯一能做的便是不要忘记。"而当记忆终究抵挡不过时光之潮的侵蚀也开始渐渐褪色之时，有那种感觉足矣，至于当时到底演奏了什么曲目、喝了哪个牌子的香槟，倒无关宏旨了。若干年后，当溥仪提笔写回忆录时，准会想起他与婉容举行香槟酒会时那个遥远的冬日午后的暖阳。

除了像香槟这种晚出的洋酒是我们目前比较容易接触到的以外，史载的诸多宫廷名酒，比如从波斯传来的三勒浆类酒、乌弋山离国（伊朗高原东部古国）进献的黑如纯漆的龙膏酒等，我们只能知其名而无法辨其味。况且对于天朝之主来说，争芳斗艳的国酒还喝不过来呢，洋货也就偶尔尝个新鲜，换个口味罢了，宫廷御宴的主打酒还是国酒。历代御酒名目甚多，殆难尽列，择其要者，略述如次——

汉有兰生酒、屠苏酒、紫红华英、太清红云之浆；南北朝有桑落酒、缥醪酒、千里酒；唐有换骨醪、甘露经，后唐有林虑浆，南唐有龙脑酒；宋有蔷薇露、玉练槌、真珠泉、鹿胎酒；元有枸杞酒、松根酒、腽肭脐酒；明有金茎露、太禧白、荷花蕊、寒潭香；清有松苓酒、玉泉酒、菊花白、莲花白；等等。

饮酒并非男士专利，巾帼在这件事上认真起来绝对不让须眉，关键是她们还能玩出许多花样。

太远的不提，就拿杨家姐妹来说吧，个个都是酒中豪杰。"贵妃醉酒"的故事大家都耳熟能详，杨玉环本来跟唐明皇约好百花亭开筵，但久候不见人影儿，被郎君放了鸽子。羞怒交加的她便借酒浇愁，命高力士、裴力士添杯奉盏，大醉而归。平日里虽不至于喝得这么到位，但也基本是杯不离手、酒不离口的。每每宿酒初消，则晨游后苑，傍花树，吸露以借液润肺，于是便有了"贵妃吸花露"之美谈。她的三姐虢国夫人家将鹿肠悬于屋梁之上，筵宴时便命人从屋顶注酒于内，然后结其端，欲饮时则解开注于宾客杯中，美其名曰"洞天瓶"，又名"洞天圣酒将军"。真是让人叹为观止，妥妥地把酒壶玩出了前所未有的新高度，很难说不是长嘴壶茶艺表演之滥觞啊，呵呵。一代女皇武则天是山西文水人，在众多宫廷贡酒中独爱家乡的竹叶青。一次她陪高宗出去郊游，傍晚二人在行宫中饮酒饮得十分开怀，微醺诗兴浓，颇有才情又自恋的她即席赋了一首五律夸赞酒美人更美："山窗游玉女，涧户对琼峰。岩顶翔双凤，潭心倒九龙。酒中浮竹叶，杯上写芙蓉。故验家山赏，惟有入松风。"

宋哲宗的老婆孟皇后就更厉害了，二度被废二度复位，经历之离奇史所罕见，她还有个特别的嗜好，就是喝酒。据清人徐松《宋会要辑稿》载，北宋灭亡后，她跟着南渡，新登极的高宗对他这位伯母很是优待，每月遣人送去万贯零用钱外加百斤好酒。没几年，老太太去世了，高宗还不无伤感地对臣下们回忆说："太母恭慎，于所不当得，毫发不以干朝廷。性喜饮，朕以越酒烈，不可饮，令别酝。太母宁持钱往酤，未尝肯直取也。"夸老人家恪守本分，从不乱花国家的钱。高宗觉得她一向喜爱的绍兴黄酒度数高了点，后劲也大了点，就命人给她专门酿了些适合老年人喝的酒。老太太过意不去，还差人自掏腰包到外面去买酒，且从不曾强取搞特殊。其实宋朝后妃不光善饮还擅酿，比如仁宗的温成皇后、徽宗的显肃皇后造出的美酒都是天下驰名的。

到了清朝慈禧太后在位期间，有个出洋考察的官员从法国带回一箱香槟进献给老佛爷。可在场的太监、宫女们都对怎么打开这玩意儿束手无策，其中有一位胆壮力气大的好不容易将软木塞戳开了，随即就是"砰"的一声，一大股强烈的气流将塞子直冲头顶，瓶中酒水也随之哗哗喷出。这始料未及的一幕把慈禧可吓得够呛，本来准备好好惩治惩治这个制造恐慌的下人的，但沁人心脾的酒香把她的心都融化了，几杯过后，意犹未尽，回味之余还给这种新奇的洋酒起了个名字——爆塞酒。

历史上的皇室女眷、贵妇名媛中从来就不乏女酒鬼，被誉为"千古第一才女"的李清照也是个酒坛子。翻开《全宋词》，除去存目、存疑者，她名下的五十二首词中有三十首都写到了酒，伤春悲秋、相思飘零、喜怒哀乐皆有此君作陪。再看看《红楼梦》里那些俯拾皆是的酒宴、酒令，想象一下各路少奶奶、大小姐们"美人既醉，朱颜酡些"的娇娆画面吧。据统计，全书仅"酒"字就出现五百八十余次，而直接描写宴饮场面的文字则多达六十余处。至于曹雪芹青睐有加的无锡惠泉黄酒，则系清初贡酒。有红学家考证出在1722年，当时还在江宁织造任上的曹家为庆贺新主雍正继位，曾一次发运四十坛上好的泉酒进京。

清宫用酒种类虽繁（有黄酒、乳酒、烧酒、药酒等），但消耗量最大的还是由光禄寺良酿署所属酒局用玉泉山水酿制的玉泉酒。乾隆一次千叟宴就用掉四百斤，他平日晚膳则饮二两左右；嘉庆酒量不错，少则六两，多则十五两。嘉庆九年五月某次游湖，他一日就喝掉了四两太平春酒和十两玉泉酒（清制1两约为37.3克）。其实，清太祖努尔哈赤当初规定的"饮酒仅限三巡"的祖制在后世执行情况如何还是要打个问号的。毕竟爱新觉罗氏的子孙们所处的物质环境跟老前辈打江山时不可同日而语，创业与守成的心境也大不一样。这就引出了我们下面的话题——

自酒诞生，饮酒问题也就随之产生了。主要是什么问题呢？酒量、酒品、酒德是也。此三者环环紧扣，密切相关：一般来说，量不佳者，一喝就多；多了就有可能发酒疯，一疯就没品了、败德了；酒品、酒德之下滑程度与其发疯之剧烈程度及所致后果之严重程度呈正相关。酒品，作为借助酒这个催化剂，在特定场合才会表现出来的品质，不像人品那样深藏不露地极具隐蔽性，还是比较容易归类整理的：酒后话痨型低调内向，平日里不露锋芒；酒后酣睡型性情随和，为人大度；酒后 happy 型乐观单纯，热爱生活；酒后狂躁型多为自尊心强但生活不顺遂的压抑者；酒后交际型属于典型的深谙饭局套路、老练世故的心机 boy/girl；至于酒后失礼型，根本就不入品，免谈。

"酒德"二字，始见于《尚书·周书·无逸》："无若殷王受之迷乱，酗于酒德哉。"此为周公致政成王后，恐其耽乐淫逸的劝勉之辞。酒德包括饮酒规范及酒后道德风度，合度者有德，失态者寡德，恶趣者丧德。"量力而饮，适可而止"，简简单单八个字，道理人尽皆知，就是执行不好，成为人类面临的共性老大难问题。

中国第一部禁酒令《酒诰》[275]据传由周公拟制，是其弟康叔封于殷故地卫之后，以殷人酗酒亡国之鉴告诫康叔恪遵遗训，勿蹈覆辙，督勉妹土[276]遗民勤农商以孝养父母，于父母喜庆始得用酒。其禁酒之教的具体内容可归纳为十二字——无彝酒、饮惟祀、执群饮、勿湎酒。周初禁群饮，严重违纪者，一经发现，必罚不贷。司虣掌管、公布维护市场秩序的禁令，对于斗殴滋事者、暴力侵凌者、聚众闲逛吃喝者，都要严格管控。[277]

商纣王"酒池肉林"的典故大家都不陌生，[278]《史记·殷本纪》记其"大聚乐戏于沙丘，以酒为池，县肉为林，使男女裸相逐其间，为长夜之饮"。美酒裸女狂欢派对，夜夜笙歌通宵达旦。太史公揿着脸说，这画面太美我不敢看。纣王的"光辉"事迹是周公有的放矢地在殷商遗民聚集地发布严厉禁酒令的原因所在。《酒诰》诰词中，他紧紧抓住这一反面教材，猛批其喝得不醒不醉、不死不活之丑态，称其"祇保越怨""诞惟厥纵""用燕丧威仪，民罔不尽伤心"。他说纣王这个人心性乖戾恶毒，竟然还不怕死，只顾大肆饮酒，根本不想停止这种安逸纵乐赛神仙的生活。这个家伙臭名远扬，无德馨香祀登闻于天，唯庶群自酒腥闻在上。老天爷都被你那股腐化堕落的混着肉腥味的酒气熏得够呛，不降灾灭你灭谁？"故天降丧于殷，罔爱于殷，惟逸。天非虐，惟民自速辜"，不要怪老天爷暴虐，是你们殷国臣民自取其祸。天作孽，犹可恕；自作孽，不可活。字字如针，句句犀利，把纣王批得体无完肤。

絮絮叨叨老半天，周公觉得该表达的意思也三令五申得差不多了，最后又稍微嘱咐了康叔几句："封（康叔名）！予不惟若兹多诰。古人有言曰：'人，无于水监，当于民监。'……汝典听朕毖，勿辩乃司民湎于酒。"老弟啊，古人有句话说得好：人不能只拿水当镜子照自己，群众的眼睛是雪亮的，更重要的是应该把民生反馈作为考察自己言行得失的明镜。[279] 老弟啊，话说三遍淡如水，我也不想再多讲了，你自个儿心领神会就好。然后撂下一句"以后怎么办你自己看着办"就结束了这篇通告全国的严肃诰词。酒能助兴，也能败德；水可载舟，亦可覆舟。明君不可不详察也。透过此道禁酒令，周初之社会风气可见一斑。

蜀汉建兴十二年（234），一生为国鞠躬尽瘁的诸葛亮自知来日无多，给他年幼的儿子诸葛瞻写了封家书，谆谆劝勉其勤学立志，戒怠戒躁。其中的一句"非澹泊无以明志，非宁静无以致远"更是两千年来无数人传诵不绝的座右铭，这就是著名的《诫子书》。但你可曾知道诸葛亮还给他儿子写过一封家书，叫作《又诫子书》，此篇与上篇论立身治学不一样，是专门谈喝酒的。[280]

他说设酒宴客是为了合乎礼节，联络感情。喝的时候得看情况，如果主人心意未尽，客人也还有余量，那就不妨再多喝几盏，醉一把也无妨，只要不乱来就行。其实，酒的礼仪意义永远大于其实际的饮用意义，宾主明乎此，便不存在无节制的瞎劝滥饮等让人头痛的尴尬问题。诸葛亮短短三句话，就把酒以成礼、识体知退、饮而有度、醉而不乱的交际场合应遵循的饮酒原则总结得非常到位了。在《三国演义》第二十一回，罗贯中为我们呈现了一出两位演技绝对在线的老戏骨倾情演绎的"双雄对酌宴"。[281]

古人在春末夏初之时，好以青杏或青梅煮酒，取其新酸醒胃，大地回暖，身心亦朝气勃发。晏殊有一首小令《诉衷情》写的就是他在春游时，与意中人不期而遇，花前柳下对坐共酌、畅叙幽怀之情形："青梅煮酒斗时新，天气欲残春。东城南陌花下，逢着意中人。回绣袂，展香茵，叙情亲。此时拚作，千尺游丝，惹住朝云。"不过同样是青梅酒，在曹丞相宴请刘皇叔的这个局上，则又是另一种大异其趣的画风了：只备青梅一盘，煮酒一樽，连点硬菜都没有。显然，大家不是为了吃而吃、为了喝而喝的，那是为了什么？

这场酒宴发生在曹操白门楼斩吕布，刘关张三人回到许昌，刘备和献帝攀上了亲戚、叙了叔侄之礼后。再加上许田围猎一出曹操对献帝无礼至极，芒刺在背的傀儡小皇帝再也忍无可忍，决定放手一搏，便授董承以衣带诏，密谋除掉曹操。此时曹操身边的智囊团虽也力劝他先下手为强，免得日后刘备坐大不好收场；曹公虽然嘴硬——"吾何惧哉"，心里还是有些顾虑的，毕竟皇叔之仁义天下皆知，其左膀右臂又乃虎狼之将。在双方都投鼠忌器的这个节骨眼上，就发生了曹操摆下青梅酒局，考验对方以探查虚实的这一幕。饮间云兴雨作，龙挂当空，天公也真是配合，这就给了曹操借景发挥的机会。于是他指着龙形云彩，以龙之升隐变化隐喻英雄之攻守进退，向刘备扔出炸弹，直戳其痛处：请使君说说谁是当世英雄啊？

刘备这段时间以来一直忙着打理他的QQ农场，连门都不出，摆出一副胸无大志、与世无争的姿态，告诉曹操我可没想跟着皇帝混啊，每天在这儿浇水、锄草地干农活儿还忙不过来呢，哪有闲工夫去操心天下大事。现在一听曹操这么直截了当地问，明显就是在套自己的话嘛，对方固然老谋深算，但我皇叔也不是吃素的。于是就把袁术、袁绍、刘表、孙策、刘璋、张绣、张鲁、韩遂等除这场酒宴的东道主和客人之外的有点名堂的汉末军阀都挨个儿数了个遍。以刘备之胸襟抱负，此等碌碌小辈，何能入其青眼？这般一问一答六个回合下来，刘备的敷衍搪塞之语也都被曹操针锋相对的犀利点评一一驳回了。

前面只是铺垫，然后就到了这场攻心战的高潮部分，曹操对"英雄"下完定义就指刘备再指指自己，对他邪魅一笑，朗声直接挑明："我说玄德老弟啊，差不多就行了哈，你就别'水仙不开花'啦，我还不知道你那点小九九？哼哼……"随即正色曰："论天下英雄，舍你我其谁！"刘备一听，吓得差点心脏病发作，手里攥着的筷子、勺子也不知不觉掉到了地上。好在天公这时候又积极地配合了一波，霹雳惊雷响彻云霄，刘备急中生智，从容不迫地拾起餐具："嗨，都是给这雷声吓的，手有点抖。没事没事，咱哥俩继续喝哈……"曹操虽然嘴上笑话他大丈夫亦畏雷，确认过眼神之后，悬着的心倒是落地了，自忖道："刘备这小子也不过如此嘛，区区一声雷就吓成这样，估计日后也成不了什么大事。"

话说这场酒局进行时的背景道具——云和雨——也都设置得非常巧妙，说来就来，说走就走，该来则来，需要它来时才能来。这不，两人要事谈毕，便断虹雾雨、山染修眉新绿了。此时，关羽、张飞提着宝剑撞入后园，突至亭前，见宾主安然对饮，便按剑而立。曹操问来者何意，美髯公道："听闻丞相请我老哥喝酒，我与小弟特来为二位舞剑，以助一笑。"曹公拊掌大笑："此非鸿门宴，安用项庄、项伯乎？"既来之，则喝之，便命人又多取了些酒来，为二樊哙压惊。须臾席散，三人辞归。

至此，"双雄对酌"宴圆满结束，刘备全身而退。《文子·道德》曰："圣人者应时权变，见形施宜。"在这场与曹操的影帝争霸赛中，刘备不仅未落下风，还不失时机地超常发挥了一把，情商、智商、演技都没得说，加之两兄弟也都配合默契，便化险为夷了。正所谓："勉从虎穴暂趋身，说破英雄惊煞人。巧借闻雷来掩饰，随机应变信如神。"

怎么样，这个酒局是不是看得很带感？不过此事并不见于正史，乃罗贯中据《三国志》润色改编而成。[282]

所谓的"煮酒论英雄"情节，其实并没有展开对英雄的大讨论，而是曹操直接对刘备感慨，说天下英杰只有我们两个人，袁绍之流不足为虑。考虑到当时距官渡之战日近，曹操对刘备这么说多有自勉与鼓励下属之意,就是战前打鸡血嘛。且还有一点与《三国演义》不同,"先主未发"四字道出了在论英雄事件发生之前,刘备尚未参与车骑将军董国舅的衣带诏行动这一事实。而是在曹操说完这么一番话之后,刘备才加入董承以及长水校尉种辑、将军吴子兰、王子服等人的队伍中,大家伙儿一起谋划杀曹。结果事情败露,董承等人都被杀。

论英雄一事促发了刘备与曹氏集团分离的决心,适逢其请命半路截击袁术,寻得一脱身之计,就势从曹氏掌控中解脱了出来。就本质而言,论英雄是衣带诏事件的组成部分,乃官渡之战前夕各方政治势力确认、重组、选队站之序曲。这场大战自建安四年(199)六月到第二年十月,经过近一年半的对峙,曹操出奇制胜、以弱胜强,终以两万兵力击败十一万袁军,书写了其倥偬生涯中最辉煌的一页,此战被列入东汉末年"三大战役",也是毛泽东在《中国革命战争的战略问题》中所提到的历史上"双方强弱不同,弱者先让一步,后发制人,因而战胜"的著名战例之一。

在古代,只要跟政治权力挂钩的请客吃饭,一般都暗藏机关。而在群雄逐鹿的乱世,就更是酒桌如沙场、饭局即杀局了。每一个饭局都是人与人之间的较量,成者为王败者寇,于推杯换盏、酒酣耳热之间,大家彼此都心照不宣:咱们吃的不是菜,喝的也不是酒,只是政治博弈罢了。所谓革命,不管最后是谁革了谁的命,在酒局上革对方的命当然要比在战场上兵戎相见短平快得多,这一点是革命者们的共识。

比如,公元前206年,项羽在秦都城咸阳郊外给刘邦设了个局,这就是著名的"鸿门宴"。此次宴会之起因、经过、结果妇孺皆知,略去不谈。不清楚的,可以翻翻《史记·项羽本纪》,太史公以细密谨严的组织、优美凝练的语言为我们摹写了筵席上一幕幕引人入胜的场景,可读性还是蛮强的。

不过需要指出的一点是,太史公虽然在鸿门宴上只浓墨重彩地刻画了刘邦、项羽这一桌,但事实上,这场宴会的规模是相当隆盛的,绝非青梅煮酒论英雄式的"两人对酌山花开"、哥俩看云听雨顺带说说掏心窝子话的清净场面。当时随西楚霸王入关的赵、魏、韩、燕、齐等诸侯王及主要将领都前来赴宴了，所以说它是大汉开国前名副其实的一场最大型国宴也不为过。这些影子嘉宾虽未被太史公形诸笔端，但通过被实写的宾主双方之容仪言止，我们还是可以明显感知到诸多重量级看客存在的。正因为有他者在场，项羽的表现才有所顾虑，受到限制。他人是项羽的地狱，是刘邦的天堂，因此就出现了"范增数目项王，举所佩玉玦以示之者三，项王默然不应"的反常情形以及"项庄拔剑起舞，项伯亦拔剑起舞，常以身翼蔽沛公，庄不得击"这样胳膊肘儿往外拐的滑稽场面，从而错失下手良机，无形中给樊哙带剑拥盾闯席救主铺设了缓冲带。要知道，威猛神勇的项羽自卷入农民起义的洪流中以来，就一直在杀杀杀，独在这场宴会上一个人都没解决掉，尽显妇人之仁。手段为目的服务，结果是检验手段有效与否的唯一标准。故以酒局发生学的角度观之，项羽作为东道主摆的这场秦汉迭代之际最重要的饭局是以失败告终的：做局者放走了本该入局的赴局者，后来自己又被赴局者干掉，从局中人变为出局者，以生命为代价。

　　试问还有比这更失败的局吗？如果你说，不，也不是一点收获没有，刘邦给他带来的国礼不是收下了嘛。"项王则受璧，置之坐上。亚父受玉斗，置之地，拔剑撞而破之"，其实他何尝不想像范增那样狠狠地摔碎这鬼东西呢，破玉璧和对手的人头比起来一文不值。金蝉脱壳，逃之夭夭；黄雀在后，悔之晚矣。还是那句话，大家都在场看热闹呢，好歹也得克制一下自己的情绪，不能失掉王之尊严，只能打掉牙齿往肚子里咽。作为看客，我们的收获是，除了历史教训，还从此次国宴上学到不少成语格言，如："项庄舞剑，意在沛公""人为刀俎，我为鱼肉""大行不顾细谨，大礼不辞小让"云云。

　　公元前202年，赴局者于定陶称帝，初都洛阳，曾在南宫里住了三个月。某日，他搞了个庆功酒宴，与文武开国元老们评功论赏，在谈到自己取得胜利的成功经验与对手失败的教训时，得意地说："项羽有一范增而不能用，此其所以为我擒也！"一语道破人才是其核心竞争力，正如一位伟人所言，项羽最致命的三大错误之一就是在鸿门宴上不听范增的话而放走了刘邦。正所谓："寰海沸兮争战苦，风云愁兮会龙虎。四百年汉欲开基，项庄一剑何虚舞。殊不知人心去暴秦，天意归明主。项王足底踏汉土，席上相看浑未悟。"可叹。

其实鸿门宴并非项羽首创，早在公元前 475 年，晋卿赵襄子在他老爹赵简子刚刚去世、丧期还未满之时[283]，就在代国的夏屋山[284]摆下一场惊心动魄的黑社会性质酒局，堪称"战国版鸿门宴"——

襄子的姐姐是代王的夫人，有着这层姻亲关系，代王对自己的小舅子也不设防，听说有好酒喝，甚是高兴，一请就来，哪能料到这是个有去无回、直抵死亡深渊的阴险套路。襄子显然不是和他姐夫来叙旧的，在酒宴上，他"使厨人操铜枓以食代王及从者，行斟，阴令宰人各以枓击杀代王及从官，遂兴兵平代地"。

作为凶器的"铜枓"，其实是一种铜制方形带柄器具，用以盛酒食，并非有些注疏家所谓的铜勺或饮器，想想看，再大的勺子或是再重的酒杯，要想稳准狠地在最短时间内把人一击毙命，首先这个分量就不够。但孟郊《送淡公》诗里曾提到过自己拿铜斗喝酒之事，"铜斗饮春酒，手拍铜斗歌。侬是拍浪儿，饮则拜浪婆"，这又该怎么解释呢？宋人王观国《学林》卷八"铜斗"条云："古未有以铜斗为饮器者……《前汉·王莽传》曰，'铸威斗，以铜为之'，盖厨人操铜斗者，食器也，威斗者，厌胜之器也，皆非饮酒之器。孟东野当时适有铜器，其状方如斗，而东野特以贮酒而饮，又击之以和歌声，故自形于诗句。"嗯，不无道理。

搞清了杀人凶器之后，我们再回到襄子的"鸿门宴"上来。其实行刺这件事，主要功夫都得下在事前周密的陷阱埋伏上，至于当天布局者不动声色的表演以及真正实施白刀子进去、红刀子出来的这个过程其实很简单。襄子没有像项羽那样又是舞剑又是演出什么的，啰里啰唆一直切不准要害，他瞅对时机，就悄悄对左右使了个眼色，然后厨师及仆役迅速出动，趁着斟酒的当儿，人狠无废话，直接动手把他姐夫及其从官都灭口了。随即兴兵伐代，轻松占领其国，将之纳入赵氏版图；又封自己的哥哥赵伯鲁为代成君，将此地划给他作为补偿。[285]

可惜伯鲁短命，没几年就去世了；襄子仍决定舍弃自己的五个儿子而把爵位继续传给兄长一支，立伯鲁之子赵周为嗣。另一方面，当襄子的老姐得知丈夫无缘无故地被自己的弟弟杀掉之后，难以承受这么突如其来的重大打击，哭得昏天黑地，哀痛欲绝，便顺手从头发上拔下笄簪并将其端磨尖，一笄封喉，同丈夫黄泉作伴去了。代人感其悲壮，遂将其殉夫之地命名为"摩笄山"，以示纪念，此即太史公所谓"其姊闻之，泣而呼天，摩笄自杀。代人怜之，所死地名之为'摩笄之山'"云云。襄子灭代是战国初期的一个重大政治军事行动，此事在《战国策》《吕氏春秋》等典籍中均有记述。赵氏做的这个局虽说比较血腥残忍，还搭上了老姐的性命，但对有志于书写或改写历史的"大人物"而言，这点损失还真谈不上损失。人类历史本就是一部弱肉强食的吞噬史、你死我活的厮杀史：你不当刀俎，就会成为别人的肉醢；你这个局做失败了，可能就会从此出局且永远丧失做局的资格，现实就是如此残酷。

中国历史上有许多著名的酒鬼皇帝。如好酒及色的汉高祖刘邦，醉酒宰屠户的后周太祖郭威，"每宴会群臣，无不咸令沈醉"的三国吴末帝孙皓。辽穆宗耶律璟通宵喝酒，白天大睡其觉，不理朝政，被称为"睡王"；因为辽兴宗耶律宗真的一句醉话，引发了多年后一场血腥的皇太叔之乱；元太宗窝阔台嗜酒如命，耶律楚材多次劝谏无果，病中仍欢饮极夜，暴毙。开篇不是讲了南凉皇帝秃发乌孤的醉驾事件嘛，在其身后百年，南北朝又出了一位以骁勇善战著称却同样因为豪饮致死的君主，他就是北齐开国君主文宣帝高洋。

文宣帝的人生比凉武王要有张力得多，其酒后荒唐之举为恐怖小说提供了绝佳素材。既征伐四克，威振戎夏，遂以功业自矜，流连耽湎，肆行淫暴。以天保六年（555）为分水岭，高洋的面貌来了个一百八十度大反转——

要么在隆冬酷寒之时，去衣裸奔，"从者不堪，帝居之自若"；要么涂傅粉黛，杂衣锦彩，着妇人之装游于市肆。可以在发酒疯时嚷嚷着要将其老母娄太后嫁与胡人，也可以砍死爱妃后怀揣尸体赴宴，再趁酒劲若无其事地将其肢解，用髀骨制成琵琶，自弹自唱，又哭又笑："宁不知倾城与倾国，佳人难再得！"满座惊怖，莫不丧胆。《北齐书·文宣帝纪》如此记述高洋之死："暨于末年，不能进食，唯数饮酒，曲蘖成灾，因而致毙。"古往今来都看脸，才华气质皆套路，高颜值从来就是"和谐"人际关系的通行证。"及长，黑色，大颊兑下，鳞身重踝"，因貌寝不被人待见，高洋经常受到兄长和小伙伴们的嘲弄。

母爱的缺失、童年的压抑，使成年后的他在放飞自我的路上越走越远，表现出种种耸人听闻的非理性怪异之举。他虽然常发酒疯乱杀人，但在大是大非上不犯糊涂。被爱的人才敢任性，缺爱的人只能自强。回溯至时光的最深处与人心最柔软的角落，"始存政术，闻斯德音"的明君也好，"罔遵克念，乃肆其心"的恶魔也罢，其实只是一个可怜的缺爱的男人吧。是人就都有病，天子也不例外，但酒不是药，你才是自己的解药。

"黑酒"不是酒，"加菲"不是猫：
异域高髯入驻紫禁城，光绪宣统叔侄争代言

让时光倒流。如果一百多年前某海外知名咖啡品牌想要在古色古香的紫禁城里开设分店，满朝文武大臣们会不会联名上奏坚决抵制，认为这种不登大雅之堂的饮食文化符号是对华夏五千年文明之践踏？估计不仅不会，还会大力支持。因为主子是咖啡控啊，反对开店就是"逆天"。所以说，当时宫里要真能开这么一家咖啡馆，溥仪心里肯定乐开了花，说不定还会亲自出马搞个代言，向全国人民宣传喝咖啡的妙处呢。

让时光再顺势多倒流十几二十年。如果这事儿发生在前朝，光绪帝也会龙颜大悦，因为他爱咖啡爱得更深。不过想开店和能开得起来终究

是两回事，溥仪的小朝廷得跟民国政府就此事之可行性开会磋商一下，载沣也得经过西太后的点头才能颁布谕旨。但若提到申请代言这档子事儿，怕是十有八九要黄。讨厌咖啡但狂爱照相的慈禧肯定会慢条斯理地轻轻抚弄几下她那对儿漂亮的翡翠金驱，然后以不容置喙且柔中带刚的强硬口吻对载沣说："照相啊代言啊这些个需要出镜的形象工程还是女人们最为擅长，哀家来操办就好。皇上春秋方富，宜励精图治、勤勉政务，切不可被这些个细枝末节的等闲琐事给分了心。"

行笔至此，各位看客可能坐不住了：太离谱了吧，你这是写清宫穿越剧呢？说实话，还真不是瞎扯，且待咱慢慢道来——

清嘉道年间，阮元主持监修的《广东通志》历来为史志专家所推重，梁启超在《中国近三百年学术史》中就将之与谢启昆的《广西通志》并举，对其学术价值给予高度肯定。《阮通志》曾记曰："外洋有葡萄酒……又有黑酒，番鬼饭后饮之，云此酒可消食也。""番鬼"系粤语常用词，泛指外国人。那么，"黑酒"为何物？结合其色黑、餐后饮、助消化等特征描述，我们判断它很可能是咖啡。

自唐以来，广州一直就是重要的商港之一，鸦片战争前夕，作为当时国内最大的通商口岸，这里侨居了大量外邦人士。他们不一定都喝得惯东方茶叶，自然会把本土流行的饮料带到中国来。这一点可以在成书于同治五年（1866）、由跟随美国浸信会传教士丈夫旅居上海多年的玛莎·福斯特·克劳福德（Martha Foster Crawford）夫人编撰的《造洋饭书》中得到印证。

"洋饭"即西餐，此书乃目前已知的中国最早的西餐烹饪葵花宝典。不过其写作初衷并非在我天朝掀起洋饭运动，而是专为培训国厨以解决洋传教士的在华吃饭问题而编撰的内部流通手册。西餐之烹法，有点像禅宗，初不立文字，皆由师父口授心传，即心是佛、见性成佛，成不成就靠自己的悟性和造化了。这对于不熟悉烹饪洋饭的国厨来说难度稍有点大，为尽快规范、提高其业务操作水平，让那些水土不服的外国人在异国他乡也能吃饱饱、喝好好，这本别于中国传统食经的有趣食谱就诞生了。其书卷首开列"厨房条例"，强调必要事项，然后分章列条地介绍了二百六十七种西餐菜点的具体配料及烹法，外加四条洗涤法。咖啡作为洋人生活中"一日不可无此君"的重要饮品，当然有详细介绍：

> 猛火烘磕肥，勤铲动，勿令其焦黑。烘好，乘热加奶油一点，装于有盖之瓶内，盖好。要用时，现轧。两大匙磕肥，一个鸡蛋，连皮下于磕肥内，调和起来，炖十分时候，再加热水二杯，一离火，加凉水半杯，稳放不要动。

看到"磕肥"不要笑，没错，它就是"coffee"之音译。先讲要用猛火焙熟咖啡豆，铲子得勤翻着点儿，本来火就大，咖啡就苦，再烧焦可就坏菜了。烘好后趁热加点奶油，入瓶加盖盖好，待煮饮时，再碾碎现轧。其后便是具体如何加水煮咖啡的操作，"连皮"文义不甚清，应指将鸡蛋壳放入咖啡粉中一起煮，据说可减淡其苦味。此处未提及糖和奶，本来这两样也不是喝咖啡的标配，因个人喜好添加即可，所以说《造洋饭书》中介绍的就是一个基础的黑咖制法。

成书于康熙五十五年（1716）的《康熙字典》中既无"咖"字，又无"啡"字，更无"咖啡"一词。因为像其他远涉重洋的舶来品一样，咖啡的定名也同样经历了一个伴随其普及化、大众化而将各种稀奇古怪的曾用名定于一尊的漫长历史——

道光十九年（1839），钦差大臣林则徐赴广州主持禁烟工作，为探求域外动向、筹海防夷，他还积极派幕僚搜求各种外国资料，将英国人慕瑞的《世界地理大全》译成中文，然后又亲自润色，撰成《四洲志》一书。这部开风气之先的世界地理志的编译出版，为其赢得了近代中国"开眼看世界的第一人"之美誉。此书首次用中文记载了咖啡的存在，将其译作"架非"和"加非"。如介绍阿丹国（今也门一带）时，称富人才能吃到从别国进口的稻米，穷人呢，则"仅食本地大麦，以架非豆、柳豆之壳浸水饮之"；在介绍到育奈士迭国（美国，the United States 之音译）时，称其国之进口货物有"茶叶、架非豆、红糖、椰子、杏仁、干菩提子"等。

道光二十四年（1844），上海华商外贸行的账簿上出现了"枷榧"的进出口记录。其后，刊于道光二十六年的《海国四说》中，梁廷枏在书中继续沿用"架非"之名，其《合省国说》[286]卷三云："居常日三食。……酷嗜牛乳、鸡子、煎牛膏。为茶，凡架非（作者自注：炒豆为末，水调代茶）、生果或糖制之，皆常用不离者。"同治年间，《申报》曾使用过"茄非""考非"等音译。此后，咖啡又出现了一个优雅的别名——"高馡"。

光绪十三年（1887），在一首当时颇流行的竹枝词《申江百咏》中就有这么几句："几家番馆掩朱扉，煨鸽牛排不厌肥。一客一盆凭大嚼，饱来随意饮高馡。""番馆"即西餐厅，讲的正是饕餮之徒们饱餐洋饭之后畅饮咖啡的情形。诗后有注曰："番菜馆如海天春、吉花楼等，席上俱泰西陈设，每客一盆，食毕则一盆复上。其菜若煨鸽子、若牛排，皆肥而易饱，席散饮高馡数口即消化矣。"可见，当时的西餐油水还是蛮大的，餐后来几口咖啡有解腻、消食之效，此亦可与前文《阮通志》所述"黑酒"互证。

宣统元年（1909），嘉兴人朱文炳的《海上竹枝词》中出现了"咖啡"二字："大菜先来一味汤，中间看馔辨难详。补丁代饭休嫌少，吃过咖啡即散场。"此"补丁"非衣服上遮掩破洞的小布块，乃西式奶冻"pudding"最初之音译，现作"布丁"。据民国四年（1915）中华书局版《中华大字典》中所录咖啡词条——"咖啡，西洋饮料，如我国之茶，英文 coffee"，"咖啡"一词正式一统江湖，名正言顺地终结了其"架非""加非""枷榧""磕肥""考非""高馡"等多种译名混用的历史。次年成书的《清稗类钞》第十三册"饮食类·饮咖啡"条称："欧美有咖啡店，略似我国之茶馆。天津、上海亦有之，华人所仿设者也，兼售糖果以佐饮。"而民国初年之所以会出现"咖啡"这一写法，估计出于日语"珈琲"。"コーヒー"一词，可能会被认为是"coffee"之片假名（カタカナ），但实际上它是江户时代从荷兰传入日本的。据荷兰语"koffie"，表示为"コッヒイ""カヒー"等，而"珈琲"这一汉字表记则由江户时代末期学者宇田川榕庵（1798—1846）所提出。

综上可知，始修于嘉庆二十三年（1818）、成书于道光二年（1822）的《阮通志》是我国关于咖啡的最早文献记载。国人饮用咖啡的历史是否可追溯至清中叶尚不确定，但可以肯定的是，据《南京条约》《中英五口通商章程》规定，自道光二十三年上海正式开埠以来，东渐之西风使茶房遍地的十里洋场飘起了迷人的异域幽香，国人饮咖啡之风尚也悄然兴起。

至于咖啡树的引种则稍晚。据载，光绪十年（1884），英国人将咖啡带来台湾种植，自此中国有了第一株咖啡树；光绪二十八年，法国传教士将咖啡从越南带至云南省宾川县，此为大陆种咖啡之始。适宜的自然条件使该地所产的小粒种咖啡豆品质上乘，在国际市场上大受欢迎，云南逐渐发展为中国咖啡的重要产区，每年有 60% 以上的生豆被雀巢、麦氏、星巴克等海外知名公司收购，然后再加工包装辗转流入国内，摇身一变成为"进口"咖啡。也就是说，你花大价钱买来的所谓的洋饮料，其实追本溯源很可能就是地道纯正的国产云南咖啡哦，这是多么痛的领悟。

清宫具体何时开始盛行喝咖啡不好说，但溥仪对咖啡一往情深、爱得认真而执着，我们是知道的。他的"番菜情结"得归功于妻子婉容的怂恿和苏格兰老夫子庄士敦（Reginald Fleming Johnston）的言传身教。

这位毕业于牛津大学的高才生是个会讲北京官话和粤语的中国通，1919 年，他应邀至紫禁城担任帝师，教授溥仪英语、地理、数学等西方文化科目，师生情谊甚笃。十五岁时，溥仪决心按照洋师傅的样子亦步亦趋地将自己打扮成英国绅士，就叫太监从街上买了一大摞西装以及各种装备回来。油头一梳，蔡司眼镜一戴，三件套一穿，文明棍一拄，领带上插着钻石别针，衬衫上配着钻石袖扣，外加天冷时的一顶软毡帽，浑身散发着深邃骚气的古龙水香味，活脱脱一个如假包换的绅士。再加上他身材瘦削，衣品也棒，穿啥像啥，除了西装还有斗篷、高尔夫球装以及西洋猎装等，马上就成了京城首屈一指的时尚先锋。醉心于欧化生活无法自拔的他，也耳濡目染地全盘接受了庄士敦教给他的英国上流圈子那套茶会礼仪：

衣裳倒不必太讲究，但是礼貌十分重要。如果有人喝咖啡像灌开水似的，或者拿点心当饭吃，或者叉子勺儿叮叮当当地响，那就坏了。在英国，吃点心喝咖啡是 Refreshment（恢复精神），不是吃饭……

——爱新觉罗·溥仪《我的前半生》第三章

辛亥革命爆发后，为"近慰海内厌乱望治之心，远协古圣天下为公之义"，隆裕太后临朝称制，颁溥仪退位之诏，自此开启了他与中华民国临时大总统比邻而居的"逊清小朝廷"生活。按照民国政府与清室协商达成的八款优待条件，溥仪辞位之后，尊号仍存不废，民国以待各外国君主之礼相待；逊帝可暂居紫禁城内廷，划拨四百万两岁用，御茶膳房亦保留。溥仪用膳的奢华程度也不比从前逊色。所谓馔玉炊金、食前方丈是怎样一番景象呢？隆裕太后得了西太后一向大排场的真传，每餐菜品都有百样之多，得用六张膳桌才勉强放得下。溥仪的则少些，按例也有三十种上下吧，这对于一个只有七岁的小学生来说，已经多到让人咋舌啦。找到一份"宣统四年二月糙卷单"，即民国元年三月的菜单草稿，详见书末注释。[287]

此外还有水果点心等，但这些东西并不合溥仪的口味，况且每日宫里最耗费人力、财力的就是这个吃饭问题，所以到了 1921 年他索性就把御茶膳房裁撤掉了，两百名国厨全部遣散。又新建了两个膳房，一为做中餐的野意膳房，一为专烹西餐的番菜膳房。洋厨房里的四位大厨每日为其提供三份番菜早膳及两份番菜晚膳，牛奶、麦片、咖啡、汽水、面包、奶油冰激凌等小食随时供应。但是溥仪属于那种花钱不眨眼的主儿，再加上喜欢买车又热衷于打扮自己，衣饰方面的花销也很大，没有了御茶膳房的小朝廷依旧入不敷出。他只好把每月的膳费减至四千元，筵宴赏赐也一并缩水，不过勉强支撑三年终难维持，1924 年还是把番菜膳房也撤了，饮食开始从简。

正如笃定地坚持着复辟帝制这一梦想，对番菜的执念便是其味蕾信仰。他还曾写过一首风格怪异的打油诗："明日为我备西菜，牛肉扒来炖白菜。小肉卷、烤黄麦，葡萄美酒不要坏。……"身为逊帝的溥仪在宫里生活时，虽然没有御窑厂给他专门烧瓷，但前朝留下的大量精品尽可享用，比如他和婉容举行中式婚礼时，合卺宴上所用的膳碗——红彩描金龙凤戏珠碗，就是光绪的。不过平日里溥仪对宫中所藏历代美瓷兴趣寥寥，西洋餐具才是其心头好。英国曾向清廷进贡过一套皇家伍斯特（Royal Worcester）咖啡具，包括白瓷壶罐各一、杯碟各二、银勺二、夹一，造型华美，瓷质细腻，溥仪一见倾心，从此这套国礼就成了他在宫里喝咖啡的专用物件了。还有一套造型别致的中式咖啡具也很称他的心。这套银质器皿的壶嘴、把手、盖钮、三足均设计为竹节状，器身采用浅浮雕工艺，以竹叶、菊花、龙戏珠为饰，咖啡罐上还刻着亭前二人对弈的生动画面。喝咖啡本是西方生活方式的体现，但此套咖啡具却采用了典型的东方器形与纹饰，这种中西文化交汇碰撞的奇妙体验，连同他放着八抬大轿不坐、偏要锯断宫门门槛骑着自行车到处闲逛一道，共同构成了溥仪"荒谬的青少年时代"中的独家记忆。此外，故宫还藏有一套更精美的椭圆形银镶框玻璃洗，也是中西合璧的产物。此玻璃洗内放有银质咖啡小杯十二只，每件咖啡勺柄顶端均铸有官员模样的小人，戛戛独造的装饰元素透露出逊清皇室的时尚生活品味。

清晚期银制咖啡具
（故宫博物院藏）

不光溥仪是咖啡的小迷弟，其前任光绪帝也是它的拥趸。有诗为证："龙团凤饼斗芳菲，底事春茶进御稀。才罢经筵纾宿食，机炉小火煮咖啡。"（钱仲联《清诗纪事·光宣朝卷》）诗后自注："咖啡，太西茶品之一。西人恒于膳后服之。性芳温，健脾行气，分消食积。德宗因疾，在宫多嗜此茶。"不过他那个吃货大姨妈却对这种洋饮料不怎么来电。为什么呢？关于这件事，庆亲王奕劻家的四格格得负主要责任。

慈禧生平最大爱好有二：过寿，修园子。如果一定要凑足三个爱好，那还有一个应该就是在她那刚修好的富丽堂皇的园子里风风光光地开派对了。她那份长长的邀请名单里面，除了王公重臣，还有就是洋人，包括各国公使的夫人也在其邀请之列。礼尚往来的道理洋人也很通，因此就有一位夫人向老佛爷发出邀请去她家共进晚餐。但慈禧马上意识到了，对方虽然好心好意、一腔热忱，但这个饭局还是不能参加，原因是身份严重不对等，有失体统——我堂堂大清皇太后怎么能屈尊移驾一洋人女眷之私邸？真是滑天下之大稽！于是这个无比硬核的任务就摊到了老佛爷最宠爱的四格格头上。

这姑娘奉旨赴宴一回来就忍不住跟太后大吐其槽，她说洋人吃饭用餐具就跟摆弄兵器似的，刀子叉子寒光凛凛齐上阵，吃的都是带着血水的肉，最恐怖的是那个餐后饮料，味道比汤药还苦涩，简直不能忍。慈禧听完之后，淡淡地笑着说了句"洋人乃化外之民，不知膳食也"，从此也就对西餐和咖啡没什么好感了。若她知道四格格当时吃的是三分熟的牛排，喝的是没加糖的清咖，若她知道牛排想煎几成熟以及咖啡加伴侣与否都是可选的，不知又会作出何等评价。而对于四格格来说，奉旨吃西餐、喝咖啡虽是一次痛苦的经历，但比起那折磨人的 COS 观音照事件来说，简直算是享受了。[288]

搞清了西太后怵咖啡的来龙去脉，我们再回过头来继续说说爱咖啡的清德宗。大家都知道他英年早逝，于光绪三十四年（1908）十月二十一日在南海瀛台涵元殿暴崩，享年三十八岁，葬于清西陵之崇陵。死因为何？素有争议。但就目前掌握的最新资料来判断，关于这件事，咖啡得负一半责任。

王国维是中国近、现代之交新历史考证学的奠基人，去世后溥仪还赐谥"忠悫"。王先生创立的"二重证据法"，即"纸上之材料"（史书记载）与"地下之新材料"（出土文物）相互印证的研究方法是学界公认的学术正流。光绪与慈禧在二十小时内相继薨逝，这一蹊跷事件影响了中国历史后来的走向，联系二人生前的政治矛盾，后人难免不对此猜想联翩。考其死因，《诊治光绪帝秘记》《国闻备乘》《崇陵传信录》《景善日记》《瀛台泣血记》多有龃龉，在遍阅纸上之材料而无法得出满意的答案时，就只能求诸地下之新材料了，这便是于 2003 年立项的国家清史纂修工程重大学术问题研究专项课题。

据其 2008 年公布的研究报告称，专家们历时五年，在不能开棺直验且时隔久远、检材条件很差等不利因素的困扰下，从光绪帝头发的不同截段砷含量之异常分布入手，综合采用了中子活化法、X 射线荧光分析法、原子荧光光谱法、液相色谱 / 原子吸收联用分析法等一系列高科技手段，通过开展对比、模拟实验、双向图例等工作，对西陵文物管理处提供的光绪帝遗体的头发、衣服及墓内外环境样品进行反复检测后，得出了其突然驾崩为急性胃肠性砒霜中毒所致的结论。

不过此说亦不能完全令人信服。课题组的研究取样标本并不理想，条件所限，未能直接开棺验骨，其分析、论证、推测都是建立在"曲线救国"的基础上，本来实验就有误差，在某些问题未得到科学解释以前即认定光绪之死为他杀，为时过早。不可否认，科技手段的介入对推进史学研究功不可没，但其却与借助文献档案考证所得到的主流观点相左。而文字材料内涵之多歧性又是造成纷纭众说之根由所在，如何去伪存真、调和二重证据法中的矛盾是有待进一步探索的课题，故而只能说砒霜致死论为我们提供了一项非常重要的学术结论，但还不能称之为定论，此案依旧处于聚讼未决之状态。关于光绪死因之谜，笔者也做过一番细密探究，一家之言详见书末注释。[289]

斯人已逝，生者如斯。2007 年，"星巴克事件"之后，这个稳居咖啡界 C 位的洋品牌黯然"离宫";2018 年,小蓝杯打败小绿杯,国产新晋网红瑞星咖啡入驻且大受青睐。当你一手捧着印有"爱卿辛苦了""大内特饮,奉旨提神""有事启奏,无事来杯美式"等字样的特制咖啡杯,一手举起自拍杆、打开美颜相机、摆好笑容跟太和殿合影留念时,是不会有画面协不协调、有碍观瞻否等顾虑的。因为咖啡这种洋饮料对于紫禁城来说本就不算什么新鲜事物,早在百年前就大放异彩了。不管是小绿杯还是小蓝杯,与其说它们"进宫",倒不如看作是"回宫"。

荐冰 · 冰鉴 · 冰饮 · 饮冰

　　说到星巴克,就忍不住想来一杯星冰乐。脑洞大开地问一句:当年清宫里也流行咖啡冰沙吗?要想喝冰沙,得先有冰块。那么问题又来了,古代有冰柜吗?古人是如何制作并储存冰块的呢?下面我们就一起到周王室的冰窖里去探个究竟。

　　古人藏冰的历史可以追溯到三千年前,也就是说周天子吃烤肉的时候就已经搭配上冰镇饮料和冰酒了。《周礼·天官·凌人》云:"凌人掌冰正。岁十有二月,令斩冰,三其凌。"周室专司冰事的职官为凌人,不是"盛气凌人"的"凌人"哦,"凌"在古代还有一个意思,指块状或锥状冰,有时也被用作冰窖之代称。所以就把掌管斩冰、藏冰、启冰、颁冰等政令的官员叫作"凌人"了,是不是很形象?这个机构的具体编制是,主管(即凌人)由两名下士担任,各配有秘书("府")两名、文书("史")两名、工人领班("胥")八名,每个领班管理十个劳力("徒")。

　　这样算下来,领导、干事、打杂役的总共将近百人,规模算是很庞大了。当时还没有人造冰,就只能靠天吃饭(冰)了,于是朝廷就规定在一年中最冷的时候——夏历十二月,由凌人带领他的一干手下带上家伙出去砍冰,搬回来储存到皇家冰库里,而且还规定得砍三倍用量的冰块回来，这又是为什么呢？因为周天子是个很有觉悟的环保主义者，他非常担心南极上空的臭氧层空洞继续扩大，所以坚决不采用氟利昂制冷，其冰窖完全纯天然。这就存在一个问题，冰块虽然是冷藏起来了，但其存放环境很难一直保持在全球冰箱冷冻室的标准温度（-18℃），入春之后随着气温的回升，冰块会逐渐融化的。考虑到损耗这层因素，也就只能碗大汤宽地三倍而藏之了。

而关于斩冰的时间，也得说明一下。先秦有"六历"（黄帝历、颛顼历、鲁历、周历、夏历、殷历）之说，后三者称为"三正"，其区别在于岁首月建之异，直至汉朝推行太初历，历法才基本固定下来。

三正乃春秋战国时期不同地区所采用的不同日历制度，这种不统一直接反映在此时期的文献典籍中：如《楚辞》《吕氏春秋》用夏历；《左传》《孟子》多采周历；《诗经》较复杂，要具体篇目具体分析，不可一概而论。如《国风》中的《豳风·七月》为夏历、周历并用，凡言"七月""九月"等带"月"字者均为夏历，"一之日""二之日"等带"日"字者为周历，两种历法混用的现象正反映了此农事诗在民间长期、广泛流传这一事实；《小雅·正月》"正月繁霜，我心忧伤"指的周历正月（即夏历十一月），而《四月》中的"四月维夏，六月徂暑"及《小雅·六月》中的"六月栖栖，戎车既饬"就都指的是夏历了。段玉裁《周礼汉读考》告诉我们，凡是《周礼》中"言'岁'者，皆谓夏正也"。

夏历以建寅为始，与今汉历（农历）正月相同，当时的人们根据气候变化为每个月都起了别称，十二月又被称作腊月、冰月、严月、严冬、季冬、末冬等。寒冬腊月正是斩冰的最佳时间，这一点在《诗经》中也可以找到证据。《豳风·七月》卒章"二之日凿冰冲冲，三之日纳于凌阴"[290]记述的正是劳动人民在夏历十二月斩冰、正月藏冰入窖之情形。不过这些冰块轮不到他们用，是为贵族准备的。《礼记·月令》中称，孟冬之月"水始冰，地始冻"，季冬之月"冰方盛，水泽腹坚，命取冰，冰以入"。那么，把冰取回来安顿好之后，下一步具体怎么个处置法呢？

> 春始治鉴，凡外、内饔之膳羞鉴焉。凡酒、浆之酒、醴亦如之。
> 祭祀共冰鉴，宾客共冰，大丧共夷槃冰。夏颁冰，掌事。秋，刷。

鉴，古作"鑑"，《说文注》曰："大盆也。盆者，盎也。……鉴如甄，大口，以盛冰，置食物于中，以御温气。"冰鉴，就是古代最早的冰箱。周王室冰块的用途大致有五：其一，暑天为牲肉保鲜。其二，冰镇三酒、五齐、六饮。[291] 其三，供祭祀、待客之用。其四，特殊场合降温防腐。其五，劲爆前卫的"行为艺术"。鉴于内容相关性及篇幅限制，正文只讲前三种，如有对后两种用途感兴趣的读者请移步书末注释。[292]

冰块凿于深山僻谷，山人取之，县人传之，舆人纳之，隶人藏之；搬回来之后国家统一保管发放："食肉之禄，冰皆与焉。大夫命妇，丧浴用冰。"入夏之前，天子会举行隆重的颁冰仪式以显君恩浩荡，朝中各级官员赏赉有差。无论所得冰块多寡，大家都如获至宝，这毕竟是身份、地位的象征哪，一个个屁颠屁颠儿地抱回家去乐呵半天。待到秋天，皇家冰库里的冰块也用得差不多了，便可着手清理，收拾好以待腊月展开新一轮的斩冰、藏冰诸过程。

贮存是为了使用，二月就要启冰了。《礼记·月令》称，"仲春之月……天子乃献羔开冰，先荐寝庙"[293]，亦即《豳风·七月》之"四之日其蚤，献羔祭韭"。古代的冰块可不单单是正常大气压下的水在 0℃ 时结成的透明六方晶系固体这么一个毫无生气的化学概念，周朝祭祀文化赋予其今日的冰块永远都望尘莫及的神圣仪式感。

在前一年入窖藏冰和第二年开春启窖取冰时，周天子都要举行庄重的祭神仪式。司寒，是古代传说中的冬神、北方之神，驻跸极地，乃冷空气之化身，祭之以祈御寒免灾、国泰民安。昭公四年（前 538）春，天公捣乱，下了场大冰雹。季武子就向大夫申丰询问这到底是个什么情况，日后该如何抵御这般恶劣天气，申丰告诉他说问题的症结就在冰上。[294]

仲冬之月，其日壬癸，其帝颛顼，其神玄冥。按照天干地支的方位归属及五行、五色、四季之对应关系，冬居北、属水、色黑，故在藏冰之时要用黑色公羊（黑牡）和黑色黍米（秬黍）来祭祀司寒；而仲春之月，其日甲乙，其帝大皞，其神句芒。春居东、属木、色青，故在取冰之时要在冰窖口挂上桃木弓（桃弧）和荆棘箭（棘矢）以祓除鬼邪，并以羔羊、韭菜向春神献礼。礼毕，将取出的第一批冰块托于祭盘，祀之宗庙，然后国君就可享用了。至于"火出而毕赋，自命夫、命妇，至于老疾，无不受冰""其藏之也周，其用之也遍"云云，只是一个理论上的理想状态，能否真正做到雨露均沾，还是国家的一把手说了算，老天爷插不上嘴啊。所以，才有申丰发出的警告，斧斤不以时入山林去斩冰、分配给臣下，天灾何以避之？想要疠疾不降，民不夭札，难哪！

祭祀司寒与赐冰活动就这样从周朝延续了下来，后世诗文多有吟咏。[295]《旧唐书·礼仪志》云："季冬藏冰，仲春开冰，并用黑牡、秬黍，祭司寒之神于冰室，笾、豆各二，簠、簋、俎各一。其开冰，加以桃弧棘矢，设于神座。"李家王朝关于冰块之藏用、祭祀与千年前的周朝并无二致。又云："唐礼：四时各以孟月享太庙，每室用太牢。……若品物时新堪进御者，所司先送太常，与尚食相知，简择精好者，以滋味与新物相宜者配之。太常卿奉荐于太庙，不出神主。仲春荐冰，亦如之。"可见唐朝对荐冰之事的看重。因此，也就流传下来不少以"荐冰"为题的唐诗，其中不乏辞清句丽者。[296]

宋朝亦重司寒之祭，《宋史·礼志》称，建隆二年（961）太祖初建国即"置藏冰署而修其祀焉"。此外，还有必要对《周礼·天官·凌人》中提到的"祭祀共冰鉴，宾客共冰"稍作补充说明。周朝规定，祭祖时要把冰鉴端出来盛放祭物，而待客时则仅供冰不供鉴，何也？为了让宾客趁鲜食用。如把盛冰的容器也一并摆到客人面前，会让人家觉得有不即食之嫌。啧啧，这心思可真够细腻的。

周天子存放酒饮的冰箱长啥样不得而知，但如果你想看看东周王侯家的冰箱实物，倒是可以实现。

中国国家博物馆藏有一件 1978 年湖北随州擂鼓墩曾侯乙墓出土的战国青铜冰鉴，此为世界上最早的冰箱，也是一件融高度的艺术性与实用性于一体的重量级国宝。此冰鉴为双层器，由铜缶嵌套于铜鉴而成。鉴呈方体，深腹，平底，四兽足；鉴口四角及四边中部各有凸榫与口沿榫眼套接而成的曲尺形附饰；鉴身四面及四棱铸有八只拱曲龙形耳钮，钮尾有小龙缠绕，每条龙尾又有两朵五瓣小花立于其上；鉴体浮雕蟠螭纹及蕉叶纹，铭刻"曾侯乙作持用终"。

此器不仅铸造技艺精湛无比，失蜡、镶嵌、镂雕、浮雕俱全，而且功能设计也奇巧得很，在目前出土的同类商周青铜器中尚无可与其比肩者。鉴与缶间有专门机关使二者之口、底套合固定，无须启动鉴盖，只开缶盖即可完成灌酒、挹酒。其工作原理是依靠盛在鉴与缶缝隙中的冰块使缶中所藏之物降温；同样，也可在鉴腹中加入热水，使缶内美酒增温。保温保冷两用，夏喝冰酒，冬喝温酒，随意切换，一举两得，妙哉！不过这个家伙很笨重，想挪动挪动还是有点费劲的。[297]

曾侯乙为战国早期南方姬姓曾国之主，其国与史书记载中的随国乃一国两名，始祖为赫赫有名的周朝开国大将军南宫适，是当年周天子分封镇守南方的重要邦国。古人素来喜欢喝温酒，认为其不伤脾胃，但在南方溽暑难耐的气候条件下，肯定是冰酒喝起来更爽。屈原的《招魂》中不就有"瑶浆蜜勺，实羽觞些。挫糟冻饮，酎清凉些"的句子嘛。酎，

战国青铜冰鉴
长 76 厘米，宽 76 厘米，高 63.2 厘米
（中国国家博物馆藏）

醇酒也。盛夏则为覆醴干酿,提去其糟,但取其清,居之冰上,然后饮之。几杯凉丝丝的曲秀才下肚,楚王觉得煞是舒爽,得意地想:谁说夏天热死人啊,那是因为你们没有冰酒喝啊,哈哈哈……

《楚辞·大招》亦云:"清馨冻饮,不歠役只。吴醴白蘖,和楚沥只。"楚国宫廷嗜饮冰酒之风可见一斑。那么,曾是春秋霸主、后被楚国灭掉的越国又是怎样的情况呢?东汉赵晔《吴越春秋·勾践归国外传》载:"勾践之出游也,休息食室于冰厨。"这里的"冰厨",可不是冰箱,再热得厉害也不能睡到冰箱里不是。徐天祐注云,"一曰冰室,所以备膳羞也",称冰厨乃夏季为帝王供备饮食的处所。私以为讲得并不完全准确,其实这个冰厨就相当于古代版的民宿空调房,出行在外得从简,食宿于一可避暑纳凉之屋,这样理解才符合文义。

至于冰窖,也有实物可考。关于秦凌阴遗址的相关信息,详见书末注释。[298] 它不仅直接印证了先秦古籍中关于藏冰的诸多记载,也是现今出土的国人用冰之最早实物例证。以藏冰而闻名的还有"曹操三台"之一的冰井台(余二者为铜雀台、金虎台),故址在今河北省邯郸市临漳县西南,乃三国魏邺都之胜迹,屡经战火洗礼,至明崇祯年间冰井台之地面遗迹已荡然无存。[299]

以上所言,皆为天然冰之种种。那么,人造冰源于何时呢?

北宋叶廷珪《海录碎事·地部·冰门》载有"造寒筵冰法"。[300] 文后注曰此段引自唐代苏鹗《杜阳杂编》,然检之今本苏氏之书,并未见此制冰法,阙疑。明朝李时珍也曾严肃地辟过谣,说《淮南万毕术》中所谓"凝水石作冰法",非真也。其实,从汉朝的刘安、刘向,到三国的孟康,再到唐宋的成玄英、段成式、苏轼,明朝的方以智,历朝著名知识分子都曾言之凿凿地在自己的书中提及"以冬铄胶,以夏造冰"(《淮南子·览冥训》)的问题。清代大儒俞樾不光对造冰之说确信无疑,还由此推论出人造雪的可能。[301] 说起造雪,倒是很自然地想到了明崇俨给唐高宗荐雪献瓜之事。[302]

明崇俨何许人也?跟唐宣宗时期的罗浮先生轩辕集差不多。轩辕集何许人也？跟《后汉书》《三国志》中坐致行厨、掷杯戏曹的左慈差不多。总之，三位都是呼风唤雨、身怀绝技的方士。[303] 但不管是阴山雪、缑氏瓜，还是罗浮山下的蜜柑，作为坚定的唯物主义者，我们当然不会信以为真。

说回到造冰，虽然其最初脱胎于道家之神仙方术，但应归于严肃的科学实验。原始人工制冰法一直是中国古代科技史研究者十分关注而又长期未得到解决的问题，目前仍有争议。笔者据手头掌握的不完全资料，认为淮南学派所谓的制冰方法及过程——"取沸汤置瓮中，密以新缣，沈井中三日成冰"，实为与食用冰无涉的纯物理实验。[304]

值得一提的是，隋唐时期已有冰制品在市场上公开销售了。

如《迷楼记》叙隋炀帝晚年荒淫，筑迷楼玩乐，耽溺女色，吃了方士给他进献的丹药以后，"荡思愈不可制，日夕御女数十人"。入夏后则烦躁不安，"日引饮数百杯，而渴不止"，看症状像是消渴病，或许还有点慢性药物性重金属中毒。医丞认为其真元太虚，不可多饮，便想到一个望梅止渴的法子——"置冰盘于前，俾帝日夕朝望之"。谁知这个治烦解躁的方子在宫里传开之后，就引发了洛阳城里的一场冰块剁手大战以及售冰行业短暂的通货膨胀。何以至此？诸院美人争相"市冰为盘，以望行幸"——大家都想做那个让皇帝翻牌子的捧冰女啊，故京师冰价为之踊贵，藏冰之家，皆获千金。有道是洛阳纸贵，长安米贵，均不及迷楼冰贵呀。

又如，唐开元年间，曹州有个狂妄的青年给宰相姚崇写了封自荐信，里面就讲到一蒯人卖冰弄巧成拙的故事。说天气很热，过路人纷纷凑到售冰摊前，欲买之一食为快。不料这个愚蠢的卖冰者抱着奇货可居的心理，故意抬高冰价数倍，惹恼了客人，大家摇摇头甩甩手都走掉了，最后冰没卖出，全化了，商人铩羽而归。显然，写信人以傲娇的买冰者自居，将收信人比作卖冰者，"厚利可爱，盛时难再；失利后时，终必有悔"，其意不言自明。[305] 可见卖冰在当时已比较盛行，写信举例子都能信手拈来。不过虽然城里开起了冰铺，由于储存不易，冰块还是稀缺品，夏冰价格一直很高。

杜甫不擅长考试，一考就砸，为求得功名，十年困守长安，"朝扣富儿门，暮随肥马尘。残杯与冷炙，到处潜悲辛"，辗转投赠干谒，奔走献赋无果，过着上顿不接下顿的困窘生活，别说是吃冰了，连饭都吃不饱。白居易则不然，他属于平时爱学习又会考试的全能选手，正如他在写给好友元稹的信中所说的，"十年之间，三登科第，名落众耳，迹升清贯，出交贤俊，入侍冕旒"。二十八岁入长安应进士试，一次通过，名列第四，还是上榜十七人中年龄最小的。然后他又一鼓作气，连中"书判拔萃""才识兼茂，明于体用"两科。从京畿县尉任上回到长安后，授集贤校理、翰林学士，开始替宪宗草拟机要文件；次年升左拾遗，成为朝廷重要谏官。其科场宦途顺风顺水，还没来得及经历"居大不易"的"京漂"日子就已过上"居之大易"的小康生活。到了夏天，他们家买冰块从来都不带砍价的，直接成筐成筐地将这些"金璧"搬回去清凉消暑，有钱任性。[306]

若问唐代宫廷里最有名的解暑冷食为何，当非敬宗朝发明的清风饭莫属。《清异录·馔羞门》载："宝历元年，内出清风饭制度，赐御庖，令造进。法用水晶饭、龙睛粉、龙脑末、牛酪浆，调事毕，入金提缸，垂下冰池，待其冷透供进。惟大暑方作。"简言之，这就是一道添加了天然冰片的牛奶味糯米凉饭。那么问题来了：龙睛粉和龙脑末皆系樟科植物枝叶提取所得，混在饭里吃下去，喉舌顿生丝丝凉意，冰爽滋味妙不可言。虽说具有开窍醒神之功效，只是不清楚吃多了会不会中毒啊哟喂。

到了市场繁荣的宋朝，冷饮业也迎来了其长足发展的春天，冰块的享用对象亦由高门贵邸走入寻常百姓家。《东京梦华录》卷八"是月巷陌杂卖"条称，汴京旧宋门外有两家卖冷饮的大店，生意最好、档次最高，其明星款甜品如"沙糖绿豆、水晶皂儿、黄冷团子、鸡头穰冰雪、细料馉饳儿、麻饮鸡皮、细索凉粉、素签、成串熟林檎、脂麻团子、江豆碨儿、羊肉小馒头、龟儿沙馅之类"，琳琅满目，应有尽有。掌柜的很会做生意，店里除了雪糕、冷饮，还会配套出售一些大众喜爱的小吃点心，这就是传说中的宋朝版咖啡馆了。

但人家这两家馆子的餐具可都是纯银打造的，如此阔绰之手笔，远非现在街边那些七七八八的网红小店可比。如果你想给自己的生活加点仪式感，享用一顿使用全套银质餐具的下午茶，那就只能去五星级酒店了。再想想生活在大宋皇城根儿的人民，确实是幸福啊，那时就已经有七星级冷饮店为其服务了。他们最看重三伏天，因为六月份没什么节日可过。"往往风亭水榭，峻宇高楼，雪槛冰盘，浮瓜沉李，流杯曲沼，苞鲊新荷，远迩笙歌，通夕而罢。"最大的乐子就是恣眠柳影、饱挹荷香、呷着冷饮、吃着冰食，纳凉避暑兼游情寓目了。

南宋著名吃货诗人杨万里也是个冰品爱好者，他写过一首诗："似腻还成爽，才凝又欲飘。玉来盘底碎，雪到口边销。"乍一看，是不是感觉像是在说绵绵冰，其实它的题目是"咏酥"，原来作者是将这种入口即化的美味糕点比作酥松的刨冰，虽明赞酥，亦暗露其喜冰之情也。在广东提点刑狱任内，他还写了首《荔枝歌》，怀念临安街市上热闹的卖冰场面："粤犬吠雪非差事，粤人语冰夏虫似。北人冰雪作生涯，冰雪一窖活一家。帝城六月日卓午，市人如炊汗如雨。卖冰一声隔水来，行人未吃心眼开。甘霜甜雪如压蔗，年年窖子南山下。……"看来当时售冰这个行当获利颇丰，冰户靠着藏好的一窖冰就能养活一家老小了。另据《梦粱录》《武林旧事》，宋朝著名的冷饮、冰食还有"荔枝膏水""鹿梨浆""雪泡梅花酒""甘草冰雪凉水""沙糖冰雪冷元子"[307] 等。

冰者，太阴之精，水极似土，变柔为刚，所谓物极反兼化也。暑气熏蒸，铄石流金，嗜冷是爽，但过量就不爽了。宋徽宗就曾因喝多了冰镇肥宅快乐水而致脾疾，国医不效，乃召神医杨介诊之。介何许人也？"苏门四学士"之一的张耒之甥。介以冰煎大理中丸，上服之，愈。徽宗又惊又喜："这个丸药朕以前吃过很多颗都没效果，为什么你用冰水一煎就起作用了呢？"介答曰："皇上之疾乃因食冰而起，臣请以冰煎之，是治受病之原也。"[308] 以冰攻冰，法外之法，奇哉！

"雪糕"一词，始见于南宋洪迈《夷坚志》。[309]《梦粱录》卷十三称御街早市上"有卖烧饼、蒸饼、糍糕、雪糕等点心者"。但这里的雪糕指的都是"白雪糕",一种白糖糯米蒸点,也可油炸,绝非今天人们吃的雪糕。其后元明清三朝,"雪糕"这个词也都指的是点心。如"软煖炉星火,新香甑雪糕"(舒岳祥诗)、"客醉黄花酒,僧供白雪糕"(徐咸诗)。据《宋史·职官志》,宋朝始设乳酪院,掌供造酥酪,属光禄寺下属机构。宋人吃的"冰雪",相当于今天的冰沙或刨冰。到了元朝,冷饮在制作方面又有了新突破,其时宫廷中出现了冰激凌的雏形——冰酪。考之元诗,即可证实:如陈基《寄葛子熙杨季民》中的"色映金盘分处近,恩兼冰酪赐来初"、董寿民《苦热吟》中的"金盆注水龙鳞寒,玉案堆冰酪浆冻"等句。陈基是元末明初人,少时尝从黄潜游于京师,受经筵检讨。诗中所咏即其某日为顺帝讲经时所得之恩赏——金灿灿的盘子里盛着雪白雪白的冰酪,况且还能和皇帝近距离地边侃边吃,实在是难得的殊荣啊。《饮膳正要》卷二"诸般汤煎"中记有"酥油""醍醐油""乌思哥油"等奶油制法。[310]

牛奶是蒙古族饮食中仅次于马奶的重要饮品。蒙古人从牛奶中炼出奶油后,通常不加盐,而是煮很长时间待其脱水,再装入羊胃制成的皮囊中保存以供食用。"乌思哥"为蒙古语"esugusug"之音译,《元朝秘史》作"额速克",《至元译语》作"兀宿",系牛奶与马奶混合而成的饮料。打制奶油时,搅拌分离出的上层脂状物称为"usug-yintos",即所谓的"乌思哥油"或"白酥油"。北凉昙无谶译《大般涅槃经·圣行品》曰:"从牛出乳,从乳出酪,从酪出生酥,从生酥出熟酥,从熟酥出醍醐。醍醐最上。"由牛乳到酥再到醍醐,经层层提炼,最后得到的就是精华中的精华了。于是乎,一到夏天,从冰窖中取出冰块,再添上这几种奶油中的某种,只此一家、别无分店的皇家冰激凌就诞生了——沏骨之凉,如甘露洒心。三分香,七分爽,十分带劲!

当年马可·波罗来中国时,忽必烈也拿这款美味招待过他。回国后,其游记中所载的冻奶配方就在意大利北部流传了开来。16世纪,法、意皇室联姻,冰激凌又传入法国,并作了些配料上的革新。据说1625年新继位的英格兰国王查理一世(Charles I)也是个雪糕控,他为了能独享这种消暑佳品，曾专聘厨师为其制作各式各样的冰激凌并要求严格保密配方。18世纪初，冰激凌才传入美洲大陆，华盛顿也对此物痴爱有加。冰激凌这种极具诱惑力的冷冻奶制品自出现以来，就是中西宫廷贵族们普遍的心头好。虽初创于13世纪元朝宫廷，但冰激凌首次见诸文献并被详细描述则是民国初年的事情了。[311]

清初词坛掌门人朱彝尊学问一流，热爱美食一流，曾入史馆修过《明史》，也私下里编过食谱。他将饮食之人分为三类：一为"食量本弘，不择精粗，惟事满腹"，不计损益的"饫啜之人"；一为"尝味务遍，兼带好名"的"滋味之人"；一为饮饭必佳，但取目前，鲜洁合宜，不事珍奇的"养生之人"。三种人其实也代表了三种饮食境界，朱氏显然最推崇省珍奇烹炙之贲、唯真味是求的自然颐养之法。其著作《食宪鸿秘》卷上"饮之属"记有一"乳酪方"："牛乳一碗（或羊乳），搀水半钟，入白面三撮。滤过，下锅，微火熬之。待滚，下白糖霜。然后用紧火，将木构打一会，熟了再滤入碗。糖内和薄荷末一撮更佳。"乳酪是调和脾胃的营养佳品，重视调摄的朱彝尊对其做法颇有心得，还提到要在白糖中加薄荷调味，很有创意。不过他吃的乳酪绝对是常温不加冰的，因为"食宪总论"中讲得很明确："五味淡泊令人神爽气清少病。务须洁。酸多伤脾，咸多伤心，苦多伤肺，辛多伤肝，甘多伤肾。尤忌生冷硬物。"他还强调，一年四季都要提防生冷的瓜果蔬菜，而不单单是夏天。稍后成书的顾仲《养小录》对《食宪鸿秘》多有征引，包括此乳酪方，除添加薄荷外几乎一字未改直接录入，开篇序言之"饮食宜忌"亦照搬朱书。

在朱彝尊生活的年代，皇家的藏冰、供冰之制已非常完善，当时设有官窖、府窖、民窖三种。官窖即工部冰窖，乃都水清吏司之所属机构，朝廷由工部堂官于司员内委派满、汉冰窖监督各一名，掌宫廷收发藏冰诸事。据《大清会典》，清朝京师的官窖有十八座之多，规模甚巨。[312]

动不动就提笔作诗的乾隆皇帝写过许多首关于夏天的诗，而在这许多首夏天的诗中，又有一组诗名曰"消夏十咏"，其中一咏即为《冰》："广厦无烦暑，精盘贮碎冰。凉逾莲脯扇，色似玉壶凝。"还有《冰窖》："首下园林暑未蒸，九华初御转凉增。南熏殿里笙歌起，四月清和已进冰。"还有《冰果》："蝉噪宫槐日未斜，液池风静白荷花。满堆冰果难消暑，勤进金盘哈密瓜。"还有《冰碗》："浮瓜沉李堆冰盘，晶光杂映琉璃丸。解衣广厦正盘礴，冷彩直射双眸寒。雪罗霜簟翻珊珊，坐中似有冰壶仙。冰壶仙人浮邱子，朝别瑶宫午至此。古人点石能成金，吾今化冰将作水。"所谓"冰果"，即以杂果置盘中，浸以冰块，有点像今天的冰镇水果捞。所谓"冰碗"，其内盛物更丰富些，除了冰果，还有莲蓬、菱角、藕等夏季河鲜以及适合冷食的甜点小吃，这也就相当于清宫豪华版的下午茶拼盘了。

乾隆是个性情中人，大凡自己喜欢的东西一定要夸足夸够夸到极致，从他的诗中，我们不难看出其对冰食之爱。乾隆还是位极其注重生活品质的精致男士，他有一对做工特别精湛的掐丝珐琅红木底座冰箱。

此物与曾侯乙那台古拙的铜冰鉴相比，长宽差不多，个头略矮，但每只重量不足其三分之一，因为是木胎铅里的，所以轻便了不少。冰箱采用双开活盖设计，揭之即可放冰，且木质箱体不易导热，可减缓冰块融化速度。盖面有镂空二钱纹孔，作散冷气之用，亦可同时降低室内温度，简直就是冰箱、空调一体机嘛。底角有圆孔，为融冰泄水道；两边装有四只铜制双龙戏珠提环，便于搬运。箱体遍饰蓝地缠枝番莲纹，底部为冰裂纹，风格与99％的出自乾隆时期的大小掐丝珐琅物件儿一样艳丽多姿，极尽繁复奢华之能事；镏金盖缘阳刻楷书"大清乾隆御制"六字，标明冰箱主人之尊贵身份。

但这两只冰箱被乾隆的孙子的曾孙也就是溥仪出宫时给带走了，后从天津出发，几经辗转流落民间一个甲子之后，终于又回到了紫禁城。当然了，乾隆的冰箱肯定不仅此而已，还有大同小异的掐丝珐琅万福万寿冰箱、掐丝珐琅宝相花冰箱等，而藏于沈阳故宫博物院的那台掐丝珐琅蟠龙透雕宝相花兽耳方冰箱，则与前几只温婉的画风不同，图案霸道威武，尽显皇家气派。画外音：掐最细的丝，点最妖的蓝，上最艳的釉，镏最闪的金，饰最繁缛的图案，錾最低调的logo。喝最烈的冰酒，吃最凉的碗子，开最嗨的派对，玩最炫的珐琅，写最多的诗词赋。我就是我，不一样的烟火，我是弘历。

至于慈禧太后吃的消夏冰食，则又比乾隆进阶了好几个档次，堪称豪华版下午茶果拼，叫作"甜碗子"。[313] 有甜瓜果藕、百合莲子、杏仁豆腐、桂圆洋粉、葡萄干、鲜胡桃、怀山药、枣泥糕等。其他的不说，单看这道"甜瓜果藕"的做法，就知道老佛爷的这个甜碗子有多"甜"了：它不是把甜瓜切了配上果藕，而是把新采上来的果藕嫩芽切成薄片，用甜瓜里面的瓤，把籽去掉和果藕配在一起然后冰镇了吃。宫女们每人手捧华美的蓝瓷盖碗站在御案前静候吩咐，老佛爷动动手指头，指向哪一个，就打开哪一个，但也只是稍微尝一口半口，因为年纪大了，不多贪凉东西。虽然吃得很少，但排场不能小，剩下的甜碗子就看心情赏赐给下人。

自古以来都是藏冰，到了宋朝已经开始藏雪了，袁文《瓮牖闲评》中称："藏雪之处，其中亦可藏酒及柤、梨、橘、柚，诸果久为寒气所浸，夏取出，光彩灿然如新，而酒尤香冽。"柤，即山楂。这样看来，其实早在宋朝就出现了类似清宫的冰碗或甜碗子，当时人们在藏雪时顺便也将各种水果贮存进去，来年盛夏取出直接食用。只是到了清朝，这种藏雪之法已失传，想吃冰水果就只能现冰现吃了。

一百多年前，俞樾曾在笔记中讲到他吃西瓜冰沙的经历："今西人饮馔喜用雪，……余尝食之，见满盛一碟，其色则红，或云和以西瓜汁也；其气炯炯然，疑若甚热者，少尝之则其凉沁齿，盖所见非热气，乃寒气也。"俞老夫子眼中的稀罕玩意儿到今天已经成为路边摊在在皆是的寻常食品。

饮冰励节，食檗苦心。古代文人常以"饮冰食檗"[314] 喻指处境困厄，心情怅惘；或形容生活朴素，崖岸清峻。白香山诗云："三年为刺史，饮冰复食檗。唯向天竺山，取得两片石。"梁启超为书斋取名"饮冰室"，自称"饮冰子""饮冰室主人"，其寓意又不止于此。

"饮冰"一词最早出自《庄子·人间世》。[315] 楚国叶公子高将要出使齐国，一想到事若不成会被国君责罚，事成又恐忧喜交集酿出病害。反正不管成与不成，他那颗脆弱的小心心都承受不了，于是就焦躁不安地求教于孔老夫子。他说我每天吃的都是粗茶淡饭，今天一早接受了国君的诏命，晚上就得狂喝冰水了，怕是得了内热症吧！而经历了宣传改良、临危受命、变法失败、流亡海外等诸多坎坷的梁任公回国后，将精力从政治转为文化教育与学术研究，但面对国家内忧外患之时局，其内心的忧虑焦灼可想而知，"内热"何以治？唯"饮冰"而已矣。

致我的读者

愿你有一口钢牙利齿，

和一副强健的肠胃。

若你忍受得了我的书，

肯定也忍受得了我。

——尼采《快乐的知识》

注　释

1　"国宴"这一概念并非近现代产物，只要有了国家，便有了国宴。关于国家之起源，众说纷纭，有契约说、氏族说、武力说、私有制说等。夏朝是中国历史上的第一个国家政权。《左传·昭公四年》载："夏启有钧台之享，商汤有景亳之命，周武有孟津之誓，成有岐阳之蒐。"此为楚国大臣椒举向楚灵王列举的几次历史上著名的诸侯会盟，意在提醒其"诸侯无归，礼以为归"，慎行礼法以取信于邻国。

2　如"卢伯潔其延呼飨""丁酉卜，呼多方啟燕"，记商王宴饮前来朝觐的方国君长；"叀多生飨""甲寅卜，彭，贞其飨多子"，叙与商朝异性亲族之长或有血缘关系的后嗣族长等王的戚属之宴；"元簋，叀多尹飨""贞翌乙亥，赐多射燕"，是关于商王赐宴文武朝臣的记载；而"甲午，贞王叀祀飨""壬子卜，何，贞翌癸丑其侑妣癸，飨"等，则是祭祀祖先之飨。

3　《左传·成公十二年》云："享以训共俭，宴以示慈惠。共俭以行礼，而慈惠以布政。"又，《左传·宣公十六年》云："王享有体荐，宴有折俎。公当享，卿当宴，王室之礼也。"

4　《礼记·礼器》云："有以素为贵者：至敬无文，父党无容。大圭不琢，大羹不和。大路素而越席，牺尊疏布鼏，樿杓。此以素为贵也。"

5　清人孔广森为《列子·力命篇》"彭祖之智不出尧舜之上，而寿八百"作注时就对这个问题澄清过了："彭祖者，彭姓之祖也……大彭历事虞夏，于商为伯，武丁之世灭之，故曰'彭祖八百岁'，谓彭国八百年而亡，非实籛不死也。"又《竹书纪年》载："〔武丁〕四十三年，王师灭大彭。"

6　见《吕氏春秋·本味》："肉之美者：猩猩之唇、獾獾之炙、隽觾之翠、述荡之掔、旄象之约。……鱼之美者，洞庭之鳟、东海之鲕。……菜之美者，昆仑之苹、寿木之华。……和之美者，阳朴之姜、招摇之桂、越骆之菌、鳣鲔之醢、大夏之盐。……饭之美者，玄山之禾、不周之粟、阳山之穄、南海之秬。水之美者，三危之露、昆仑之井。……果之美者，沙棠之实。

常山之北，投渊之上，有百果焉，群帝所食。箕山之东，青鸟之所，有甘栌焉。江浦之橘，云梦之柚，汉上石耳。"

7　一作"傅险"，位于今山西平陆与河南陕县之间。

8　见《左传·昭公二十年》："和如羹焉，水、火、醯、醢、盐、梅以烹鱼肉，燀之以薪。宰夫和之，齐之以味；济其不及，以泄其过。君子食之，以平其心。君臣亦然。君所谓可而有否焉，臣献其否以成其可；君所谓否而有可焉，臣献其可以去其否。是以政平而不干，民无争心。故《诗》曰：'亦有和羹，既戒既平。鬷嘏无言，时靡有争。'先王之济五味，和五声也，以平其心，成其政也。"

9　参杨树达《积微居小学述林》卷六《易牙非齐人考》。

10　《左传·僖公十七年》云："雍巫有宠于卫共姬，因寺人貂以荐羞于公，亦有宠。"说的便是其晋升经过。雍巫，即易牙。雍，谓饔人，即职膳厨事。

11　见《战国策·魏策二》："齐桓公夜半不嗛，易牙乃煎敖燔炙，和调五味而进之。桓公食之而饱，至旦不觉。"

12　见《管子》卷十九："至于食时，先生将食，弟子馔馈。摄衽盥漱，跪坐而馈。置酱错食，陈膳毋悖。凡置彼食，鸟兽鱼鳖。必先菜羹，羹胾中别。胾在酱前，其设要方。饭是为卒，左酒右酱。……先生有命，弟子乃食。以齿相要，坐必尽席。饭必捧擥，羹不以手。亦有据膝，毋有隐肘。……"

13　《史记·齐太公世家》称易牙"杀子以适君"，《说苑·权谋》作"易牙解其子以食君"。《管子·小称》说得比较详细："夫易牙以调味事公，公曰：'惟烝婴儿之未尝。'于是烝其首子而献之公。"《淮南子·主术训》亦云："昔者，齐桓公好味，而易牙烹其首子而饵之。"按：首子，即长子。《韩非子》中两处提及此事皆作"子首"（孩子的头），误，当为"首子"。

14　关于易牙烹子与献新祭之渊源，可参裘锡圭《杀首子解》一文（《中国文化》1994年第1期）作进一步探讨。

15　按：另据《吕氏春秋·知接》载，管仲建议桓公"远四子"，除此三人外，还有常之巫，史书又作"堂巫"或"棠巫"，即棠邑之巫，亦为桓公嬖臣。

16　见《韩非子·难一》："管仲有病，桓公往问之。……管仲曰：'微君言，臣故将谒之。……易牙为君主味，君惟人肉未尝，易牙烝其子首而进之；夫人情莫不爱其子，今弗爱其子，安能爱君？君妒而好内，竖刁自宫以治内；人情莫不爱其身，身且不爱，安能爱君？开方事君十五年，齐、卫之间不容数日行，弃其母，久宦不归；其母不爱，安能爱君？臣闻之：矜伪不长，盖虚不久。愿君去此三子者也。'管仲卒死，桓公弗行。"

17　见《左传·僖公二十六年》："公以楚师伐齐，取穀。……置桓公子雍于穀，易牙奉之以为鲁援。"

18　仅"有宠于卫共姬""荐羞于公，亦有宠""与寺人貂因内宠以杀群吏"等寥寥数语。

19　见《韩非子·二柄》："竖刁、易牙因君之欲以侵其君者也……人君以情借臣之患也。人臣之情，非必能爱其君也，为重利之故也。"

20　《大戴礼记·保傅》亦云："齐桓公得管仲，九合诸侯，一匡天下，再为义王；失管仲，任竖刁、狄牙，身死不葬，而为天下笑。"

21　西北游牧民族，本居瓜州，于公元前638年东迁洛阳，乃戎人中之强大部族，历史上与秦穆公、晋文公、楚庄王等交过战，后为晋国所灭。

22　俗称"回门"，古代指女子出嫁三日后，随夫携礼返家以谢亲朋媒妁。此时，女方家属一般都要设宴热情款待，即所谓"归宁宴"。

23　按：《史记·楚世家》作楚成王之"宠姬"，误。

24　又作"鸿国"或"邛国"，乃殷商至春秋时期中原民系于河南一带建立的诸侯国，于公元前623年被楚穆王所灭，故址在今河南省驻马店市正阳县东南。

25　"十三年，卒，子熊艰立，是为庄敖。庄敖五年，欲杀其弟熊恽，恽奔随，与随袭弑庄敖代立，是为成王。""冬十月，商臣以宫卫兵围成王。成王请食熊蹯而死，不听。丁未，成王自绞杀。商臣代立，是为穆王。"(《史记·楚世家》) 太史公的这两则记载反映了什么呢？用通俗的唯心主义说法讲，就是"因果报应"。按："十三年"应为"十五年"，即鲁庄公十九年、公元前675年，《史记》误。此以《左传·庄公十九年》所载"还，及湫，有疾。夏六月庚申卒……"为准。

26　见《韩非子·奸劫弑臣》："楚王子围将聘于郑，未出境，闻王病而反。因入问病，以其冠缨绞王而杀之，遂自立也。"

27　指公元前349年。按：关于齐威王的在位年代，学界说法不一，此处依目前公认的在位三十六年之说。据《竹书纪年》考订："梁惠王十二年，当齐桓公十八年，后威王始见，则桓公立十九年而卒，梁惠王后元十五年，齐威王薨。"故齐威王在位时间相当于魏惠王十三年至魏惠王后元十五年。另有二说：一见《资治通鉴》，司马光认为齐威王即位于周安王二十三年，卒于周显王三十六年。但威王之父田齐桓公生于公元前400年，按此说法，威王即位时，其父只有二十一岁，可信度不大。一见钱穆《先秦诸子系年考辨》，认为齐威王在位时间为三十八年，即公元前356年—前318年，乃结合《竹书纪年》《史记·滑稽列传》《史记·十二诸侯年表》而定。兹录以备考。

28 《西游记》之思想意涵在四大名著乃至中国古典小说中可谓最为庞杂。作为一部经历了漫长时间的民间集体酝酿、最后经由文人加工而成的世代累积型作品，于神佛仙界中注入现实社会之人情世态，对儒道释三种价值体系的喜剧化反讽折射出自先秦轴心文化衰微以来，华夏哲思的递减式没落以及精神信仰坍圮后的世俗混沌画面与享乐图景。限于篇幅及主题，此不赘述。

29 如《后汉书·桓帝纪》所记："永兴二年六月蝗灾为害，诏令所伤郡国种芜菁以助人食。"

30 孔子在向弟子们讲授学习《诗经》的重要性时，提出一个著名的论点——"兴观群怨"，它肯定了文学小到激发情志、观察社会，大到干预生活、修齐治平等诸多作用。你从诗中学了多少事父事君的道理，躬行的效果又如何，这些都有待时间去检验，但"多识于鸟兽草木之名"这一点却是立竿见影的：只要你记性还不错，诗三百熟读下来，定能积累不少动植物学知识；再不成，记不住的话，直接翻书现查也是很快的。现代人读古文最忌断章取义，那么，我们就再回过头来把这句话放在整首诗的语境下考察一下。全诗共五章，出现大头菜和白萝卜的这句在第一章，其完整的上下文为："习习谷风，以阴以雨。黾勉同心，不宜有怒。采葑采菲，无以下体。德音莫违，及尔同死。"明眼人一下就看出来了，原来这是首弃妇诉苦之诗，以山谷之飒飒大风与绵绵阴雨起兴，喻其夫之暴怒无休。依常识，我们知道，虽然葑菲之根茎叶皆可食，但还是以食根为主，茎叶过时即不可用。此处诗人以根喻妇人德美，以茎叶喻其色衰，以采食葑菲而弃根委婉地责备女主人公的丈夫娶妻不取德，色衰即抛弃的负心之举（诗中"下体"指葑菲根部之可食部分）。但该诗虽以弃妇自述之口吻叙其遇人不淑，即使已知丈夫变心仍曲意规劝——"黾勉同心，不宜有怒"，如泣如诉，怨而不詈，很好地体现了温柔敦厚的"诗教"传统，与汉代托名卓文君所作的《白头吟》里那位"闻君有两意，故来相决绝"的秉性刚烈的女子，判然有别矣。

31　如南朝鲍照《绍古辞》中就有"徒抱忠孝志，犹为葑菲迁"之句。又如，蒲松龄的短篇小说《狐妾》里写年纪最大的狐女诱惑刘洞九接纳其妹时，道："舍妹与君有缘，愿无弃葑菲。"另有"葑菲之采"一词，常用作有一德可取或作请人有所采纳之谦词使用。

32　"般关"乃古之良种梨名。宋章樵注曰："般关，美梨也。"晋郭义恭《广志》曰："关以西，弘农、京兆、右扶风界诸谷中，梨多供御。"

33　详见阿耆尼国、屈支国、那揭罗曷国、钵铎创那国、斫句迦国等相关条目。

34　原文为："苹果：出北地，燕赵者尤佳，接用林檎体。树身耸直，叶青，似林檎而大，果如梨而圆滑。生青，熟则半红半白或全红，光洁可爱，香闻数步。味甘松，未熟者食如棉絮，过熟又沙烂不堪食，惟八九分熟者最佳。"王氏书中专列"苹果"条目，并指出其与林檎之关系——苹果是由林檎与其他果树嫁接杂交产生的品种，此观点也得到了多数学者认同，但他在前一条目"柰"中认定苹婆为其别名。这样一来，"苹果"一词虽然有了正式出处，但对实物的界定和认知还很模糊，明清文献中"平波""平坡""频婆""苹婆"等几个同音异字词迭相替用的状况并未改观。

35　见《康熙几暇格物编》"林檎"条："李类甚繁，林檎其一也。……柰有数种，其树皆疏直，……其实之形色各以种分：小而赤者，曰'柰子'；大而赤者，曰'槟子'；白而点红，或纯白、圆且大者，曰'苹婆果'；半红白，脆有津者，曰'花红'；绵而沙者，曰'沙果'。……草木诸书皆以林檎附于柰内，其亦未尝体认物性矣。"他对苹果如此下功夫的辨析考证，当然是出于喜爱，其研究领域除了果树植物学方面的分类归属外，还设计过关于买果子的数学题应用题，详见《御制数理精蕴》下编卷十。

36　详见高士奇《扈从西巡日录》、王掞《万寿盛典初集》诸书记载。

37　山名，在今山东省烟台市北，即《史记·秦始皇本纪》所云"穷成山，登之罘，立石颂秦德焉而去"之"之罘"。

38 此外，有两点尚需说明：一是中国本土最早被称为"苹婆果"的应该是生长于岭南地区（尤以两广一带为主）的锦葵目、梧桐科、常绿乔木苹婆（*Sterculia nobilis*）的种子，又名"凤眼果"，外壳暗红，种皮漆黑。叶可用来裹粽子或制作糯米糍粑；种仁脱壳去皮煨熟即可食，味如板栗，但香甜嫩滑多汁的口感比板栗更胜一筹。广东人发明出红烧、炖肉、煲糖水等多种做法，苹婆焖鸡和凤眼果烧肉等都是岭南名菜。此外，苹婆的景观价值与民俗价值也不可忽略：一方面，它常被作为庭院观赏植株来栽培；另一方面，在广东某些地方还留存的"七姐诞"祭祀祈福活动中，把苹婆果作为指定供奉的果品之一，所以它又被称作"七姐果"。由此可见，梧桐科的苹婆果与蔷薇科的苹果，一坚果一水果，完全不可同日而语。二是今人所谓"林檎"，一般指如上所述的蔷薇科苹果属植物，有些地方也指毛茛目、番荔枝科、落叶小乔木番荔枝（*Annona squamosa*），两种植物的果实都是作为水果食用的。

39 孟元老《东京梦华录》卷九"天宁节""宰执亲王宗室百官入内上寿"条记曰："初十日天宁节。前一月，教坊集诸妓阅乐。初八日，枢密院率修武郎以上，初十日，尚书省宰执率宣教郎以上，并诣相国寺。罢散祝圣斋筵，次赴尚书省都厅赐宴。……十二日，宰执、亲王、宗室、百官入内上寿，大起居（撺笏舞蹈）。乐未作，集英殿山楼上教坊乐人效百禽鸣，内外肃然，止闻半空和鸣，若鸾凤翔集。百官以下谢坐讫，宰执、禁从、亲王、宗室、观察使已上，并大辽、高丽、夏国使副，坐于殿上；诸卿少百官，诸国中节使人，坐两廊；军校以下，排在山楼之后。皆以红面青墩黑漆矮偏钉。每分列环饼、油饼、枣塔为看盘，次列果子。惟大辽加之猪、羊、鸡、鹅、兔连骨熟肉为看盘，皆以小绳束之。又，生葱、韭、蒜、醋各一碟，三五人共列浆水一桶，立杓数枚。"

40 见王明清《挥麈录》卷一："本朝太祖二月十六日生，为长春节；太宗十月七日生，为乾明节，后改为寿宁节；真宗十二月二日生，为承天节；仁宗四月十四日生，为乾元节；英宗正月三日生，为寿圣节；神宗四月十日生，为同天节；哲宗十二月七日生，避僖祖忌辰，以次日为兴龙节；徽宗十月十日生，为天宁节；钦宗四月十三日生，为乾龙节。"

41 见陈世崇《随隐漫录》："紫宸殿上寿，三十三拜，三舞蹈。初面西立，阁门进班齐牌，上升座鸣鞭，侍卫起居。"

42　见《宋史·礼志》十六："凡大宴，……殿上陈锦绣帷帘，垂香球。设银香兽前槛内，藉以文茵；设御茶床、酒器于殿东北楹，群臣盏斝于殿下幕屋。设宰相、使相、枢密使、知枢密院、参知政事、枢密副使、同知枢密院、宣徽使、三师、三公、仆射、尚书、丞郎、学士、直学士、御史大夫、中丞、三司使、给谏、舍人、节度使、两使留后、观察、团练使、待制、宗室、遥郡团练使、刺史、上将军、统军、军厢指挥使坐于殿上；文武四品以上、知杂御史、郎中、郎将、禁军都虞候坐于朵殿；自余升朝官、诸军副都头以上、诸蕃进奉使、诸道进奉军将，以上分于两庑。"

43　"凡外国使预宴者，祥符中宴崇德殿，夏使于西廊南赴坐，交使以次歇空，进奉、押衙次交州，契丹舍利、从人则于东廊南赴坐。四年，又升甘州、交州于朵殿，夏州押衙于东廊南头歇空坐。七年，龟兹进奉人使歇空坐于契丹舍利之下。其后，又令龟兹使副于西廊南赴坐，进奉、押衙重行于后，瓜州、沙州使副亦于西廊之南赴坐，其余大略以是为准。"（出处同上）

44　可与度宗全皇后归谒宴互参，详见周密《武林旧事》卷八。

45　按："谭"或为"诨"字之误，吴自牧《梦粱录》卷三"宰执亲王南班百官入内上寿赐宴"一节有"教乐所伶人，以龙笛腰鼓发诨子"之句，可参证。

46　关于"筑球"，见尉迟偓《中朝故事》、曾慥《类说》、陈元靓《事林广记》、《宋史》"礼志""仪卫志"等记载。

47　烹法为："石耳、石发、石线、海紫菜、鹿角脂菜、天花蕈、沙鱼、海鳔白、石决明、虾魁腊，用鸡、羊、鹌汁及决明、虾、蕈浸渍，自然水澄清，与三汁相和，盐酊庄严，多汁为良。十品不足，听阙，忌入别物，恐伦类杂，则风韵去矣。"

48　另从岳珂的诗中，可知天花蕈除了产自海拔三千多米的五台山外，江西庐山也有："已认山家作当家，与猿分栗雀分茶。气先十月地抽笋，光现五台天雨花。……"（《以庐山所产天花蕈冬笋玉延饷赵季茂通判》）诗后自注云："天花蕈出五台山，俗传文殊来现光相所及即生。今庐山或有之，而极难值。天池，亦文殊之居也。"不过由于庐山海拔较低，天花蕈的产量并不高。

49　制法见《饮膳正要·聚珍异馔》："羊肉、羊脂、羊尾子、葱、陈皮、生姜（各切细）、天花（滚水烫熟，洗净，切细）。入料物、盐、酱拌馅，白面作薄皮，蒸。"

50　见《册府元龟》卷八十"帝王部·庆赐"条："总章元年十月癸丑，文武官献食，贺破高丽。帝御宣玄门之观德殿，宴百官，设九部乐，极欢而罢……"

51　其《素饭》诗曰："放翁年来不肉食，盘箸未免犹豪奢。松桂软炊玉粒饭，醯酱自调银色茄。时招林下二三子，气压城中千百家。缓步横摩五经笥，风炉更试茶山茶。"又尤爱荠菜，作有《春荠》《食荠诗三首》《食荠十韵》诸篇，如"日日思归饱蕨薇，春来荠美忽忘归""小著盐醯助滋味，微加姜桂发精神""挑根择叶无虚日，直到开花如雪时"云云。

52　见《东坡志林·修养篇》："东坡居士自今日以往，不过一爵一肉。有尊客，盛馔则三之，可损不可增。有召我者，预以此先之，主人不从而过者，乃止。一曰安分以养福，二曰宽胃以养气，三曰省费以养财。"

53　见《宋史·礼志》十六："宴飨之设，所以训恭俭、示惠慈也。宋制，尝以春秋之季仲及圣节、郊祀、籍田礼毕，巡幸还京，凡国有大庆皆大宴。遇大灾、大札则罢。天圣后，大宴率于集英殿，次宴紫宸殿，小宴垂拱殿，若特旨则不拘常制。"

54　原文为："凡饼店有油饼店，有胡饼店。……每案用三五人，捍剂卓花入炉。自五更，卓案之声，远近相闻。唯武成王庙前海州张家、皇建院前郑家最盛，每家有五十余炉。"

55　见《太平广记》卷二三四"御厨"条引《卢氏杂说》："翰林学士每遇赐食，有物若毕罗，形粗大，滋味香美，呼为诸王修事。"

56　"圆"即"鼋"，在古代饮食文献中，"鼋""鳖""龟"三者常混称。

57　见《本草纲目·草部·茉莉》："奈花，嵇含《草木状》作'末利'，《洛阳名园记》作'抹厉'……盖'末利'本胡语，无正字，随人会意而已。"另据徐珂《清稗类钞》所记，称茉莉为"奈"者乃北土习俗。故此，"奈"字在古代多义，既指这种原产自波斯的木犀科植物茉莉花，又指形似苹果的蔷薇科果木及其果实，具体何指，依语境别之。关于后者，可参前文唐太宗接风宴之"苹婆"考。

58　俞樾《茶香室丛钞》卷二十一"水饭"条引南唐刘崇远《金华子杂编》云:"郑傪为江淮留后。一日早辰,其妻少弟至妆阁,问其姊起居。姊方治妆未毕,家人被夫人晨馔于侧,姊谓其弟曰:'我未及餐,尔可且点心。'止于水饭数匙。按,'水饭'即粥也。今南人多于早辰吃粥,此风古矣。"又言"宋《杜清献公文集》有奏札云:'今苑钟令臣粥后过堂议事,臣精力虽未强,只得勉从其言,在初八日粥后一往。'然则晨起啜粥,宋时且形之奏牍也。"

59　《渊鉴类函》卷三八九引《汉书》曰:"昭帝时,钓得蛟(鲨一类的大鱼),长三丈,帝曰:此鱼鳝之类。命大官为鲊,骨肉青紫,食之甚美。"《后汉书·方术列传》中亦有费长房使用缩地术"至宛市鲊,须臾还,乃饭"的记载,其玄之又玄的远距离瞬间移动固不可信,但从这两处记载我们至少可知,早在汉朝,人们就开始制鲊、食鲊、市鲊了。

60　见《晋书·谢混传》:"初,元帝始镇建业,公私窘罄。每得一豚,以为珍膳,项上一脔尤美,辄以荐帝,群下未尝敢食,于时呼为'禁脔'。"

61　原文为:"生烧猪羊腿,精批作片,以刀背匀捶三两次,切作块子。沸汤随滤出,用布内扭干。每一斤入好醋一盏、盐四钱,椒油、草果、砂仁各少许,供馔亦珍美。"

62　见蔡絛《铁围山丛谈》卷六:"开宝末,吴越王钱俶始来朝。垂至,太祖谓大官:'钱王,浙人也。来朝宿共帐内殿矣,宜创作南食一二以燕衎之。'于是大官仓卒被命,一夕取羊为醢以献焉,因号'旋鲊'。至今大宴,首荐是味,为本朝故事。"在汗牛充栋的宋代史料笔记中,《铁围山丛谈》是非常重要的一种,乃权相蔡京季子蔡絛流放白州时所撰。该书上自乾德,下及绍兴,凡二百年之朝廷掌故、宫闱秘闻、人物逸事、金石碑刻等无不详志备载,亹亹动听。蔡絛又多年侍从其父左右出入九重,所录多亲目睹之,较他书更为详覈,以上关于旋鲊之由来即为一例。

63　"大官"即太官,太官令之省称,掌膳羞割烹之事。战国秦置宫廷膳食官;北魏时司百官之馔,属光禄卿;徽宗崇宁三年置尚食局后,仅掌祠祭之事。

64　其制法为:"精羊肉一斤,细抹;用盐四钱,细曲末一两,马芹、葱、姜丝少许,饭一掬。温浆洒拌令匀,紧捺瓶器中,以箬叶盖头。春夏日曝,秋冬日火煨,其味香美。五日熟。"

65　《中馈录》载其做法如下:"每只治净,用酒洗,拭干,不犯水。用麦黄、红曲、盐、椒、葱丝，尝味和为止。却将雀入扁坛内，铺一层，上料一层，装实，以箸盖箅片扦定。候卤出，倾去，加酒浸，密封久用。"

66 见《新唐书·元载传》："及死，行路无嗟隐者。籍其家，钟乳五百两，诏分赐中书、门下台省官。胡椒至八百石，他物称是。"

67 每秤十五斤，三十七秤即五百五十五斤，又宋斤约合今之六百四十克，也就是说蔡家囤了七百一十多斤蜂蛹。

68 方以智《通雅》卷三十九"饮食"条："看食，钉坐也。……今人列围卓上者，古称'钉坐'，谓钉而不食者。"说得很明白，这类东西就是以看为主，不是让你当回事儿地去吃的。

69 刘熙《释名·释饮食》称："饼，并也。溲面使合并也。……蒸饼、汤饼、蝎饼、髓饼、金饼、索饼之属，皆随形而名之也。""髓"，即"膸"，古代二字通用。这里还提到一点，膸饼等饼皆以形而得名。那么，"膸"是一种什么形状呢？宋人陈彭年《重修玉篇·肉部》释曰："膸：羊水切。膸，孔也。"

70 见《齐民要术》卷九·饼法第八十二："膏环：一名'粔籹'。用秫稻米屑、水、蜜溲之，强泽如汤饼面。手搦团，可长八寸许，屈令两头相就，膏油煮之。细环饼、截饼：环饼，一名'寒具'；截饼，一名'蝎子'。皆须以蜜调水溲面。若无蜜，煮枣取汁；牛、羊脂膏亦得；用牛、羊乳亦好，令饼美脆。截饼纯用乳溲者，入口即碎，脆如凌雪。"

71 《射雕英雄传》第十二回"亢龙有悔"："洪七公哪里还等她说第二句，也不饮酒，抓起筷子便夹了两条牛肉条，送入口中。只觉满嘴鲜美，绝非寻常牛肉，每咀嚼一下，便有一次不同滋味：或膏腴嫩滑，或甘脆爽口，诸味纷呈，变幻多端，直如武学高手招式之层出不穷，人所莫测。洪七公惊喜交集，细看之下，原来每条牛肉都是由四条小肉条拼成。……"

72 据《史记·李将军列传》载，某日被削职为民的李广夜饮而归，至霸陵亭时，碰巧霸陵尉喝醉了，便大声呵斥，禁止其通行。李广的随从说："这是前任李将军。"亭尉说："现任将军尚且不许通行，何况是前任呢！"便扣留了李广，让他宿于亭下。《三国志·魏书》记有曹操因灵帝宠臣违反宵禁令而棒杀之一事。《南齐书·豫章文献王传》载，萧嶷陪齐武帝游新林苑，同辇夜归，至宫门，下辇辞出。皇上担心夜巡的尉司为难他，萧嶷道："京辇之内，皆臣属州，愿陛下不垂过虑。"皇上大笑。可见南朝之宵禁并无宽弛。另，《唐律疏议》"夜禁官殿出入"条、《新唐书·百官志》"十六卫·左右街使"条等都有严格明确的规定。

73　《东京梦华录》卷三"马行街铺席"条称，此处夜市比州桥更盛百倍，车马阗拥，不可驻足，"直至三更尽，才五更又复开张。如要闹去处，通晓不绝"，其热闹景象可想而知。

74　提出"唐宋变革论"的日本学者内藤湖南站在世界史的立场上，认为中国的宋元时期是世界近代化链条中不可或缺的一环，称"唐代是中世纪的结束，而宋代则是近世的开始"。这是就横向而言，若从本国的纵向视角观之，其意义还远不止此。陈寅恪在《邓广铭〈宋史职官志考证〉序》中谈到宋代学术复兴（新宋学之建立）时尝言："华夏民族之文化，历数千载之演进，造极于赵宋之世。后渐衰微，终必复振。譬诸冬季之树木，虽已凋落，而本根未死。阳春气暖，萌芽日长；及至盛夏，枝叶扶疏，亭亭如车盖，又可庇荫百十人矣。"

75　正如《梦粱录》卷十三"夜市"条所言："杭城大街，买卖昼夜不绝。夜交三四鼓，游人始稀；五鼓钟鸣，卖早市者又开店矣。"

76　这是宋朝非常有名的一种果子，欧阳修、苏辙等文人笔下多见吟咏。《梦粱录》卷十八"物产·果之品"条云："鸡头，古名'芡'，又名'鸡壅'，……独西湖生者佳，却产不多，可筛为粉。"

77　陆游《老学庵笔记》卷二："故都李和炒栗，名闻四方。他人百计效之，终不可及。绍兴中，陈福公及钱上阁恺出使虏庭。至燕山，忽有两人持炒栗各十裹来献，三节人亦人得一裹。自赞曰：李和儿也。挥涕而去。"

78　清代学者赵翼《陔余丛考》卷三十三"京师炒栗"、郝懿行《晒书堂笔录》卷四"炒栗"对此皆有专述，"民国第一散文家"周作人的《药味集》中收有一篇颇值得玩味的《炒栗子》，也提到了李君。

79　见《东京梦华录》卷六"十六日"条："自十二月于酸枣门（一名景龙门）上，如宣德门，元夜点照，门下亦置露台。南至宝箓宫，两边关扑买卖。晨晖门外设看位一所，前以荆棘围绕，周回约五七十步，都下卖鹌鹑骨饳儿、圆子、馄拍、白肠、水晶鲙、科头细粉、旋炒栗子、银杏、盐豉汤、鸡段、金橘、橄榄、龙眼、荔枝。诸般市合，团团密摆，准备御前索唤。……

惟周待诏瓠羹，贡余者一百二十文足一个，其精细果别如市店十文者。"

80　见《武林旧事》卷七"乾淳奉亲"条："淳熙六年三月，……至翠光登御舟，入里湖，出断桥，又至珍珠园。太上命尽买湖中龟鱼放生，并喧唤在湖卖买等人。内侍用小彩旗招引，各有支赐。时有卖鱼羹人宋五嫂对御自称：'东京人氏，随驾到此。'太上特宣上船起居，念其年老，赐金钱十文、银钱一百文、绢十匹，仍令后苑供应泛索。"

81　有酒醋白腰子、三鲜笋炒鹌子、烙润鸠子、爁石首鱼、土步辣羹、海盐蛇鲊、煎三色鲊、煎卧乌、焅湖鱼、糊炒田鸡、鸡人字焙腰子、糊燠鲇鱼、蝤蛑签、麂脯及浮助酒蟹、江珧、青虾辣羹、燕鱼干、爁鯔鱼、酒醋蹄酥片、生豆腐百宜羹、燥子煠白腰子、酒煎羊二牲醋脑子、清汁杂胚胡鱼、肚儿辣羹、酒炊淮白鱼之类。见载于《随隐漫录》卷二。

82　见王明清《挥麈录余话》卷一"蔡元长作太清楼特燕记"条："有司请办具上，帝弗用。前三日，幸太清，相视其所，曰：'于此设次''于此陈器皿''于此置尊罍''于此膳羞''于此乐舞'。出内府酒尊、宝器、琉璃、马瑙、水精、玻璃、翡翠、玉，曰：'以此加爵。'致四方美味，螺蛤虾鳎白、南海琼枝、东陵玉蕊与海物惟错，曰：'以此加笾。'颁御府宝带，宰相、亲王以玉，执政以通犀，余花犀，曰：'以此实篚。'……"

83　事见曾敏行《独醒杂志》卷九"蔡元长之侈"条。按：亦有称其为黄雀鲊者，待考。

84　事见罗大经《鹤林玉露》卷六"缕葱丝"条。

85　俞琰《席上腐谈》云："漆器有所谓犀皮者，出西毗国，讹而为犀皮。"

86　原文为："用肉切大骨牌片，放白水煮二三十滚，撩起；熬菜油半斤，将肉放入炮透，撩起；用冷水一激，肉皱，撩起；放入锅内，用酒半斤，清酱一小杯，水半斤，煮烂。"

87　具体烹法为："取短肋刮净，下锅，小滚后去沫，加酒、青笋、木耳等，火候既到盛起。去皮，切长方块，如东坡肉大，四面划细花，用菜油爆黄，即入酱油，以手拆碎或用刀切小块，取绿豆芽，去头尾，亦用菜油炒好，下肉汤少许，即将内并木耳、笋等下锅一滚，再加酒并青菜、葱末少许即起。又，不用豆芽菜，肉爆黄后干切薄片方块，而撒花椒盐。"另，此书卷四"羽族部"中还介绍了"荔枝鸡"的做法："取脯肉切象眼块，划碎路如荔枝式，用盐水、葱、椒、酒腌少时投沸汤，急入糟姜片、山药块、笋块随时加入，略拨动即连汤起置别器浸养，临下锅再煮一沸，配边笋、茼蒿。"卷三"特牲杂牲部"有"焖荔枝腰"一菜："腰子划苁，脂油、酱油、酒焖。"

88　郑熊《广中荔枝谱》成书于 971 年，较蔡书早，已佚。蔡书分七篇，依次记叙福建荔枝之故实、兴化人重陈紫之况及此果特点、销售情况、食用价值、栽培及贮藏加工方法。最后列举了从陈紫、江绿大、方家红到法石白、绿核、圆丁香等十二品有等次者，以及虎皮、牛心、玳瑁红、硫黄、龙牙、真珠、火山等二十品无等次者，共计三十二种闽中名优荔枝品种。

89　《三辅黄图》记曰："汉武帝元鼎六年，破南越，起扶荔宫（小字注：宫以荔枝得名）。……荔枝自交趾移植百株于庭，无一生者，连年犹移植不息。后数岁，偶一株稍茂，终无华实，帝亦珍惜之。一旦萎死，守吏坐诛者数十人，遂不复莳矣。"

90　首先，唐人李肇《唐国史补》卷上"杨妃好荔枝"条所言"杨贵妃生于蜀，好食荔枝。南海所生，尤胜蜀者，故每岁飞驰以进。然方暑而熟，经宿则败，后人皆不知之"不可信。《新唐书·杨贵妃传》云："妃嗜荔枝，必欲生致之，乃置骑传送，走数千里，味未变已至京师。"虽未交代荔枝出处，但考虑到当时的交通情况，再快马加鞭地飞驰也无法把刚摘下来的荔枝从岭南运到长安一带还保持其不败坏。白居易《荔枝图序》中说得很清楚，此果"若离本枝，一日而色变，二日而香变，三日而味变，四五日外，色香味尽去矣"。荔枝的保鲜时间很短，给皇帝心上人的贡品肯定不敢不新鲜，所以只能退而求其次，进贡蜀地的荔枝了。按《天宝遗事》中的说法，即使是从涪州致贡，以马递驰载也需七天七夜方能赶到，且"人马多毙于路，百姓苦之"。其次，荔枝春荣夏熟，冬季不结果。而从《唐书》玄宗本纪及杨贵妃、杨国忠传的记载来看，玄宗都是每岁冬十月驾幸华清宫，十二月即返，至迟正月回京师，夏天一般不会出现在行宫。不过貌似也有一处例外，《新唐书·礼乐志》中讲到"荔枝香"这个乐曲名的由来时，称"帝幸骊山，杨贵妃生日，命小部张乐长生殿，奏新曲，未有名，会南方进荔枝，因名'荔枝香'"。综上，此一骑红尘应自涪州来，到长安去。小杜此诗系经艺术加工的写意之作，旨在讽刺"明皇致远物以悦妇人，穷人之力，绝人之命，有所不顾，如之何不亡"，不可——求诸史实。

91　又《后汉书·和帝纪》云："旧南海献龙眼、荔支，十里一置，五里一候，奔腾阻险，死者继路。时临武长汝南唐羌，县接南海，乃上书陈状。帝下诏曰：'远国珍羞，本以荐奉宗庙。苟有伤害，岂爱民之本？其敕太官勿复受献。'由是遂省焉。"

92　黄国材奏报如下："荔枝盛产于福建地方，小树插桶内种植者，官民家中皆有，其味不亚于大树所产者。此等小树木载运船至通州甚易，并不累及官民，亦无需搬运。是以将臣衙门种植桶内之小荔枝树，于四月开花结果后，即载船由水路运往通州。经闰四月、五月两月行走，于六月初，赶在荔枝成熟之季，即可抵达京城。为此，臣等仅出租船费用，因不需太多费用，是以臣等节省办理后，于本四月二十日启程。为此谨具奏闻。"

93　雍正朱批曰："朕甚是喜好吃荔枝，圣祖皇考先前亦知情。虽然如此，仅是水果而已，并非饭茶，不能充饥，虽可解馋，实与尔等费力。再沿途滋生事端强行、众人指责议论而分心，实不相符。既然尔等已令启程，尽量少些，无需多捎。沿途即照尔等私物一般送往，即使有误以致丢弃，为此朕岂有指责尔等之礼？……"

94　梁克家《三山志》卷三十九"土俗类"记曰："宣和间，以小株结实者置瓦器中，航海至阙下，移植宣和殿。锡二府宴赏，御制有诗示群臣，时太宰余琛有'赐比西山药一丸'之句，上称赏之。"

95　比如"炎州佳种号离支，巴峡泸戎未足奇。色写天霞连颗缀，影留闽月带根移。酪浆雪质无能比，玉管云笺有所思。梦里不知身是梦，还如赐食寝门时。"（《食荔支有感》）又如："闽中佳实秋前到，相对年年有所思。州西节祗供原庙，承恩非复寝门时。飞来岭外炎风送，斜倚栏边揭露垂。料得擎归旧鸳侣，几多欢喜几多悲。"（《乾隆九年荔支至颁赐朝臣因而有感》）每一首都是借物抒怀，说得比较含蓄，还透露着淡淡的感伤，哪像东坡的"日啖荔枝三百颗，不辞长作岭南人"来得那么直接爽快。

96　此处有个细节需要注意一下——按颗赏赐？乾隆这笔荔枝账可真够精打细算的。也不能怪他抠门，主要是这玩意儿太珍贵了。虽说树贡的方式实现了真正意义上的尝"鲜"，但毕竟这一技术还存在相当的局限性：起航时原本枝繁叶茂的一棵树，一路向北，一路颠簸，一路水土不服，最后千辛万苦进驻紫禁城后，每棵树上还能保留两三颗与命运抗争到底的荔枝就很不错了。因此，这些娇客们自打入宫起，每日的生长状况、收获数目、消耗及赏赐流向等明细都有内务府专人登记入簿。从现存清宫荔枝底簿来看，福建荔贡的数量也在逐年递增，从雍正时期的四十桶，到乾隆年间的六十桶、再到一百桶，粗略估计，整个宫里的平均可食荔枝数也就不到二百颗。况且这些桶栽荔枝成熟早晚有别，也不是一次性就能摘下来这么多。僧多粥少，分配成了难题。比如乾隆二十五年（1760）收到荔枝树五十八桶，六月十八日这天太监报告有三十六颗可以吃了，乾隆说那就明早送来吧。为什么不当天立马开动呢？因为琢磨一个妥帖周全的分配方案也需要时间。第二天，除了他的母亲崇庆皇太后分得两颗，皇后、令贵妃、舒妃、愉妃、庆妃、颖妃、婉嫔、忻嫔、豫嫔、慎贵人、林贵人、兰贵人、郭贵人、瑞贵人等诸后宫，包括他爷爷的妃子温惠皇贵太妃、他爸爸的妃子裕贵妃，每位都只分得一颗。那他自己吃几颗呢？也不多，三到六颗不等，此外还得匀出两三颗来插瓶观赏作诗呢。《清高宗实录》中记载了一次乾隆执政后期的荔枝支出大手笔：乾隆五十五年，"十全老人"刚摆平安南之役，与阮氏正式确立宗藩关系，又恰逢其八旬大寿，安南国王阮惠便如期赴京朝贡，途中收到御赐鲜荔枝五颗（自己得两颗、随行使臣吴文楚一颗、陪同的两广总督福康安两颗）。乾隆还谕令福康安给安南国王郑重地捎了个话——也许你们眼里稀松平常的水果可是我大清的宝贝哦！乾隆原话是这么说的："荔枝产自南方，想安南亦有此物，视之不甚可贵。但京城并无荔枝，每年皆从闽南呈进，极为贵重，非亲近王公大臣不克蒙此异数。今特为邮赏，系属大皇帝格外施恩。并念陪臣吴文楚为国王亲信出力之臣，此次又再三吁恳偕来瞻觐，忱悃可嘉，故亦得蒙此恩赏。"在那个没有顺丰隔日达的年代，能吃到一颗御赏鲜荔枝的都是口福不浅的至亲王公或国之栋梁，福康安一人独得两颗，待遇堪比皇太后，可见其受宠之深。况且这几枚水晶丸的意义也非比寻常——还承载着四夷宾服、臻于郅治的外交愿景呢。

97　见郭宪《汉武帝别国洞冥记》卷三："善苑国尝贡一蟹，长九尺，有百足四螯，因名'百足蟹'。煮其壳，胜于黄胶，亦谓之'螯胶'，胜于凤喙之胶也。"据作者自序可知，所谓"别国"，主要指西域及今中亚、西亚一带；"洞冥"乃洞达神仙幽冥之意。此书以记汉武求仙及异域奇闻、所贡方物为主，虽部分具有学术价值的材料多为后人采撷征引，但小说家的无稽之言亦不少，故汉武食海蟹之事也就把它当作一个传说好了。

98　见陶穀《清异录》卷下"馔羞门·缕金龙凤蟹"条："炀帝幸江都，吴中贡糟蟹、糖蟹。每进御，则上旋洁拭壳面，以金缕龙凤花云贴其上。"

99　原文为："八月，蟹始肥。凡宫眷、内臣吃蟹，活洗净蒸熟，五六成群，攒坐共食，嬉嬉笑笑。自揭脐盖，细将指甲挑剔，蘸醋蒜以佐酒，或剔蟹胸骨八路完整如蝴蝶式者，以示巧焉。食毕，饮苏叶汤，用苏叶等件洗手，为盛会也。"

100　制法为："橙用黄熟大者，截顶，剜去穰，留少液。以蟹膏肉实其内，仍以带枝顶覆之，入小甑，用酒、醋、水蒸熟。用醋、盐供食，香而鲜，使人有新酒菊花、香橙螃蟹之兴。因记危巽斋积赞蟹云：'黄中通理，美在其中；畅于四肢，美之至也。'此本诸《易》，而于蟹得之矣，今于橙蟹又得之矣。"

101　田汝成《西湖游览志余》记曰："高宗在德寿宫，每进膳，必置匙箸两副。食前多品，择取欲食者，以别箸取置一器中，食之必尽；饭则以别匙减而后食。吴后尝问其故，对曰：'不欲以残食与宫人食也。'"

102　关于马可·波罗是否到过中国及其游记真伪问题，存在争议。20世纪20年代末，德国学者徐尔曼在《中世纪城市组织》中最早提出马可·波罗根本没有到过中国的论证，认为其所谓在元朝十七年的历史纯属荒诞捏造，其游记是一部编排拙劣的教会传奇故事。20世纪70年代，美国学者海格尔怀疑马可·波罗只到过中国北方。到了20世纪80年代，英国学者克鲁纳斯直接否定马可·波罗到过中国这件事。如有读者想进一步了解中外学者围绕马可·波罗其人其事所展开的"世纪论战"之质疑焦点及辩驳细节，可参杨志玖《马可·波罗在中国》、吴芳思（Frances Wood）《马可·波罗到过中国吗？》、傅汉斯（Hans Ulrich Vogel）《马可·波罗确实到过中国：来自元代货币、盐业和财政史的新证据》等著作。概言之，多数学者持肯定说；而一些怀疑论者的观点，与其未能结合当时具体历史语境的时代观念错位不无关系。笔者认为马可·波罗中国之行的历史真实性当无可置疑，他在元代上层社会所接触到的主要是来自中亚的移民，而非汉人或蒙古人。但其书存在诸多回忆不确甚或夸大失实处，亦当客观看待。篇幅所限，兹不赘述。

103　又如："晓入重闱对冕旒，内家开宴拥歌讴。驼峰屡割分金碗，马奶时倾泛玉瓯。禁苑风生亭北角，寝园日转殿西头。山前山后花如锦，一朵红云侍辇游。"（汪元量《御宴蓬莱岛》）宋恭帝德祐二年（1276）三月，南宋降元，世祖诏三宫北迁大都，汪元量以宫廷琴师的身份随太皇太后一行赴燕，一去就是十三年。其间常出席各种宫廷筵宴，以琴名于北方，颇受元主恩遇。此诗即作于至元十四年（1277）春初抵大都受到忽必烈款待的背景下。

104　《史记·匈奴列传》云："〔匈奴人〕得汉食物，皆去之，以示不如湩酪之便美也。"《汉书·礼乐志》云："马酪味如酒，而饮之亦可醉，故呼马酒也。"

105　如《寄贾搏霄乞马乳》："天马西来酿玉浆，革囊倾处酒微香。长沙莫容西江水，文举休空北海觞。浅白痛思琼液冷，微甘酷爱蔗浆凉。茂陵要酒尘心渴，愿得朝朝赐我尝。"（《湛然居士文集》卷四）尾联引司马相如患"消渴症"的典故，表达乞酒之心切。得酒后，特别兴奋，又写了两首诗（《谢马乳复用韵二首》）回赠朋友，其一为："肉食从容饮酪浆，差酸滑腻更甘香。革囊旋造逡巡酒，桦器频倾激泄觞。顿解老饥能饱满，偏消烦渴变清凉。长沙严令君知否，只许诗人合得尝。"

106　《元史·土土哈传》载："〔班都察〕尝侍〔忽必烈〕左右，掌尚方马畜，岁时挏马乳以进，色清而味美，号'黑马乳'，因目其属曰'哈剌赤'。"《黑鞑事略》亦云："初到金帐，鞑主饮以马奶，色清而味甜，与寻常色白而浊、味酸而膻者大不同，名曰'黑马奶'，盖清则似黑。问之，则云：'此实撞之七八日，撞多则愈清，清则气不膻。'只此一次得饮，他处更不曾见，玉食之奉如此。"

107　如周伯琦《立秋日书事三首》其一："大驾留西内，兹辰祀典扬。龙衣遵质朴，马酒荐馨香。"萨都剌《上京即事五首》其一："祭天马酒洒平野，沙际风来草亦香。白马如云向西北，紫驼银瓮赐诸王。"

108　见《元史·舆服志一》："质孙，汉言一色服也，内庭大宴则服之。……天子质孙，冬之服凡十有一等：服纳石失、怯绵里，则冠金锦暖帽。服大红、桃红、紫蓝、绿宝里，则冠七宝重顶冠。……服银鼠，则冠银鼠暖帽，其上并加银鼠比肩。夏之服凡十有五等：服答纳都纳石失，则冠宝顶金凤钹笠。……服青速夫金丝阑子，则冠七宝漆纱带后檐帽。……百官质孙，冬之服凡九等：大红纳石失一，……桃红、蓝、绿官素各一，紫、黄、鸦青各一。夏之服凡十有四等：素纳石失一，聚线宝里纳石失一，枣褐浑金间丝蛤珠一，……驼褐、茜红、白毛子各一，鸦青官素带宝里一。"

109 见《经世大典序录·礼典》："国有朝会庆典，宗王、大臣来朝，岁时行幸，皆有燕飨之礼。亲疏定位，贵贱殊列，其礼乐之盛，恩泽之普，法令之严，有以见祖宗之意深远矣。与燕之服，衣冠同制，谓之'质孙'，必上赐而后服焉。"（《元文类》卷四十一）

110 虞集《中书平章政事蔡国张公墓志铭》云："故事：侍宴别为衣冠，制饰如一，国语谓之'只孙'。公（张珪）受赐，因得数宴见。"（《道园学古录》卷十八）赵孟𫖯为靳德进所撰墓志铭亦云："……继从成宗皇帝抚军沙漠，往来万里，朝夕进见，……上皆嘉纳。……御极之初，特旨拜昭文馆大学士，……赐只孙衣冠、金带。"（《松雪斋集》卷九）

111 全诗为："彩丝络头百宝装，猩血入缨火齐光。锡铃交驱八风转，东西夹翼双龙冈。伏日翠衣不知重，珠帽齐肩颤金凤。绛阙葱茏旭日初，逐电回光飙斗动。宝刀羽箭鸣玲珑，雁翅却立朝重瞳。沉沉棕殿云五色，法曲初奏歌熏风。酮官庭前列千斛，万瓮蒲萄凝紫玉。驼峰熊掌翠釜珍，碧实冰盘行陆续。须臾玉卮黄帕覆，宝训传宣争俯首。黑河夜渡辛苦多，画戟雕闶总勋旧。龙媒嘶风日将暮，宛转琵琶前起舞。鸣鞭静跸宫门闭，长跪齐声呼万岁。"（《清容居士集》卷十五）袁桷文章博硕，诗亦俊逸，历成宗至英宗四朝，仕元二十余年间之朝廷制册及勋臣碑铭，多出其手。考其生平，至治元年四月，袁氏随英宗北赴上都，八月返回大都，常与之诗文唱和的王士熙亦在同行之列。另，袁桷《清容居士集》卷一六还有两首题为"内宴"的诗，亦为咏诈马之作："宝勒猩缨雁翅屯，锡銮款款奏南薰。珠冠耸翠千行列，雉扇交鸾五采分。宫漏解留黄道日，御炉能接紫霄云。汉家天子空英武，置酒争功始考文。""棕殿沉沉晓日清，静鞭初彻四无声。桐官玉乳千车送，酒正琼浆万瓮行。肯以驼峰专北馔，不须瑶柱诧南烹。先皇雄略函诸夏，拟胜周家宴镐京。"

112　全诗为："紫云扶日上璇题，万骑来朝队仗齐。织翠幨长攒孔雀，镂金鞍重嵌文犀。行迎御辇争先避，立近天墀不敢嘶。十二街头人聚看，传言丞相过沙堤。"(《玩斋集》卷四）至正五年（1345），宋褧作过一首绝句《诈马宴（上京作）》："宝马珠衣乐事深，只宜晴景不宜阴。西僧解禁连朝雨，清晓传宣趣赐金。"(《燕石集》卷九）其他如王士熙"……白鹅海水生鹰猎，红药山冈诈马朝。凉入赐衣飘细葛，醉题歌扇湿轻绡……"(《寄上都分省僚友》其一，苏天爵《元文类》卷七）、杨允孚《滦京杂咏》"千官万骑到山椒，个个金鞍雉尾高。下马一齐催入宴，玉阑干外换宫袍"，等等。

113　周伯琦《诈马行诗序》大略如下："岁以六月吉日，命宿卫、大臣及近侍服所赐济逊，珠翠金宝，衣冠腰带，盛饰名马。清晨，自城外各持彩仗，列队驰入禁中。于是上盛服御殿临观，乃大张宴为乐，惟宗王、戚里、宿卫、大臣前列行酒，余各以所职叙坐合饮。诸坊奏大乐，陈百戏，……名之曰'济逊宴'。'济逊'，华言一色衣也，俗呼曰'诈马筵'。"(《近光集》卷一）

114　见《王忠文公文集》卷六："盖自世祖皇帝统一区夏，定都于燕，……每岁大驾巡幸，……既驻跸，则张大宴，所以昭等威、均福庆，合君臣之欢，通上下之情者也。然而朝廷之礼，主乎严肃，不严不肃，则无以耸遐迩之瞻视。故凡预宴者，必同冠服、异鞍马，穷极华丽，振耀仪采，而后就列。世因称曰'㕎马宴'，又曰'济逊宴'。'㕎马'者，俗言其马饰之矜衔也；'济逊'者，译言其服色之齐一也。"王祎与宋濂并称"浙东二儒"，两人既是同乡又是同门，入明后又同任《元史》总裁官，是元末明初的杰出学者。他曾于至正八年至十年间上书言事，留居大都，在至正九年所作的这篇序中，对所谓"诈马"这一俗称的由来提供了明确的解释。

115　代表性研究成果可参以下五篇文章：韩儒林《元代诈马宴新探》(《历史研究》1981 年第 1 期)、纳古单夫《蒙古诈马宴之新释》(《内蒙古社会科学》1989 年第 4 期)、李军《诈马考》(《历史研究》2005 年第 5 期)、王颋《元代只孙服与诈马筵新探》(《西域南海史地考论》)、陈得芝《也谈"诈马宴"》(《中国边疆民族研究》第七辑)。

116　《元史·百官志》载："翰林兼国史院，秩正二品。……〔至元〕二十六年，置官吏五员,掌管教习亦思替非文字。……延祐元年,别置回回国子监学,以掌亦思替非官属归之。"其中提到的"亦思替非文字",指的就是波斯文,具体考证可参陈垣《元西域人华化考》。

117　另提一句,元朝文献中出现的"普速蛮"一词,指"穆斯林"。自唐以来,该词有多种音译写法,如"摩思览""菩萨蛮""铺速满""木速儿蛮"等,关于所谓"普速蛮文"即波斯文的相关考辨,可参黄时鉴《波斯语在元代中国》。

118　如程俱《论维摩诘所说经通论八篇》"彼诸净土无一阐提及三恶道,譬之高原陆地不生莲华,必于淤泥乃能生植……"(《北山小集》卷十四),曾慥《道枢·玄轴篇》"吾心者,法水也。于是涤三昧焉,开六蔵焉,去五垢焉,汰其浊而见素矣……",王韬《瀛濡杂志》卷二"四壁竹三昧,六窗灯九华"云云。

119　以金代董解元《西厢记诸宫调》为例,卷一有"不苦诈打扮,不甚艳梳掠"之句,从上下句的对仗关系来看,"诈"与"艳"同义,作"俊俏"解。卷七有"得个除授先到家,引着几对儿头答,见俺那莺莺大小大诈"之句,言己做官归家见莺莺,何其体面也。又"诈又不当个诈,谄又不当个谄"之句,此处"诈"由"体面"引申为"矜夸",与下句"谄媚"义相对。到元代,如王实甫《西厢记》中的"打扮的身子儿诈,准备着云雨会巫峡"、郑廷玉《看钱奴》中的"每日在长街市上把青骢跨,只待要弄柳拈花,马儿上扭捏着身子儿诈",以及元刊杂剧三十种本张国宾《薛仁贵》中的"生得庞道整身子儿诈,带着朵儿像生花"之句,以上三句中的"诈"字均作"漂亮"解,且都与"身子儿"连用,形成固定搭配式习语,状人之体态俊美,未见以此形容动物之例。

120　古族名。相传远古时曾遭黄帝驱逐,殷周之际游牧于今陕西、甘肃北境及宁夏、内蒙古西部。西周初,其势渐强,周宣王曾多次出兵抵御并于朔方建筑城堡。

121　如果说古代的事物离我们太过久远,那就举大家现实生活中熟悉的例子。比如,颇受年轻姑娘们欢迎的休闲宽松款马海毛外套,这个"马海毛"就是"Mohair"之音译,指安哥拉山羊身上的被毛,又称安哥拉山羊毛,得名于土耳其语,意为"最好的毛"。又如,"开司米"原指产于克什米尔地区的山羊绒织物，现多指质地优良的细软毛纺织品，这个词其实就是"Cashmere"之音译。此外，法兰绒（Flannel）、雪纺（Chiffon）、尼龙（Nylon）等外来语也都属同类情况。"马海毛"跟"马"没关系，"开司米"也不是某种"米"，"尼龙"更不是"龙"。另如"木乃伊"，即人工干尸，此词译自英语"Mummy"，源自波斯语"Mumiai"，意为"沥青"，世界上许多地区都有以防腐香料处理尸体的做法，其年久干瘪后即形成所谓的"木乃伊"，肯定不能看到"木"字就将其与"木头"联系起来。而《西厢记》中提到的"祖母绿"这种价值连城的绿宝石，英文名为"Emerald"，一看发音就知道源头应该在更古老的波斯语"Zumurrud"，当然了，中间还有一个波斯语演化为拉丁语"Smaragdus"再到英语的环节。总之，明白了这个词的来源，你肯定就不会再把它跟奶奶扯上什么关系了。

122　成书于万历年间的蒋一葵《长安客话》，是研究明代京畿地区史地沿革的重要资料，其"皇都杂记"条云："景泰中，在朝见下工部旨'造只逊八百副'，皆不知'只逊'何物，后乃知为上直校鹅帽锦衣也。"另据《正德松江府志》，"只孙，元时贵臣侍宴之服。今卫士擎执者服之。……锦、纱、只孙，已上三种惟织染局造……"，也就是说，到明朝中期，质孙已成为卫士的当班制服了。

123　如日本蒙元史专家箭内亘（Yanai Wataru）在其《蒙古的诈马宴与只孙宴》一文中讨论二宴关系时，虽对质孙宴理解不谬，但论及诈马宴时，还是经不住"马"的诱惑，被乾隆的考证"成果"给绊了脚。他说，元朝人口中的"诈马"，应为乾隆《诈马》诗序所言"蒙古旧俗"——赛马。诈马宴专指在上都举行的，有宿卫、近侍表演赛马仪式的宴会；质孙宴则是穿着质孙服去参加的宴会之泛指，还批评了周伯琦将质孙宴"俗呼曰'诈马筵'"为误解。

124　如袁桷《装马曲》"酮官庭前列千斛，万瓮蒲萄凝紫玉。驼峰熊掌翠釜珍，碧实冰盘行陆续"、贡师泰《上京大宴和樊时中侍御》"马湩浮犀椀，驼峰落宝刀。暖茵攒芳药，凉瓮酌蒲萄"云云。

125　耶律楚材《乞扇》诗云："屈眴圆裁白玉盘，幽人自剪素琅玕。全胜织女绞绡帕，高出湘妃玟瑁斑。"（《湛然居士文集》卷五）又有《戏作二首》，

其一曰："苍颜太守领西阳，招引诗人入醉乡。屈朐轻衫裁鸭绿，葡萄新酒泛鹅黄。"（《湛然居士文集》卷六）

126　见《析津志》："圣朝一统天下，龙节虎符之分遣，蛮貊骏奔之贡奉，四方万里，使节往来，可计日而至者，驿马之力也。"据此书"大都东西馆马步站·天下站名"条所载，两都间交通路线上的主要站点如下（原文小字部分用括号标出）：大都—（正北微西）昌平—（西北八十）榆林—（西行至统幕分二路：一路北行至上都，一路西行至）雷家站—……（正南八十里）冀宁—（一路自夏永固不过河，直正北一百里，石岭关；又正北四十里，忻州；又正北八十里，崞州；又正北偏东八十里，雁门；代州在东十五里；又正北一百里，广武；又正北偏东，安银子；正北八十里）洪赟—（正北转东八十）雕窝—（正北偏东八十）赤城—（八十）独石—（东北八十）牛群头—（六十）明安—（六十）李陵台—（正西三十六站入和林）—桓州（至上都）。

127　"大汗回京后，就召开盛大的朝会，持续三天。……这三天的娱乐，真让人羡慕不已。随后他就离开皇宫，前往以前建造的都城，就是前面所说的上都。……他居住这里的时间是每年的五月到八月底，然后再返回大都，待到第二年，以便举行新年大典。……每年大汗就是这样度过的：在京都住六个月，游猎三个月，到竹官避暑三个月。他就这样，穷奢极欲地度过他的岁月，至于他随时想起的小旅行就更不用说了。"（《马可·波罗游记》）

128　除前引袁桷诗，元代文学家许有壬在其《圭塘小集》中亦有提及，"翠楼天际郁峥嵘，粉泽龙冈壮帝京。地势远连棕殿起，檐牙高并铁竿撑"（《和谢敬德学士杂诗三首》其一）。或视标题便一目了然，如《龙冈赐燕（和吴宗师韵）》："至元新制汉官仪，万马东西历翠微。祢服盛装三日燕，和铃清振九旒旗。明珠火齐辉棕殿，上醽珍羞及布衣。但愿普天均此乐，莫拘千里咏邦畿。"（《至正集》卷十六）杨允孚在《滦京杂咏》中称之为"棕毛殿"——"北极修门不暂开，两行宫柳护苍苔。有时金锁因何擘？圣驾棕毛殿里回"，诗后自注曰："棕毛殿在大鄂尔朵。"

129　见《大元故关西军储大使吕公神道碑铭》，《秋涧集》卷五十七。

130　柏朗嘉宾《蒙古行纪》第九章"鞑靼皇帝及其诸王的宫廷"："第一天，大家都穿着紫红缎子衣服；第二天，换成了红色绸缎，贵由就在这个时候来到了帐篷；第三天，他们都穿绣紫缎的蓝衣服。……首领们在帐幕里就这样议事，我们觉得他们可能在谈论着选举。……首领们就这样几乎一直恭候到中午，于是他们便开始喝马奶，……一直到晚上为止，看起来简直叫人眼馋。"志费尼《世界征服者史》第一部"第29节·世界的皇帝合罕登上汗位和世界帝国的威力"："一连四十天，他们每天都换上不同颜色的新装，边痛饮，边商讨国事。而每一天，窝阔台都用不同的方法，以既巧妙又得当的话，表达这同样的心情。……最后，经过他们这方面的再三敦促、窝阔台那方面的再三拒绝，他终于服从其父的遗旨，采纳众弟兄及叔伯的劝告。"第三部"第3节·贤明的皇帝蒙哥可汗登上汗国的宝座"："王子们现在从四方到来。……他们举行大会，在宴饮数日后，共同商讨把汗位交给一个对此适当的、经历过事业中的祸福和安危……在酒宴中享有盛名、在战争中获得胜利的人选。一连几天几夜，他们权衡和琢磨这件事……"

131 见宇文懋昭《大金国志》卷三十六·兵制："金国凡用师征伐，上自大元帅，中而万户，下至百户，饮酒会食，略不间别，与父子兄弟等。所以上下情通，无闭塞之患。国有大事，适野环坐，画灰而议，自卑者始。议毕，即漫灭之不闻人声。军将行，大会而饮，使人献策，主帅听而择焉。"

132 诗曰："九州水陆千官供，曼延角觝呈巧雄。紫衣妙舞腰细蜂，钧天合奏春融融。狮狞虎啸跳豹熊，山呼鳌抃万姓同。"（周伯琦《诈马行》节选）"珊瑚小带佩豪曹，压辔铃铛雉尾高。宫女侍筵歌芍药，内官当殿出蒲萄。柏梁竞喜诗先捷，羽猎争传赋最豪。一曲霓裳才舞罢，天香浮动翠云袍。""绣绮新裁云母帐，玉钩齐上水晶帘。凤笙屡听伶官奏，马湩频烦太仆添。风动香烟飘合殿，日扶花影上雕檐。金盘禁脔才供膳，阶下传呼索井盐。"（纳新《实剌鄂尔多观诈马宴奉次贡泰甫授经先生韵五首》其二、三）"武夫角力雄如虎，诈马跑空炳若龙。一色衣冠扶凤辇，八珍羞膳进驼峰。"（李毂《棕殿大会》节选）句句描写传神，使人如临其境。

133 诗曰："芍药名花围簇坐，蒲萄法酒拆封泥。御前赐醴千官醉，恩觉中天雨露低。"（柳贯《观失剌斡耳朵御宴回》）"旧分宫锦缘衣褶，新赐奁珠簇帽檐。日午大官供异味，金盘更换水晶盐。"（贡师泰《上都诈马大燕》）"锦翎山雉攒游骑，金翅云鹏织赐衣。宴罢天阶呼秉烛，千官争送翠华归。"

（纳新《实刺鄂尔多观诈马宴奉次贡泰甫授经先生韵五首》其四）。

134　见清人郑尔垣所辑《义门郑氏奕叶文集》卷二。赋文一千一百余字，全面铺排了诈马宴之各项程序及宏大场面，文笔细腻，真实可感。作为此宴赋体创作的独存篇章，抛开其文学成就不谈，单从文献角度来讲，其史料价值也是不言而喻的。

135　第一封是关于天主教教义的阐述，第二封是劝告蒙古大汗停止西进并谴责蒙古军滥杀无辜。

136　"所以，当他们举兵进犯契丹皇帝臣民们的一座城市时，由于他们围城的时间拖延太久，鞑靼人自己的给养也匮缺，已经粮绝草尽，没有任何可以吃的东西了，于是便从十个人中选择一人供大家分吃。他们甚至还把母马生驹时分泌的液体及其马驹同时吞噬。更有甚者，我们还发现这些人吃虱子。他们确实曾说过：'既然它们吃过我儿子的肉和喝过他的血，难道我不应该把它们吃掉吗？'我们甚至还发现他们捕鼠为食。"（《蒙古行纪》第四章节选）

137　如关于狼肉的介绍："味咸，性热，无毒。主补益五脏，厚肠胃，填精髓。腹有冷积者，宜食之。味胜狐、犬肉。"（《饮膳正要·兽品》）

138　见《饮膳正要·聚珍异馔》："古本草不载狼肉，今云性热，治虚弱。然未闻有毒。今制造，用料物以助其味，暖五脏，温中。"

139　《饮膳正要》所载制法为："狼肉一脚子，卸成事件；草果三个；胡椒五钱；哈昔泥一钱；荜拨二钱；缩砂二钱；姜黄二钱；咱夫兰一钱。熬成汤，用葱、酱、盐、醋一同调和。"

140　原文为："客省大使哈剌璋善啖，右丞潘公尝邀早饭。荡北羊背皮一，烧鹅一，东阳酒一坛，饼子一箸。先割羊、鹅肉，卷饼食尽，却以余裁下酒。饮尽，又以煎鱼一巨鬵，吃水饭二器。至正〔阙〕间，于官舍坐逝。时天气甚炽，浴敛，坐龛中三日，容色如生，观者啧啧。"

141　"塔剌不花，一名土拨鼠。味甘，无毒，主野鸡、瘘疮，煮食之宜人。生山后草泽中。北人掘取以食，虽肥，煮则无油，汤无味。多食难克化，微动气。皮：作番皮，不湿透，甚暖。头骨：去下颏肉，令齿全，治小儿无睡，悬之头边，即令得睡。"（《饮膳正要·兽品》）

142　"他们至少要做两件皮袍过冬，一件的皮毛内向身子，另一件皮毛向外抵御风雪。后一类经常是用狼皮、狐狸皮或狒狒皮制成。但他们坐在屋里时，他们穿上另一件轻便的袍子。穷人用狗和羊（皮）来制作外面的（袍子）。"（《鲁布鲁克东行纪》）

143 见王世贞《王弇州崇论》："伯颜之下宋都也，肃而谧；其居功也，廉而约；其处废也，恬而智；其应鼎革也，毅而裁。古社稷臣哉！"

144 见王辟之《渑水燕谈录》卷八："契丹国产大鼠曰毗狸，形类大鼠而足短，极肥，其国以为殊味，穴地取之，以供国主之膳，自公相以下，皆不得尝。常以羊乳饲之。顷北使尝携至京，烹以进御。本朝使其国者，亦皆得食之。"毗（同"毗"）狸，乃契丹语译音，即黄鼠，正式的学名叫达乌尔黄鼠，别称有蒙古黄鼠、豆鼠子、大眼贼等。

145 见王世贞《弇山堂别集》卷六十七："特赐公主可考者，赐宁国长公主……永乐十五年，赐钞五万贯，彩缎三十匹，彩绢三十匹，黄鼠一千个，酥油一百斤，榛子十石，红枣五石，栗子十石，核桃一万个。"

146 "马肉：味辛、苦、冷，有小毒。主除热下气，长筋骨，强腰膝，壮健轻身。马头骨：作枕，令人少睡。马肝：不可食。马蹄：白者治妇人漏下、白崩；赤者治妇人赤崩。白马茎：味咸、甘，无毒，主伤中脉绝；强志，益气，长肌肉；令人有子，能壮盛阴气。马心：主喜忘。马乳：性冷，味甘。止渴，治热。"（《饮膳正要·兽品》）

147 南宋赴蒙古使节随员彭大雅在《黑鞑事略》中曾这样描述蒙古人的饮食习惯："其食，肉而不粒。猎而得者，曰兔、曰鹿、曰野彘、曰黄鼠、曰顽羊、曰黄羊、曰野马、曰河源之鱼。牧而庖者，以羊为常，牛次之，非大燕会不刑马。火燎者十九，鼎烹者十二三，脔而先食，然后食人。（徐霆补注云：霆住草地一月余，不曾见鞑人杀牛以食。）"

148 见《南史·陈后主本纪》："既见宥，隋文帝给赐甚厚，数得引见，班同三品。每预宴，恐致伤心，为不奏吴音。……监者又言：'叔宝常耽醉，罕有醒时。'隋文帝使节其酒，既而曰：'任其性。不尔，何以过日。'未几，帝又问监者叔宝所嗜。对曰：'嗜驴肉。'问饮酒多少？对曰：'与其子弟日饮一石。'隋文帝大惊。"

149 按：关于穆宗名讳问题需略作解释。长期以来，我们都依《明史·穆宗本纪》认定其名"载垕（hòu）"，殊不知此系后世笔误所致。穆宗名讳实为"载坖（jì）"，而"载垕"也另有其人，乃衡王府分支齐东安和王。《明实录》明确记载，"命皇第三子名载坖，第四子名载圳"，且穆宗并无改名迹象。拥裕派大臣陈以勤在为其辩护时也曾拿"坖"字做文章："乃生而命名，从元从土，若曰首出九域，君意也。"朝鲜《李朝中宗实录》所载存同时期相关档案亦可资佐证。"载坖"因形近而误作"载垕"约始自万历年间学者卢翰所著《掌中宇宙》，朱国桢《皇明史概》，谈迁《国榷》等书以讹传讹因之，后被清廷明史馆臣采纳，并将《明史·陈以勤传》中"从元从土"窜作"从后从土"以圆"载垕"之误。《明史》作为堂堂钦定正史，素以纂修耗时之久、用力之勤、材料之详为史家称道，不意竟闹出皇帝名讳的乌龙事件，讹传至今，令人不尴不尬。关于"载坖"与"载垕"之文本记载，可详参《皇明诏令》卷二十二，《明世宗实录》卷四七〇、卷五一四，《名山藏》卷二十九诸书。

150 见何乔远《名山藏》卷二十九："上端凝静密，不杀自威，不察自智，优崇辅弼，假借臣僚用能守祖宗之法以致中国乂宁，外夷向风之盛，盖清静合轨汉帝宽仁，比迹宋宗矣。上在潜邸时，食驴肠而甘，及即位间问左右，左右请诏光禄。上不忍曰：'若尔，则光禄日宰一驴矣。'岁时游娱行幸，诸供膳光禄先期请上旨为丰约，上常裁取最约者焉。"

151 原文为："韩庄敏丞相嗜食驴肠，每宴客必用之，或至于再三，欲其脆美，而肠入鼎过熟则糜烂，稍失节则坚韧。庖人畏刑责，但生缚驴于柱，才报酌酒，辄旋刺其腹，抽肠出洗治，略置汤中便取之，调剂五味以进。而持纸钱伺于门隙，俟食毕放箸无语，乃向空焚献焉。在秦州日，一客中席起更衣，自公厨傍过。正见数驴咆顿柱下，皆已刳肠而未即死，为之悚然。客生于关中，常食此肉，自此遂不复挂口。"

152 见黄庭坚《次韵谢外舅食驴肠》诗："垂头畏庖丁，趋死尚能鸣。说以雕俎乐，甘言果非诚。生无千金辔，死得五鼎烹。祸胎无肠胃，杀身和椒橙。春风都门道，贯鱼百十并。骑奴吹一哄，驵骏不敢争。物材苟当用，何必渥洼生。忽思麒麟楦，突兀使人惊。"

153 见《元史·顺帝本纪》："秋七月癸酉，京城红气满空，如火照人，自旦至辰方息。……〔闰月〕乙丑，白虹贯日。……丙寅，帝御清宁殿，集三官后妃、皇太子、皇太子妃，同议避兵北行。……伯颜不花恸哭谏曰：'天下者，世祖之天下，陛下当以死守，奈何弃之！臣等愿率军民及诸怯薛歹出城拒战，愿陛下固守京城。'卒不听。至夜半，开健德门北奔。八月庚午，大明兵入京城，国亡。"

154　再插一句题外话，顺帝丞相脱脱家的大公子、孛儿只斤·爱猷识理答腊（元昭宗）的童年玩伴，亦名哈剌章。若不详加甄别，更易混淆，目前主流观点也是作模糊处理。据《元史·脱脱传》，至正十五年，脱脱被谪云南，哈剌章肃州安置；二十二年，脱脱复相，哈剌章被召还，"授中书平章政事，封申国公，分省大同"；二十五年，迁知枢密院事。而刘佶《北巡私记》中所载哈剌章事迹，则为至正二十八年闰七月，知枢密院事并随顺帝北遁；二十九年六月初九加开府仪同三司、徐国公；九月初六，拜太保。要之，二者爵位及授官年份皆有别，倘无其他确凿力证，不可遽而同之。正如另一位名叫蛮子的北元重臣，宣光、天元二朝始终与哈剌章同时见诸明朝方面记载，但元末有多位蛮子，加之史料语焉不详，殊难确指谁是谁。

155　见《周书·宇文护传》："有李安者，本以鼎俎得宠于护，稍被升擢，位至膳部下大夫。至是，护乃密令安因进食于帝，加以毒药。"

156　见徐祯卿《翦胜野闻》："太祖御膳，必太后亲调以进，深以防闲隐微。一日，进羹微寒，帝怒举杯掷之，羹汗狼藉，后耳畔微有伤。后热羹重进，颜色自若。"

157　见王充《论衡·福虚》："惠王通谴菹中何故有蛭，庖厨监食皆当伏法，然能终不以饮食行诛于人，赦而不罪，惠莫大焉。庖厨罪觉而不诛，自新而改后；惠王赦细而活微，身安不病。今则不然，强食害己之物，使监食之臣不闻其过，失御下之威，无御非之心，不肖一也。使庖厨监食失甘苦之和，……臣不畏敬，择濯不谨，罪过至重，惠王不谴，不肖二也。菹中不当有蛭，不食投地；如恐左右之见，怀屏隐匿之处，足以使蛭不见，何必食之？……不肖三也。"

158　张鼐《宝日堂杂钞》中录有一份万历三十九年(1611)正月的宫中月膳底账，以神宗一人食所耗食材为例："猪肉一百廿六斤，驴肉十斤，鹅五只，鸡三十三只，鹌鹑六十个，鸽子十个，熏肉五斤，鸡子五十五个，奶子廿斤，面廿三斤，香油廿斤，白糖八斤，黑糖八两，豆粉八斤，芝麻三升，青菉豆三升，盐笋一斤，核桃十六斤，绿笋三斤八两，面觔廿个，豆腐六连，腐衣二斤，木耳四两，麻菇八两，香蕈四两，豆菜十二斤，茴香四两，杏仁三两，砂仁一两五钱，花椒二两，胡椒二两，土碱三斤。"

159　见《明穆宗实录》卷十五"隆庆元年十二月戊戌"条。

160　见《明史·仁宗诚孝张皇后传》："后始为太子妃，操妇道至谨，雅得成祖及仁孝皇后欢。太子数为汉、赵二王所间，体肥硕不能骑射。成祖焘，至减太子官膳，濒易者屡矣，卒以后故得不废。及立为后，中外政事莫不周知。"

161　原文为："仁庙圣体肥硕，腰腹数围。上常令太子诸王习骑射，仁庙苦不能，上见辄恚，令有司减削玉食。某官每供膳，私益以家肴，仁庙德之。上知，醢其人。仁庙登极乃官其后。"又，"仁庙失意于文皇，每含愠，言：'何以了事？'仁孝每劝之。一日，内苑曲宴，又对后骂之，色怒甚。既而曰：'媳妇见好，他日我家亏他撑持。'又曰：'吾不以媳妇故，废之久矣。'谓诚孝也。时先在侍，忽不见。上令觅之，乃在曝室手制汤饼以荐。比荐，上大喜，复至感泣，命痛饮而罢。"

162　画外音：平心而论，易储之圣意未遂，主因在徐后的长子偏向和文官集团的反对。至于什么好圣孙的段子，不过同高煦之叛一样，都是宣宗朝建构的皇权叙事而已。

163　汉末魏晋直至南朝，贵公子以饰容为尚，纷纷熏衣剃面、傅粉施朱，唯美之风几近病态。

164　事见刘义庆《世说新语·容止》："何平叔美姿仪，面至白。魏明帝疑其傅粉。正夏月，与热汤饼。既啖，大汗出，以朱衣自拭，色转皎然。"

165　古代一种由骰子演变而来的长方形博具，多以牛骨制成，故名。

166　事见谈迁《国榷》卷十八·永乐二十二年："诛光禄寺丞萧成，光禄寺卿井泉除名。时采南京玉面狸，忤旨，下御史。劾成等盗内府物，当死。盖上有凤嫌。以永乐十八年入朝，先帝逐其庖者二十人。稽其故，为泉等奏上也，其奏署丞王鼐书，遂斩成、鼐，余俱削籍。寺丞郝郁为寺卿，张泽为少卿。"又《明史·食货志》云："明初，上供简省。郡县贡香米、人参、葡萄酒，太祖以为劳民，却之。仁宗初，光禄卿井泉奏，岁例遣正官往南京采玉面狸，帝叱之曰：'小人不达政体。朕方下诏，尽罢不急之务以息民，岂以口腹细故，失大信耶！'"

167　朱瞻基《喜雪歌》:"一冬晴明人不厌,腊月雪飞尤所喜。从古农占重三白,来年有秋预可拟。今年春初始雪雨,已见农穰连退迤。况当嘉平越五日,遇雪相欢讵能已。……大地平铺皆一色,光辉未数琼瑶白。西山苍翠不可寻,但见凌空耸银壁。凭高四顾真奇观,日上扶桑朝不寒。乾坤萃和作祥瑞,满目忻愉增意气。……嗟予菲德居九五,燮理功能寄丞辅。举觞乐相拜天麻,永念皇天与皇祖。"

168　序曰:"迨冬不雪,民心则忧,民之心,朕之心也。……朕亲阅其词,不为溢美,而有相警之义者,命录之得若干首。……诗曰:'人之好我,示我周行。'吾安得不表章之以朝夕自益哉!"

169　见陆以湉《冷庐杂识》卷三:"麦饼宴始嘉靖间,迄今崇祯五年,九十余年矣,盖旷典也。……世庙盖尝聚大内佛骨佛牙万斤,焚之宫中,始革其制,以四月五日荐麦寝庙,因赐百官,义深远矣。"又,龙文彬《明会要》卷十云:"〔嘉靖〕十四年四月,上谕夏言曰:'内殿礼仪,四月八日俗事,宜革。其赐百官不落荚,亦当改。《礼记·月令》:是月麦先熟,荐寝庙。今岁以孟夏之五日荐麦内殿,赐百官麦饼。'大学士张孚敬曰:'不落荚者,相沿释氏之说,于礼无据。仰见皇上据经析理得先王遗意。'遂着为令。"

170　原文为:"释迦生周昭王二十四年四月八日。中国人奉佛教者,于是日祀其神。周正建子,四月即今之二月也。今以夏正四月八日为佛生日,非也。此说出瞿仙,最为有见。然今朝中以四月八日为佛节,赐百官吃不落荚,莫有觉其非者。"

171　见《明史》卷五十三·礼志七:"第二爵:奏《皇风之曲》。乐作,光禄寺酌酒御前,序班酌群臣酒。皇帝举酒,群臣亦举酒,乐止。进汤,鼓吹响节前导,至殿外,鼓吹止。殿上乐作,群臣起立,光禄寺官进汤,群臣复坐。序班供群臣汤。皇帝举箸,群臣亦举箸,赞馔成,乐止。武舞入,奏《平定天下之舞》。第三爵:奏《眷皇明之曲》。乐作,进酒如初。乐止,奏《抚安四夷之舞》。第四爵:奏《天道传之曲》。进酒、进汤如初,奏《车书会同之舞》。第五爵:奏《振皇纲之曲》。进酒如初,奏《百戏承应舞》。第六爵:奏《金陵之曲》。进酒、进汤如初,奏《八蛮献宝舞》。第七爵:奏《长杨之曲》。进酒如初,奏《采莲队子舞》。第八爵:奏《芳醴之曲》。进酒、进汤如初,奏《鱼跃于渊舞》。第九爵:奏《驾六龙之曲》。进酒如初。"

172　沈括《梦溪笔谈·乐律一》云："以先王之乐为雅乐，前世新声为清乐，合胡部为宴乐。"

173　殿内侑食乐：柷一，敔一，搏拊一，……埙二，篪二，排箫一，钟一，磬一，应鼓一。丹陛大乐：戏竹二，箫四，笙四，头管二，琵琶二，……鼓一，板一。迎膳乐：戏竹二，笙二，笛四，头管二，……鼓一，板一。进膳乐：笙二，笛二，杖鼓八，鼓一，板一。太平清乐：笙四，笛四，……方响一，杖鼓八，小鼓一，板一。（详见《明史》卷六十一·乐志一）

174　大宴仪九奏乐章如次：

一奏《炎精开运之曲》：炎精开运，笃生圣皇。大明御极，远绍虞唐。河清海晏，物阜民康。威加夷僚，德被戎羌。八珍有荐，九鼎馨香。鼓钟镗镗，宫徵洋洋。怡神养寿，理阴顺阳。保兹遐福，地久天长。

二奏《皇风之曲》：皇风被八表，熙熙声教宣。时和景象明，紫宸开绣筵。龙衮曜朝日，金炉袅祥烟。济济公与侯，被服丽且鲜。列坐侍丹宸，磬折在周旋。羔豚升华俎，玉馔充方圆。初筵奏《南风》，继歌赓载篇。瑶觞欣再举，拜俯礼无愆。同乐及斯辰，于皇千万年。

奏《平定天下之舞》，曲名《清海宇》。

三奏《眷皇明之曲》：赫赫上帝，眷我皇明。大命既集，本固支荣。厥本伊何？育德春宫。厥支伊何？藩邦以宁。庆延百世，泽被群生。及时为乐，天禄是膺。千秋万岁，永观厥成。

奏《抚安四夷之舞》，曲名《小将军》《殿前欢》《庆新年》《过门子》。

四奏《天道传之曲》：马负图兮天道传，龟载书兮人文宣。羲画卦兮禹畴叙，皇极建兮合自然。绵绵历数归明主，祥麟在郊威凤舞。九夷入贡康衢谣，圣子神孙继祖武，垂拱无为迈前古。

奏《车书会同之舞》，曲名《泰阶平》。

五奏《振皇纲之曲》：《周南》咏麟趾，《卷阿》歌凤凰。蔼蔼称多士，为桢振皇纲。赫赫我大明，德尊逾汉唐。百揆修庶绩，公辅理阴阳。峨冠正襟佩，都俞在高堂，坐令八纮内，熙熙民乐康。气和风雨时，田畴岁丰穰。献礼过三爵，欢娱良未央。

六奏《金陵之曲》：钟山蟠苍龙，石城踞金虎。千年王气都，于今归圣主。六代繁华经几秋，江流东去无时休。谁言天堑分南北，英雄岂但嗤曹刘。

我皇昔住濠梁屋,神游天锡真人服。提兵乘势渡江来,词臣早献《金陵曲》。
歌《金陵》,进珍馔,皆八音,继三叹。请观汉祖用兵时,为尝冯异滹沱饭。
七奏《长杨之曲》:长杨曳绿,黄鸟和鸣。菡萏呈鲜,紫燕轻盈。千花泡
露,日丽风清。及时为乐,芳尊在庭。管音嘈嘈,丝韵泠泠。玉振金声,
各奏尔能。皤皤国老,载劝载惩。明德惟馨,垂之圣经。《唐风》示戒,
永保嘉名。无已太康,哲人是听。

八奏《芳醴之曲》:夏王厌芳醴,商汤远色声。圣人示深戒,千春垂令名。
惟皇登九五,玉食保尊荣。日昃不遑餐,布德延群生。天庖具丰膳,鼎
鼐事调烹。岂但资肥甘,亦足养遐龄。达人悟兹理,恒令五气平。随时
知有节,昭哉天道行。

九奏《驾六龙之曲》:日丽中天漏下迟,公卿侍宴多令仪。箫韶九奏觞九献,
炉烟细逐祥风吹。群臣舞蹈天颜喜,岁熟民康常若此。六龙回驾凤楼深,
宝扇齐开扶玉几。景星呈瑞庆云多,两曜增晖四序和。圣人道大如天地,
岁岁年年奈乐何。(详见《明史》卷六十三·乐志三)

175 见《明熹宗实录》卷八十七"天启七年八月壬寅"条:"朕昔在襁褓,气
禀清虚,赖奉圣夫人客氏事事劳苦,保卫恭勤。不幸皇妣蚤岁宾天,复
面承顾托之重。……及皇考登极匝月,遗弃群臣,朕以冲龄,并失怙
恃。自缵承祖宗鸿绪,子处于宫壹之中。复赖奉圣夫人倚毗调剂,苦更
倍前。……亘古至今,拥佑之勋有谁足与比者? 外廷臣庶,那能尽知?"
熹宗这段身世自述堪称字字血泪、声声衷肠,把他对客氏的深情眷恋表
达得淋漓尽致。

176 见刘若愚《酌中志》卷十四"客魏始末纪略"条:"〔天启〕四年以后,
便是王体乾、魏忠贤、李永贞三家轮流办之,遇闰月则各四十日算之。
惟客氏常川供办,共四家矣。每家经管造办膳羞掌家等官数十员,造酒、
醋、酱等项,并荤素各局外,厨役将数百人,此紫禁城之外者。至于乾
清宫以内,则每家各有领膳煖殿四员,管果酒煖殿二员,请膳近侍四、
五十员,已上皆穿红者也。又司房管库房、汤局、荤局、素局、点心局、
干碟局、手盒局、凉汤局、水膳局、馈膳局、管柴炭及抬膳,又各内官
百余。"

177 见《酌中志》卷二十"饮食好尚纪略"条:"斯时所尚珍味,则冬笋、银

鱼、鸽蛋、麻辣活兔，塞外之黄鼠，半翅鹡鸡，江南之蜜罗柑、凤尾橘、漳州橘、橄榄、小金橘、风菱、脆藕，西山之苹果、软子石榴之属，冰下活虾之类，不可胜计。本地则烧鹅、鸡、鸭、猪肉，冷片羊尾、爆炒羊肚、猪灌肠、大小套肠、带油腰子、羊双肠、猪脊肉、黄颡管儿、脆团子、烧笋鹅、醸腌鹅、鸡鸭、煤鱼……八宝攒汤、羊肉猪肉包、枣泥卷、糊油蒸饼、乳饼、奶皮、烩羊头，糟腌猪蹄尾耳舌、鹅肫掌。素蔬则滇南之鸡枞，五台之天花羊肚菜、鸡腿银盘等蘑菇，东海之石花海白菜、龙须、海带、鹿角、紫菜，江南蒿笋、糟笋、香蕈，辽东之松子……北山之榛、栗、梨、枣、核桃、黄连、芽木兰、芽蕨菜、蔓菁，不可胜数也。茶则六安松萝、天池，绍兴芥茶、径山茶，虎邱茶也。凡遇雪，则暖室赏梅，吃炙羊肉、羊肉包、浑酒、牛乳。……"

178　如《冷庐杂识》卷五称："杭州鲥初出时，豪贵争以饷遗，价甚贵，寒窭不得食也。凡宾筵，鱼例处后，独鲥先登。"

179　见顾起元《客座赘语·珍物》："时郭公鸟鸣，捕鱼者以此候之。鱼游江底，最惜其鳞，才挂网，即随水而上，甫出水，死矣。鳞如银，纤明可爱，女工以为花靥。"

180　见沈德符《万历野获编》卷十七·兵部"南京贡船"条："南都入贡船，……周而复始，每年必往还南北不绝，岁以为常。……其贡名目不一，每纲必以宦官一人主之。……其最急冰鲜，则尚膳监之。鲜梅、枇杷、鲜笋、鲥鱼等物，然诸味尚可稍迟，惟鲜鲥则以五月十五日进鲜于孝陵，始开船，限定六月末旬到京，以七月初一日荐太庙，然后供御膳。"

181　见《太平广记》卷二三七"奢侈"条："上日赐御馔汤药，而道路之使相属。其馔有灵消炙、红虬脯，其酒则有凝露浆、桂花醑，其茶则绿花、紫英之号。灵消炙：一羊之肉取四两，虽经暑毒，终不臭败。红虬脯：非虬也，但贮于盘中，则健如虬红丝高一尺，以箸抑之，无三四分，撒即复故。其诸品味，他人莫能识，而公主家人餐饫如里中糠秕。"

182　见《清圣祖实录》卷二五四："康熙五十二年癸巳，三月，……壬寅，宴直隶、各省汉大臣官员、士庶人等，年九十以上者三十三人，八十以上者五百三十八人，七十以上者一千八百二十三人，六十五以上者一千八百四十六人，于畅春园正门前。传谕众老人曰：'今日之宴，朕遣子孙、宗室执爵授饮，分颁食品。尔等与宴时，勿得起立，以示朕优待老人至意。'……甲辰，宴八旗满洲、蒙古、汉军大臣官员、护军、兵丁、闲散人等。年九十以上者七人，八十以上者一百九十二人，七十以上者一千三百九十四人，六十五以上者一千十二人。于畅春园正门前，诸皇子出视颁赐食品，宗室子孙执爵授饮。上升座，命扶掖八十岁以上老人至御前，亲视饮酒。"

183　见《清圣祖实录》卷二九六："康熙六十一年壬寅，春，正月，丁亥朔。……戊子，召八旗满洲、蒙古、汉军文武大臣官员及致仕退斥人员年六十五以上者六百八十人，宴于乾清宫前，命诸王、贝勒、贝子、公及闲散宗室等授爵劝饮，分颁食品。辛卯，……召汉文武大臣官员及致仕退斥人员年六十五以上者三百四十人，……如前礼。御制七言律诗一首，命与宴满汉大臣官员各作诗纪其盛，名曰《千叟宴诗》。"

184　乾隆《钦定皇朝通志·礼略·嘉礼》在依叙康熙此二次赐宴时亦独称后者"命名曰'千叟宴'"。另，清宣宗爱新觉罗·旻宁（道光皇帝）所作《癸未仲秋七日幸万寿山玉澜堂锡宴十五老臣赓歌图绘以彰盛事》一诗后徐世昌之按语亦云："康熙癸巳，宴年老臣民。壬寅再举，始名'千叟宴'。"（《晚晴簃诗汇》卷三）也就是说，真正以"千叟宴"冠名者，始于康熙六十一年的这次宴会，况且之前那次也不像后三次一样有赋诗结集等固定程式。详见黑龙江大学明清文学与文化研究中心《明清文学与文献》（第一辑）载朱则杰《清代"千叟宴"与"千叟宴诗"考论》一文。

185　见《清高宗实录》卷一二二二："乾隆五十年乙巳，春，正月，辛亥朔。……丙辰，……上御乾清宫，赐千叟宴。亲王、郡王，大臣、官员……回部、番部、朝鲜国使臣，暨士商兵民等，年六十以上者三千人，皆入宴。……命以'千叟宴'联句，颁赏如意、寿杖、缯绮、貂皮、文玩、银牌等物有差。……御制《千叟宴恭依皇祖元韵》诗……"

186　比对二实录发现，除嘉庆帝之称谓及个别词序（"大臣、官员"的位置）稍作变动外，其余内容完全相同，故此处仅列其一，《清仁宗实录》曰："嘉庆元年丙辰，春，正月，戊申朔。……辛亥，……上〔嘉庆帝〕侍太上皇帝御宁寿宫皇极殿，举行千叟宴。赐亲王、贝子，大臣、官员，蒙古贝勒、贝子、公、额驸、台吉年六十以上，兵民年七十以上者三千人，及回部、朝鲜、安南、暹罗、廓尔喀贡使等宴。……并未入座五千人，各赏诗章、如意、寿杖、文绮、银牌等物有差。"

187　第一次，与宴汉人占总人数的33%。关于第二次，据《钦定八旗通志·典礼志》所载，"〔乾隆〕五十年正月初六日，赐千叟宴于乾清宫，凡宗室王以下、兵丁以上八旗共二千四百三十二人，皆与焉"，可知与宴旗人占比达81%。

188　如正月初二早膳单上就出现了四道暖锅类菜肴："挂炉肉野意热锅一品""燕窝口蘑烧鸡热锅一品""炒鸡炖冻豆腐热锅一品""肉丝水笋丝热锅一品"，二月二十三日吃的是"炖酸菜热锅"和"鹿筋拆鸭子热锅"，五月八日是"野意热锅"和"山药鸭羹热锅"，九月二十一日是"酒炖鸭子热锅"和"燕窝葱椒鸭子热锅"，十二月十三日的晚膳中有"燕窝松子鸡热锅""羊肚丝羊肉丝热锅""口蘑肥鸡热锅"三种。

189　以乾隆五十年的千叟宴为例，御宴连同上等、次等八百桌的主副食品消费如下：面750斤12两、白糖36斤2两、澄沙30斤5两、香油10斤2两、鸡蛋100斤、甜酱10斤、盐5斤，绿豆粉3斤2两、江米4斗2合、山药25斤、核桃仁6斤12两、干枣10斤2两、香蕈5两、猪肉1700斤、菜鸭850只、菜鸡850只、肘子1700个……酒水：玉泉酒400斤（每斤为16两）……燃料：炭412斤、煤300斤、柴3848斤……

190　《拟赐宴瀛台联句并锡赉谢表》原文大略如下："……时乃仙车九九，降来五色云中；玉佩双双，随过百花桥上。参差贝殿，疑浮弱水之三千；隐现珠楼，似见昆仑之十二。沧州晓气，化为宫阙之形；阊阖秋风，吹入银花之树。舟浮太液，惊黄鹄以翻飞；帐起昆明，凌石鲸而问渡。指天河之牛女，路接银潢；搴秋水之芙蓉，域开香国。寻芳曲径，惹花气于露中；垂钓清波，起潜鳞于荷下。檀林瑶草，似闻金谷之郁芬；桂饵翠纶，喜看银盘之拨剌。大官赐膳，云图雷刻之尊；光禄传餐，渍桂酿花之酒。青龙布席，白虎执壶；四溟作杯，五岳为豆。琳琅法曲，舜韶奏而凤凰仪；浑穆元音，轩乐张而鸟兽骇。红牙碧管，飞逸韵以干云；羽衣霓裳，惊仙游之入月。莫不神飞而色动，共酌太和；咸觉心旷而情怡，同餐元气……"（《纪文达公遗集》卷六）

191　但才高者多任性，往往比平庸之辈更易栽跟头，其入仕之途也因之走得并不顺畅：次年（乾隆十三年）春季参加会试时，纪昀就由于太过自负而被拒于进士门槛之外。随后母亲去世，居丧守孝，错过了乾隆十六年及次年朝廷为祝贺皇太后六旬大寿特开恩科的八月会试。直至乾隆十九年，纪昀才等来正科会试，但名次一般，只考了第二十二名；而后是殿试，最终以二甲第四（即全国第七）的好成绩入选翰林院庶吉士，继授编修，三十一岁的他这才开启了自己的官宦生涯。

192　画外音：乾隆本人对于这样的成就也是相当得意的。在其生命的最后一年曾骄傲地宣称："余以望九之年，所积篇什几与全唐一代诗人篇什相埒，可不谓艺林佳话乎！"但别忘了有句话叫作"名手写字，多则必有败笔；名人作诗，烦则必有累句"。虽说对于文学作品而言，作家创作数量的多寡与其总体水平的高下并没有必然联系，像"庾信文章老更成，凌云健笔意纵横"这样当然是真正的艺林佳话了；只是自幼接受顶级汉学熏陶的乾隆却完全循着越写越差的退化规律一路走到黑，没想到自我感觉良好的佳话变成了后人眼中的笑话——清高宗之诗多且烂，对于文史爱好者而言，已是常识。那么，他的技术问题主要出在哪儿呢？用钱锺书在《谈艺录》中的专业点评来说，就是对仗堆砌，滥用虚字，混淆诗文界限。当然了，原话说得有点犀利，不大好听，如"语助拖沓，令人作呕""兼酸与腐，极以文为诗之丑态者"云云。但你可能想不到的是，自打当上皇帝之后，乾隆不仅没有因为国务操劳或自我膨胀导致诗艺耕耘事业的荒废，相反，他还时常翻出旧作不断琢磨、反思以便创新、提高。他最推崇杜甫和白居易，在自己总结出来的"题韵随手拈，易如翻手成""拈吟终日不涉景，七字聊当注起居"创作理念的指引下，以高涨的激情和惊人的速度，流水线一样地产出了大量起居注、豆腐账式的日记体诗作，据说是借鉴老杜"诗史"笔法和追求"元轻白俗"艺术特色的成果。只是面对这位学诗走火入魔的天子，当时大臣们能且仅能作出的唯一合法反应，就是不分青红皂白狂点赞："自古吟咏之富，未有过于我皇上者。……勤民苼政之余，紫殿凝神，别无嗜好，惟以观书乙夜，悦性怡情。是以圣学通微，睿思契妙，天机所到，造化生心。如云霞之丽天，变化不穷，而形容意态，无一相复；如江河之纪地，流行不息，而波澜湍折，无一相同……若夫有举必书，可以注起居；随事寓教，可以观政事……"

如此超现实主义的恭维是不是看着脑仁都发麻，真怀疑一般人怎么好意思说得出口呀。其实也不是一般人说的，它出自巧舌如簧的铁齿铜牙纪晓岚之口。而且大家觉得光表面夸赞还不成敬意，要落实到实际行动上方显真诚，所以当朝那些满腹经纶的翰林们还故意自降水准，模仿圣上的御制诗体写下了不少唱和的庸诗。乾隆一看自己的大作得到这么广泛的肯定，从此作起诗来就更来劲了，想收笔也收不住，这便是洋洋大观的清高宗御制诗集之产生背景。

193 赵翼《陔馀丛考》云："汉武宴柏梁台赋诗，人各一句，句皆用韵，后人遂以每句用韵者为柏梁体。然《柏梁》以前如汉高《大风歌》、荆卿《易水歌》……可见此体已久有之，不自《柏梁》始也。但联句之每句用韵者，乃为柏梁体耳。"

194 另据袁牧《小仓山房集》透露，嵇璜在书法上也有过人之处，"精小楷，能于胡麻上作书"。与其同朝为官的和珅曾派人上门乞书，嵇璜本不愿为之，又不便回绝，就苦心设计出一场书童覆墨"徒败公佳纸"的把戏，还请来几位和珅门下的翰林耳闻目睹，使其信以为真，此事李元度《国朝先正事略》中有载。

195 原文为："……臣江壖蒲柳，躬逢盛典，滥厕班行。于正月初四敬诣宁寿宫，仰瞻皇上，恭侍太上皇临御皇极殿。两宫欢惬，夔铄盈廷，典奏云韶，馐罗珍错。诚哉旷古稀逢，允矣太平盛事！伏蒙赐八品职衔、御诗一章、如意一握、鸠杖一柱、紫貂二个、大缎二匹、贡绸二匹、大小荷包二对、银牌一面。臣泥首祗领，赍捧南还。谨奉御诗、如意、鸠杖、银牌四种供藏祠内，敬悬龙额……"

196 袁枚还叩首谢恩，作了首《丙辰元旦》："八十又添一，新君正纪元。恩逢千叟宴，身历四朝尊。……六十年前事，回头似在旁。一鞭行万里，三策试明光。……"

197 原文为："冬日宴客，惯用火锅，对客喧腾，已属可厌；且各菜之味，有一定火候，宜文宜武，宜撤宜添，瞬息难差。今一例以火逼之，其味尚可问哉？近人用烧酒代炭，以为得计，而不知物经多滚，总能变味。或问：'菜冷奈何？'曰：'以起锅滚热之菜，不使客登时食尽，而尚能留之以至于冷，则其味之恶劣可知矣。'"

198 见《史记·李将军列传》裴骃集解引孟康语："以铜作鐎器，受一斗。昼炊饭食，夜击持行，名曰'刁斗'。"

199 见金易、沈义羚《宫女谈往录·四季的饮食》："我们在宫里吃饭是有严格季节性的。……就拿大年初一说吧。……宫里有的是东西，吃鸡吃鸭已经算粗吃了。这时我们每天吃饭时都有锅子，……从十月十五起，每顿饭添锅子，有什锦锅、涮羊肉，东北的习惯爱将酸菜、血肠、白肉、白片鸡、切肚混在一起，我们吃这种锅子的时候多。有时也吃山鸡锅子，反正一年里我们有三个整月吃锅子。正月十六日撤锅子换砂锅。……清廷吃东西讲究分寸，不当令不吃。"

200 《梦粱录》卷十六"鲞铺"条云："杭州城内外，户口浩繁，州府广阔，遇坊巷桥门及隐僻去处，俱有铺席买卖。盖人家每日不可阙者，柴米油盐酱醋茶。或稍丰厚者，下饭羹汤，尤不可无。虽贫下之人，亦不可免。"

201 袁枚《随园食单·作料须知》云："厨者之作料，如妇人之衣服首饰也。虽有天姿，虽善涂抹，而敝衣蓝褛，西子亦难以为容。善烹调者，酱用伏酱，先尝甘否；油用香油，须审生熟；酒用酒酿，应去糟粕；醋用米醋，须求清冽。且酱有清浓之分，油有荤素之别，酒有酸甜之异，醋有陈新之殊，不可丝毫错误。"

202 后人遂以"桓玄寒具油"的典故代指观赏书画，如苏轼《次韵米芾二王书跋尾二首》其一："三馆曝书防蠹毁，得见来禽与青李。……玉函金钥天上来，紫衣敕使亲临启。……怪君何处得此本，上有桓玄寒具油。巧偷豪夺古来有，一笑谁似痴虎头。……"

203 一为："庆历中，群学士会于玉堂，使人置得生蛤蜊一簣，令饔人烹之，久且不至，客讶之，使人检视，则曰：'煎之已焦黑而尚未烂。'坐客莫不大笑。"一为："余尝过亲家设馔，有油煎法鱼，鳞鬣虬然，无下箸处。主人则捧而横啮，终不能咀嚼而罢。"

204 原文为："凡油供馔食用者，胡麻（一名脂麻）、莱菔子、黄豆、菘菜子（一名白菜）为上；苏麻（形似紫苏，粒大于胡麻）、芸薹子（江南名菜子）次之；樆子（其树高丈余，子如金樱子，去肉取仁）次之；苋菜子次之；大麻仁（粒如胡荽子，剥取其皮，为绹索用者）为下。"

205 原文为："凡取油，榨法而外，有两镬煮取法，以治蓖麻与苏麻。北京有磨法、朝鲜有舂法，以治胡麻。其余则皆从榨出也。……榨具已整理，则取诸麻、菜子入釜，文火慢炒（凡柏、桐之类属树木生者，皆不炒而碾蒸），透出香气，然后碾碎受蒸。凡炒诸麻、菜子，宜铸平底锅，深止六寸者，投子仁于内，翻拌最勤。……凡油原因气取，有生于无。出甑之时，包裹怠慢，则水火郁蒸之气游走，为此损油。能者疾倾、疾裹而疾箍之，得油之多，诀由于此，榨工有自少至老而不知者。"

206 原文为："落花生为南果中第一，以其资于民用者最广。宋元间，与棉花、蕃瓜、红薯之类，粤估从海上诸国得其种归种之，呼棉花曰吉贝，呼红薯曰地瓜，落花生曰地豆……以榨油为上，故自闽及粤，无不食落花生油。"

207 按：《调鼎集》不著撰者姓名，据成多禄所作序言末尾落款"戊辰上元"知此书成于同治七年，即1868年。

208 周制，宰有大小之分，大宰为治官之长，由卿一人担任；小宰为其副手，由中大夫二人担任。

209 "煴""糗"此处均作"用火烘干"之义解。

210 即王禹偁，他和苏轼的遭遇一样，也曾被贬知黄州，故世称"王黄州"。

211 见《仲咸以予编成商於唱和集以二十韵诗相赠依韵和之》。"商於"，商州古称。冯伉字仲咸，曾与王禹偁同在商州主持政务，二人屡有唱和，见《小畜集·商於驿记后序》及《宋史·冯谧传》附传。

212 如前蜀宰相韦庄《冬日长安感志寄献虢州崔郎中二十韵》的"闲招好客斟香蚁，闷对琼华咏散盐"之句。

213 如"建安七子"之一的刘桢在《鲁都赋》中写道："又有盐池漭沆，煎炙阳春。燋暴溃沫，疏盐自殷。把之不损，取之不勤。其盐则高盆连冉，波酌海臻。素醝凝结，皓若雪氛……"王羲之叔父王廙（yì）的《洛都赋》中亦有"东有盐池，玉洁冰鲜，不劳煮波，成之自然"之句。

214 其辞曰："水润下以作咸，莫斯盐之最灵。傍峻岳以发源，池茫尔而海淳。嗟玄液之潜润，羌莫知其所生。熙金葩之融炎，颖跃结而沦成。……烂然汉明，晃尔霞赤；望之绛蒸，即之雪积。翠涂内映，赪液外幂；动而愈生，损而滋益。若乃煎海铄泉，或冻或漉，所赡不过一乡，所营不过钟斛。饴戎见珍于西邻，火井擅奇乎巴濮，岂若兹池之所产，带神邑之名岳，吸灵润于河汾，总膏液乎浍涑。"（严可均《全上古三代秦汉三国六朝文·全

晋文》)

215　原文为："解州盐泽,方百二十里。久雨,四山之水悉注其中,未尝溢;大旱,未尝涸。卤色正赤,在版泉之下,俚俗谓之'蚩尤血'。唯中间有一泉,乃是甘泉,得此水然后可以聚人。其北有尧梢水,亦谓之巫咸河。大卤之水,不得甘泉和之,不能成盐。唯巫咸水入,则盐不复结,故人谓之'无咸河',为盐泽之患,筑大堤以防之,甚于备寇盗。原其理,盖巫咸乃浊水,入卤中,则淤淀卤脉,盐遂不成,非有他异也。"卤水,即含盐之水。据测定,其主要成分为硫酸钠、硫酸镁和氯化钠等,之所以呈红色,是因为含有铁离子杂质。所谓"版泉"之"版",应指的是"硝板"这样一种由芒硝和硫苦(七水硫酸镁)等组成的矿物结晶集合体。"尧梢(xiāo)",源于中条山巫咸谷,又名白沙河。"大卤之水",即高浓度的盐水。沈氏还分析并解释了结晶得盐的条件,他说巫咸河是盐池的一大隐患,当地人民筑堤严防其水流入,比防贼更甚。为什么呢?因为巫咸水浊,一旦进入卤水中,就会淤积沉淀,阻塞盐脉,这样整个盐池就废了,晒盐的事儿也就黄了。所以,高浓度的卤水非与淡水泉混合则不能成盐。沈氏文中提到的"卤脉",指的就是盐池的矿脉,其造成淤堵的理化原理为:浊水中所含的非金属氧化物胶体(如土壤粒子)带负电荷,遇到卤水中带正电荷的金属阳离子(如钠离子)后,会被中和掉部分电荷,导致胶体粒子间的同电荷相斥作用力减弱,从而使其聚集成较大颗粒沉淀下来,是为聚沉现象。可见,沈氏此论还是经得起现代科学推敲的。

216　原文为："解州盐泽之南,秋夏间多大风,谓之'盐南风'。其势发屋拔木,几欲动地,然东与南皆不过中条,西不过席张铺,北不过鸣条,纵广止于数十里之间。解盐不得此风不冰,盖大卤之气相感,莫知其然也。"盐水结晶析出,风可助其蒸发,从而加速晶体产生。他说盐池南面的这股大风简直可以用"力拔山兮气盖世"来形容了,但烈归烈,波及的范围不算大,也就方圆十里的样子。但盐池要是没有这股巨风的吹拂是没法结晶的,大概是因为含盐量高的水汽能与这神风相互感应?想来想去也没找到个先足以说服自己的合理解释,知之为知之,不知为不知,最后只得写句"莫知其然也"存疑,留待后贤解谜。

217　所谓"火井",就是天然气井,主要含沼气或甲烷,易燃。勤劳智慧的当地人民便就地取材，发明了利用火井煮盐这种节约能源、降低大气污染、改善劳动环境的一箭多雕之法。"于是乎邛竹缘岭，菌桂临崖，旁挺龙目，侧生荔枝。……金马骋光而绝景，碧鸡倏忽而曜仪。火井沈荧于幽泉，高焰飞煽于天垂。……"这是左思《蜀都赋》中所呈现的火井一带的瑰奇景观。《天工开物》"作咸·井盐"条末尾也为竹筒取气煮卤法大书特写了一笔："西川有火井，事奇甚：其井居然冷水，绝无火气。但以长竹剖开去节，合缝漆布，一头插入井底。其上曲接，以口紧对釜脐，注卤水釜中，只见火意烘烘，水即滚沸。启竹而视之，绝无半点焦炎意。未见火形而用火神，此世间大奇事也。"把长竹竿劈开去节再拼合起来用漆布裹紧，一头插入火井底部，另一头用曲形管对接锅脐。卤水入锅，不一会儿就热烘烘的了，很快沸腾，可打开竹筒却看不到一丝烧焦之痕。火井之气无火焰之形，但引燃后又具有火的功用，真是人间一大奇观啊！而且由于四川特殊的地形地貌，盐井多深藏于地下，虽然凿井甚难，但有其弊必有其利，那就是逃税很容易，还没法子追究，即宋氏所云"逃课掩盖至易，不可穷诘"。

218　见《史记·平准书》："于是以东郭咸阳、孔仅为大农丞，领盐铁事。……愿募民自给费，因官器作煮盐，官与牢盆。……敢私铸铁器煮盐者，钛左趾，没入其器物。……"

219　《本草纲目·石部·食盐》卷十一"食盐"条云："其煮盐之器，汉谓之'牢盆'，今或鼓铁为之，南海人编竹为之。"

220　所谓"均输"，就是在郡国设均输官，负责收取各地向朝廷进贡的土特产，然后再拿到附近价高的地儿去出售，所得的钱归中央保管；所谓"平准"，就是设立平准官，用低买高卖的方法平抑物价。"算缗"，指的是向商人征收财产税。但几年执行下来发现，大部分商人对此项规定并不合作，为了进一步打压他们的势力，"告缗令"便应需而生了——政府鼓励平民告发商人"算缗"捣鬼的偷税行为，凡隐瞒或呈报不实者，收缴其财产并罚戍边一年；对于揭发者，则有所没资产一半作为回报。"告缗"作为算"算缗"之延伸，二者都是汉初抑商政策的重要体现。就这样，武帝在他的财政总管、理财专家桑弘羊的出色规划下，政府将国家的经济命脉牢攥于掌心。财政收入增加了，封建中央集权也巩固了，为他连年外征内伐的军事大手笔耗虚的国库及时补足了能量，即扬雄《法言·寡见》中所说的"弘羊榷利而国用足"。但同时给中小工商业者和普通大众的生活带来了诸多不便，尤其是损害了大贾巨富的既得利益，日积月累必然招致不满。加之武帝穷兵黩武，过度使用民力、搜刮民财，社会矛盾越积越重，弊端百出，民怨渐沸。

221 到了宣帝朝，桓宽把当时的会议记录资料加以整理改编，撰成了一部我们今天研究西汉经济史和政治史的重要著作——《盐铁论》。该书通篇由对话组成，其行文方式，用王充《论衡·案书》中的说法，就是"两刃相割，利钝乃知；二论相订，是非乃见"。它既不像贾谊、太史公的文章那样气势磅礴，也不像汉代奏疏那样遒劲醇厚，而是藏讽激于沉壮，体现出别具一格的散文风貌。

222 见《新唐书·食货志》："天宝、至德间，盐每斗十钱。乾元元年，盐铁、铸钱使第五琦初变盐法，就山海井灶近利之地，置监院。游民业盐者为亭户，免杂徭；盗鬻者论以法。及琦为诸州榷盐铁使，尽榷天下盐，斗加时价百钱而出之，为钱一百一十。"

223 乾元二年秋，四十八岁的杜甫抛弃了华州司功参军之职，一路向西，开始了其"满目悲生事，因人作远游"的陇右流寓之旅。途经成州（今甘肃省西和县一带），听说那里有盐井，就顺道儿参观了一下，作了首悯盐工劳作之苦、叹公私取利者之众的《盐井》诗："卤中草木白，青者官盐烟。官作既有程，煮盐烟在川。汲井岁搰搰，出车日连连。自公斗三百，转致斛六千。君子慎止足，小人苦喧阗。我何良叹嗟，物理固自然。"起二句，煮卤场景逼真；以下用蝉联叙，由煮而贩；七、八两句，特志时价；"止足"隐讽在公，明引后文；"小人"则兼指煮者与贩者，世乱民困，辛劳求活，大家的日子都不好过，并非讥其逐利。"自公斗三百，转致斛六千"正是当时第五琦变法的真实社会写照。

224 周公就是周公旦，文王之子、武王之弟。《尚书大传》说他"一年救乱，二年克殷，三年践奄，四年建侯卫，五年营成周，六年制礼作乐，七年致政成王"。周公不光能辅佐他老哥克殷建周，还能像亚历山大大帝那样举兵东征，帮助侄子平三监之叛；除了制礼作乐还会解梦，反正就是一位能文能武、无所不通的"元圣"。"仲尼祖述尧舜，宪章文武"，周公是孔子一辈子最崇敬的圣人之一，他频频出现于夫子的梦境中，以至于到了晚年，夫子曾发出"甚矣吾衰也！久矣吾不复梦见周公"的喟叹，以周公久未入梦喻周礼之衰落。因为自春秋以来，周公被尊为儒学奠基人，而儒家思想又是长期统治中国古代社会的主流思想，因此，大家就把周公作为梦的代名词，以示追慕古圣贤之良好愿望。所谓"解梦"，纯属附会之说，周公可没有通灵的特异功能。

225 原文为："有巢氏始教民食果。燧人氏始修火食，作醴酪。神农始教民食谷，加于烧石之上而食。黄帝始具五谷种。烈山氏子柱始作稼，始教民食蔬果。燧人氏作脯、作菹。黄帝作炙，成汤作醢。……"

226 见《周礼·天官·醢人》："醢人掌四豆之实。朝事之豆，其实韭菹、醓醢、昌本、麋臡、菁菹、鹿臡、茆菹、麇臡。馈食之豆，其实葵菹、蠃醢、脾析、蜃、蚳醢、豚拍、鱼醢。加豆之实，芹菹、兔醢、深蒲、醓醢、箈菹、雁醢、笋菹、鱼醢。羞豆之食，酏食、糁食。"

227 据郑玄注，"女醢"为"女奴晓醢者"，"奚"亦为女奴，故言。

228 见《周礼·天官·膳夫》："王齐，日三举。大丧则不举，大荒则不举，大札则不举，天地有灾则不举，邦有大故则不举。"

229 见《周礼·天官·膳夫》："王日一举，鼎十有二，物皆有俎。以乐侑食。膳夫授祭，品尝食，王乃食。卒食，以乐彻于造。"

230 见《周礼·天官·宰夫》："凡朝觐、会同、宾客，以牢礼之法，掌其牢礼、委积、膳献、饮食、宾赐之飧牢，与其陈数。"

231 《内则》为《礼记》第十二篇。郑玄《礼记目录》云："名曰'内则'者，以其记男女居室，事父母舅姑之法。……以闺门之内，轨仪可则，故曰'内则'。"意即本篇主要记载家庭内部诸如侍奉父母、公婆的进退之礼，饮食规矩，妇女受赐之法，教子之法等人际关系的日常生活准则。但细观之下发现其文本内部结构并不纯粹，综合考察上下文内容及文体异同，有数处与通篇所言扞格不入的他篇脱简、错简混于其中。此周天子膳单即为一例。详细考证可参清人孙希旦《礼记集解》(旧名《礼记注疏驳误》)卷二十七："……某疑中间似有难看处，如'饭黍、稷、稻、粱'止'士于坫一'一节，与上下文似不相蒙，岂特载此因以着夫贵贱品节之差耶？又'凡养老'止'玄衣而养老'一节，疑《王制》文重出。不然，亦岂

先王之成法，因子事父母而达之天下，以及人之老耶？又'曾子曰……'，
某疑他简脱误在此耳。……又'淳熬'止'以与稻米为酏'一节，亦疑
简错，恐或当属上文'冬宜鲜羽，膳膏膻'，及'雉兔皆有芼'之下。自
此外数节，上下井井有条，独此未易晓畅。愚谓自'养老，有虞氏以燕
礼'，至'皆有惇史'，与通篇所言不相比附，而文体亦异，疑系他篇脱简。
若以'淳熬'接上'士于坫一'之下，则通篇条理秩然矣。"

232 "膳"之所列非天子国宴，其涉及公食大夫礼中五等诸侯国君款待小聘问
使者之不同食规，后文另叙。

233 此即膳单中出现的"滥"，亦即"凉"，"六饮"之一（见《周礼·天官·浆
人》郑玄注）。汉时名"寒粥"，或似糗饭加水的一种饮品。

234 原文为："食饐而餲，鱼馁而肉败，不食。色恶，不食。臭恶，不食。失饪，
不食。不时，不食。割不正，不食。不得其酱，不食。肉虽多，不使胜
食气。唯酒无量，不及乱；沽酒市脯，不食。不撤姜食，不多食。"

235 如果我们客观地从营养学的角度来分析，多吃姜也是大有裨益的：
据英国卡迪夫大学的一项最新研究发现，姜中含有的倍半萜类物质
（sesquiterpenes）不仅能抗击引起急性呼吸道疾病的罪魁祸首——鼻病毒
（rhinovirus，RhV），还可缓解鼻咽充血等其他感冒、流感症状。除提高
免疫力、防治感冒外，姜还有舒缓肌肉酸痛、减轻膝关节炎症状、促进
消化、祛肿利水等功效。

236 作燥脡法："羊肉二斤，猪肉一斤，合煮令熟，细切之。生姜五合，橘皮
两叶，鸡子十五枚，生羊肉一斤，豆酱清五合。先取熟肉，着甑上蒸，
令热，和生肉。酱清、姜、橘和之。"

237 原文为："昔汉武帝逐夷至于海滨，闻有香气而不见物，令人推求。乃是
渔父造鱼肠于坑中，以至土覆之，香气上达。取而食之，以为滋味。逐
夷得此物，因名之；盖鱼肠酱也。"

238 事见《宋书·始安王休仁传》："〔前废帝刘子业〕尝以木槽盛饭，内诸杂
食，搅令和合。据地为坑阱，实之以泥水，裸太宗（明帝庙号）内坑中，
和槽食置前，令太宗以口就槽中食，用之为欢笑……"云云。

239 见《梦溪笔谈》卷二十四·杂志一："宋明帝好食蜜渍鱁鮧，一食数升。
鱁鮧乃今之乌贼肠也，如何以蜜渍食之？大业中，吴郡贡蜜蟹二千头、

蜜拥剑四瓮。又何胤嗜糖蟹。大抵南人嗜咸，北人嗜甘。鱼蟹加糖蜜，盖便于北俗也。"

240 详参《癸巳类稿》卷十一《书〈齐书·虞愿传〉后》："盖鳆鳕，河豚白。蜜渍久藏之，使宣味不失，故起腹气，贫家不易得。'鳆鳕'误为'鳓鳕'，又作'逐夷'。"

241 按:《吴地记》原书唐时已佚，此乃后人重辑且有所增缀。关于鳓鳕之由来，记曰："夷人闻王亲征不敢敌，收军入海，据东洲沙上。吴亦入海逐之，据沙洲上，相守一月。属时风涛，粮不得度。王焚香祷天，言讫东风大震，水上见金色逼海而来，绕吴王沙洲百匝。所司捞漉，得鱼，食之美，三军踊跃。夷人一鱼不获，遂献宝物，送降款。吴王亦以礼报之，仍将鱼腹肠肚，以咸水淹之，送与夷人，因号'逐夷'。夷亭之名昉此。"《吴郡志》引。

242 "五年冬，行南巡狩，……登潜天柱山，自寻阳浮江，亲射蛟江中，获之。舳舻千里，薄枞阳而出，作《盛唐枞阳之歌》。遂北至琅邪，并海……"此为汉武帝帝于元封五年第三次巡海时的情形，在雄赳赳气昂昂地视察了江南海军基地后，还登高而赋，抒发其英雄暮年壮心不已之万丈豪情。

243 徐珂在其书中还讲到一个桐乡人吃面的故事："严缁生太史辰在京时，晨必食面半斤，但以白水漉之，加白酱油一杯，越酒三杯，不佐以肴，其味独绝。"严辰是桐乡青镇（今乌镇）人，咸丰年间中进士后在京城当官，他每天的早餐都是半斤白煮面条。里面只用白酱油和黄酒调味，此外并不搭配其他佐菜，据说口味非常独到。

244 此事始见于李肇《唐国史补》："任迪简为天德军判官，军宴后至，当饮觥酒，军吏误以醋酌。迪简以军使李景略严暴，发之则死者多矣，乃强饮之，吐血而归，军中闻者皆感泣。后景略因为之省刑。及景略卒，军中请以为主，自卫佐拜御史中丞，为军使，后至易定节度使，时人呼为'呷醋节帅'。"因为故事中的这位主人公的高尚品德实在是太可歌可泣、太富有教育意义了，本着"弘扬社会正能量，发现身边真善美"的宗旨，这件事纷纷被后世史家转载，如北宋真宗朝的宰相王钦若等在编纂《册府元龟》时，就把它编了进去；后来，司马温公在他那部"鉴于往事，有资于治道"的编年体通史里，也不假思索地写进去了。

245 古九州及汉十三刺史部之一、隋朝北方军事重镇，今河北、北京及天津北部。

246 "椓弋"亦作"椓杙"，本谓捶钉木桩，此指宫刑。

247 此人也是初仕北周，后入隋。史书上说他"膂力绝人，仪貌魁岸"，这么好的体格，一看就是当保镖的不二人选。于是，十七岁的他就被权臣宇文护引为亲信，当上了他儿子宇文训的贴身保镖。尉迟迥叛乱时，他担任行军总管，跟着韦孝宽一起征讨，招募了几百名猛士，组成一支特别行动小分队，所到之处无不披靡。隋朝开皇初年，因击退突厥有功，再加上妹妹又嫁给了文帝的三儿子秦王杨俊，这样崔弘度就成了皇亲国戚，迁拜襄州总管，一时间也是荣贵无比。但崔弘度为人低调，不事张扬，经常告诫其僚吏"人当诚恕，无得欺诳"。为了考验下人，他还想出一个特别的法子。有一天吃甲鱼，他身边有八九个仆人伺候着。他问其中一个："你说这王八的味道好吗？"这人很怕他，连忙点头如捣蒜，说味道超赞的。崔弘度没表态，继续挨个儿问，得到的答复都是一致的。好不容易强压怒火听完了，张口就是一顿骂："你们这帮爱撒谎的狗奴才！吃王八的是我，又不是你们，没吃就知道好吃不好吃？！"那些恭维他的仆人这才反应过来崔总管的套路深啊，原来这是一直在套他们的话，一个个的智商被侮辱得无地自容。引以为戒，每人灰溜溜地吃了八十大板。崔弘度对待家仆和下属官员都是一样的严酷，"动行捶罚，吏人慑气，闻其声，莫不战栗"。大家见了他没一个不吓得汗流浃背的。

248 屈突盖，时为武候骠骑，亦以严整刻肃著称。《册府元龟》中两处"升"皆作"斗"。而这句话在李延寿撷取《隋书》史料编撰成的《北史》中被表述为："宁饮三斗醋，不见崔弘度；宁灸三斗艾，不逢屈突盖。"又，《北史·酷吏列传》只列崔弘度名，其生平事迹见卷三十二家传。

249 参见吴承洛《中国度量衡史》："据下云'齐以古称一斤八两为一斤'，此当作'齐以古升一斗五升为一斗'。今据补。"

250 按："法醋"无所考。《齐民要术》有"法酒"篇，指依一定配方调制酿造的酒，即"官法酒"之简称。《宋史·职官志》云："法酒库、内酒坊：掌以式法授酒材，视其厚薄之齐，而谨其出纳之政。若造酒以待供进及祭祀、给赐，则法酒库掌之……"以此类推，"法醋"或为"官法醋"之义。

暂存疑。

251 "苦酒"为《食经》中醋之别称,此为贾思勰引自《食经》的大豆制醋法,故称。原文为:"用大豆一斗,熟汰之,渍令泽。炊。曝极燥,以酒醅灌之。任性多少,以此为率。"

252 如贾氏所言:"凡酿酒失所味者,或初好后动未压者,皆宜回作醋。""春酒压讫而动,不中饮者,皆可作醋。"

253 制法为:"乌梅去核,一升许肉,以五升苦酒渍数日,曝干,捣作屑。欲食,辄投水中,即成醋尔。"

254 皇上每日分例用:酱五斤四两,一年共用酱一千八百六十三斤十二两,合银二十二两三钱六分五厘。……醋三斤五两,一年共用醋一千一百七十五斤十五两,合银十二两九钱三分五厘。……妃五位,每位每日分例用:酱九两六钱,一年共用酱一千六十五斤,合银十二两七钱八分。醋五两六钱,一年共用醋六百二十一斤四两,合银六两八钱三分四厘。……

255 见《东京梦华录》卷五"育子"条:"凡孕妇入月,于初一日,父母家以银盆,或铰或彩画盆,盛粟秆一束,上以锦绣或生色帕复盖之……就蓐分娩讫,人争送粟米炭醋之类。"

256 如冯梦龙《警世通言》卷六《俞仲举题诗遇上皇》中有如下描写:宋高宗扮作文人模样微服潜行,来到那家落榜秀才俞良寻死上吊的酒肆中,正要揭帘进入一间阁子时,被酒保制止了——"解元,不可入去,这阁儿不顺溜!今日主人家便要打醋炭了。待打过醋炭,却教客人吃酒。"

257 如《西游记》第五十五回"色邪淫戏唐三藏,性正修持不坏身"有言:"……行者却也有些醋他,虚丢一棒,败阵而走。那妖精得胜而回,叫小的们搬石块垒送了前门不提……"此处名词作动词,"醋"表"害怕"义。又如,我们形容一个读书人学殖不坚、一知半解,就说他是"半瓶醋"或"半边醋"。《红楼梦》第六十四回"幽淑女悲题五美吟,浪荡子情遗九龙佩"有言:"……是日,丧仪炫耀,宾客如云,自铁槛寺至宁府,夹路看的何止数万人。内中有嗟叹的,也有羡慕的,又有一等'半瓶醋'的读书人,说是'丧礼与其奢易莫若俭戚'的,一路纷纷议论不一。……"再如,遇到一个装腔作势、爱摆谱儿的矫情主儿,则会被人冠以"拿糖作醋"之名,这个形象生动的隐喻也出自语言大师曹雪芹之笔:"……爷也不知是那里的邪火，拿着我们出气。何苦来呢！……不是我说，爷把现成儿的也不知吃了多少，这会子替奶奶办了一点子事，又关会着好几层儿呢，就是这么拿糖作醋的起来，也不怕人家寒心。……"（平儿语，见《红楼梦》第一百一回"大观园月夜警幽魂，散花寺神签占异兆"）

258　关于辣椒在中国的早期传播及文献记载，尚存争议。如程杰《我国辣椒起源与早期传播考》（《阅江学刊》2020 年第 3 期）指出，我国辣椒的最早记载并非出自高濂《遵生八笺》，而是山东人王象晋《群芳谱》。认为我国辣椒不始于浙江，而应是山东，来自与山东隔海相望的朝鲜半岛，于明万历后期传入。其实《群芳谱》所记并不仅限于山东植物，更不能因为是山东籍编者的书中记载了辣椒，就断定其源出此地。况且高书所记"番椒"与王书相关内容几乎全同，对于这类材料辗转难明的编著，究竟出处如何，是谁抄了谁，依目前掌握的资料来看，还真不好说。此处关于辣椒的补充性介绍，笔者也仅提供一家之言，待详考。

259　见《晋书·秃发乌孤载记》："是岁，乌孤因酒坠马伤胁，笑曰：'几使吕光父子大喜。'俄而患甚，顾谓群下曰：'方难未静，宜立长君。'言终而死。在王位三年，伪谥武王，庙号烈祖。弟利鹿孤立。"

260　《魏书·鲜卑秃发乌孤传》云："匹孤死，子寿阗统任。初，母孕寿阗，因寝产于被中，乃名秃发，其俗为被覆之义。"又，《晋书·秃发乌孤载记》云："匹孤卒，子寿阗立。初，寿阗之在孕，母胡掖氏因寝而产于被中，鲜卑谓被为'秃发'，因而氏焉。"由上可知，两部史书对这一姓氏之来历持相同意见。"秃发"是鲜卑族的一个部落名称。鲜卑起源于东胡族（按：对于鲜卑之民族起源，史学界尚无定论，有东夷说、山戎说、逃亡汉人说等，但基本认为其由中国古代北方民族融合而来。此处从《后汉书》《三国志》《晋书》等"东胡余部"之说），秦汉之际被匈奴冒顿单于打败，分化为两部，退居乌桓山和鲜卑山，以山名为族名，便形成了乌桓族和鲜卑族。"秃发"这个姓氏的来历跟乌孤的八世祖匹孤的儿子寿阗（即其太祖）有关。寿阗在他妈妈肚子里的时候，本来是和娘亲商量好第二天一早迎着朝阳出生的，但他又按捺不住早一点睁眼看世界的冲动，便趁其母熟睡时悄悄爬了出来，搞得老母亲措手不及。也就是说，他在被窝里诞生了。鲜卑语中称盖被为"秃发"，为了纪念这样一种特立独行的出生方式，家人便以此给孩子取名，后成为该部本族之姓氏。因此，"秃发"并非牛山濯濯之义，乃系鲜卑一部落名称，读音为（tú fá）。因秃发鲜卑属拓跋鲜卑一支，与北魏同宗，故亦有观点认为"秃发"乃"拓跋"之异译。

261　如"天禄"语出《汉书·食货志》："酒者，天之美禄，帝王所以颐养天下，享祀祈福，扶衰养疾。"又如，"黄封"是一种宋代官酿，因用黄纸或黄罗绢封口，故名，后泛指美酒。苏轼有诗云，"为我取黄封，亲拆官泥赤"（《岐亭》五首之三 ）、"苦战知君便白羽，倦游怜我忆黄封"（《与欧育等六人饮酒》）。

262　一是名称，我们习惯上将那些以粮谷为主要原料、由麸曲及酒母等为糖化发酵剂蒸馏而成的酒称为白酒，其实大多数白酒的颜色并不白，而是无色透明或略带某种色调。二是起源，这一问题比较复杂，学界尚无定论。上海博物馆所藏东汉釜甑分离式青铜蒸馏器是国内目前已知的年代最早的同类出土实物，经实验证实，虽然该简易装置具备显著的蒸馏效能，但药用尚可，制酒则恐怕难敷所需。而四川新都汉墓出土的酿酒画像砖所描述的也仅为将成品酒加热灭菌后贮存于陶罐的情形，并不足以作为东汉已有蒸馏酒之依据。另一件于 1975 年在河北省青龙县出土的金代分体叠合青铜蒸馏器也可蒸酒，但器形较小，不可能用于生产大量蒸馏酒。虽说没有蒸馏设备的制造就没有蒸馏酒的产生，但蒸馏技术与蒸馏酒的发展是两回事，不能完全等同起来，因为作为近代化学之前身的炼丹术与蒸馏器的关系更密切，也更直接。中国古代的炼丹活动约起源于公元前 3 世纪，自秦始皇时代开始至今，道家的外丹黄白术已盛行两千余年。东汉魏伯阳所撰《周易参同契》托易象而论炼丹，是世界上最早阐明炼丹原理及方法的道藏，其中所言"《火记》六百篇，所趣等不殊"即谓火候之功用虽众，神丹大药之法虽夥，然皆本阴阳。如转璇玑，似循轨辙，言殊旨一，体异用同，犹六十卦演而伸之为六百条，故当象《易》以明之。从中也不难看出当时的火法炼丹术已积累了大量经验。而炼丹的工具，除了要有丹鼎之外，还有一个就是专用于从丹砂中抽汞的蒸馏器了。《金华冲碧丹经秘旨》《丹房须知》等宋代道藏中所载的石榴罐、坩埚组合，以及构造更复杂的带有冷凝罐的抽汞器，其实就是炼丹术士在长期实践过程中逐步改良发明的产物，它们不仅可以蒸药、制花露水，当然也能用来做烧酒，只不过当时的人并不一定会这么想、这么用。可以说，是炼丹术的进步促进了蒸馏酒的产生。而20世纪末21世纪初的两大考古发现——成都水井街酒坊遗址和南昌李渡烧酒作坊遗址，则以无可比拟的说服力为我们探究白酒的起源提供了可靠的实物证据。就前者而言，通过三期遗存的断代测定以及发掘出的圆形蒸馏器基座结构，可判断出当时酒坊所使用的是成套蒸馏设备，也就是说至迟在明代，国人已掌握了成熟的蒸馏酒技术。就后者而言，通过对大量出土的葵口碗、青釉瓷等典型元代制品及另外三百五十余件不同时期酒具形制的变化规律之分析，又可将古代大规模酿制蒸馏酒的年代上溯至元朝。尽管还有些问题尚待进一步研究，但蒸馏酒的生产不会晚于元代是肯定的。至于《北齐书》所载的让武成帝高湛赞不绝口的宫廷御酒"汾清"、张能臣《酒名记》中列举的"太原府玉液""汾州甘露堂""隰州琼浆"等北宋名酒，虽说是汾酒，但彼时尚处在酿酒蒸馏设备产生之前，故均系黄酒类。

263　原文为："有所谓山梨者，味极佳，意颇惜之。漫用大瓮储数百枚，以缶盖而泥其口，意欲久藏，旋取食之。久则忘之。及半岁后，因至园中，忽闻酒气熏人，疑守舍者酿熟，因索之，则无有也。因启观所藏梨，则化而为水，清泠可爱，湛然甘美，真佳酝也！饮之辄醉。回回国葡萄酒止用葡萄酿之，初不杂以他物。始知梨可酿，前所未闻也。"

264　成于东汉的《神农本草经》中就已有"葡萄味甘平，主筋骨湿痹，益气，……可作酒，生山谷"的记载了。

265　见《艺文类聚》卷八十七："三世长者知被服，五世长者知饮食。此言被服、饮食，非长者不别也……中国珍果甚多，且复为蒲萄说。当其朱夏涉秋，尚有余暑，醉酒宿醒，掩露而食。甘而不饴，酸而不酢，冷而不寒，味长汁多，除烦解渴。又酿以为酒，甘于曲蘖，善醉而易醒。道之固已流涎咽唾，况亲食之邪？他方之果，宁有匹之者！"

266　原文为："浮屠前柰林、蒲萄异于余处，枝叶繁衍，子实甚大。柰林实重七斤，蒲萄实伟于枣，味并殊美，冠于中京。"

267　原文为："及破高昌，收马乳蒲桃实于苑中种之，并得其酒法，上自损益造酒。酒成，凡有八色，芳香酷烈，味兼醍醐，既颁赐群臣，京师始得其味。"

268　制法见朱肱《酒经》卷下："酸米入甑蒸，气上，用杏仁五两（去皮、尖），葡萄二斤半（浴过，干，去子、皮），与杏仁同于砂盆内一处；用熟浆三斗，逐旋研尽为度，以生绢滤过。其三斗熟浆泼饭，软，盖良久，出饭摊于案上。依常法候温，入曲搜拌。"

269　见元好问《蒲桃酒赋序》："吾安邑多蒲桃，而人不知有酿酒法。少日，尝与故人许仲祥摘其实，并米饮之。酿虽成，而古人所谓'甘而不饴，冷而不寒'者，固已失之矣。"按：安邑即今山西省运城市夏县。

270　如"过了这座桥（指永定河上的卢沟桥），向西前进三十英里，经过一个有许多壮丽的建筑物、葡萄园和肥沃土地的地方，到达一座美丽的大城市叫涿州"。从涿州城向西经过契丹，到达大因府（指山西太原）时，他写道："这里的制造业与商业十分兴盛，并有许多葡萄园与耕地。契丹省内地不生长葡萄，所以都从这里运去。"

271　这一点从流传至今的众多诗赋、散曲及画作中，不难看出。而当时杭州葛岭玛瑙寺还出了一位颠狂嗜酒的画僧，此人俗姓温，法名子温，号日观，以画水墨葡萄闻名于世，人称"温葡萄"，堪称当时那帮玩艺术的大咖里的大咖。温日观颇受赵孟頫推崇，包括宋子虚、郑元祐、邓文原、柯九思等文人墨客都纷纷为其画题诗。"伊昔钱唐温日观，醉兀竹舆殊傲岸。却将书法画蒲萄，张颠草圣何零乱。枝枝叶叶点画间，醉瞠白眼看青天。……画成蒲萄谁赏识，惟有鲜于恒啧啧。醉叩斋室支离疏，拊摩悲歌泪填臆。鲜于设浴师浣之，为师涤垢曾弗辞。……蔓如龙须实马乳，问师挥毫奚独取。只因汉使远持来，野老诗成泪如雨。"（郑元祐《温日观画蒲萄》）遂昌先生在《重题温日观蒲萄》中还爆料了他奇崛不凡的作画方式：先喝个烂醉如泥，然后大呼小叫地把自己的光脑袋浸到墨盘里，"以头濡墨写蒲萄，叶叶枝枝自零乱"。笔者极度怀疑温和尚这么个酒脱不羁的架势是从"草圣"那里学来的："旭饮酒辄草书，挥笔而大叫，以头揾水墨中而书之，天下呼为'张颠'。题后自视，以为神异，不可复得。"（《唐国史补》卷上"张旭得笔法"）怎么样，是不是如出一辙啊？

272　原文为："葡萄酒，出火州穷边极陲之地。酝之时，取葡萄带青者。其酝也，在三五间砖石甃砌干净地上，作甃瓷缺嵌入地中，欲其低凹以聚，其瓮可容数石者。然后取青葡萄，不以数计，堆积如山，铺开；用人以足揉践之使平，却以大木压之，覆以羊皮并毡毯之类，欲其重厚，别无曲药。压后出闭其门，十日半月后窥见原压低下，此其验也。方入室，众力挣下毡木，搬开而观，则酒已盈瓮矣。"

273　ABV（Alcohol by Volume），酒类术语，指酒精体积分数，是国际通用的标准酒度表示法，即我们日常所说的酒的"度数"。

274　"翠虬夭矫飞不去，颔下明珠脱寒露。累累千斛昼夜春，列瓮满浸秋泉红。数霄酝月清光转，秾腴芳髓蒸霞暖。酒成快泻宫壶香，春风吹冻玻璃光。甘逾瑞露浓欺乳，曲生风味难通谱。纵教典却鹔鹴裘，不将一斗博凉州。"元末诗人周权的这首诗，生动地再现了当时宫廷里酿酒、饮酒、酒香四溢的场景，不仅是元朝，也是历代葡萄酒诗中的佳作，令人吟之咏之恍若有重回大唐之错觉。

275　原文如下："王若曰：'明大命于妹邦。乃穆考文王，肇国在西土。厥诰毖庶邦、庶士越少正、御事朝夕曰：祀兹酒。惟天降命，肇我民，惟元祀。天降威，我民用大乱丧德，亦罔非酒惟行；越小大邦用丧，亦罔非酒惟辜。文王诰教小子：有正有事，无彝酒。越庶国，饮惟祀，德将无醉。惟曰我民迪小子，惟土物爱，厥心臧。聪听祖考之彝训，越小大德，小子惟一。妹土，嗣尔股肱，纯其艺黍稷，奔走事厥考厥长。肇牵车牛，远服贾，用孝养厥父母。厥父母庆，自洗腆，致用酒。庶士有正越庶伯君子，其尔典听朕教。尔大克羞耇惟君，尔乃饮食醉饱。丕惟曰：尔克永观省，作稽中德。尔尚克羞馈祀，尔乃自介用逸。兹乃允惟王正事之臣，兹亦惟天若元德，永不忘在王家。'……"

276　"妹土"与"妹邦"同义，"妹"即古"沬"，地名，纣都朝歌以北，后为康叔封地，在今河南省淇县境内。其民尤化纣，嗜酒。又按：腆，丰也。《说文》曰："设膳腆腆多也。"诰词中"自洗腆"义为亲自准备丰盛餐食。

277　《周礼·地官·司虣》云："司虣（bào，同'暴'）：掌宪市之禁令，禁其斗嚣者与其虣乱者，出入相陵犯者，以属游饮食于市者。若不可禁，则搏而戮之。"

278　后人常以"酒池肉林"形容奢靡堕落，纵欲无度。纣之酗酒暴政，终致身死国灭，长期以来在中国历史上是被当作暴君与夏桀并论的。其实"好酒淫乐，嬖于妇人"只是他的一面；他的另一面是资辨捷疾，智商很高，

"知足以距谏，言足以饰非"，而且力气还超人一等，手格猛兽如振落叶。他继位后的早期治理也还是蛮不错的：励精图治，锐意进取；讨伐徐夷，扩土拓疆；重视农桑，发展生产，"厚赋税以实鹿台之钱，而盈钜桥之粟"。对帝辛的负面评价，存在一个随时间推进的历史递增性抹黑过程，先秦文献责其者无几，而不乏赞其聪颖勇武者。孔夫子的得意门生、被老师誉为"瑚琏之器"的子贡就曾一针见血地指出："纣之不善，不如是之甚也。是以君子恶居下流，天下之恶皆归焉。"（《论语·子张》）他说，纣其实没有传说中的那么坏，是因为正人君子们都耻居下流，要跟他划清界限，才把什么坏名都往他头上堆。对于子贡在学业、政绩、理财、经商等方面的卓越才能大家有耳共闻、有目共睹，其声誉差点都要盖过老师，鲁国大夫叔孙武叔就曾在朝廷上公开表示："子贡贤于仲尼。"历史是由胜利者书写的，端木凭借其丰富的政治经验与敏锐的政治嗅觉，一语点破众口铄金、千年积毁之本质，还是很有见地的。半个世纪以前，一位伟人也曾为帝辛翻过案，说他是个"很有本事，能文能武"的人，并非十恶不赦。他经营东南，把东夷和中原的统一巩固起来，在历史上是有功的。伐徐州之夷，打了胜仗，但损失很大，俘虏太多，消化不了，周武王就乘虚进攻，大批俘虏倒戈，结果使商朝亡了国。指出纣王经略东南，被武王从西北面乘虚而入，是郭沫若据甲骨文及史书中的一鳞半爪得出的独到见解，蔚伯赞等史学家亦沿其说。所以，我们就别再受从小看到大的《封神演义》的影响群起而攻纣了。当然，酗酒之事另当别论。

279 这话后来又被李世民引申发挥了一下，就成了"夫以铜为镜，可以正衣冠；以古为镜，可以知兴替；以人为镜，可以明得失"。

280 原文为："夫酒之设，合礼致情，适体归性；礼终而退，此和之至也。主意未殚，宾有余倦，可以至醉，无致迷乱。"

281 操笑曰："在家做得好大事！"谑得玄德面如土色。操执玄德手，直至后园，曰："玄德学圃不易。"玄德方才放心，答曰："无事消遣耳！"……随至小亭，已设樽俎：盘置青梅，一樽煮酒。二人对坐，开怀畅饮。酒至半酣，忽阴云漠漠，骤雨将至。从人遥指天外龙挂，操与玄德凭栏观之。操曰："使君知龙之变化否？"玄德曰："未知其详。"操曰："龙能大能小，能升能隐。大则兴云吐雾，小则隐介藏形；升则飞腾于宇宙之间，隐则潜伏于波涛之内。方今春深，龙乘时变化，犹人得志而纵横四海。龙之为物，可比世之英雄。玄德久历四方，必知当世英雄。请试指言之。"玄德曰："备肉眼安识英雄！"操曰："休得过谦。"玄德曰："备叨恩庇，得仕于朝，天下英雄，实有未知。"操曰："既不识其面，亦闻其名。"……操曰："夫英雄者，胸怀大志，腹有良谋，有包藏宇宙之机，吞吐天地之志者也。"玄德曰："谁能当之？"操以手指玄德，后自指，曰："今天下英雄，惟使君与操耳！"玄德闻言，吃了一惊，手中所执匙箸，不觉落于地下。时正值天雨将至，雷声大作，玄德乃从容俯首拾箸曰："一震之威，乃至于此。"操笑曰："丈夫亦畏雷乎？"玄德曰："圣人迅雷风烈必变，安得不畏！"将闻言失箸缘故，轻轻掩饰过了，操遂不疑玄德。

282 正史中关于"论英雄"事件的记载就这么多："先主未出时，献帝舅车骑将军董承辞受帝衣带中密诏，当诛曹公。先主未发。是时曹公从容谓先主曰：'今天下英雄，惟使君与操耳。本初之徒，不足数也。'先主方食，失匕箸。遂与承及长水校尉种辑、将军吴子兰、王子服等同谋。会见使，未发。事觉，承等皆伏诛。"（见《三国志·蜀书·先主传》）

283 按：《史记·赵世家》言简子卒于晋出公十七年，误。据《竹书纪年》《左传·哀公二十年》，应为晋定公三十七年，即公元前 475 年。

284 一名贾屋山、贾母山，与句注山相接，位于今山西省代县，自古乃晋北险要之地。

285 伯鲁原为赵简子之长子，其父以其资质平庸、不足以担当重任而废，改立聪明能干的襄子为太子来承袭赵氏领袖之位。

286 此为中国人编写的第一部美国通史，取材于美国传教士裨治文所著《美理哥合省国志略》。

287 菜品有：口蘑肥鸡一品、三鲜鸭子一品、五绺鸡丝一品、炖肉一品、炖肚肺一品、肉片炖白菜一品、黄焖羊肉一品、羊肉炖菠菜豆腐一品、樱桃肉山药一品、炉肉炖白菜一品、羊肉片氽小萝卜一品、鸭条溜海参一品、鸭丁溜葛仙米一品、烧茨菇一品、肉片焖玉兰片一品、羊肉丝焖跑趿丝一品、炸春卷一品、黄韭菜炒肉一品、熏肘花小肚一品、卤煮豆腐一品、熏干丝一品、烹掐菜一品、花椒油炒白菜丝一品、五香干一品、祭神肉片汤一品、白煮塞勒一品、烹白肉一品。

288 话说彼时西洋摄影术已传入中国，某日西太后脑洞大开，想要扮成南海观音并定格此奇趣瞬间，要求李莲英扮善财童子，四格格扮龙女。素常"待上以敬，待下以宽"的小李子肯定马上拍双手双脚赞成，只是没料到这个大胆的提议在一向温顺的四格格这儿给卡住了。原来，装扮龙女不光要涂脂抹粉不说，还得身着彩衣，而此时正值其丧夫不久，故不愿照相。其实自打四格格嫁入裕禄家之后，慈禧为了让她好好陪自己，都很少放她出宫回家，其夫受不了这种有夫妻之名而无夫妻之实的煎熬，婚后不到三年便抑郁成疾而终。当四格格向家人伤心哭诉照相这件事时，他们虽然也知道不妥，但又不敢抗旨不遵惹恼太后，那样全家都得跟着吃不了兜着走。所以，识大体的四格格最后也只能勉强陪着太后拍了这张画风极其诡异的照片，想必当时对着镜头的她心里比喝咖啡要苦得多得多了。被任性霸道的主子宠爱还不如失宠的好，个中滋味恐怕远超洋饭里最后这道消食"苦水"所能形容的范围。

289 光绪之死这桩公案的争论焦点在于，究竟是正常死亡还是非正常死亡。笔者认为所谓的"猝死"，其实并非突然发生，而是因其自身先天体质较差加之后天保养不力（生活习惯不良），使慢性疾病经年累月进行性加重导致的死亡，属于慢性"自杀"，而非"他杀"。光绪、慈禧之死，其间并无必然关联。那么，他到底患的是什么病呢？在中国第一历史档案馆所藏清宫医案中，完整保存着光绪辞世前半年的原始诊疗记录，尤其是其死前数日的脉案则更为详细，客观记录了其病情如何日益危笃，终至死亡的全程。通过分析这些脉案再结合相关的起居注记载，可将关键信息梳理如下：光绪自幼体弱，有长期遗精病史，自二十八岁起身体素质便每况愈下。去世前一年下肢就已明显浮肿；去世前一月出现了"腰胯酸痛日重""睡不解乏，醒后痛更加剧""麻冷干咳、口渴、耳响均重""小便频数而短"的症状；去世前一周则"身已发热""小溲浑短""咳嗽气逆发喘，日甚一日""起坐维艰"；直到最后"肢冷气陷，二目上翻，神识已迷，牙关紧闭，势已将脱"，未几气绝而亡。由上可得，光绪的真正死因应为慢性肾炎导致的肾衰竭。当一个人的肾脏发生严重病变时，身体会出现代谢性酸中毒、电解质紊乱、水分潴留等问题，脉案中频频提及的消化道症状其实就是氮质血症（身体毒素无法及时排出，使血液中尿素氮、肌酐等非蛋白氮含量显著增高）的表现。而一直困扰他的夜咳、气喘、呼吸困难等缺氧迹象，也符合肺循环淤血的典型临床病征。以上种种诊病记录，如实地反映了终末期肾病累及消化系统、心血管系统、呼吸系统等全身重要脏器这一情况。患了肾病如果调护有方的话，也不至于恶化得这么快，但光绪从小就有不良嗜好，烟瘾大且嗜咖啡，而这两项又都是慢性肾病患者的禁忌。再来看看家族史，他的侄子溥仪因患肾癌去世，其少年时期的成长环境与光绪非常相似，也同样好烟好咖啡；他的同父异母弟醇亲王载沣因糖尿病而亡，具体是不是糖尿病肾病不清楚，但属于肾内科和内分泌科的这两种病是有密切关联的。加之伯侄二人均存在生殖方面的问题，凡此种种都很难排除受环境与生活习惯双重刺激下而致使家族携带的隐性致病基因表达这种情形的出现。此外，还有一点不容忽略，就是会诊的问题。据载，光绪曾于六月十三日（即临终前四个月）口传谕旨，将"每日请得脉案抄给军机大臣、御前大臣、各部院衙门并各省将军、都统、督抚等阅看。如知有精通医学之人，迅即保荐来京"。也就是说，随着病情的不可控进展，除了张仲元、全顺、忠勋等太医院御医外，朝廷还接纳了一批浙江、江苏、江西等省督抚保荐来京的名医为皇上进行多学科会诊，寄希望于八仙过海，各显神通。于是乎，就出现了由御药房专职太监同时带领多名医生为皇上把脉后每位专家各开其方、病人日服数方这样可怕的一幕幕。关于中药的有效成分及毒副机理，现代医学都还没有完全搞明白，遑论百余年前。国学大师陈寅恪生于中医世家，但他本人却不迷信中医，言其"有见效之药，无可通之理，若格于时代及地区，不得已而用之"，可谓深中肯綮。吃中药为治病而致病甚或致死的悲剧何其多也，不少中药都是有肾毒性的，何况光绪本就尪孱且患肾病多年，故不排除药未对症或多方杂施产生的药物相互作用使其病情雪上加霜。而关于慈禧之死，从宫廷医案及用药记载来看，其死因就俩字——老和病，初无危象且崩前数日内亦无必死之征候。因此，基于以上分析，笔者倾向于光绪帝从发病到死亡，其症状之进行性加剧属慢性肾病恶化的自然结果，在没有新的更有力的证据出现之前，不宜简单归之为下毒谋杀。

290 "凌阴"指藏冰室，"阴"为"窨"之假借。

291　"三酒"谓事酒、昔酒、清酒，"五齐"谓泛齐、醴齐、盎齐、缇齐、沉齐，"六饮"谓水、浆、醴、凉、医、酏，皆为周室宫廷酒饮，详见《周礼·天官》"酒正""酒人""浆人"诸篇。

292　所谓"特殊场合的降温防腐"，其实就是冰尸。在福尔马林还没有发明的年代，冰块就承担起了防止尸体腐败的艰巨任务，"大丧共夷槃冰"，此之谓也。郑玄注曰："夷之言尸也。实冰于夷槃中，置之尸床之下，所以寒尸。尸之槃曰'夷槃'。"修短随化，终期于尽，古人云，"死生亦大矣"。生命交响曲画上全休止符，对芸芸众生而言都是件大事，更何况周朝最高级别男子天团。《礼记·王制》称："天子七日而殡，七月而葬。诸侯五日而殡，五月而葬。大夫、士、庶人三日而殡，三月而葬。三年之丧，自天子达。"从"始死，迁尸于床"到招魂、洗浴，再到小殓、大殓、下棺、入葬，全套流程复杂耗时，为减缓尸腐，必须采用降温措施——于尸床下置一冰盘，降低环境温度，控制细菌滋生。寒尸之盘规格不一，具体选用标准由尸体的身份决定：若是国君，就要用"大盘"，一种绘有漆饰的巨号盘子；大夫用"夷盘"，比大盘小一号；如果是士去世了，在其尸床下合并放两只盛水的瓦盘，冰块呢？对不起，资格不够，不供应。此即《礼记·丧大记》所言"君设大盘，造冰焉。大夫设夷盘，造冰焉。士并瓦盘，无冰"。凡事发展变化皆内外因综合作用之结果，尸体腐败也一样，以现代法医学的角度来审视这个问题，尸腐进展快慢与地域、温度、环境以及尸体本身的情况（年龄、胖瘦、体质、死因）等因素均紧密相关。不过当时可没这么多说道名堂，举国上下一条心，大家只知道活着的时候谁待遇最高，死了也照旧，天经地义。而且防腐手段有限，能用的也就只有冰块了，那就统统上。这样一来，等到下葬的时候，谁的遗容保持得比较好看就可想而知了——冰多者完胜。至于冰块的第五个用途，跟冰尸相仿，只不过它冰的是活人而非死人，类似"行为艺术"。楚康王八年（前552），令尹子庚死后，康王欲任命孙叔敖的侄子蒍子冯接替其职。他有点犹豫，不大想接这个活儿，就去找好友申叔豫商量，对方规劝他说，"老兄啊，楚国目前这个烂摊子你还看不明白吗？君王弱小，宠佞当道，不是那么好治理的，我劝你还是别蹚这个浑水的好。"蒍子冯一听很在理，就称病辞归了。当时正是酷夏，本该搞些冰酒喝喝，但眼下他得动真格地装病啊，于是就按照一般重病号盖厚棉被卧床的情景设置，想出了一个贼狠的法子：他命人刨土挖地，愣是凿出一个大坑来，在里面堆满冰块，然后再把"病床"架上去。"病人"则裹着两层厚厚的棉袍外加一件毛皮大衣，跟僵尸似的躺在床上好些天"装死"。有冰块在床底下降温，就不用担心他会中暑长痱子了。同时，他也不想入戏太深，虽说要扮憔悴，但饿出个三长两短可划不来，所以也会象征性地稍微吃一点点东西。这一招还真瞒过了宫里派来为其诊治的御医，那人回去后禀报康王："蒍子冯已经病得瘦骨嶙峋了，但血气还算正常。"就这样躲过一劫，令尹由子南（公子追舒）接任。（画外音：躲过一时，躲不过一世。次年，子南就因宠信观起被杀掉了，康王复任蒍子冯为令尹。执掌政柄后的蒍子冯接受了其上一任的前车之鉴，主动辞退身边八宠臣，好让康王大放其心。为令尹四年，君臣和睦，安然无恙，直至病卒，也算是善终了。）我们知道，历来辞官多称病，但像蒍子冯穿皮衣躺冰床这样独出机杼的行为艺术怕是古今只此一家了。不过《后汉书》中讲的那个年轻时"矜严好礼，动止有则"的张湛，因对光武帝废黜皇后郭圣通不满，遂称疾不朝；后来大司徒戴涉被诛，本已乞身的老爷子为躲避刘秀的再次强行授官，竟在朝堂上干出了"遗失溲便，因自陈疾笃，不能复任朝事"这样晚节不保的闹剧，或许跟蒍子冯还有得一拼。关于蒍子冯"行为艺术"的文献记载，见《左传·襄公二十一年》："夏，楚子庚卒，楚子使蒍子冯为令尹。访于申叔豫，叔豫曰：'国多宠而王弱，国不可为也。'遂以疾辞。方暑，阙地，下冰而床焉。重茧衣裘，鲜食而寝。楚子使医视之，复曰：'瘠则甚矣，而血气未动。'乃使子南为令尹。"

293　古代宗庙之正殿称庙，后殿称寝，合称"寝庙"。

294　见《左传·昭公四年》："其藏冰也，深山穷谷，固阴冱寒，于是乎取之。其出之也，朝之禄位，宾食丧祭，于是乎用之。其藏之也，黑牡、秬黍，以享司寒。其出之也，桃弧、棘矢，以除其灾。其出入也时。……祭寒而藏之，献羔而启之，公始用之。……今藏川池之冰，弃而不用，风不越而杀，雷不发而震。雹之为灾，谁能御之？"

295　西晋陆云《岁暮赋》云："于是颛顼御时，玄冥统官，天庙既底，日月贞观。沦重阳于潜户兮，征积阴于司寒。日回天以灭景兮，飙冲渊而无澜……"

南朝沈约《谢敕赐冰启》云："窃惟司寒辍响，眇自前代；凌室旷官，历兹永久。圣功阐物，逸典备甄……"

296　如中唐重要诗人鲍溶的《荐冰》："西陆宜先启，春寒寝庙清。历官分气候，天子荐精诚。已辨瑶池色，如和玉珮鸣。礼余神转肃，曙后月残明。雅合霜容洁，非同雪体轻。空怜一掬水，珍重此时情。"（《全唐诗》卷四八七）又如赵蕃的同题诗："仲月开凌室，斋心感圣情。寒姿分玉坐，皓彩发丹楹。积素因风壮，虚空向日明。遥涵窗户冷，近映冕旒清。在掌光逾澈，当轩质自轻。良辰方可致，由此表精诚。"（《全唐诗》卷四八四）

297　体积不足 0.36m³（尺寸参数为：L=76cm，W=76cm，H=63.2cm），却重达 327.5kg。

298　1977 年，雍城考古队发掘出一座春秋秦国凌阴遗址。雍城（今陕西凤翔）为秦国定都时间最久的都城，自秦德公元年（前 677）至秦献公二年（前 383），近三百年间有十九任国君在此执政。该遗址位于石家营乡姚家岗高地西部，掘于一平面近似方形的夯基之中，窖口 10m×11.4m，底部 8.5m×9m，深约 2m。其内四壁呈斜坡状，窖壁上部夯筑，下部生土，铺板岩；窖周为一层厚约 3m 的隔温墙，尚存大量腐殖质，应为当年以麦草作保温层之残迹。窖口设五道可起落闸门，门下有供融冰排出的排水道。估算可得其容积约为 190m³，按照《周礼》"三其凌"的说法，此窖藏实际可用冰量约为 63m³。多乎哉？不多也。养冰千日，用冰一时，冰不可一日不备，所以就得高筑墙、深挖洞、广积冰了。这座秦凌阴遗址不仅直接印证了先秦古籍中关于藏冰的诸多记载，也是现今出土的国人用冰之最早实物例证。

299　郦道元《水经注·浊漳水》云："城之西北有三台，皆因城为之基，巍然崇举，其高若山，建安十五年魏武所起。"三台之中铜雀最先建成，金虎、冰井则建安十八年（213）方成。东晋陆翙《邺中记》载之甚详："三台相面各有正殿，上安御床，施蜀锦流苏斗帐，四角置金龙，头衔五色流苏，又安金钮屈戍（按：用以锁门闭户之金属搭扣）屏风床。床上细直女三十人，床下立三十人。凡此众妓，皆宴日所设。……南则金凤台，有屋一百九间，置金凤于台巅，故名。北则冰井台，有屋一百四十间，上有冰室，室有数井。井深十五丈，藏冰及石墨。……三台皆砖甃，相去各六十步。上作阁道，如浮桥，连以金屈戌，画以云气龙虎之势。施则三台相通，废则中央悬绝也。"将台与台之间的位置关系，各自的规模、布置、功用等介绍得很清楚。冰井台之冰室内除了藏冰，还贮有石炭、盐粮以备不时之需。其后凡建都于邺者，从后赵、前燕至东魏、北齐，都对三台不断崇饰整修，比曹魏初建时还要好。石虎曾于冰井台藏冰，三伏之日，颁赐大臣。（详见徐坚《初学记》卷三"岁时部·夏·冰台"条）《北齐书·文宣帝纪》称，天保七年（556），高洋发动三十余万丁匠大兴土木，营缮三台宫殿，两年竣工并更其名，将冰井台命名为"崇光台"。尔后，文宣帝登三台，御乾象殿，冰块取出来，冰酒开起来，诗词歌赋咏起来，和一众臣属开了场欢天喜地的庆功宴。可惜在北周大象二年（580），杨坚焚城，台上建筑被一把火烧毁了。金哀宗天兴二年（1233），首都汴梁失陷后，元好问以金朝遗民的身份凭吊魏都，触目兴感，写了一首怀古词《木兰花慢·游三台》，"台城，为谁西望，但哀弦凄断似平生"，寄托其神州陆沉之痛与铜驼荆棘之伤。据葛逻禄乃贤实地考察后所撰成的《河朔访古记》载，到了元顺帝至正年间，冰井台已被漳水冲啮一角，台身残高三丈，周围仅百余步。又过了三百年，吕维祺在《登铜雀台二首》诗跋中称："所谓南城、北城、金凤、冰井皆不可复识，惟见孤台荒庙，漳水汤汤而已。"

300 原文为："盛夏、初夏于井侧安镬，用大水晶一块大如拳、无瑕衅者，以新汲水炽火煮千沸，取越瓶口小腹大者满盛其汤，以油、白蜜封其口，勿令泄气。复以重汤煮之，沸，急沉井底。平旦出之，破瓶，冰已结矣。"

301 俞樾《茶香室续钞》卷一"造雪"条引《列子·周穆王》云："老成子学幻于尹文先生，用尹文先生之言，深思三月，遂能存亡自在，幡校四时，冬起雷，夏造冰。按：冰可造，则雪亦可造矣。"

302 见《新唐书·方技列传》："盛夏，帝思雪，崇俨坐顷取以进，自云往阴山取之。四月，帝忆瓜，崇俨索百钱，须臾以瓜献，曰：'得之缑氏老人圃中。'帝召老人问故，曰：'埋一瓜失之，土中得百钱。'"

303 唐宣宗对轩辕集说，京师无豆蔻、荔枝花，不一会儿就各有数百朵连着叶子、新鲜芳洁如刚采摘者呈现在了他面前。轩辕集吐槽宣宗赏赐的柑橘没有他山下的好吃，于是就取来皇帝面前的一只碧玉瓯，以宝盘覆之。俄顷，盘撤柑出，芬馥满殿，宣宗食之，叹其甘美无匹。左慈就更神了，他曾在曹操的宴会上当众表演了贮铜盘之水为池、竹竿饵钓松江鲈鱼的戏法。曹公看着还嫌不过瘾，说："一鱼不周坐席，可更得乎？"左慈就又"钓"出好些条三尺多长的活蹦乱跳的大鱼。曹公继续发难："既已得鱼，恨无蜀中生姜耳。"鱼都能变出来，姜肯定不在话下。

304　淮南学派在实践中所制得的冰应结于瓮口之细绢，而非传统观点认为的瓮底。1756 年，爱丁堡大学化学与医学教授威廉·卡伦（William Cullen）首次公开展示了其人工制冷实验：使用泵在盛有二乙醚（diethyl ether）的容器中产生局部真空，然后加热煮沸制得少量冰，但该法未能投入商业应用。而早在一千八百多年前尚未诞生热力学之时，博闻多智的西汉宗室刘安及其淮南学派就已先于这位英国绅士实现了特定环境温度、湿度、容积下的低气压水分快速蒸发人工造冰实验。另外，刘安还是豆腐的创始人，也是世界上最早尝试热气球升空的实践者。也就是说，归根结底，古人的食用冰还是得靠大自然赏赐，人造冰仅限于个别热爱科学且有钱有闲的贵族或道士搞的物理实验。

305　见袁参《上中书姚令公元崇书》（《全唐文》卷三九六），王定保《唐摭言》卷十二将之列入"自负"条。

306　见冯贽《云仙散录》卷六"冰雪论筐"条："长安冰雪至夏月则价等金璧。白少傅诗名动于闾阎，每需冰雪，论筐取之，不复偿价，日日如是。"比白居易更任性的是臭名昭著的杨国舅。其实他并非杨贵妃亲哥哥，而是从祖兄，也就是说他们两个人是同一曾祖但不同祖父的同辈人，论亲戚关系，老远了。但杨国忠这个人精能把裙带关系发挥到极致，待其在长安立稳脚跟之后，便凭借贵妃和杨氏诸姐妹得宠的近水楼台之便，小心翼翼地讨好玄宗、巴结权臣，和李林甫一唱一和，逐渐权倾朝野、飞黄腾达，生活奢华得一塌糊涂。都说愤怒出诗人，孤独出哲人，热闹出达人，寂寞出浑人，还得加一句：富贵出艺人。玩艺术的基本条件是什么？钱。没钱的话，你就写写诗、做个苦吟诗人得了。世界上最早的冰雕艺术作品就出自杨家人之手："杨国忠子弟以奸媚结识朝士，每至伏日，取坚冰，令工人镂为凤兽之形，或饰以金环彩带，置之雕盘中，送与王公大臣。

惟张九龄不受此惠。"(王仁裕《开元天宝遗事》卷下)这才是真正的"冰敬"啊！这么别致的冰雕礼物，没有资金支持能搞得出来吗？王侯高官们见此奇巧之物皆怦然心动而笑纳之，唯独忠耿尽职、秉公守则的贤相张九龄不吃他这一套，你就是把冰山给我搬过来也岿然不动、心如止水。你别说，杨家还真有座"冰山"："杨氏子弟，每至伏中，取大冰，使匠琢为山，周围于宴席间。座客虽酒酣，而各有寒色，亦有挟纩者。其骄贵如此也。"小冰雕用来送人，像让匠人琢成山的这种大型冰雕则供自家享用。每到炎夏，府上就在这冰山下大摆筵席，"冰山下的来客们"一个个都喝得面酣耳热了，但还是觉得身子发冷，故披丝绵袍赴宴者不乏其人。当然了，也有洞明如陕州张象者，知道冰山不能当靠山，总有见日消融的一天，在四方之士挤破脑袋争诣杨门之时，绝不低折其身。有人劝其修谒国忠以图显荣，他则淡然一笑："尔辈以谓杨公之势，倚靠如泰山；以吾所见，乃冰山也。或皎日大明之际，则此山当误人尔。"后果如其言，树倒猢狲散，被塌方的冰山"砸死"的冰客们可不少。冰山是制造寒意的，不是用来抱团取暖的，悔之晚矣。从此，冰山就成了不可靠的靠山之典。岳珂《桯史》中讲到一清介守正之士名叫赵遹，力辞秦桧所赠黄金，同舍郎或劝其毋怫桧意，赵则正色道："士有一介不取，予独何人哉！君谓冰山足恃乎！"劝者遂缩颈而走。

307　"元子"即丸子，因避宋钦宗赵桓讳改之。

308　详见《本草纲目·水部·夏冰》。

309　如"初时犹以雪糕捻作细圆，使吞咽，久又不能，仅吸少稀饮"(《夷坚三志·危病不药愈》)、"还穿军营欲归，买得油酥雪糕，准拟与娘吃"(《夷坚志补卷·紫极街怪》)云云。

310　原文为："牛乳中取净凝，熬而为酥。取上等酥油，约重千斤之上者，煎熬过滤净，用大磁瓮贮之，冬月取瓮中心不冻者，谓之醍醐。取净牛奶子，不住手用阿赤（按：此为打油木器）打取，浮凝者，为乌思哥油，今亦云白酥油。"

311　见徐珂《清稗类钞》第四册"讥讽类·热诚热中"条："冰其淋亦译'冰忌廉'，'其淋'之义，酪也。以牛乳、鸡蛋加香料，如香蕉、柠檬等物，搅和入冰筒，运机旋转，使渐凝结如冰，食之甘沁可口。西人于常餐时辄进之，冬日亦然，非若我国人之必于炎暑时始一尝也。金奇中曰：'西人具热诚，故内热，须饮冰；我国人之食此者，富贵中人为多，岂以热中过甚，自知忏悔耶？'"

312　原文为："凡伐冰取诸御河，……岁以冬至后半月，部委司官一人，募夫伐冰，取其明净坚厚者，以方尺有五寸为块。凡纳冰，紫禁城内窖五，藏冰二万五千块；景山西门外窖六，藏冰五万四千块；德胜门外窖三，藏冰三万六千七百块，以供各坛庙祭祀及内廷之用；德胜门外土窖二，藏冰四万块；正阳门外土窖二，藏冰六万块，以供公廨，……设暑汤之用。"

313　见《宫女谈往录·玉堂春富贵》："宫里头出名的是零碎小吃。秋冬的蜜饯、果脯，夏天的甜碗子，简直是精美极了。甜碗子是消暑小吃，有甜瓜果藕、百合莲子、杏仁豆腐、桂圆洋粉、葡萄干、鲜胡桃、怀山药、枣泥糕等等。甜瓜果藕不是把甜瓜切了配上果藕，而是把新采上来的果藕嫩芽切成薄片，用甜瓜里面的瓤，把籽去掉和果藕配在一起，用冰镇了吃。葡萄干、鲜胡桃，是把葡萄干（无核的）先用蜜浸了，把青胡桃（南方进来的）砸开，把里头带涩的一层嫩皮剥去，浇上葡萄汁，冰镇了吃。吃果藕可以顺气，吃青胡桃可以补肾。其他像酸梅汤、果子露就不在话下了。"

314　冰，此指冷水。檗，即黄檗，味苦。

315　原文为："吾食也执粗而不臧，爨无欲清之人。今吾朝受命而夕饮冰，我其内热与！"